普通高等教育电气类专业应用型人才培养系列规划教材

工厂电气控制技术

主　编　姜久超　李国顺
副主编　张春茜　刘婉慈　任丽泉
主　审　王彦忠

北京理工大学出版社
BEIJING INSTITUTE OF TECHNOLOGY PRESS

内 容 简 介

本书根据应用型本科教育教学和高职高专教学的需求，理论联系实际，介绍了各种常用低压电器的结构、原理与维修，电动机基本控制线路的工作原理与安装，常用机床电气控制线路分析，桥式起重机控制线路分析，电气控制系统的设计等知识。为便于学生复习和自学，每章末均附有练习题。

本书可以作为应用型本科院校自动化、电气工程及自动化及职业院校电气自动化技术、机电一体化、建筑电气、楼宇自动化、电气工程类各专业教材，也可以作为广播电视大学、职工大学和函授大学等相关专业教材，还可以作为同类专业的中等专业学生及有关工程技术人员的参考用书。

图书在版编目（CIP）数据

工厂电气控制技术/姜久超，李国顺主编. —北京：北京理工大学出版社，2019.7（2019.8 重印）
ISBN 978-7-5682-6272-9

I. ①工…　II. ①姜…　②李…　III. ①工厂－电气控制－高等学校－教材
IV. ①TM571.2

中国版本图书馆 CIP 数据核字（2018）第 202578 号

出版发行 / 北京理工大学出版社有限责任公司
社　　址 / 北京市海淀区中关村南大街 5 号
邮　　编 / 100081
电　　话 /（010）68914775（总编室）
（010）82562903（教材售后服务热线）
（010）68948351（其他图书服务热线）
网　　址 / http://www.bitpress.com.cn
经　　销 / 全国各地新华书店
印　　刷 / 三河市天利华印刷装订有限公司
开　　本 / 787 毫米×1092 毫米　1/16
印　　张 / 20
字　　数 / 464 千字
版　　次 / 2019 年 7 月第 1 版　2019 年 8 月第 2 次印刷
定　　价 / 49.80 元

责任编辑 / 高　芳
文案编辑 / 赵　轩
责任校对 / 黄拾三
责任印制 / 李志强

前　言

本书是遵照国家“十三五”教育规划，根据当前应用型本科院校及职业院校对应用型人才培养的需求，为了满足现代企业发展对一线电气控制应用型人才的需求而编写的。

工厂电气控制技术实践性较强，与中、高级维修电工职业资格等级证书考试紧密相关。本书根据应用型本科教育教学和高职高专教学的需求，将理论与实践相结合，注重基础知识和职业能力的培养，实现边学边练，教学做一体。

本书详尽地介绍了各种常用低压电器的结构、原理与维修，电动机基本控制线路的工作原理与安装，常用机床电气控制线路分析，桥式起重机控制线路分析，电气控制系统的设计等知识。为便于学生复习和自学，每章末均附有大量的练习题。

本书每节内容都是从实践中提炼形成的，既能突出本门学科的实践应用性，又能训练学生的动手能力，充分体现了理论与实践相结合，满足了应用性和技能培养的要求。内容由浅入深，循序渐进，既有一定的理论知识，也有大量的训练内容，满足了读者后续学习的需求。

本书由河北水利电力学院姜久超、李国顺担任主编，由河北水利电力学院张春茜、河北劳动关系职业技术学院刘婉慈和唐山职业技术学院任丽泉担任副主编，由河北保定晶辉电气设备有限公司高级工程师王彦忠担任主审，具体编写分工如下：第 1 章 1.1～1.4 节、第 2 章 2.1～2.6、第 4 章、第 5 章 5.1～5.6 由姜久超编写，第 1 章 1.6 节、第 3 章 3.1～3.5 节由李国顺编写，第 1 章 1.5 节由张春茜编写，第 2 章 2.7～2.8、第 5 章 5.7 节由任丽泉编写，任丽泉还参加了第 1 章 1.1、第 3 章 3.5 节和第 5 章 5.6 节的编写，附录及部分图表由刘婉慈编写。全书由姜久超统稿。

由于编者水平有限，书中难免存在不足之处，敬请读者批评指正。

编　者

目 录

第 1 章

常用的低压电器

本章主要介绍常用低压电器的概念和分类及常用的开关电器、熔断器、主令电器、接触器、继电器等低压电器的结构、工作原理、技术参数和常见故障及维修方法。

- 了解低压电器的基本概念和种类。
- 掌握开关电器的安装及维护。
- 掌握接触器的拆装及维修方法。
- 掌握熔断器的安装和更换方法。
- 掌握主令电器的种类、使用及安装维护。
- 掌握常用继电器的使用、安装、调试及维护。

1.1　低压电器概述

根据中国标准出版社 2011 年编写并出版的《低压电器标准汇编》中所述，低压电器是指工作电压在交流 1 200V、直流 1 500V 以下的电路中，能手动或自动地通断电路，实现对电路或非电对象的切换、控制、保护、变换和调节作用的元件或设备。

1.1.1　低压电器的分类

（1）低压电器按用途和控制对象分为低压配电电器和低压控制电器。低压配电电器是用于供配电系统中进行电能的输送和分配的电器，如刀开关、组合开关、熔断器和低压断路器等；低压控制电器是用于自动控制系统或电力拖动等电路中起控制作用的电器，如接触器、继电器、主令电器、启动器等。

（2）低压电器按动作的方式分为自动电器和非自动电器。自动电器是依靠电器本身参数的变化或外来信号的作用使电器触点接通或断开的电器，如接触器、继电器等；非自动电器是依靠外力直接操作使电器的触点进行分断的电器，如控制按钮、刀开关等。

（3）低压电器按工作原理分为电磁式电器和非电量控制式低压电器。电磁式电器是依据电磁感应原理来工作的电器，如交直流接触器、各种电磁式继电器等；非电量控制式低压电器是工作时靠外力或某种非电物理量的变化而动作的电器，如刀开关、行程开关、按钮、速度继电器、压力继电器、温度继电器等。

（4）低压电器按执行机构分为有触点电器和无触点电器。有触点电器利用触点的接触和分离来通断电路，具有可接通和断开的触点，如刀开关、接触器、继电器等；无触点电器没有可分离的触点，主要利用半导体元件的开关效应来实现对电路的通断控制，如固态继电器、接近开关、晶体管式时间继电器等。

1.1.2 低压电器的型号表示及含义

低压电器的生产、应用、技术性能等在我国都有相应的标准和规范可依，例如 GB 14048.1—2012～GB 14048.6—2016 和 GB/T 14048.7—2016～GB/T 14048.18—2016 是低压开关设备和控制设备标准，GB/T 18858.1～3—2012 是低压开关设备和控制设备-控制器设备接口标准，GB 17885—2016 是家用及类似用途机电式接触器标准，GB 8871—2001 是交流接触器节电器标准，GB/T 20645—2006 是特殊环境条件高原用低压电器标准，GB 17701—2008 是设备用断路器标准，GB/T 25840—2010 是规定电气设备部件（特别是接线端子）允许温升的导则，GB 13539.1—2015、GB/T 13539.2—2015、GB 13539.3—2017、GB/T 13539.4—2016 是低压熔断器标准，JB/T 2179—2006 是组合开关标准，JB/T 2930—2007 是低压电器产品型号编制方法，JB/T 7122—2007、JB/T 8589—2006 等都是交直流接触器标准。国家、行业部委或企业等相应的低压电器产品标准还很多，可通过网络或出版社查询。

为了便于低压电器产品的管理、使用和销售，我国把低压电器产品归为 12 个大类，每类产品都按规范编制型号，产品型号组成及含义如下：

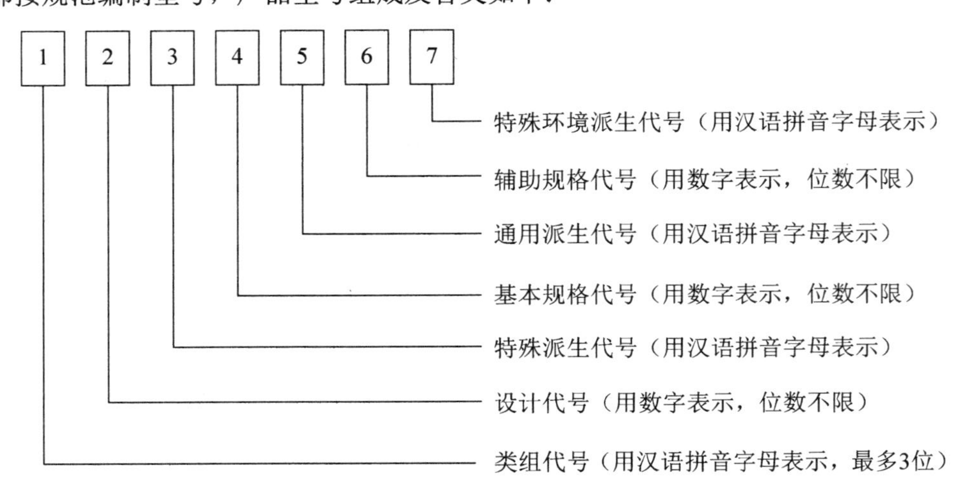

（1）低压电器产品型号类组代号如表 1-1 所示，其主要表示刀开关和转换开关、熔断器、低压断路器、控制器、接触器、启动器、控制继电器、主令电器、电阻器、变阻器、调整器和电磁铁 12 类产品。

表 1-1　低压电器产品型号类组代号

代号	H	R	D	K	C	Q	J	L	Z	B	T	M	A
名称	刀开关和转换开关	熔断器	低压断路器	控制器	接触器	启动器	控制继电器	主令电器	电阻器	变阻器	调整器	电磁铁	其他
A						按钮式		按钮					
B									板式元件				触电保护器
C		插入式			磁力	电磁式			冲片元件	旋臂式			插销
D	刀开关						漏电		带型元件		电压		信号灯
E												阀用	
G				鼓形	高压				管型元件				
H	封闭式负荷开关	汇流排式											接线盒
J					交流	减压		接近开关	锯齿型元件				交流接触器节电器
K	开启式负荷开关				真空			主令控制器					
L		螺旋式	照明				电流			励磁			电铃
M		封闭管式	灭磁		灭磁								
N													
P				平面	中频		频率			频敏			
Q										启动		牵引	
R	熔断器式刀开关						热		非线性电力				
S	转换开关	快速	快速		时间	手动	时间	主令开关	烧结元件	石墨			
T		有填料管式		凸轮	通用		通用	脚踏开关	铸铁元件	启动调速			
U						油浸		旋钮		油浸启动			
W			万能式			无触点	温度	万能转换开关		液体启动		起重	
X		限流	限流			星-三角		行程开关	电阻器	滑线式			
Y	其他	其他	其他	其他	其他	其他	其他	其他	硅碳电阻元件	其他		液压	
Z	组合开关	自复	装置式		直流	综合	中间					制动	

（2）低压电器产品的设计代号表示同类低压电器的不同设计序列，用数字表示，位数不限，其中两位及以上的首位数字为“9”表示船用，“8”表示防爆用，“7”表示纺织用，“6”表示农业用，“5”表示化工用。

（3）低压电器产品的特殊派生代号用汉语拼音字母表示，表示系列产品在特殊情况下的变化特征，如果是全系列在特殊情况下变化的特征则一般不用表示，此项省略。汉语拼音应根据下列原则选用：优先采用所代表对象名称的汉语拼音第一个音节字母；其次采用所代表对象名称的汉语拼音非第一个音节字母；如确有困难，可选用与发音不相关的字母。

（4）低压电器产品的基本规格代号用数字表示，位数不限，表示同一系列的产品中不同的规格品种。

（5）低压电器产品的通用派生代号用拼音字母表示，一般是 1 位，常见的通用派生代号如表 1-2 所示。

表 1-2　常见的通用派生代号

派生字母	代表意义
A、B、C、D、…	结构设计稍有变化
J	交流、防溅式
Z	直流、自动复位、防振、重任务
W	无灭弧装置
N	可逆、逆向
S	有锁住机构、手动复位、防水式、三相、三个电源、双线圈
P	电磁复位、防滴式、单相、两个电源、电压
K	开启式
H	保护式、带缓冲装置
M	密封式、灭磁
Q	防尘式、手车式
L	电流的
F	高返回、带分励脱扣

（6）低压电器产品的辅助规格代号用数字表示，位数不限，表示同一系列、同一规格的产品中具有某种区别的不同产品。

（7）低压电器产品的特殊环境派生代号用汉语拼音字母表示，如表 1-3 所示。

表 1-3　特殊环境派生代号

派生字母	说明	备注
T	按湿热带临时措施制造	此项派生代号加注在产品全型号后
TH	湿热带	
TA	干热带	
G	高原	
H	船用	
Y	化工防腐用	

1.1.3　低压电器产品常用技术术语含义

（1）通断时间：从电流开始在开关电器一个极流过的瞬间起，到所有极的电弧最终熄灭瞬间为止的时间间隔。

（2）燃弧时间：电器分断过程中，从触点断开（或熔断器熔体熔断）出现电弧的瞬间开始，至电弧完全熄灭为止的时间间隔。

（3）分断能力：电器在规定的条件下，能在给定的电压下分断的预期分断电流值。

（4）接通能力：开关电器在规定的条件下，能在给定的电压下接通的预期接通电流值。

（5）通断能力：开关电器在规定的条件下，能在给定的电压下接通和分断的预期电流值。

（6）短路接通能力：在规定的条件下，包括开关电器的出线端短路在内的接通能力。

（7）短路分断能力：在规定的条件下，包括开关电器的出线端短路在内的分断能力。

（8）操作频率：开关电器在每小时内可能实现的最高循环操作次数。

（9）通电持续率：电器的有载时间和工作时间之比，常用百分数表示。

（10）电寿命：在规定的正常工作条件下，机械开关电器不需要修理或更换零件的负载操作循环次数。

1.2　开关电器

常见的开关电器有刀开关、组合开关和低压断路器。

1.2.1　刀开关

刀开关在低压电路中作为不频繁地手动接通、断开电路和电源隔离开关使用，是结构最简单、应用最广泛的一种手动电器。刀开关的种类较多，按极数可分为单极、双极和三极；按转换方式可分为单投和双投；按操作方式可分为直接手柄操作和远距离连杆操作；按灭弧情况可分为有灭弧罩和无灭弧罩等。

刀开关和熔断器串联组成负荷开关，能进行有载通断，并有一定的短路保护能力。负荷开关可通断小工作电流照明设备和小功率电动机不频繁操作的电源开关，包括开启式和封闭式两种。

1. 开启式负荷开关

开启式负荷开关俗称瓷底胶盖闸刀开关，是一种结构简单、应用广泛的手动电器，主要作为交流额定电压 380V/220V、额定电流不超过 100A 的照明配电线路的电源开关，也可作为控制 5.5kW 以下电动机的不频繁启动开关。

开启式负荷开关的型号组成及含义如下：

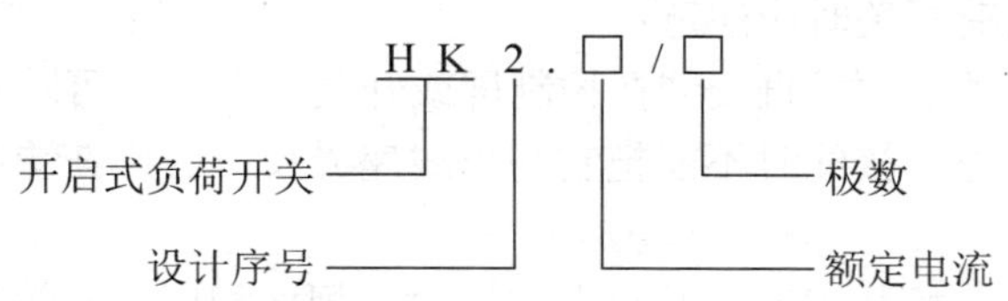

常用的开启式负荷开关有 HK1 和 HK2 系列。HK2 系列开启式负荷开关的主要技术参数如表 1-4 所示。

表 1-4　HK2 系列开启式负荷开关的主要技术参数

额定电压/V	极数	额定电流/A	控制交流电动机最大容量/kW	熔丝规格	
				含铜量不少于/%	线径不大于/mm
220	2	6	0.5	99	0.17
		10	1.1		0.25
		16	1.5		0.41
		32	3.0		0.55
		63	4.5		0.81
380	3	16	2.2		0.44
		32	4.0		0.72
		63	5.5		1.12
		100	7.6		1.15

开启式负荷开关由与操作瓷柄相连的动触点、静触点、熔丝等组成，这些导电部分都固定在瓷底座上，且上面罩有两块胶盖，如图 1-1 所示。上胶盖能防止操作时触及带电体或分断时产生电弧飞出伤人。

开启式负荷开关的符号如图 1-2 所示。

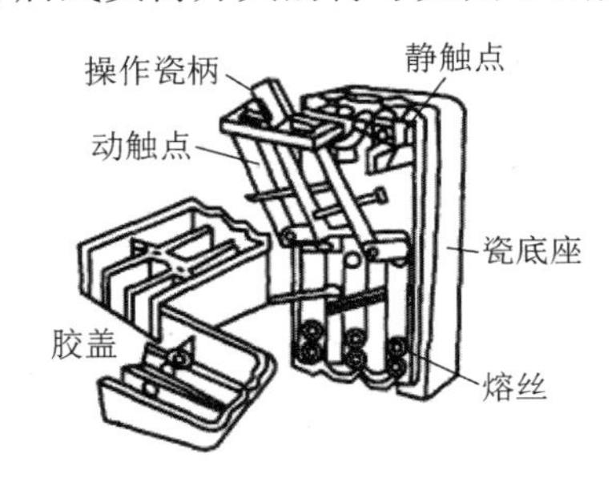

图 1-1　开启式负荷开关

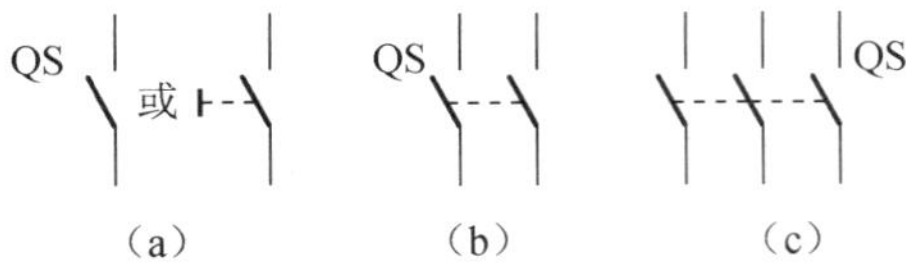

QS　或　(a)　QS　(b)　QS　(c)

图 1-2　开启式负荷开关的符号

（a）单极；（b）双极；（c）三极

开启式负荷开关的种类较多，结构简单，额定电流的等级从 6A 到 100A 不等，在选用中主要考虑两个方面：①用于照明和电热负载时，选用额定电压 220V（或 250V），额定电流不小于电路所有负载额定电流之和的两极开关；②用于控制电动机负载时，考虑电动机的启动电流，选用额定电压 380V（或 500V），额定电流不小于电动机额定电流 3 倍的三极开关。

安装使用开启式负荷开关时应注意：

（1）开启式负荷开关必须垂直安装在控制屏或开关扳上，不可随意搁置。

（2）进线座应在上方，接线时不能把它与出线座弄反，否则在更换熔丝时将会发生触电事故。

（3）更换熔丝必须先拉开闸刀，并换上与原熔丝规格相同的新熔丝，同时还要防止新熔丝受到机械损伤。

（4）若胶盖和瓷底座损坏或胶盖失落，刀开关就不可再使用，以防止安全事故。

2. 封闭式负荷开关

封闭式负荷开关俗称铁壳开关，适合在额定电压为交流 380V/直流 440V、额定电流至 60A 的电路中作为手动不频繁接通与断开负载电路及短路保护用，一般用于控制小容量的交流异步电动机。

封闭式负荷开关的型号组成及含义如下：

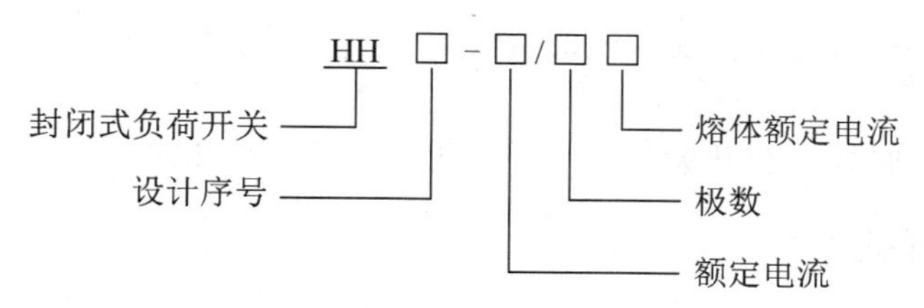

封闭式负荷开关有 HH3、HH4、HH10、HH11 等系列。HH4 系列封闭式负荷开关的主要技术参数如表 1-5 所示。

表 1-5　HH4 系列封闭式负荷开关的主要技术参数

额定电流/A	刀开关极限通断能力			熔断器极限通断能力			控制电动机最大功率/kW	熔体额定电流/A	熔体（纯铜丝）直径/mm
	通断电流/A	功率因数	通断次数/次	分段电流/A	功率因数	分断次数/次			
15	60	0.5	10	750	0.8	2	3.0	6	0.26
								10	0.35
								15	0.46
30	120			1 500	0.7		7.5	20	0.65
								25	0.71
								30	0.81
60	240	0.4		3 000	0.6		13	40	0.92
								50	1.07
								60	1.20

HH 系列封闭式负荷开关主要由闸刀、熔断器、操作机构（由手柄、转轴和速断弹簧组成）等构成，如图 1-3 所示。三相动触刀固定在一根绝缘的方轴上，通过操作手柄操纵。这种开关的操作机构采用储能合闸方式，在操作机构中装有速断弹簧，使开关迅速通断电路，其通断速度与操作手柄的操作速度无关，有利于迅速断开电路，熄灭电弧。同时操作机构装有机械联锁，保证盖子打开时手柄不能合闸，当手柄处于闭合位置时，盖子不能打开，以保证操作安全。

与开启式负荷开关相比，封闭式负荷开关的触点设有灭弧室（罩），电弧不会喷出，不会发生相间短路事故；熔断丝的分断能力高；操作机构为储能合闸式的，且有机械联锁装置，提高了安全性；有坚固的封闭外壳，可

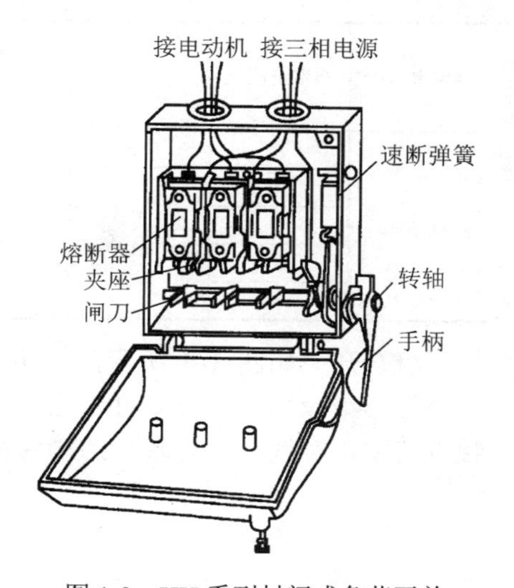

图 1-3　HH 系列封闭式负荷开关

保护操作人员免受电弧灼伤。

封闭式负荷开关选用时其额定电压应不小于线路的工作电压，额定电流根据控制负载不同确定方法不同，一般控制照明电热负载时，额定电流应不小于负载额定电流之和；控制电动机负载时，考虑电动机的启动电流，其额定电流应不小于电动机额定电流的 3 倍。

安装使用封装式负荷开关时应注意：

（1）封闭式负荷开关的金属外壳应可靠地接地，防止外壳漏电。

（2）接线时应将电源进线接在夹座的接线端子，负荷接在熔断器一侧，进出线必须穿过开关的进出线孔。

（3）分合闸操作时要站在开关的操作手柄侧，不准面对开关。

1.2.2 组合开关

组合开关又称转换开关，具有触点对数多、结构紧凑、接线灵活、操作方便等特点，常用于交流 380V 或直流 220V 以下电气线路中，作为电源的引入开关或控制 5kW 以下小容量电动机的启动、停止、正反转和调速开关。

组合开关的型号组成及含义如下：

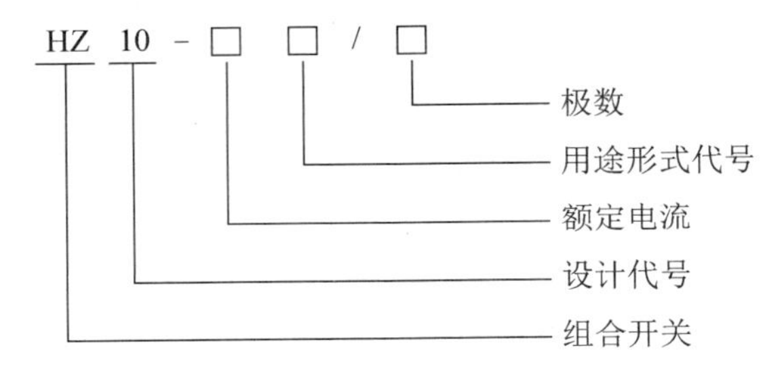

组合开关常用的型号有 HZ1、HZ2、HZ3、HZ4、HZ5、HZ10 等系列。HZ10 系列组合开关的主要技术参数如表 1-6 所示。

表 1-6 HZ10 系列组合开关的主要技术参数

<table>
<tr><th rowspan="2">额定电压/V</th><th rowspan="2">额定电流/A</th><th rowspan="2">极数</th><th colspan="2">极限操作电流/A</th><th colspan="2">控制电动机最大容量和电流</th><th colspan="2">额定电压和额定电流下的通断次数</th></tr>
<tr><th>接通</th><th>分断</th><th>容量/kW</th><th>额定电流/A</th><th>λ≥0.8</th><th>λ≥0.3</th></tr>
<tr><td rowspan="5">AC 380</td><td>6</td><td>单极</td><td rowspan="2">94</td><td rowspan="2">62</td><td rowspan="2">3</td><td rowspan="2">7</td><td rowspan="4">20 000</td><td rowspan="4">10 000</td></tr>
<tr><td>10</td><td rowspan="4">2、3 极</td></tr>
<tr><td>25</td><td>155</td><td>108</td><td>5.5</td><td>12</td></tr>
<tr><td>60</td><td rowspan="2"></td><td rowspan="2"></td><td rowspan="2"></td><td rowspan="2"></td></tr>
<tr><td>100</td><td>10 000</td><td>5 000</td></tr>
</table>

组合开关如图 1-4 所示，其动、静触点安装在绝缘座内，数个绝缘座可以分层叠装在同一个方形绝缘轴上，最多可以达 6 层。动、静触点之间有隔弧板，操作手柄带动绝缘轴和动触点转动，实现动、静触点的接通和断开。操作机构部分由于采用扭簧储能机构，开关动作迅速。

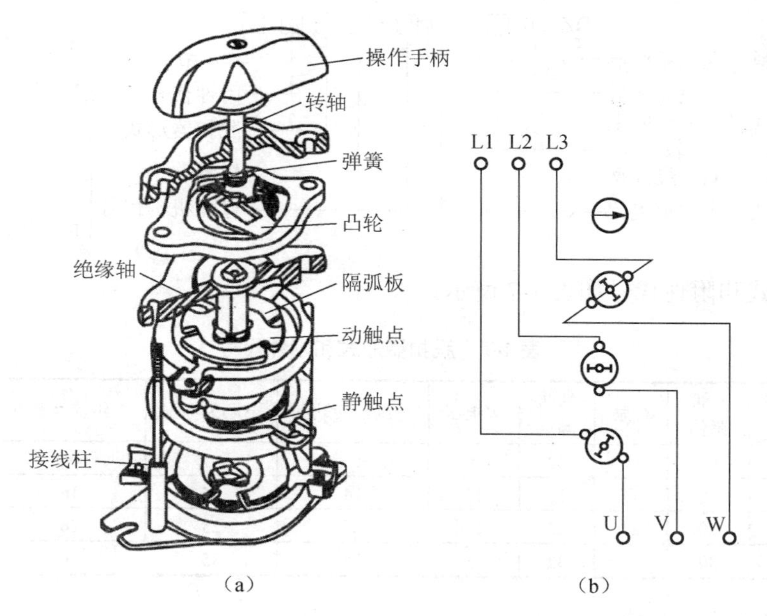

图 1-4　组合开关

（a）结构；（b）结构示意图

组合开关的符号如图 1-5 所示。

组合开关应根据电源种类、电压等级、所需触点数、接线方式和负载容量进行选择。用于控制小容量异步电动机的启动、停止时，开关的额定电流一般取电动机额定电流的 1.5～2.5 倍。

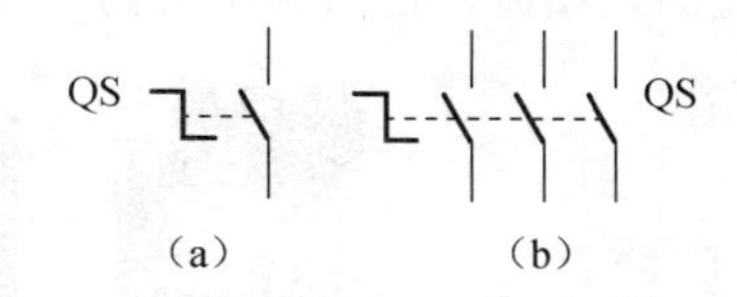

图 1-5　组合开关的图形符号及文字符号

（a）单极；（b）三极

安装使用组合开关时应注意：

（1）组合开关安装在控制柜面板上时，其操作手柄最好在控制柜前面或侧面；安装在柜内时，最好安装在柜内右上方，其操作手柄在水平位置时为开关的断开状态。

（2）组合开关的通断能力较低，不能用来分断故障电流，且不能频繁操作。当操作频率过高或负载功率因数较低时，应降低开关的容量使用。

1.2.3　低压断路器

低压断路器俗称自动空气开关，是低压配电网络和电力拖动系统中的主要开关电器之一。它兼有开关与保护的功能，可以用来不频繁地接通和断开配电线路及电动机的启停，并对线路和电动机等实行保护，即当它们发生严重过电流、过载、短路、漏电、失电压等故障时，低压断路器能自动切断电路，起到保护作用。

低压断路器具有操作安全、安装方便、动作参数可调、分断能力高、保护功能多、动作后不需要更换元件等特点，应用十分广泛。

1. 低压断路器的型号含义

低压断路器的型号组成及含义如下：

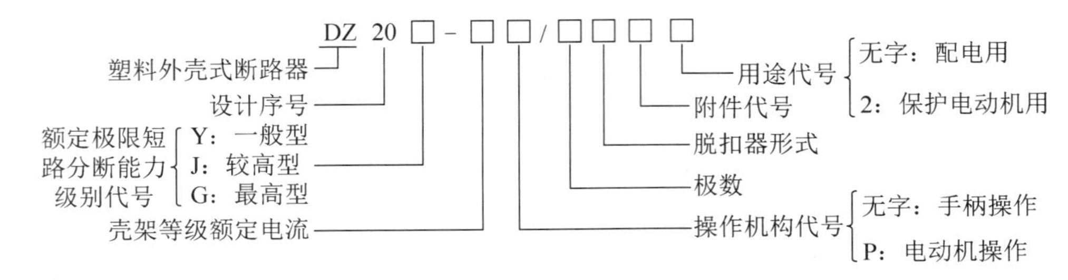

脱扣器形式和附件代号如表 1-7 所示。

表 1-7 脱扣器形式和附件代号

脱扣形式 \ 附件类别	不带附件	分励	辅助触点	欠电压	分励辅助触点	分励欠电压	二组辅助触点	辅助触点欠电压
无脱扣	00	—	02	—	—	—	06	—
热脱扣	10	11	12	13	14	15	16	17
电磁脱扣	20	21	22	23	24	25	26	27
复式脱扣	30	31	32	33	34	35	36	37

2. 低压断路器的结构

低压断路器的外形及符号如图 1-6 所示，主要结构包括触点、灭弧系统、各种具有保护功能的脱扣器、自由脱扣机构和操作机构，如图 1-7 所示。

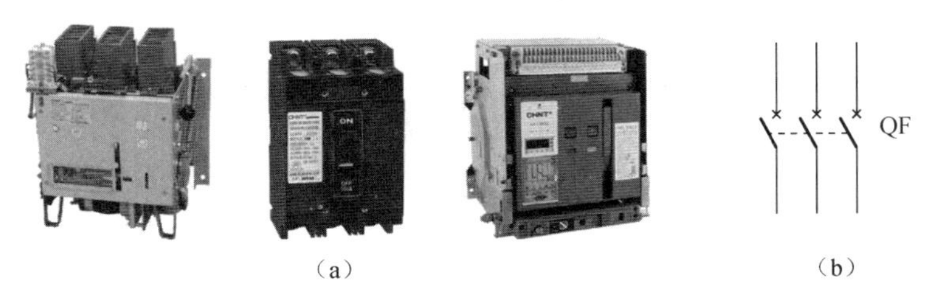

图 1-6 低压断路器外形及符号

（a）外形；（b）符号

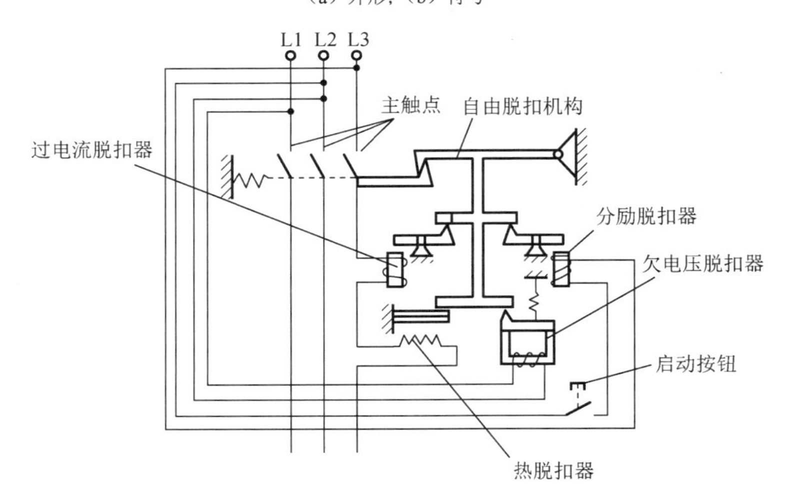

图 1-7 低压断路器工作原理示意图

1）触点和灭弧系统

触点和灭弧系统是实现电路的通断部件。在正常情况下触点可以接通、分断负荷电流，在故障情况下能可靠地分断故障电流。主触点有单断口指式触点、双断口桥式触点、插入式触点等几种形式。灭弧装置一般为栅片式灭弧罩，灭弧室的绝缘壁一般用钢板纸压制或用陶土烧制而成。

2）各种具有保护功能的脱扣器

热脱扣器、过电流脱扣器、欠电压脱扣器、分励脱扣器等不同功能的脱扣器组合成不同性能的低压断路器。

低压断路器工作时，使其三副主触点串联在被控的三相电路中，扳动操作手柄至合的位置，外力使锁扣克服反作用弹簧的反力，将固定在锁扣上面的动触点与静触点闭合，并由锁扣锁住搭钩使动、静触点保持闭合，开关处于接通状态。若电路发生故障，自由脱扣机构就在有关脱扣器的操纵下动作，使搭钩与锁扣分开，从而使动、静触点分离，分断电路。低压断路器的脱扣器有以下几种。

（1）热脱扣器。当线路过载时，流过与主电路串联的发热元件的电流增加，产生一定的热量，使双金属片受热向上弯曲，顶动脱扣机构使锁扣脱开，在反作用弹簧作用下动、静触点分开，切断主电路。低压断路器由于过载断开后，一般应等待 2～3min 才能重新合闸，以使热脱扣器恢复原位。

（2）过电流脱扣器。当电路发生短路或过电流故障时，过电流脱扣器动铁芯被吸合，使自由脱扣机构的钩子脱开，断路器动、静触点分离，切断主电路，及时有效地切除高达数十倍额定电流的故障电流。

过电流脱扣器和热脱扣器相互配合，热脱扣器主要实现电路的负载保护功能，过电流脱扣器主要实现短路和严重过载保护功能，二者都能实现对脱扣电流值的整定。

（3）欠电压脱扣器。电网电压过低或为零时，欠电压脱扣器动铁芯被释放，自由脱扣机构动作，使断路器动、静触点分离，从而切断主电路。欠电压脱扣器在线路电压正常时，其动铁芯是被吸合的，动铁芯与脱扣机构脱离，断路器的主触点能够正常闭合。

（4）分励脱扣器。分励脱扣器主要实现远距离控制断路器分断的功能。当断路器正常工作时，分励脱扣器的线圈不带电，动铁芯处于释放状态。当需要实现远距离操作时，按下启动按钮使其线圈带电，动铁芯动作，顶动脱扣机构实现主触点断开，切断主电路。

3）自由脱扣机构和操作机构

自由脱扣机构和操作机构是联系 1）、2）部分的中间传递部件。自由脱扣机构是一套连杆机构，当电路发生故障时，自由脱扣机构在有关脱扣器的操动下动作，使脱钩脱开。

3. 低压断路器的分类

低压断路器具有的多种功能是通过配备不同的脱扣器来实现的，高性能的断路器带有各种保护功能的脱扣器，包括智能脱扣器，可实现计算机网络通信。

（1）低压断路器按控制方法可分为手动操作式和自动操作式。手动操作式又分为直接手柄操作式和杠杆操作式，杠杆操作式用于需要分断大电流的场合。自动操作式又分为电磁铁操作式电动机操作式和储能操作式，均用于自动化程度较高的电路控制。

（2）低压断路器按用途可分为配电用、电动机保护用、照明用和漏电保护断路器等。配电用低压断路器按保护性能又可分为非选择型和选择型两类。非选择型断路器一般为瞬时动作，只作短路保护用，也有的为长延时动作，只作过负荷保护用；选择型断路器分为两段保护式、三段保护式和智能化保护式，两段保护为瞬时或短延时与长延时两段，三段保护为瞬时、短延时与长延时特性三段，其中瞬时和短延时特性适于短路保护，而长延时特性适于过负荷保护，而智能化保护的脱扣器由计算机控制，保护功能更多，选择性更好，这种断路器称为智能型断路器。

（3）低压断路器按限流性能可分为不限流型和限流型两种。限流型低压断路器在短路电流达到冲击值之前即可切断回路，用于需要快速限流的场合。

（4）低压断路器按极数分为单极、两极、三极和四极开关。单极低压断路器用于照明回路，两极低压断路器用于照明回路或直流回路，三极低压断路器用于电动机的控制保护，四极低压断路器用于三相四线制线路控制。

（5）低压断路器按结构设计形式可分为万能式（又称框架式或开启式）和塑壳式（又称装置式）两种。

4. 低压断路器的主要技术参数

1）额定电压

低压断路器的额定电压有额定工作电压和额定绝缘电压。

（1）断路器的额定工作电压是指与通断能力及使用类别相关的电压值。对于多相电路，是指相间的电压值。

（2）断路器的额定绝缘电压是指设计断路器的电压值，电气间隙和爬电距离应参照这些值而定。除非型号产品技术文件另有规定，否则额定绝缘电压是断路器的最大额定工作电压。在任何情况下，最大额定工作电压不超过绝缘电压。

2）额定电流

额定电流有壳架等级额定电话和断路器的额定电流。

（1）断路器壳架等级额定电流用尺寸和结构相同的框架或塑壳中能装入的最大脱扣器额定电流表示。

（2）断路器额定电流。断路器额定电流就是额定持续电流，是脱扣器能长期通过的电流，对于带可调式脱扣器的断路器则是可以长期通过的最大电流。例如，DZ10-100/330 型低压断路器壳架额定电流为 100A，脱扣器额定电流等级有 15A、20A、25A、30A、40A、50A、60A、80A、100A 共 9 种，其中最大的额定电流 100A 与壳架等级额定电流一致。

3）额定短路分断能力

额定短路分断能力是断路器在规定条件下所能分断的最大短路电流值。

5. 常用的低压断路器

常用的低压断路器有塑壳式低压断路器、万能式低压断路器和智能型低压断路器。

1）塑壳式低压断路器

塑壳式低压断路器又称装置式低压断路器，它将所有构件组装在用模压绝缘材料制成的封闭型外壳内。塑壳式低压断路器按性能分为配电用和电动机保护用两种。配电用塑壳式低压断路器在配电网络中用来分配电能，并且作为线路、电源设备的过负荷、欠电压和短路保护。电动机保护用塑壳式低压断路器用于笼型电动机的过负荷、欠电压和短路保护。

我国生产的塑壳式低压断路器主要有 DZ5、DZ10、DZ15、DZ20、DZ15L 以及 DZX10、DZX19 等系列产品。其中，DZX10、DZX19 系列为限流式断路器，它利用短路电流所产生的电动力使触点在 8～10ms 内迅速断开，从而限制线路中可能出现的最大短路电流。DZ15L 系列为漏电保护断路器，当电路或设备出现对地漏电或人身触电时，能迅速自动断开电路，从而有效地保证人身及线路安全。

目前常用的塑壳式断路器还有引进国外技术制造的 H、C45N（C65N）、S060、TH、AM1、3VE 等系列产品。DZ15、DZ5-20 低压断路器的技术参数如表 1-8 和表 1-9 所示。

表 1-8　DZ15 系列断路器的技术参数

<table>
<tr><th>型号</th><th>壳架额定电流/A</th><th>额定电压/V</th><th>极数</th><th>脱扣器额定电流/A</th><th>额定短路通断能力/kA</th><th>电气、机械寿命/次</th></tr>
<tr><td>DZ15-40/1901</td><td rowspan="5">40</td><td>220</td><td>1</td><td rowspan="5">6、10、16、20、25、32、40</td><td rowspan="5">3
（$\cos\varphi$=0.9）</td><td rowspan="5">15 000</td></tr>
<tr><td>DZ15-40/2901</td><td rowspan="4">380</td><td>2</td></tr>
<tr><td>DZ15-40/3901</td><td>3</td></tr>
<tr><td>DZ15-40/3902</td><td>3</td></tr>
<tr><td>DZ15-40/4901</td><td>4</td></tr>
<tr><td>DZ15-63/1901</td><td rowspan="5">63</td><td>220</td><td>1</td><td rowspan="5">10、16、20、25、32、40、50、63</td><td rowspan="5">5
（$\cos\varphi$=0.7）</td><td rowspan="5">10 000</td></tr>
<tr><td>DZ15-63/2901</td><td rowspan="4">380</td><td>2</td></tr>
<tr><td>DZ15-63/3901</td><td>3</td></tr>
<tr><td>DZ15-63/3902</td><td>3</td></tr>
<tr><td>DZ15-63/4901</td><td>4</td></tr>
</table>

表 1-9　DZ5-20 低压断路器的技术参数

<table>
<tr><th>型号</th><th>额定电压/V</th><th>额定电流/A</th><th>脱扣器形式</th><th>极数</th><th>热脱扣器额定电流和调节范围/A</th><th>过流脱扣器瞬时动作整定值/A</th></tr>
<tr><td rowspan="2">DZ5-20/330</td><td rowspan="14">AC 380
DC 220</td><td rowspan="14">20</td><td rowspan="5">复式</td><td rowspan="2">3</td><td>0.15（0.10～0.15）</td><td rowspan="14">电磁脱扣器额定电流的 8～12 倍</td></tr>
<tr><td>0.20（0.15～0.20）</td></tr>
<tr><td rowspan="3">DZ5-20/230</td><td rowspan="3">2</td><td>0.30（0.20～0.30）</td></tr>
<tr><td>0.45（0.30～0.45）</td></tr>
<tr><td>0.65（0.40～0.65）</td></tr>
<tr><td rowspan="3">DZ5-20/320</td><td rowspan="5">电磁式</td><td rowspan="3">3</td><td>1（0.65～1）</td></tr>
<tr><td>1.5（1～1.5）</td></tr>
<tr><td>2（1.5～2）</td></tr>
<tr><td rowspan="2">DZ5-20/220</td><td rowspan="2">2</td><td>3（2～3）</td></tr>
<tr><td>4.5（3～4.5）</td></tr>
<tr><td rowspan="2">DZ5-20/310</td><td rowspan="4">热脱扣</td><td rowspan="2">3</td><td>6.5（4.5～6.5）</td></tr>
<tr><td>10（6.5～10）</td></tr>
<tr><td rowspan="2">DZ5-20/210</td><td rowspan="2">2</td><td>15（10～15）</td></tr>
<tr><td>20（15～20）</td></tr>
</table>

2）万能式低压断路器

万能式低压断路器又称框架式低压断路器，它将所有构件组装在具有绝缘底衬的框架结构底座上，用于在配电网络中分配电能，并承担线路及电源设备的过载保护、欠电压保护和短路保护。万能式低压断路器还可以在不频繁启动的 40～100 kW 电动机回路中，作为过载、欠电压和短路保护设备。

我国生产的万能式低压断路器有 DW10、DW15 系列，其中 DW10 系列由于技术指标较低，现已逐渐被淘汰。目前常用的万能式低压断路器还有引进国外技术制造的 ME、3WE、AE、AH 等系列产品。

3）智能型低压断路器

采用以微处理器或单片机为核心的智能型低压断路器（智能脱扣器），不仅具备普通断路器的各种保护功能，还具备实时显示电路中的电流、电压、功率、功率因数等各种电气参数，对电路进行在线监视、自行调节、测量、试验、自诊断、可通信等功能；能对各种保护功能的动作参数进行显示、设定和修改；保护电路动作时的故障参数能够存储在非易失存储器中以便查询。

智能型低压断路器也有万能式和塑壳式两种，万能式主要用在智能化自动配电系统中，塑壳式主要用在配电网络中或用作电源设备的控制保护，也可用作三相笼型异步电动机的控制保护。目前国内常用的系列有 DW45（ZW1）、DW40、DW914（AH）、DW18、DW19、DW48、MD 等。

6. 选用原则

（1）额定电压和额定电流应不小于电路的正常工作电压和工作电流。

（2）各脱扣器的整定要求：

① 热脱扣器的整定电流应与所控制的电动机的额定电流或负载额定电流相等。

② 欠电压脱扣器的额定电压应等于主电路额定电压。

③ 电流脱扣器（过电流脱扣器）的整定电流应大于负载正常工作时的尖峰电流，对于电机负载，通常按启动电流的 1.7 倍整定。

（3）断路器的极限通断能力应不小于电路最大短路电流。

（4）断路器的极数和结构形式应符合安装条件、保护性能及操作方式的要求。

7. 安装使用注意事项

（1）低压断路器应垂直安装在配电板上，电源引线接在上端，负载引线接在下端。

（2）低压断路器作为电源控制开关时，在电源进线侧应加装刀开关形成隔离点。

（3）低压断路器投入使用前应对脱扣器动作值进行整定，调整好后不应随意变动。

（4）定期检查低压断路器的触点系统、脱扣器整定值，发现问题及时维修处理，定期清除断路器上的积尘。

技能训练——开关电器的识别、检测及注意事项

1. 开关电器的识别

将所有电器的铭牌盖住并进行编号，观察所有电器的外形及结构，写出对应的名称及型号，填入表 1-10 中。

表 1-10　开关电器的识别

序号	1	2	3	4	5	6
名称						
型号						

2. 开关电器的检测

1）负荷开关

（1）开启式负荷开关。仔细观察开启式负荷开关的外形结构，将开关的下胶盖拆下来，用万用表测量各相的熔丝是否正常，检查熔丝连接固定螺钉是否有松动；将开关上胶盖拆卸下来，将刀开关分断，观察触刀的结构及形状，查看静触点的结构和形状，用万用表或兆欧表测量各相和相之间的绝缘电阻，再把刀开关闭合，再次测量各相和相之间的绝缘电阻。刀开关闭合后，动、静触点接通，电阻为零；刀开关分断后，动、静触点断开，电阻无穷大。刀开关无论是在闭合还是断开，各相之间始终应该是绝缘的。

（2）封闭式负荷开关。仔细观察封闭式负荷开关的外形结构，将操作手柄分别扳到合闸和分闸位置，选用万用表合适的电阻挡，测量主触点之间的接触情况。打开开关盖，仔细观察其结构，将主要部件名称和作用填入表 1-11 中。

表 1-11　负荷开关的主要结构与测量

<table>
<tr><td colspan="2">型号</td><td colspan="2">极数</td><td colspan="2">主要部件</td></tr>
<tr><td colspan="2"></td><td colspan="2"></td><td>名称</td><td>作用</td></tr>
<tr><td colspan="2"></td><td colspan="2"></td><td rowspan="9"></td><td rowspan="9"></td></tr>
<tr><td colspan="4">触点接触情况是否良好</td></tr>
<tr><td>L1</td><td colspan="2">L2</td><td>L3</td></tr>
<tr><td></td><td colspan="2"></td><td></td></tr>
<tr><td></td><td colspan="2"></td><td></td></tr>
<tr><td colspan="4">相间绝缘电阻/MΩ</td></tr>
<tr><td>L1-L2</td><td colspan="2">L2-L3</td><td>L1-L3</td></tr>
<tr><td></td><td colspan="2"></td><td></td></tr>
<tr><td></td><td colspan="2"></td><td></td></tr>
</table>

2）组合开关

仔细观察组合开关的外形结构，将操作手柄顺时针或逆时针旋转 90°，用万用表电阻挡测试各组触点是否全部接通或全部断开。若不是，则说明开关已坏。操作手柄在某一挡位时，若触点全部接通，将手柄顺时针或逆时针旋转 90°，触点应全部断开。

观察每层叠片配合是否紧密。旋转操作手柄，操作机构应灵活无阻滞，动、静触点的分、合迅速，松紧一致。

3）低压断路器

仔细观察低压断路器的外形结构，将外壳拆开仔细观察内部结构，将主要部件的作用和名称填写至表 1-12 中。将低压断路器闭合，用万用表电阻挡测试各组触点是否全部接通，若不是，则说明开关已坏。将低压断路器打开，各触点应全部断开。

表 1-12　低压断路器的结构

主要部件	作用	参数
过电流脱扣器		
热脱扣器		
主触点		
操作手柄		
操作机构		

检测接线螺钉是否齐全，操作机构应灵活无阻滞，动、静触点的分、合迅速，松紧一致。

3. 拆装注意事项

（1）设备拆卸时，应先将紧固螺钉卸下，再取下手柄和外壳。
（2）拆卸时应将零件放置在容器中，以防零件等丢失。
（3）应记住拆卸零件的顺序，并编号依次摆放，组装时的顺序相反。
（4）拆装中注意检查各个零部件是否完好，如有问题应及时维护和更换。拆卸过程中要防止强行撬动损坏设备。
（5）组装完成后要先测量各对触点的通断情况是否良好，操作手柄转动或开合是否灵活到位。
（6）通电检验时必须有老师在旁边监督指导，确保用电安全。

能力拓展

1. 负荷开关的常见故障分析

开启式负荷开关的常见故障及处理方法如表 1-13 所示，封闭式负荷开关的常见故障及处理方法如表 1-14 所示。

表 1-13　开启式负荷开关的常见故障及处理方法

故障现象	产生的原因	处理方法
合闸后，开关一相或两相开路	动、静触点接触不良	修理后更换静触点
	熔丝熔断或虚接	更换熔丝
	动、静触点氧化或有污垢、尘土	清洁触点
	进线或出线接线虚接	重新接线
熔丝熔断	外接负载短路	查看负载，排除故障
	熔丝规格偏小	更换符合要求的熔体
触点烧坏	开关额定容量偏小	更换负荷要求的开关
	电弧过大，烧坏触点	修整触点，检查操作方法是否正确

表 1-14　封闭式负荷开关的常见故障及处理方法

故障现象	产生的原因	处理方法
操作手柄带电	外壳未接地或接地线松脱	检查接地情况
	电源进出线绝缘损坏碰壳	更换导线恢复绝缘
出头过热或烧坏	触点表面烧坏	修整触点表面
	闸刀与夹座压力不足	调整闸刀与夹座压力
	负荷过大	减小负荷或更换大容量开关

2. 组合开关的常见故障分析

组合开关的常见故障及处理方法如表 1-15 所示。

表 1-15 组合开关的常见故障及处理方法

故障现象	产生的原因	处理方法
手柄转动后触点未动作	手柄轴孔磨损变形	更换操作手柄
	绝缘杆变形	更换绝缘杆
	手柄与方形轴连接脱落	检查紧固螺钉
	操作机构损坏	修理或更换操作机构
手柄转动后出头未按要求动作	触点角度装配不对	重新组装触点
	触点失去弹性接触不良	更换或修理触点
接通后短路	绝缘损坏或接线柱之间有导体存在	更换开关或清除导电杂物

3. 低压断路器的常见故障分析

低压断路器的常见故障及处理方法如表 1-16 所示。

表 1-16 低压断路器的常见故障及处理方法

故障现象	产生的原因	处理方法
不能合闸	欠电压脱扣器无电压或线圈损坏	检查电压或更换线圈
	储能弹簧变形	更换储能弹簧
	反作用弹簧力过大	调整反作用弹簧
	操作机构损坏	维修或更换操作机构
电流达到整定值，断路器不动作	热脱扣双金属片损坏	更换双金属片
	电磁脱扣器动铁芯与静铁芯距离太大或电磁线圈损坏	调整间距或更换线圈
	主触点熔焊	检查烧毁原因并更换触点
电动机启动时断路器立即跳闸	过电流脱扣器整定值过小	调高整定值
	过电流脱扣器部件损坏	更换脱扣器
断路器闭合后经延时自动跳闸	热脱扣器整定值偏低	调高整定值
断路器温度过高	出头接触不良	调整触点或修正触点
	导线连接不良	重新紧固导线

1.3 熔 断 器

1.3.1 熔断器概述

熔断器是一种在低压配电系统、电力控制系统及用电设备中起短路保护的专用保护电器。使用时把它与被保护的电路或设备串联，当电路发生短路或严重过电流时，熔断器自身熔体迅速自动熔断，从而切断电源，起到保护作用。熔断器具有结构简单、价格便宜、体积小、质量小、使用维护方便、动作可靠等优点。

1. 熔断器的型号含义

熔断器的型号组成及含义如下：

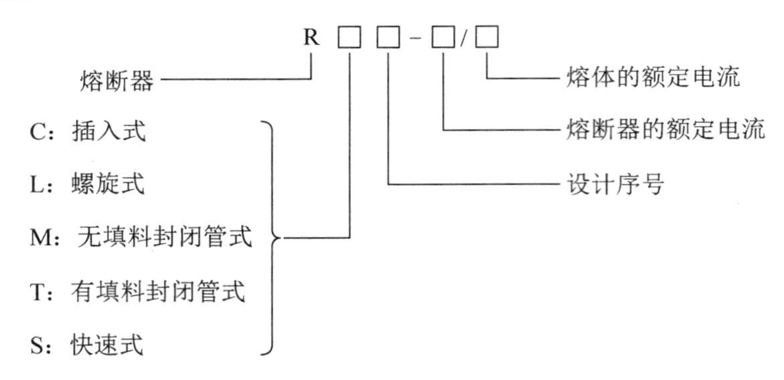

熔断器的符号如图 1-8 所示。

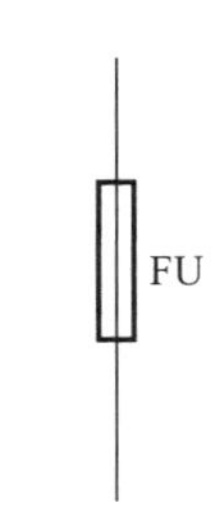

图 1-8　熔断器的符号

2. 熔断器的结构

熔断器主要由熔体、安装熔体的熔管、熔座及导电部件等组成。其中熔体是由金属材料制成的丝状、片状、带状、笼状等不同形状的导体，可以将其装于熔管内；熔管是由硬质纤维或瓷质绝缘材料制成的封闭或半封闭管状外壳，它有利于熔体熔断时熄灭电弧；熔座是熔断器的底座，用作固定熔管和外接引线。

熔体是熔断器的重要组成部分，其材料有低熔点和高熔点两类。由铅、铅锡合金或锌等低熔点材料构成的熔体多用于小电流电路，由银、铜等高熔点材料构成的熔体多用于大电流回路。

3. 熔断器的工作特性

熔断器的熔体串接于被保护的电路中，负载电流流经熔体，当电路发生短路或过电流时，电流超过熔体允许的正常发热电流，使熔体的温度迅速上升，达到熔体金属熔化温度时熔体自行熔断，切断故障电流，起到保护作用。

在规定的工作条件下，流过熔断器熔体的电流与熔体熔断的时间关系曲线称为熔断器的时间-电流特性，也称为保护特性或熔断特性，如图 1-9 所示。图 1-9 中的纵坐标为熔断时间（单位用秒表示），横坐标为熔体通过的实际电流与熔体额定电流的比值。从特性图中可以看出，熔体的熔断时间随着电流的增加而减小，即通过熔体的电流越大，熔断时间就越短。一般熔断器的熔体熔断时间与熔断电流的关系如表 1-17 所示。从表 1-17 可以看出，熔断器对过载反应不灵敏，如果电路发生轻度过载，熔断器可能会持续很长时间才能熔断，甚至不熔断，因此熔断器一般不用作过载保护。

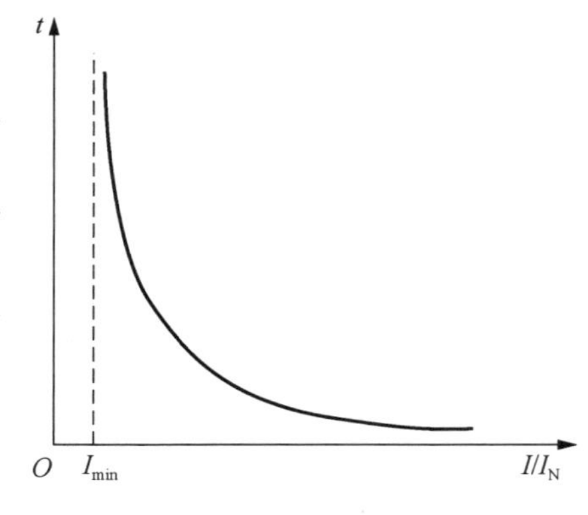

图 1-9　熔断器的时间-电流特性

表 1-17　熔断器熔断时间与熔断电流的关系

熔断电流/A	$1.25I_N$	$1.6I_N$	$2.0I_N$	$2.5I_N$	$3.0I_N$	$4.0I_N$	$8.0I_N$	$10.0I_N$
熔断时间/s	∞	3 600	40	8	4.5	2.5	1	0.4

4. 熔断器的主要技术参数

熔断器的主要技术参数有额定电压、额定电流、熔体的额定电流和极限分断能力。

（1）额定电压。熔断器的额定电压是指熔断器长期工作时和分断后所能够承受的电压值。如果熔断器的实际工作电压大于其额定电压，熔体熔断时可能会发生电弧不能熄灭的危险。

（2）额定电流。熔断器的额定电流是指熔断器长期工作时，各组成部件的温升不超过规定值时所能承受的电流，也是由组成熔断器各部件长期工作时的允许温升决定的。

（3）熔体的额定电流。它与熔断器的额定电流是两个不同的概念，熔体的额定电流是指长期通过熔体不熔断的最大电流。通常情况下一个额定电流等级的熔断器可以配用若干个额定电流等级的熔体，但熔体的额定电流不能大于熔断器的额定电流。熔断器的额定电流等级比较少，而熔体的额定电流等级比较多。

（4）极限分断能力。熔断器的极限分断能力是指熔断器在规定的额定电压和功率因数（或时间常数）的条件下能够分断的最大短路电流值。

1.3.2　常用的低压熔断器

常用的低压熔断器按结构形式主要分为插入式、螺旋式、无填料封闭管式、有填料封闭管式、快速式、自复式等几类，各熔断器的基本技术参数如表 1-18 所示。

表 1-18　常见熔断器的基本技术参数

类别	型号	额定电压/V	额定电流/A	熔体的额定电流/A	极限分断能力/kA	功率因数
插入式熔断器	RC1A	380	5	2、5	0.25	0.8
			10	2、4、6、10	0.5	
			15	6、10、15		
			30	20、25、30	1.5	0.7
			60	40、50、60	3	0.6
			100	80、100		
			200	120、150、200		
螺旋式熔断器	RL1	500	15	2、4、6、10、15	2	≥0.3
			60	20、25、30、35、40、50、60	3.5	
			100	60、80、100	20	
			200	100、125、150、200	50	
	RL2	500	25	2、4、6、10、15、20、25	1	
			60	25、35、50、60、	2	
			100	80、100	3.5	
无填料封闭管式熔断器	RM10	380	15	6、10、15	1.2	0.8
			60	15、20、25、35、45、60	3.5	0.7
			100	60、80、100	10	0.35
			200	100、125、160、200		
			350	200、225、260、300、350		
			600	350、430、500、600	12	
有填料封闭管式熔断器	RT0	AC 380 DC 440	100	60、80、100	AC 50 DC 25	>0.3
			200	120、150、200、250		
			400	300、350、400、450		
			600	500、550、600		
快速熔断器	RLS2	500	30	16、20、25、30	50	0.1～0.2
			63	35、45、50、63		
			100	75、80、90、100		

1. 插入式熔断器

插入式熔断器俗称瓷插，具有结构简单、使用广泛的特点，属于半封闭结构熔断器。它由装有熔丝的瓷盖和用来连接导线的瓷座组成，适用于交流 50Hz、额定电压为 380V、额定电流至 200A 的低压照明线路末端或分支电路，作为电气设备的短路保护及严重的过载保护。常用的 RC 系列插入式熔断器如图 1-10 所示。

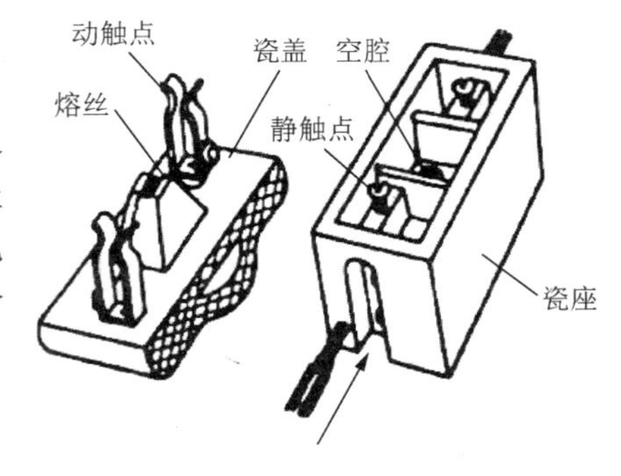

图 1-10　常用的 RC 系列插入式熔断器

2. 螺旋式熔断器

螺旋式熔断器具有结构紧凑、体积小、更换熔体方便、安全可靠等优点，主要应用于交流电压 380V、电流 200A 以下电力线路和用电设备的短路保护，在机床电路、配电屏、控制箱中应用比较广泛。螺旋式熔断器主要由瓷帽、熔管、瓷套、上下接线端等部分组成，如图 1-11 所示。熔管内装有石英砂或惰性气体，有利于电弧的熄灭，具有较高的分断能力。熔体的上端盖有一个熔断指示器，熔断时红色指示器弹出，可以通过瓷帽上的玻璃孔观察。

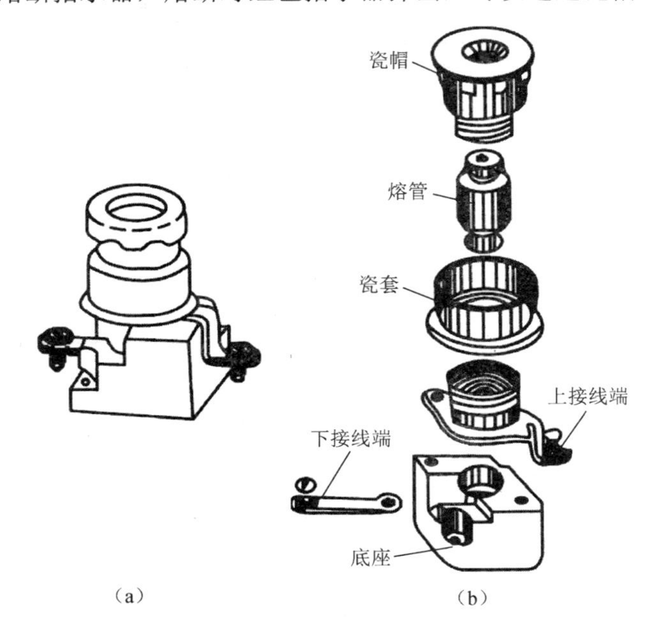

图 1-11　螺旋式熔断器

（a）外形；（b）结构

3. 无填料封闭管式熔断器

无填料封闭管式熔断器主要应用于交流电压 380V 或直流电压 440V 及以下电压等级动力网络和用电设备的短路保护用。

无填料封闭管式熔断器如图 1-12 所示，熔管采用钢纸，当熔体熔断时，钢纸管内壁在电弧热量的作用下产生高压气体，使电弧迅速熄灭；熔体采用变截面锌片，当电路发生短路故障时，短路电流通过锌片时，窄部电阻较大首先熔化，使熔管内形成几段串联短弧，而各段熔片跌落又可迅速拉长电弧，使电弧较易熄灭。

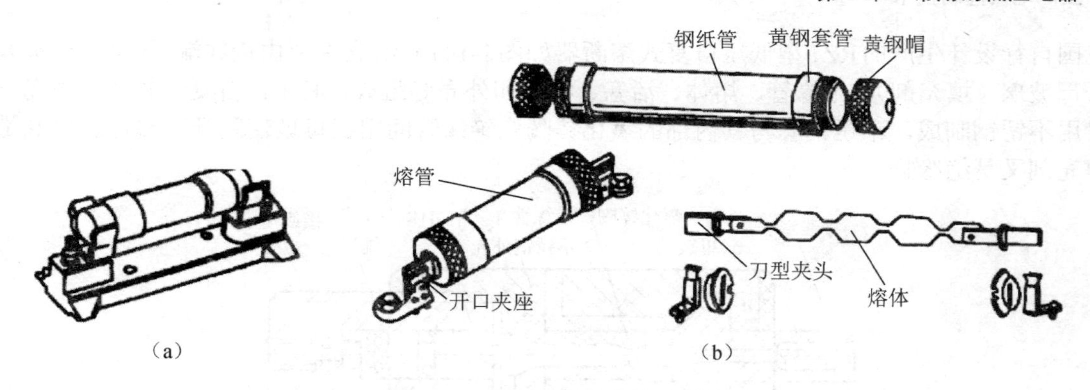

图 1-12　无填料封闭管式熔断器

（a）外形；（b）结构

4. 有填料封闭管式熔断器

有填料密闭式熔断器是一种分断能力较强的熔断器，常用于交流电压等级 500V 以下、电流等级 1 000A 及以下的供配电线路中，作为电缆、导线和电气设备的短路保护及严重过载保护。

有填料封闭管式熔断器如图 1-13 所示，熔管一般为方形高频电工瓷管，管内装有熔体并充满石英砂填料，熔体是两片网状纯铜片，中间用锡桥连接。熔体周围的石英砂用于冷却电弧，使产生的电弧迅速熄灭。该系列熔断器配有熔断指示装置，熔体熔断后，熔断指示器弹出，显示熔断信号。

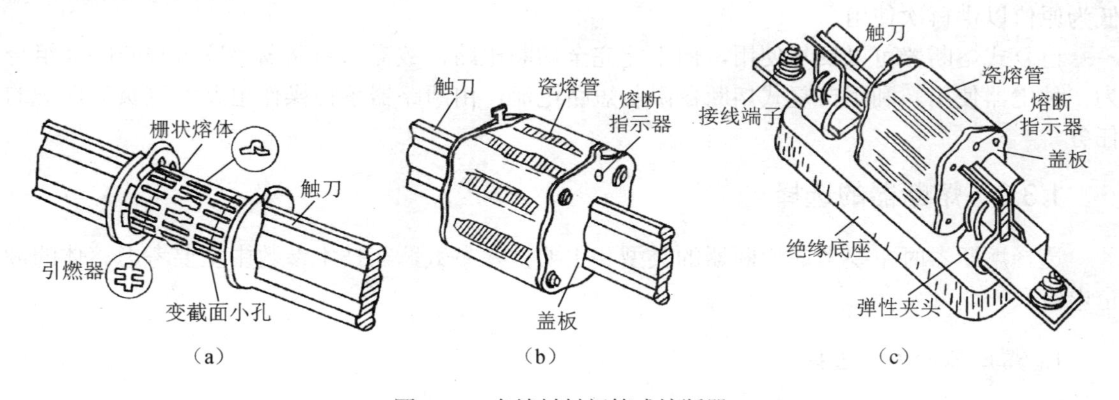

图 1-13　有填料封闭管式熔断器

（a）熔体；（b）熔管；（c）熔断器

5. 快速熔断器

快速熔断器又称半导体器件保护用熔断器，主要用于半导体功率元件的过电流保护。这种类型的熔断器具有快速动作的特性，能满足半导体器件过电流时的动作要求，同时结构简单、使用方便、动作灵敏可靠，在电力电子器件电路中得到了广泛的应用。

目前常用的快速熔断器有 RS0、RS3、RLS2 等系列。

6. 自复式熔断器

自复式熔断器具有自复功能，克服了其他熔体熔断后必须更换熔体才能恢复正常不足。

我国自行设计生产的RZ1型低压自复式熔断器如图1-14所示，它主要由接线端子（又称电极）、云母玻璃（填充剂）、绝缘管、熔体、活塞、氩气和外壳等组成。其中，自复熔断器的外壳一般用不锈钢制成，不锈钢套与其内部的氧化锌陶瓷绝缘管间用云母玻璃隔开，云母玻璃既是填充剂又是绝缘物。

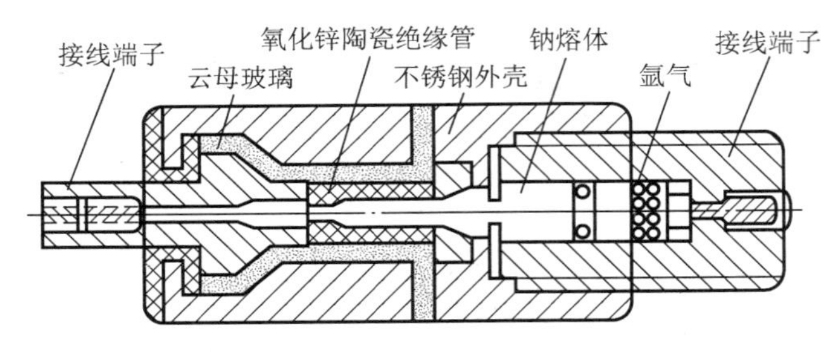

图 1-14　自复式熔断器

自复式熔断器是利用金属钠在常温下电阻很小，而在高温下电阻急剧增大的特性工作的。在正常工作情况下，电流从左侧接线端子流入，经过氧化锌陶瓷绝缘管细孔内金属钠熔体，再到右侧接线端子形成良好的电流通路。当发生短路故障时，短路电流将金属钠加热汽化成高温高压的等离子状态，使其电阻急剧增加，从而起到限流作用。此时，熔体汽化后产生的高压推动活塞向右移动，压缩氩气。当断路器断开由自复式熔断器限制了的短路电流后，金属钠蒸气温度下降，压力也随之下降，原来受压的氩气又凝结成液态和固态，其电阻值也降低为原值以供再次使用。

自复式熔断器可以反复使用，但不能完全切断电路，故需与断路器串联或与断路器组合为一种电器使用，利用自复式熔断器限制短路电流，由断路器承担操作电路和过负荷保护的任务。

1.3.3　熔断器的选择

选择熔断器时主要考虑熔断器的类型和主要技术参数，在技术参数中主要考虑熔体的额定电流。

1. 熔断器的类型选择

根据使用安装的环境条件和负载的过载特性及短路电流的大小来选择熔断器的类型。例如，容量较小的照明电路或电动机的保护可采用RCA1系列或RM10系列无填料密闭管式熔断器，容量较大的照明电路或电动机的保护、短路电流较大的电路或有易燃气体的地方应采用有高分断能力的螺旋式或有限流作用的有填料密闭管式熔断器，在开关柜、配电屏中可选用RM系列无填料封闭管式熔断器，半导体元件及晶闸管保护应选用RS系列快速熔断器等。

2. 熔体额定电流的选择

（1）对于照明线路或电阻炉等电流平稳、无冲击性电流的负载，熔体的额定电流应大于或等于负载的额定电流，即

$$I_{RN} \geqslant I_N \tag{1-1}$$

式中：I_{RN}为熔体的额定电流；I_N为负载的额定电流。

（2）对于保护电动机等感性负载，考虑电动机冲击电流的影响，熔断器不应在电动机启动时动作。

如果是保护一台不经常启动的电动机，熔体的额定电流应的式（1-2）计算。

$$I_{RN} \geqslant (1.5 \sim 2.5) I_N \tag{1-2}$$

对于频发启动或启动时间较长的电动机，上式的系数可以在 3～3.5 选择。

如果是保护多台电动机，熔体的额定电流由式（1-3）计算。

$$I_{RN} \geqslant (1.5 \sim 2.5) I_{Nmax} + \Sigma I_N \tag{1-3}$$

式中：I_{Nmax} 为容量最大的一台电动机的额定电流；ΣI_N 为其余各台电动机额定电流的总和。

（3）对于保护降压启动的电动机熔体的额定电流大于等于电动机额定电流。

3. 熔断器额定电流的选择

熔断器额定电流必须大于等于所装熔体的额定电流。

4. 熔断器额定电压的选择

熔断器额定电压必须大于等于熔断器安装点的额定电压。

5. 熔断器的上下级配合

熔断器熔体应上下级相互配合，下级熔体规格应小于上一级规格，一般短路保护时上一级熔体额定电流至少比下一级熔体额定电流大 3 倍。

1.3.4 熔断器的安装使用注意事项

（1）熔断器安装时应保证熔断器完好无损，熔断器参数与设计要求的一致，熔体与夹头及夹座安装接触良好。

（2）熔断器内熔体要符合设计要求，如果是熔丝，不能用多根小规格熔丝并联代替一根大规格熔丝。

（3）插入式熔断器安装时应垂直安装，螺旋式熔断器瓷底座接线座应与电源进线相接，螺纹壳的上接线座应与负载相接，保证更换熔体时操作者的安全。

（4）熔断器熔体熔断后，应先查明原因，排除故障后更换新熔体。更换新熔体时必须切断电源，更换熔体的规格须和原来的相同。

技能训练——熔断器的识别及熔体的更换

1. 熔断器的识别

在实训老师的指导下认真观察熔断器的外形、结构及规格型号，指导老师随意选中 4 种胶布盖住型号的熔断器，并由学生当场观察后填写表 1-19。

表 1-19　熔断器的识别

序号	1	2	3	4
名称				
规格型号				
结构特点				

2. 熔断器熔体的更换

选取 RC 或 RL 系列熔断器认真观察，按原规格选配并更换熔体，检查熔体更换后熔断器各部分是否接触良好。

能力拓展

熔断器的常见故障及处理方法如表 1-20 所示。

表 1-20　熔断器的常见故障及处理方法

故障现象	产生的原因	处理方法
电路通电瞬间熔体熔断	配用熔体的规格偏小	更换熔体
	负载侧短路	检查排除负载电路故障
	熔断器安装有问题	检查熔断器
熔体未熔断但电路不通	熔体接触不良或熔断器接线松动	重新连接

1.4 主令电器

主令电器是用来发布控制命令、接通或断开控制电路的电器。主令电器种类较多，主要有控制按钮、行程开关、接近开关、万能转换开关和主令控制器等。

1.4.1 控制按钮

控制按钮是一种用人力（一般为手指或手掌）操作，短时接通或断开小电流回路，并具有储能（弹簧）复位的一种控制开关。它的触点允许通过的电流较小，一般不超过 5A。一般情况下它不直接控制主电路，而是用在控制电路中发出命令或信号实现控制电路的通断。

1. 控制按钮的型号含义

控制按钮的型号组成及含义如下：

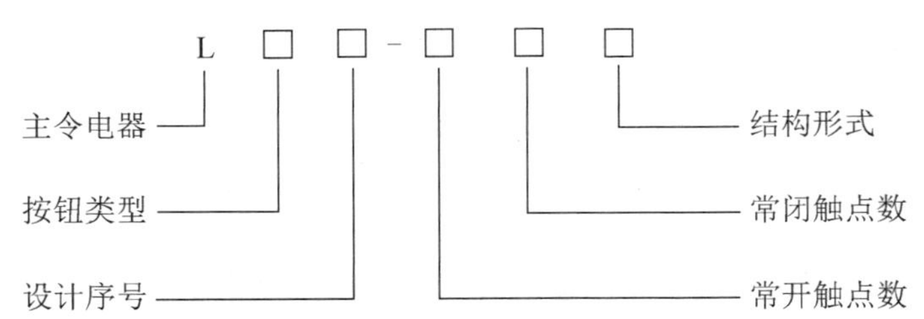

其中，按钮类型代号一般用 A 表示，结构形式代号的含义如下：K 为开启式，适用于嵌装在操作面板上；H 为保护式，带保护外壳，可防止内部零件受机械损伤或人触及带电部分；S 为防水式，具有密封外壳，可防止雨水浸入；F 为防腐式，能防止腐蚀性气体进入；J 为紧急式，有突出且为红色的蘑菇形按钮帽，便于紧急操作切断电源；X 为旋钮式，装有可扳动的手柄，有接通和断开两个位置；Y 为钥匙式，用钥匙插入转动操作，专人专供；D 为指示

灯式，在透明的按钮帽内部装有指示灯，用作按动该按钮后的工作状态以及控制信号是否发出或者接收状态的指示；DJ—紧急式带指示灯。

为了表明按钮的作用，便于操作人员识别，避免误操作，通常将按钮帽用不同的颜色来区分，按钮帽颜色的含义如表 1-21 所示。

表 1-21　按钮帽颜色的含义

颜色	含义	说明	应用示例
红	紧急	危险或紧急情况时操作	急停、停止
黄	异常	异常情况时操作	干预、制止异常情况
绿	安全	安全或正常情况时操作	启动
蓝	强制性	要求强制动作情况下操作	复位
白	未赋予特定含义	除急停外一般的功能操作	启动/接通、停止/断开
灰			启动/接通、停止/断开
黑			启动/接通、停止/断开

2. 控制按钮的结构

控制按钮一般由按钮帽、复位弹簧、触点、接线柱等部件组成，如图 1-15 所示。

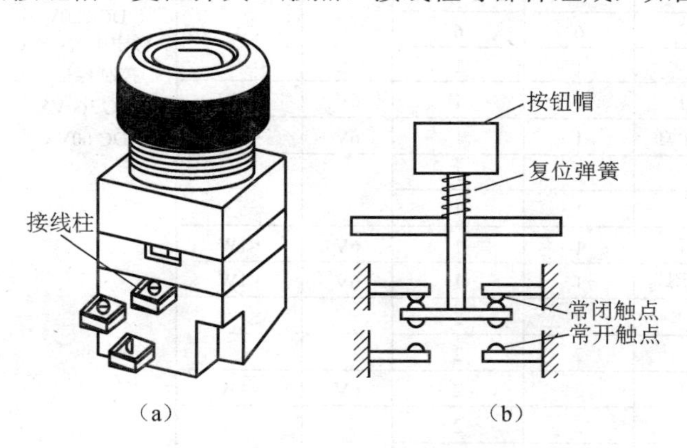

图 1-15　控制按钮

（a）外形；（b）结构

控制按钮的按钮帽不受作用力时，触点的分合状态有常开和常闭两种；当按钮帽受外力时，常开触点闭合，常闭触点断开，按钮帽外作用力消失，动作了的触点会自动复位。只有常开触点的按钮称为常开按钮（启动按钮），只有常闭触点的按钮称为常闭按钮（停止按钮），常开和常闭触点组合在一起的按钮称为复合按钮，其符号如图 1-16 所示。

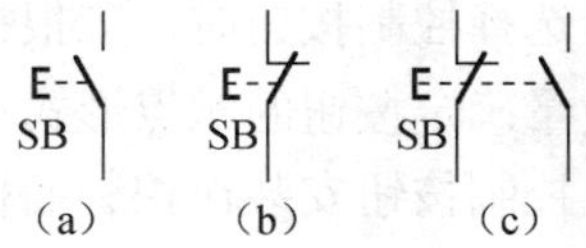

图 1-16　按钮的符号

（a）常开按钮；（b）常闭按钮；（c）复合按钮

3. 控制按钮的主要技术参数

控制按钮常用于交流电压 500V、直流电压 440V、额定电流 5A、交流控制功率 300W 和直流控制功率 70W 的回路中，其触点的额定电压一般为 500V 或 380V，额定电流为 5A。常用的系列有 LA18、LA19、LA20 等，结构形式大多采用积木式拼装结构，触点数量可以根据需求拼装，多的可以有十几对触点。常见控制按钮的主要技术参数如表 1-22 所示。

表 1-22　常用控制按钮的主要技术参数

型号	形式	触点数量/对		信号灯		额定电压、额定电流和控制容量	按钮	
		常开	常闭	电压	功率		钮数	颜色
LA18-22	开启	2	2	—	—	额定电压： AC 380V DC 220V 额定电流：5A 控制容量： AC 300VA DC 60VA	1	红绿黄白黑
LA18-44	开启	4	4				1	红绿黄白黑
LA18-66	开启	6	6				1	红绿黄白黑
LA18-22J	紧急	2	2				1	红
LA18-44J	紧急	4	4				1	红
LA18-66J	紧急	6	6				1	红
LA18-22X	旋钮	2	2				1	黑
LA18-44X	旋钮	4	4				1	黑
LA18-66X	旋钮	6	6				1	黑
LA18-22Y	钥匙	2	2				1	锁芯本色
LA18-44Y	钥匙	4	4				1	锁芯本色
LA18-66Y	钥匙	6	6				1	锁芯本色
LA19-11J	紧急	1	1				1	红
LA19-11D	带指示灯	1	1	6V	<1W		1	红绿蓝黄白
LA19-11DJ	紧急带指示灯	1	1	6V	<1W		1	红
LA20-11A	一般	1	1	—	—		1	红绿黄蓝白
LA20-11J	紧急	1	1				1	红
LA20-11D	带指示灯	1	1	6V	<1W		1	红绿黄蓝白
LA20-11DJ	紧急带指示灯	1	1	6V	<1W		1	红
LA20-2K	开启	2	2	—	—		2	白绿
LA20-22J	紧急	2	2				1	红
LA20-22D	带指示灯	2	2	6V	<1W		1	红黄绿蓝白
LA20-2H	保护	2	2	—	—		2	白、红
LA20-3H	保护	3	3				3	白、红

4. 控制按钮的选择及使用

选择控制按钮时，应根据使用场所的环境条件确定按钮的种类，根据控制回路需要的触点数量确定按钮的触点形式和数量，根据工作使用情况确定按钮的颜色。

控制按钮安装在控制面板上时，应操作方便，布置合理，安装应牢固可靠；按钮的触点间距较小，要注意保持触点的清洁，避免污染等造成的短路故障。

1.4.2　行程开关

行程开关也称为位置开关或限位开关，它依据生产机械的移动距离发出控制指令，从而控制其运动的方向、位置及行程。其工作原理与控制按钮相同，区别就是它的触点动作是靠运动的机械部件碰压实现的，而不是通过人手动实现的。通过行程开关控制可以实现机械按位置自动停止、变向、调速或自动往返。

1. 行程开关的型号及含义

常用的行程开关有 LX19 和 JLXK1 等系列，其型号组成及含义如下：

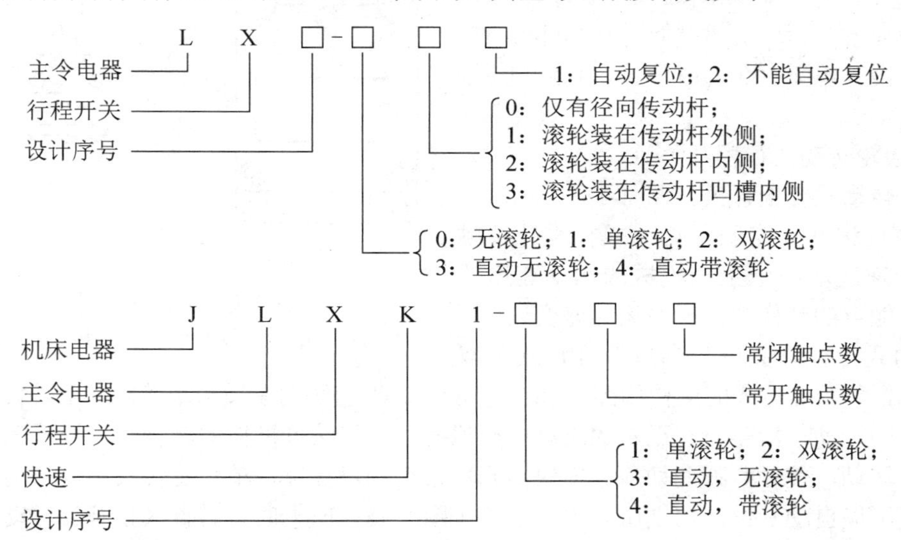

LX19 和 JLXK1 系列行程开关的主要技术参数如表 1-23 所示。

表 1-23　LX19 和 JLXK1 系列行程开关的主要技术参数

型号	额定电压和额定电流	结构特点	触点对数		工作行程	超行程	触点转换时间
			常开	常闭			
LX19-111	380V 5A	单轮，滚轮装在传动杆内侧，自动复位	1	1	30°	20°	≤0.04s
LX19-121		单轮，滚轮装在传动杆外侧，自动复位	1	1	30°	20°	
LX19-131		单轮，滚轮装在传动杆凹槽内，自动复位	1	1	30°	20°	
LX19-212		双轮，滚轮装在 U 形传动杆内侧，不能自动复位	1	1	30°	15°	
LX19-222		双轮，滚轮装在 U 形传动杆外侧，不能自动复位	1	1	30°	15°	
LX19-232		双轮，滚轮装在 U 形传动杆内外侧各一个，不能自动复位	1	1	30°	15°	
LX19-111		无滚轮，自动复位	1	1	4mm	3mm	
JLXK1-111	380V 5A	单轮防护	1	1	15°	30°	
JLXK1-111		双轮防护	1	1	45°	45°	
JLXK1-111		直动防护	1	1	1～3mm	2～4mm	
JLXK1-111		直动滚轮防护	1	1	1～3mm	2～4mm	

2. 行程开关的种类及结构

行程开关的种类很多，按其结构可分为直动式、转动式和微动式；按其复位方式可分为自动复位式和非自动复位式；按触点性质可分为触点式和无触点式。各类行程开关的结构基本上都包括操作机构、触点系统和外壳。

1）直动式行程开关

直动式行程开关是靠运动部件的挡铁撞击行程开关的顶杆发出控制命令的，其结构如

图 1-17 所示。当挡铁离开行程开关的推杆时，直动式行程开关可以自动复位。直动式行程开关的缺点是其触点的通断速度取决于生产机械的运动速度，当运动速度低于 0.4m/min 时，触点通断慢，电弧存在的时间长，触点的烧蚀严重。

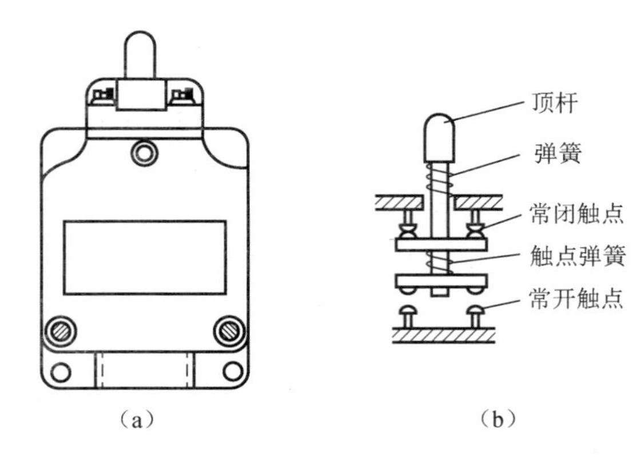

图 1-17　直动式行程开关

(a) 外形；(b) 结构

2）滚轮转动式行程开关

滚轮转动式行程开关如图 1-18 所示。滚轮转动式行程开关克服了直动式行程开关触点的通断速度取决于生产机械的运动速度的缺点，其触点的动作与机械的运动速度无关。滚轮转动式行程开关可分为单轮旋转式和双轮旋转式，单轮旋转式的结构如图 1-18（c）所示。当撞块向左撞击滚轮时，上转臂绕支点以逆时针方向转动，滑轮自左至右的滚动中压迫压板，待滚过横板的转轴时，横板在弹簧的作用下突然转动，使触点瞬间切换。撞块离开后带动触点复位，单轮旋转式可以自动复位，双轮旋转式不能自动复位。挡铁压其中一个轮［图 1-18（b）］时，转臂（摆杆）转动一定的角度，使其触点瞬时切换，挡铁离开滚轮摆杆不会自动复位，触点也不复位。当部件返回时，挡铁碰动另一个轮，摆杆才回到原来的位置，触点再次切换。

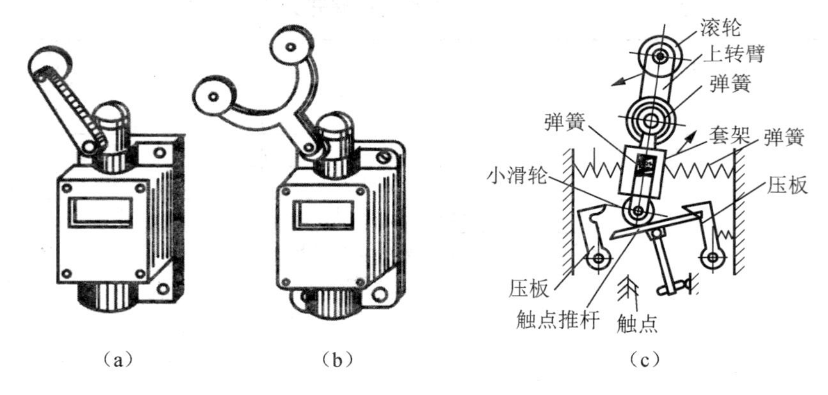

图 1-18　滚轮转动式行程开关

(a) 单轮；(b) 双轮；(c) 单轮结构

3）微动式行程开关

微动式行程开关采用弯形片状弹簧的瞬时机构，它的快速动作是靠弯形片状弹簧发生形变时储存的能量突然释放来完成的。微动式行程开关的结构如图 1-19 所示，其动作极限行程和动作压力均很小，只适用于小型机构中使用。但它有体积小、动作灵敏的优点。

行程开关的符号如图 1-20 所示。

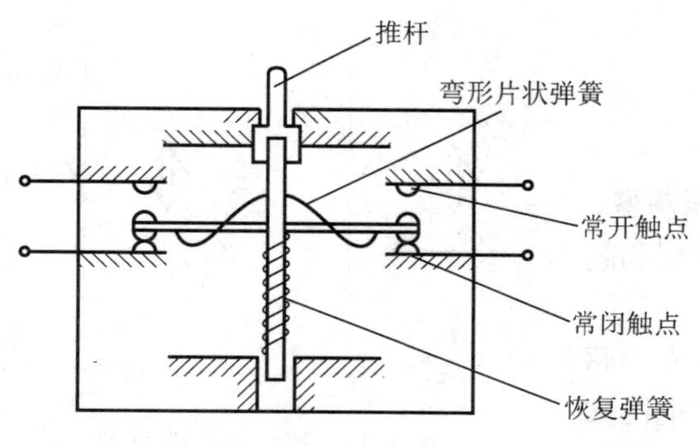

图 1-19　微动式行程开关的结构

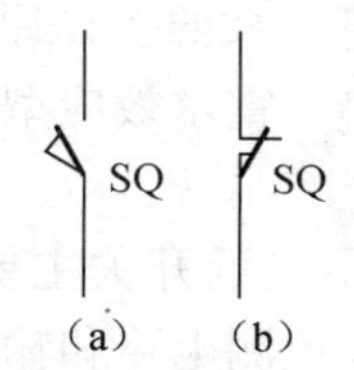

图 1-20　行程开关的符号

（a）常开触点；（b）常闭触点

3．行程开关的选用

根据被控电路的特点、要求，以及生产现场条件和所需要的触点的数量、种类等综合因素来考虑选用行程开关的种类；根据机械位置对开关形式的要求和控制线路对触点的数量要求以及电流、电压等级来确定行程开关的型号。例如，直动式行程开关的分合速度取决于挡块的移动速度，当挡块的移动速度低于 0.4m/min 时，触点分断的速度很慢，触点易受电弧烧灼，此时应采用带有盘形弹簧机构能够瞬时动作的滚轮式行程开关。

1.4.3　接近开关

接近开关又称无触点接近开关，是一种无须与运动部件进行机械直接接触而可以操作的位置开关，当物体接近开关的感应面到动作距离时，不需要机械接触及施加任何压力即可使开关动作。它克服了有触点行程开关可靠性较差、使用寿命短和操作频率低的缺点，采用了无接触、无触点式开关，具有动作可靠、性能稳定、频率响应快、应用寿命长、抗干扰能力强、防水、防震、耐腐蚀等优点。接近开关可以实现距离检测、尺寸控制、转速控制、计数控制、异常检测、有无产品检测等多种功能，在自动控制系统中已获得广泛应用。

1．接近开关的型号含义

接近开关的应用系列主要有 LJ、LXJ 等，其结构种类多，规格品种齐全。接近开关的型号组成及含义如下：

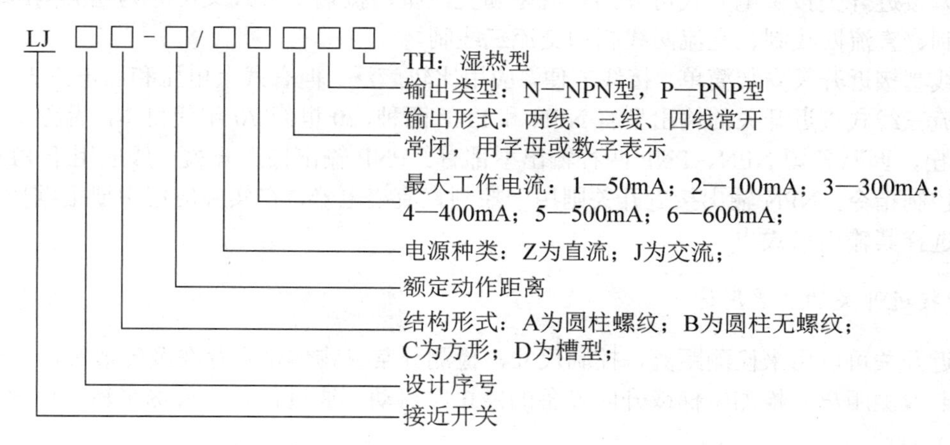

接近开关的符号如图 1-21 所示。

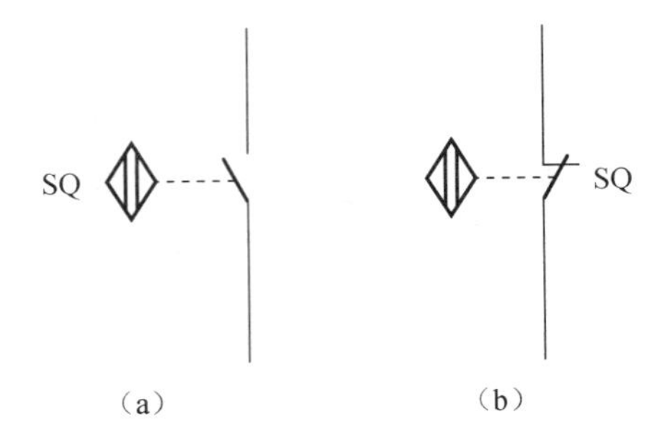

图 1-21　接近开关的符号

（a）动合（常开）触点；（b）动断（常闭）触点

2. 接近开关的分类

（1）接近开关按照工作原理可以分为高频振荡型、电感型、电容型、霍尔效应型、光电型、磁感应型和超声波型等多种。

高频振荡型接近开关主要由高频振荡器组成的感应头、振荡器、检测电路和输出电路组成，原理框图如图 1-22 所示。高频振荡器在接近开关的感应头产生高频交变的磁场，当金属物体进入高频振荡器的线圈磁场时，即当金属物体接近感应头时，在金属物体内部感应产生涡流损耗，吸收振荡器的能量，破坏振荡器起振的条件，使振荡停止。振荡器起振和停振两个信号经放大电路放大，转换成开关信号输出。

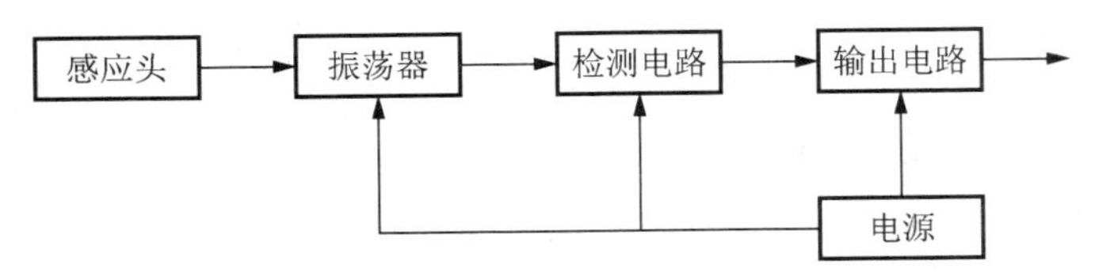

图 1-22　高频振荡型接近开关的原理框图

电容型接近开关主要由电容式振荡器和电子电路组成。电容型接近开关的感应面由两个同轴金属电极构成，电极 A 和电极 B 连接在高频振荡器的反馈回路中，该高频振荡器没有物体经过时不发生感应，当测试物体接近传感器表面时，它就进入由这两个电极构成的电场，引起 A、B 之间的耦合电容增加，电路开始振荡，每一个振荡的振幅均由数据分析电路测得，并形成开关信号。

（2）接近开关按其外部形状可分为圆柱型、方型、沟型、穿孔（贯通）型和分离型。圆柱型比方型安装方便，但其检测特性相同；沟型的检测部位在槽内侧，用于检测通过槽内的物体；穿孔型在我国很少生产，而在日本则应用较为普遍，可用于小螺钉或滚珠之类的小零件和浮标组装成水位检测装置等。

（3）接近开关按供电方式可分为直流型和交流型，按输出形式又可分为直流两线制、直流三线制、直流四线制、交流两线制和交流三线制。

两线制接近开关安装简单、接线方便，应用比较广泛，但有残余电压和漏电流大的缺点。

直流三线式接近开关的输出型有 NPN 和 PNP 两种，20 世纪 70 年代日本产品绝大多数是 NPN 输出，西欧各国 NPN、PNP 两种输出型都有。PNP 输出接近开关一般应用于 PLC 或计算机的控制指令，NPN 输出接近开关则用于控制直流继电器，在实际应用中要根据控制电路的特性选择其输出形式。

3. 接近开关的主要用途

接近开关可以用来检测距离，控制尺寸，检测异常、物体是否存在及计数等。

（1）检测距离。检测电梯或升降设备的停止、启动、通过位置；检测车辆的位置，防止两物体相撞；检测工作机械的设定位置、移动机器或部件的极限位置；检测回转体的停止位置、阀门打开或关闭的位置；检测气缸或液压缸内的活塞移动位置。

（2）控制尺寸。控制金属板冲剪的尺寸，自动选择或鉴别金属件的长度，检测自动装卸时的堆物高度，物品的长、宽、高和体积等。

（3）检测异常。检测瓶盖有无、产品是否合格、包装盒内的金属制品是否缺乏，区分金属与非金属零件，检测产品有无标牌，起重机危险区报警，控制安全扶梯自动启/停。

（4）检测物体是否存在及计数。检测物体是否存在、生产包装线上有无产品包装箱、有无产品零件、生产线上流过的产品数，计量高速旋转轴或盘的转数，零部件计数。

4. 接近开关的选用

根据接近开关的实际安装位置、检测体材质的不同、检测距离等，应选用不同类型的接近开关，以使其在系统中具有高的性能价格比，一般选择时的注意事项如下。

（1）当检测体为金属材料时，应选用高频振荡型接近开关，该类型接近开关对铁镍、A3钢类检测体检测最灵敏，对铝、黄铜和不锈钢类检测体的检测灵敏度较低。检测灵敏度要求不高时，可以选用价格低廉的磁性接近开关或霍尔效应型接近开关。

（2）当检测体为非金属材料时，如木材、纸张、塑料、玻璃和水等，应选用电容型接近开关。

（3）当金属体和非金属要进行远距离检测和控制时，应选用光电型接近开关或超声波型接近开关。

（4）根据控制电路的需求确定接近开关的触点数量。

1.4.4　万能转换开关

万能转换开关是一种多挡位、可以控制多个回路的主令电器，应用于控制电路中实现电路的转换，如作为电气测量仪表的转换开关或用作小容量电动机的启动、制动、调速和换向的控制。由于其触点数量多、挡位多、换接的线路多，用途又广泛，故称其为万能转换开关。

1. 万能转换开关的型号含义

常用的万能转换开关系列有 LW5、LW6、LW15 等，其中 LW5 系列为例的型号组成及含义如下：

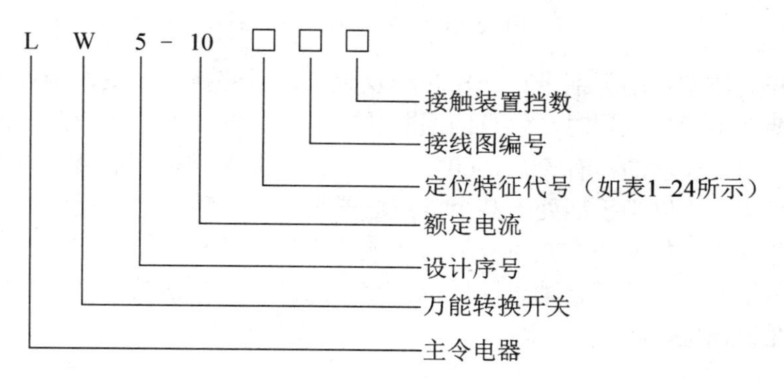

表 1-24　LW5 系列万能转换开关的定位特征代号

操作方式	代号	操作手柄角度											
自复式	A						0°	45°					
	B					45°	0°	45°					
定位式	C						0°	45°					
	D					45°	0°	45°					
	E					45°	0°	45°	90°				
	F				90°	45°	0°	45°	90°				
	G				90°	45°	0°	45°	90°	135°			
	H			135°	90°	45°	0°	45°	90°	135°			
	I			135°	90°	45°	0°	45°	90°	135°	180°		
	J		120°	90°	60°	30°	0°	30°	60°	90°	120°		
	K		120°	90°	60°	30°	0°	30°	60°	90°	120°	150°	
	L	150°	120°	90°	60°	30°	0°	30°	60°	90°	120°	150°	
	M	150°	120°	90°	60°	30°	0°	30°	60°	90°	120°	150°	180°
	N					45°		45°					
	P					90°	0°	90°					

2. 万能转换开关的结构

万能转换开关主要由手柄、转轴、接线点等组成，与组合开关的结构相似，也是由多组相同结构的触点组件叠装而成，其结构示意图如图 1-23 所示。

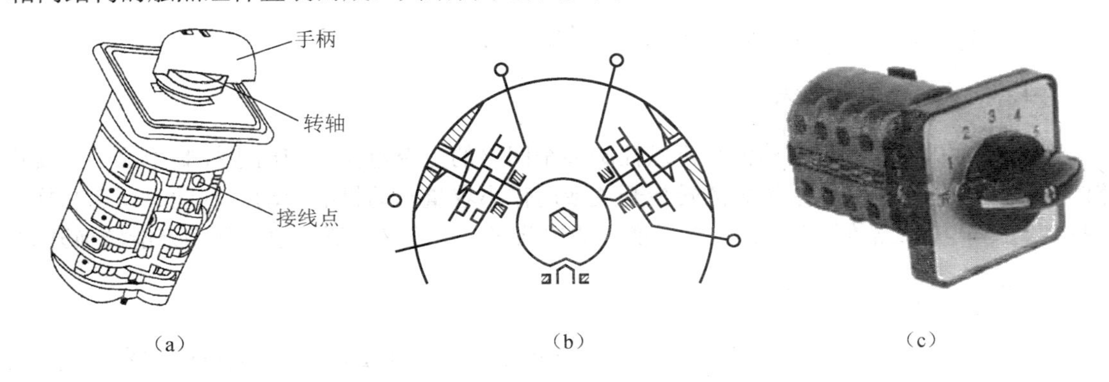

（a）　（b）　（c）

图 1-23　万能转换开关

（a）外形结构；（b）一层结构；（c）外形

万能转换开关依靠转动手柄带动凸轮转动及定位，用变换半径操作触点的通断。当万能转换开关的手柄在不同的位置时，触点的通断状态是不同的。万能转换开关的手柄操作位置是用手柄转换的角度表示的，有 90°、60°、45°、30°共 4 种。万能转换开关每层的凸轮结构形式不一定相同，所以当手柄处于某个操作位置时，各层触点的通断也不一定相同。

万能转换开关手柄的操作方式可分为自复式和定位式两种。自复式是指用手拨动手柄于某一挡位时，手松开后，手柄自动返回原位；定位式则是指手柄被置于某挡位时，不能自动返回原位而停在该挡位。

由于万能转换开关的触点对数较多，因此电路中的符号表示相对也较复杂，如图 1-24（a）所示。为了更好说明其触点的通断情况，还可以用表格进行辅助表示，如图 1-24（b）所示。图 1-24（a）中，“—o o—”表示一对触点，竖向虚线代表操作手柄的位置。当操作手柄处在某个操作位置时，在触点下方的虚线上点黑点表示该对触点是接通的，没有标注黑点的则代表该对触点是断开的。在图 1-24（b）中，相应操作位置下有叉号的表示该触点是接通的。

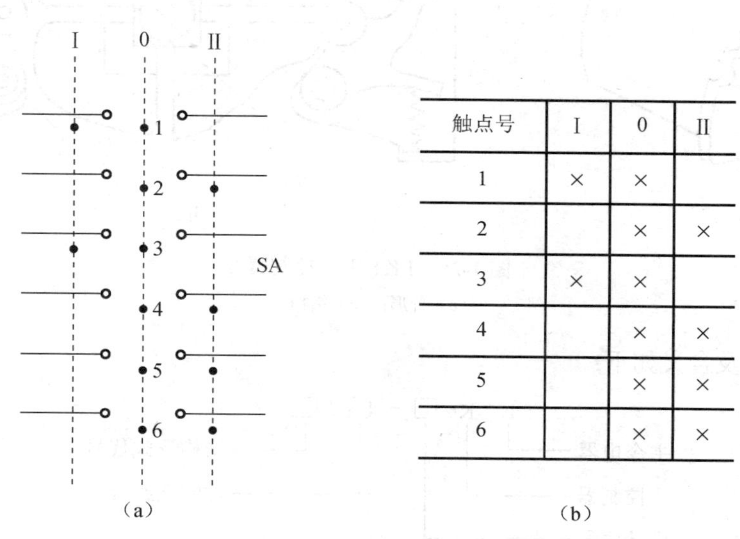

触点号	I	0	II
1	×	×	
2		×	×
3	×	×	
4		×	×
5		×	×
6		×	×

图 1-24　万能转换开关的图形符号

（a）符号；（b）触点通断表

3. 万能转换开关的选用

万能转换开关主要适用于交流额定电压 380V、频率 50Hz、直流额定电压为 220V 及以下、额定电流 160A 及以下的控制回路中，主要根据其用途、所需触点数量、接线方式、额定电压电流等来选择。

1.4.5　主令控制器

主令控制器能实现按一定顺序分合触点，达到发布命令或控制线路联锁、转换的目的，主要用于电气传动系统中，适用于频繁对电路进行接通和切断，在绕线式异步电动机的启动、制动、调速及换向、远距离控制中应用较多。主令控制器大多应用于控制电路中，触点的额定电流一般不大。

1. 主令控制器的结构及工作原理

主令控制器一般由触点系统、操作机构、转轴、齿轮减速机构、凸轮、外壳等几部分组成，如图 1-25 所示。目前常用的系列有 LK1、LK4、LK5、LK16 等。

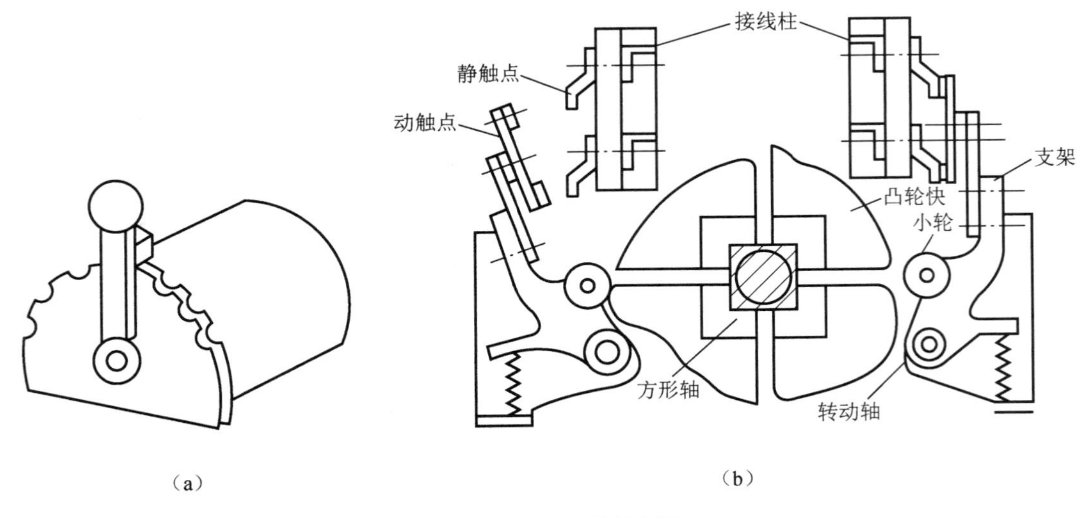

图 1-25　LK1 主令控制器

(a) 外形；(b) 结构

其型号组成及含义如下：

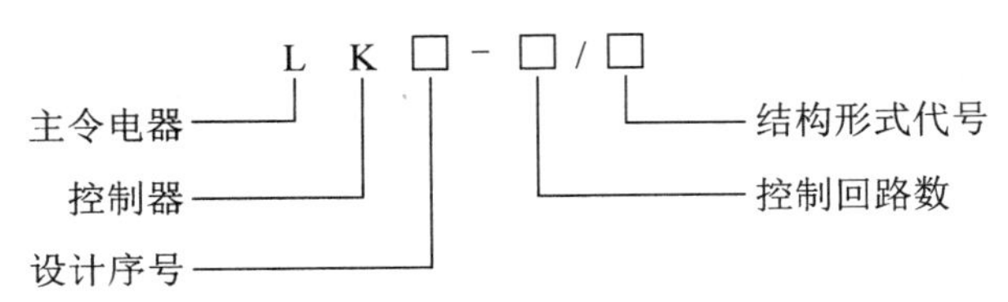

主令控制器的动作原理与万能转换开关相同，也是靠凸轮来控制触点系统的关合。但与万能转换开关相比，它的触点容量大些，操纵挡位也较多。不同形状凸轮的组合使触点按一定顺序动作，而凸轮的转角是由控制器的结构决定的，凸轮数量的多少则取决于控制线路的要求。

主令控制器的凸轮通过螺杆与对应的触点系统组成一个整体，其转轴既可以直接与操作机构连接，也可以经过减速器与之连接。如果被控制的电路数量很多，即触点系统档次很多，则将它们分为 2～3 列，并通过齿轮啮合机构来连接，以免主令控制器过长。主令控制器还可以组合成联动控制台，以实现多点多位控制。

主令控制器在电路中的图形符号如图 1-26 所示。

2. 主令控制器的选用及安装使用

主令控制器主要根据使用环境、所需控制的回路数、触点闭合的顺序、电路的额定电流、额定电压等选用。

主令控制器的安装使用应注意：

(1) 安装前应操作手柄不少于 5 次，检查手柄动作是否顺畅、触点动作是否正确、触点接触是否良好等。

(2) 主令控制器运行前应进行绝缘电阻的测量，绝缘电阻一般应大于 0.5MΩ。

(3) 主令控制器外壳上的接地螺栓要可靠接地。

(4) 使用过程中应注意定期清洁和润滑。

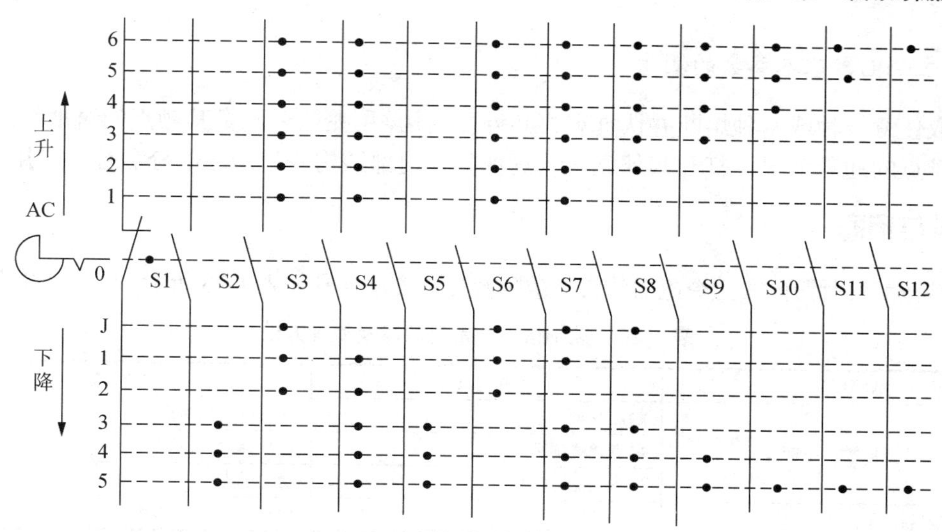

图 1-26　主令控制器的符号

（5）主令控制器停止使用时操作手柄应位于零位。

凸轮控制器与主令控制器相似，其作用、结构、工作原理、图形符号等基本与主令控制器相似，主要系列为 KT 系列，其结构如图 1-27 所示，工作原理读者可以仿照主令控制器自行分析。

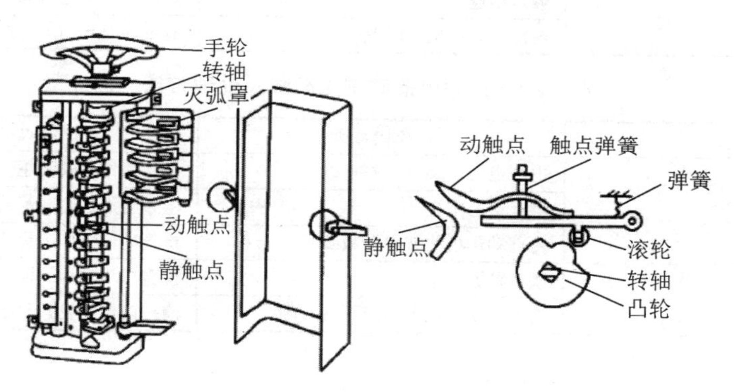

图 1-27　凸轮控制器的结构

技能训练——主令电器的识别及基本参数的测量

1. 主令电器的识别

在实训老师指导下认真观察主令电器的外形、结构及规格型号，由指导老师随意选中 4 种胶布盖住型号的主令电器，并由学生当场观察后填写表 1-25。

表 1-25　主令电器的识别

序号	1	2	3	4
名称				
型号规格				
结构特点				

2. 主令电器基本参数的测量

选取任意一种或两种熔断并认真观察其外形结构，用兆欧表测量其触点的对地绝缘电阻，测量其触点的通断情况，打开其外壳，认真观察其内部结构并记录各部分名称和作用。

能力拓展

控制按钮、行程开关、主令电器的常见故障及处理方法分别如表1-26所示、表1-27和表1-28。

表1-26 控制按钮的常见故障及处理方法

故障现象	产生的原因	处理方法
按下或松开按钮后触点不能接通	触点变形	修正或更换触点
	触点弹簧损坏	更换弹簧
	抽头表面有污垢	清洁触点
常开或常闭触点不能断开	触点粘连	检查触头粘连原因，更换触点

表1-27 行程开关的常见故障及处理方法

故障现象	产生的原因	处理方法
碰压后触点不动作	行程开关安装位置不正确	按正确位置安装行程开关
	触点接触不良	检查触点是否变形或更换
	内部动作机构或弹簧故障	检查动作机构或更换弹簧
触点不能复位	触点粘连	检查出头粘连原因，更换触点
	内部运动机构卡阻或弹簧故障	清扫内部杂物，更换弹簧

表1-28 主令电器的常见故障及处理方法

故障现象	产生的原因	处理方法
碰压后触点不动作	主令电器安装位置不正确	按正确位置安装主令电器
	触点接触不良	检查触点是否变形或更换
	内部动作机构或弹簧故障	检查动作机构或更换弹簧
触点不能复位	触点粘连	检查出头粘连原因，更换触点
	内部运动机构卡阻或弹簧故障	清扫内部杂物，更换弹簧

1.5 接 触 器

1.5.1 接触器概述

1. 接触器的定义

接触器是一种用于接通或切断交流、直流主电路和控制电路的电磁式开关，具有通断能力强、控制容量大、可以实现远距离操作等显著特性，被广泛应用于大容量电路的通断控制，在农业、工业、交通运输及电力生产等领域均有着广泛应用。

2. 接触器的工作原理

当接触器的电磁线圈通电后，电流通过线圈。根据电磁感应原理，线圈中的电流产生磁场，静铁芯由于磁场的作用产生电磁吸力，当吸力足够大时，克服还原弹簧反力的作用，吸合动铁芯。动、静铁芯的吸合通过中间传动机构带动接触器主、辅触点动作。当通过线圈的电流较小或为零时，电磁吸力过小或消失，当电磁吸力的作用小于还原弹簧反力的作用时，动铁芯复位，触点系统也立即复位。接触器的基本结构如图 1-28 所示。

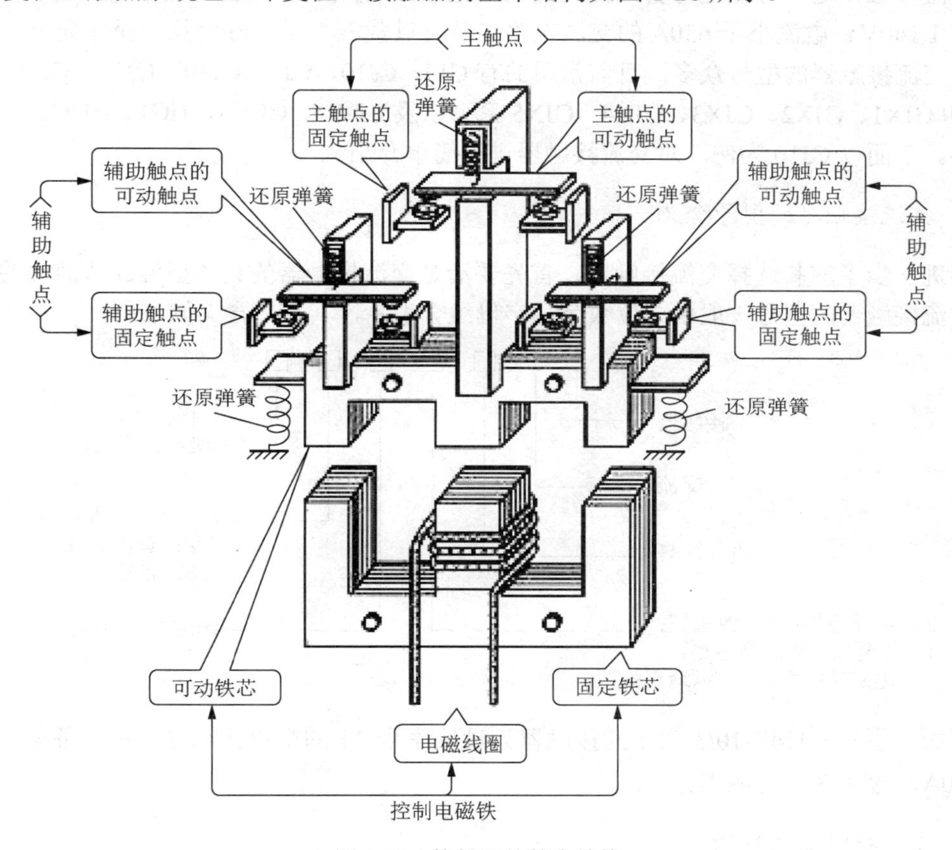

图 1-28　接触器的基本结构

3. 接触器的分类

接触器按主触点连接回路的形式不同来分有直流接触器和交流接触器。交流接触器形式也较为多样，在日常生产生活中应用广泛，根据交流接触器主触点级数的不同、灭弧介质的不同、触点的有无能够对其进一步分类。交流接触器按照主触点极数的不同分为单极、双极、三极、四极、五极交流接触器；按照灭弧介质不同分为空气绝缘式接触器和真空室接触器，对于一般负载而言空气绝缘式接触器便能满足电气控制要求，而对于特殊环境，如煤矿、石化以及电压为 660V 和 1 140V 等易燃易爆场所，需采用真空绝缘的接触器以避免火灾发生；按有无触点将交流接触器分为有触点的接触器和无触点的接触器，无触点交流接触器是利用晶闸管代替触点进行电路通断的元件。

按接触器操作机构的不同来分有电磁式接触器、永磁式接触器、液压式接触器、气动式接触器。

按接触器动作方式的不同来分有直动式接触器、转动式接触器。

按接触器灭弧介质特点不同来分有空气接触器、真空接触器、无弧接触器。

1.5.2 交流接触器

交流接触器是一种能进行自动控制的低压电器产品，常用于远距离、频繁通断、额定电压小于 1 140V、电流小于 630A 的交流电路，具有过载能力强、寿命长、操作简单、经济等特点。交流接触器的型号众多，目前常用的有 CJ0、CJ10、CJ2、CJ20、CJ24、CJ28、CJ29、CJ40 和 CJX1、CJX2、CJX3、CJX4、CJX5 系列以及 CDC1、CDC7、HC1、HUCL、3TB、B 系列等。下面以 CJ10 为例，对交流接触器进行简单介绍。

1. 交流接触器的型号含义

要进一步了解和选择交流接触器，首先要清楚交流接触器的具体型号。从简便的角度考虑，交流接触器的型号一般由 7 位数字、字母组合表示，其具体含义如下：

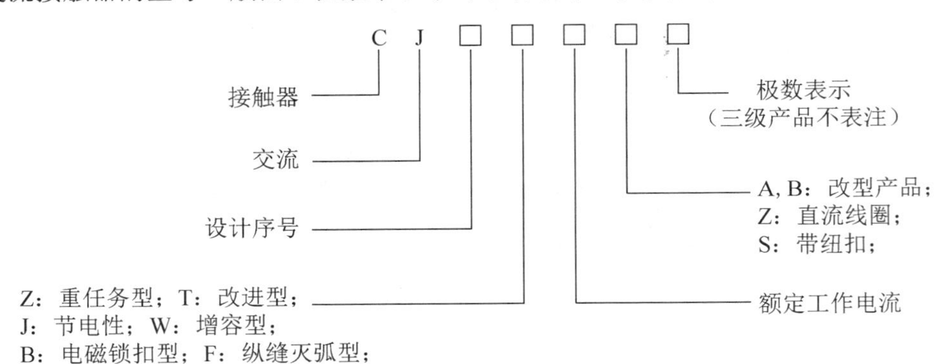

例如，型号 CJ24Z-10/3 表示此接触器为设计序号 24 的交流接触器，重任务型，额定电流为 10A，含有 3 个主触点。

2. 交流接触器的结构

常见的交流接触器如图 1-29 所示，其在电路中的符号如图 1-30 所示。

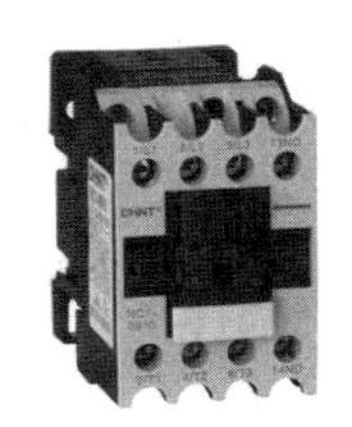

图 1-29　常见的交流接触器

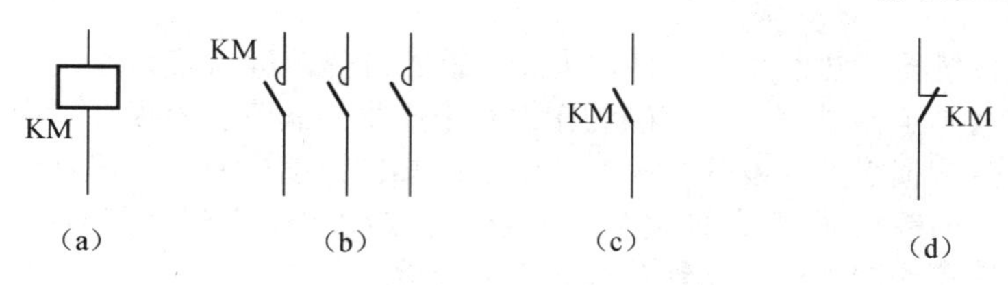

图 1-30　接触器的符号

（a）线圈；（b）主触点；（c）辅助常开触点；（d）辅助常闭触点

交流接触器主要由电磁系统、触点系统、灭弧装置、绝缘外壳及附件四部分构成。CJ10-20型交流接触器的外形结构示意图如图 1-31 所示。

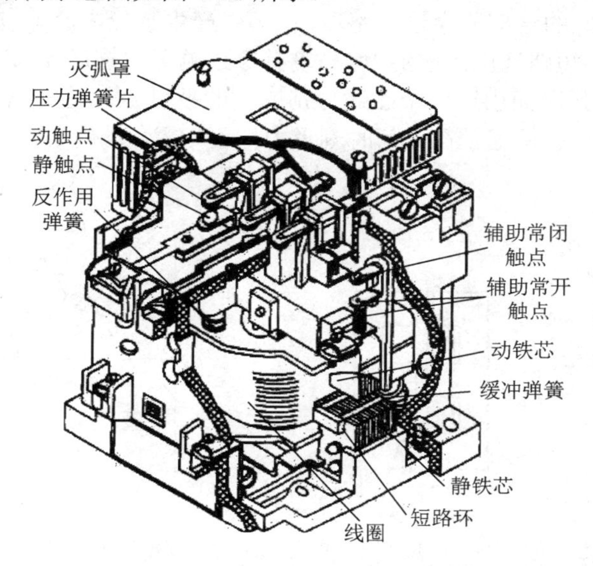

图 1-31　CJ10-20 型交流接触器的外形结构示意图

1）电磁系统

电磁系统包括线圈、静铁芯、动铁芯 3 部分，是整个接触器通、断的动力部分。它通过控制接触器线圈中电流的大小，使动、静铁芯吸合或释放，由于触点与铁芯联动，带动触点闭合或断开，从而实现电路通断控制的目标。

CJ10 系列交流接触器的动铁芯有两种运动方式，额定电流在 40A 以下的接触器采用动铁芯直线运动的螺管式，如图 1-32 所示；额定电流在 60A 以上的接触器采用动铁芯绕轴转动的拍合式，如图 1-33 所示。

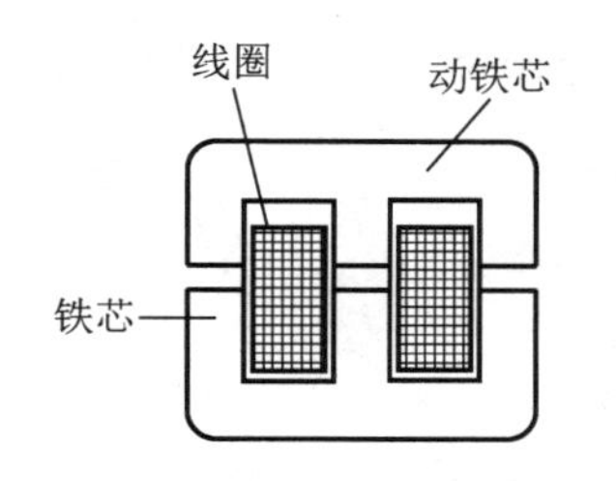

图 1-32　动铁芯直线运动的螺管式

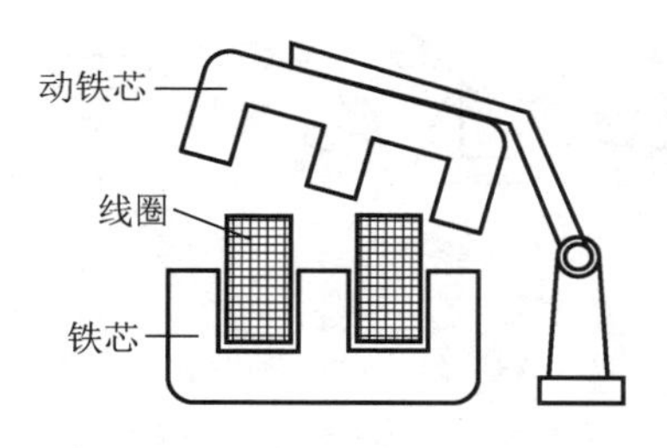

图 1-33　动铁芯绕轴转动拍合式

铁芯是交流接触器发热的主要部件，为避免铁芯过热，静铁芯和动铁芯一般用 E 形硅钢片叠压制成，以减少工作过程中交变磁场在铁芯中产生的涡流及磁损耗。由于交流接触器励磁线圈电阻较小，铜损引发的发热不多，从便于散热的角度出发，一般将线圈做成短而粗的圆筒形以增加铁芯的散热面积。除此之外，为减少剩磁的影响，E 形铁芯的中柱端面留有 0.1～0.2mm 的气隙，避免线圈断电后动铁芯粘住不能释放。

交流接触器静铁芯和动铁芯的两个不同端部各开一个槽，槽内嵌装一个短路铜环，又称短路环、减振环或分磁环，如图 1-34（a）所示。短路环能减少动铁芯振动所发出的噪声，交流接触器工作时，线圈中通入的交流电在铁芯中产生的磁通是交变的，对动铁芯的吸力也是变化的，这就造成了动铁芯振动，发出噪声。铁芯中装入短路环后，交流电通过线圈，线圈电流 I_1 产生磁通 Φ_1，Φ_1 的一部分穿过短路环，在环中产生感应电流 I_2，I_2 又产生一个磁通 Φ_2。由电磁感应定律可知，短路环中的磁通 Φ_2 与没有穿过铜环的磁通 Φ_1 相位不同，也就是说 Φ_1 与 Φ_2 不可能同时为零，因而由这两个磁通分别产生的吸引力 F_1 与 F_2 也不可能同时为零，如图 1-34（b）所示。这也就保证了在任何时刻吸力均不为零，动铁芯被吸力吸引，振动和噪声明显减小。

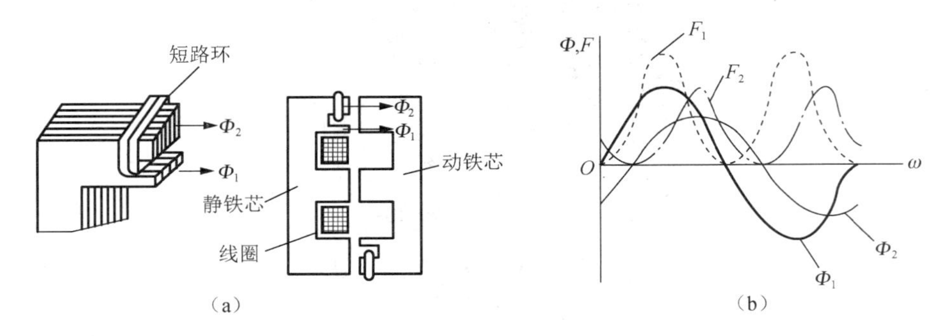

图 1-34　加短路环后的磁通示意图和电磁吸力图

（a）磁通示意图；（b）电磁吸力图

2）触点系统

接触器触点系统是整个接触器通、断动作的执行部分，触点用来接通和分断电流。接触器触点按接触情况分为点接触式、线接触式和面接触式 3 种，如图 1-35 所示；按触点的结构形式划分为桥式触点和指形触点两种，如图 1-36 所示。

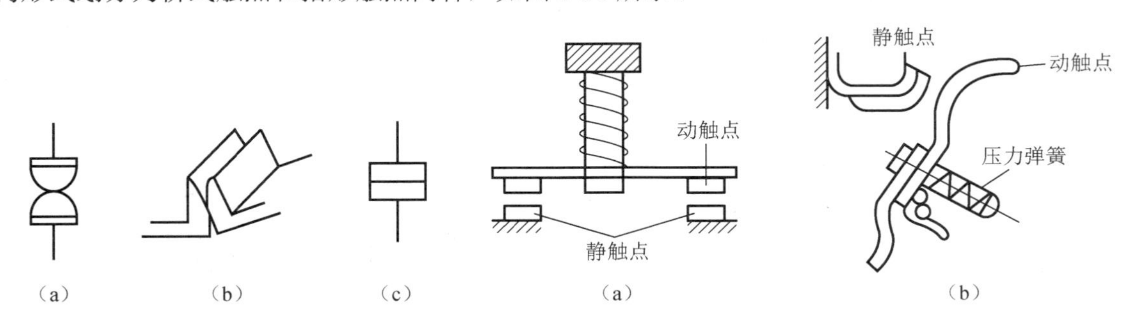

图 1-35　触点的接触形式

（a）点接触；（b）线接触；（c）面接触

图 1-36　触点的结构形式

（a）桥式；（b）指形

交流接触器的触点一般采用双断式桥式触点，两个触点串联在一条电路中，同时接通或断开，其动触点桥用纯铜片冲压制成。铜的表面易氧化并形成一层导电性能很差的氧化铜，而银的接触电阻小且其氧化物对接触电阻几乎没有影响，所以在触点桥的两端镶有银基合金制成的触点块。静触点一般用黄铜板冲压而成，一端镶焊触点块，另一端为接线座。在触点上装有压力弹簧，以减小接触电阻并消除开始接触时产生的有害振动。

触点按通断能力分为主触点和辅助触点，主触点通断能力较强，被用在电流较大的主电路，一般含有 3 对常开触点；辅助触点通断能力较弱，经常被用于电流较小的控制电路，一般含有两对常开触点、两对常闭触点。

3）灭弧装置

交流接触器在断开大电流或高压电路时，通常会在动、静触点之间产生很强的电弧。电弧实际上是触点间的气体在强电场作用下产生的放电现象。电弧不仅会灼伤触点，缩减触点的使用寿命，而且会使电路切断时间延长，甚至会引起火灾事故，因此我们希望触点间的电弧能尽快熄灭。设计灭弧装置的目的是确保触点分断时产生的电弧能可靠熄灭。通过实验发现，触点在通断过程中的电压越高，产生的电流越大，弧区温度越高，电弧也就越强，因此接触器经常使用拉长电弧、冷却电弧或将电弧分为多段等方式来灭弧。灭弧方式主要采用双断口电动力灭弧、纵缝灭弧和栅片灭弧 3 种。

（1）双断口电动力灭弧。双断口电动力灭弧装置常被应用于容量较小的接触器，如图 1-37 所示。这种方法运用双断口桥式触点的断开将电弧分为两段，并利用两段电弧相互作用产生的电动力将电弧向两侧拉伸，在拉长过程中，电弧遇空气热量散发，冷却熄灭。

（2）纵缝灭弧。额定电流在 20 A 以上的 CJ10 系列交流接触器一般采用纵缝灭弧法。纵缝灭弧装置如图 1-38 所示，灭弧罩由耐弧陶土、石棉水泥等材料制成，且灭弧罩内每项有一个或多个纵缝，在电弧所形成的磁场电动力的作用下，电弧拉长并进入灭弧罩的纵缝中，几条纵缝可以将电弧分割成数段且与固体介质相接触，电弧便迅速熄灭。

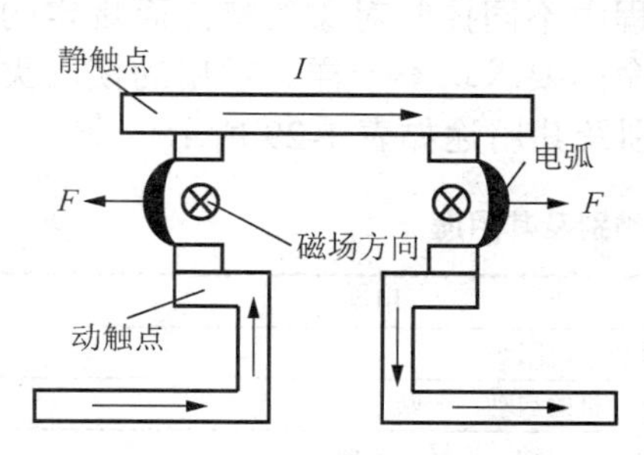

图 1-37　双断口电动力灭弧装置

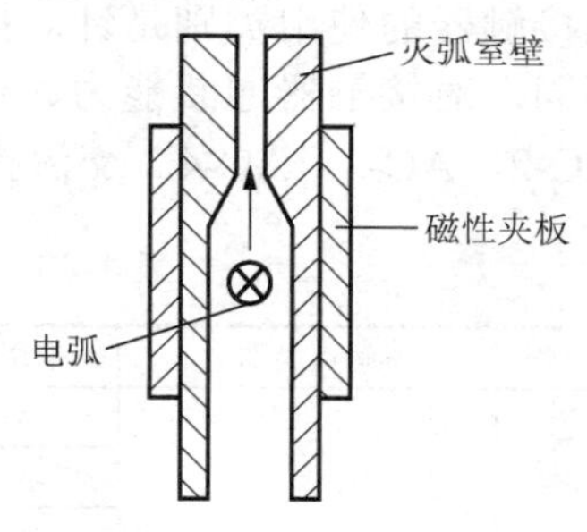

图 1-38　纵缝灭弧装置

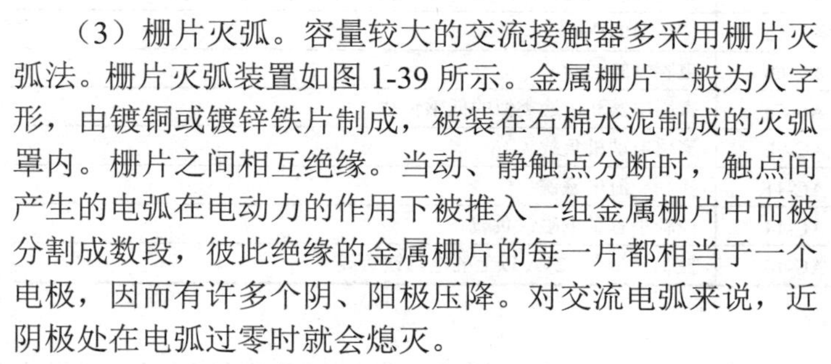

（3）栅片灭弧。容量较大的交流接触器多采用栅片灭弧法。栅片灭弧装置如图 1-39 所示。金属栅片一般为人字形，由镀铜或镀锌铁片制成，被装在石棉水泥制成的灭弧罩内。栅片之间相互绝缘。当动、静触点分断时，触点间产生的电弧在电动力的作用下被推入一组金属栅片中而被分割成数段，彼此绝缘的金属栅片的每一片都相当于一个电极，因而有许多个阴、阳极压降。对交流电弧来说，近阴极处在电弧过零时就会熄灭。

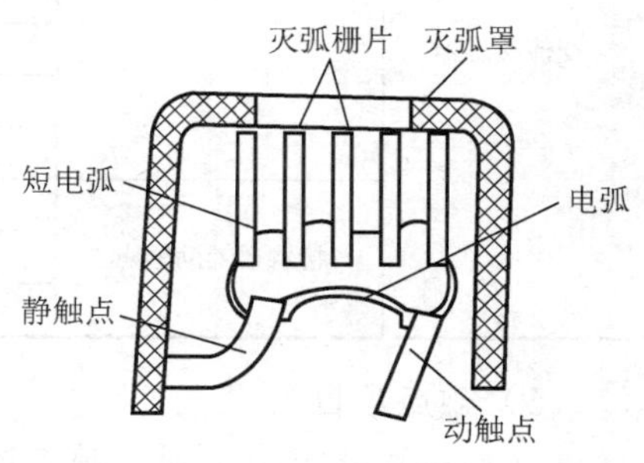

图 1-39　栅片灭弧装置

4）绝缘外壳及附件

反作用弹簧、缓冲弹簧、触点压力弹簧、短路环、接线柱、传动机构及绝缘外壳等均为交流接触器的辅助器件。

反作用弹簧被安装在动铁芯和线圈之间，线圈断电时，推动动铁芯释放，使动触点恢复至原状态。缓冲弹簧安装在静铁芯与线圈之间，以缓冲动铁芯在吸合时对静铁芯和外壳的冲击力，保护外壳。触点压力弹簧的作用是增加动、静触点间的压力，从而增加接触面积，以减小接触电阻，防止触点过热烧灼。传动机构通过动铁芯或反作用弹簧，带动动触点实现与静触点的通断。

3. 交流接触器的基本技术参数

1）额定电压

交流接触器铭牌上的电压即为接触器的额定电压，具体为主触点的额定工作电压，并应与负载的额定电压相等。常用的额定电压等级有 36V、127V、220V、380V、500V、660V、1 140V 等。

2）额定电流

交流接触器铭牌上的电压即为接触器的额定电流，具体为主触点的额定电流值，应不小于与负载的额定电流值。常用的额定电流等级为 5A、9A、12A、16A、20A、26A、30A、40A、50A、60A、75A、95A、100A、110A、150A、175A、210A、250A、300A、375A、400A、500A、600A、1 000A、1 350A、1 650A、2 000A 等。

3）操作频率

操作频率是指接触器每小时允许操作的次数，常用的操作频率为 12 次/h、30 次/h、120 次/h、300 次/h、600 次/h、1 200 次/h。

4）使用类别

交流接触器的使用类别是针对接触器在运行过程中不同控制对象的特点而规定的，控制对象不同，对接触器通断能力、机械寿命、电寿命的要求均不一样。常用的使用类别有 AC-1、AC-2、AC-3、AC-4。交流接触器的常见类别及其用途如表 1-29 所示。

表 1-29　交流接触器的常见类别及其用途

形式	触点类别	使用类别	用途
交流接触器	接触器主触点	AC-1	无感或低感负载、电阻炉
		AC-2	绕线式异步电动机的启动、分断
		AC-3	笼型异步电动机的启动、运转及分段
		AC-4	笼型异步电动机的启动、反接制动或反向运转、点动
		AC-6a	变压器的通断
		AC-6b	电容器的通断
		AC-7a	家用电器和用途类似的低感负载
		AC-7b	家用电动机负载
	接触器辅助触点	AC-11	控制交流电磁铁
		AC-14	控制小容量电磁铁负载
		AC-15	控制容量在 72VA 以上的电磁铁负载

5）触点数目

交流接触器类型不同，触点数目也不一致，操作者可以根据被控对象和控制要求对触点数目进行选择。

6）机械寿命及电寿命

交流接触器的机械寿命是指在正常使用状态下，接触器在空载条件下的最多循环次数，而电寿命是指在正常维护、无须修理及换件的情况下，交流接触器的带载操作次数。一般情况下，交流接触器的电寿命约为机械寿命的 1/20。

下面以 CJ10 系列交流接触器为例，对其技术参数进行列举，如表 1-30 所示。

表 1-30　CJ10 系列交流接触器的基本技术参数

型号	主触点			辅助触点			线圈		额定操作频率/（次/h）	可控制三相异步电动机的最大功率/kW	
	对数	额定电流/A	额定电压/V	对数	额定电流/A	额定电压/V	电压/V	功率/VA		220V	380V
CJ10-10	3	10	380V	均为两常开、两常闭	5	380	36 110 （127） 220 380	11	≤600	2.2	4
CJ10-20	3	20						22		5.5	10
CJ10-40	3	40						32		11	20
CJ10-60	3	60						70		17	30

1.5.3　直流接触器

直流接触器是一种被应用于直流回路的接触器，主要用来远距离通断控制直流电路以及频繁启停制动直流电动机。目前常用的直流接触器有 CZ0、CZ17、CZ18、CZ21 等多个系列。

1．直流接触器的型号及含义

直流接触器的型号及含义如下：

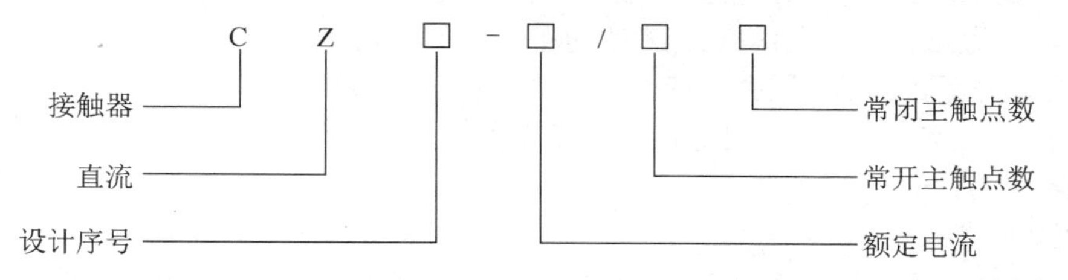

2．直流接触器的结构

常见直流接触器的外形如图 1-40 所示。直流接触器的结构与交流接触器的类似，主要包含电磁机构、触点系统、灭弧装置 3 部分，如图 1-41 所示。

（a）

（b）

（c）

图 1-40　常见直流接触器的外形

1）电磁机构

直流接触器的电磁机构由静铁芯、动铁芯和线圈构成，多采用绕棱角转动的拍合式电磁结构。由于接触器线圈通入直流电，正常工作的情况下，铁芯中不会因涡流、发热现象的产生而引发铁损耗，因此铁芯可以用整块铸铁或铸钢制成，铁芯端面不需安装短路环。考虑到直流接触器线圈匝数较多，为了达到良好的散热效果，线圈通常被绕制成圆筒状。线圈断电，动铁芯释放后的剩磁对静铁芯会造成一定影响，为减小这种影响并确保动铁芯能稳定地释放，需要在静铁芯与动铁芯间垫非磁性垫片。

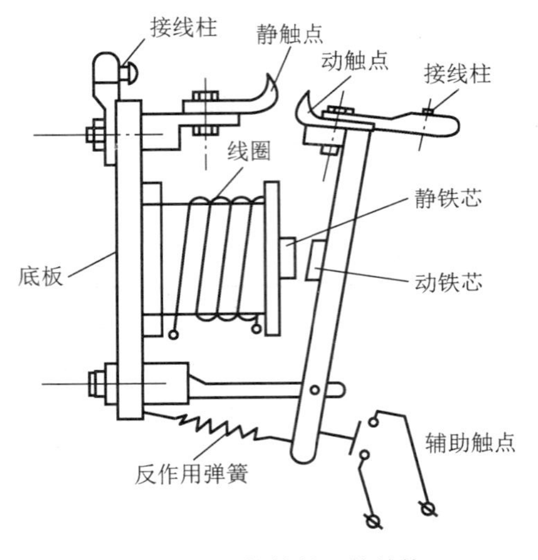

图 1-41　直接接触器的结构

2）触点系统

直流接触器的触点分为主触点和辅助触点。主触点通断能力较强，通断电流较大，因此一般情况下采用滚动接触的指形触点。辅助触点的接通和断开电路的能力较弱，通断电流较小，常采用点接触的双断点桥式触点。

为了降低直流接触器运行时的线圈损耗并延长吸引线圈的使用寿命，一些容量较大的直流接触器线圈通常采用串联双绕组，接触器的一个常闭触点与保持线圈并联，如图 1-42 所示。在电路刚接通时，保持线圈被常闭触点短路，启动线圈获得较大的吸力和电流。接触器动作后，启动线圈并保持线圈串联通电，虽然电压不变，电流较小，但仍可保持动铁芯被吸合，从而达到省电的目的。

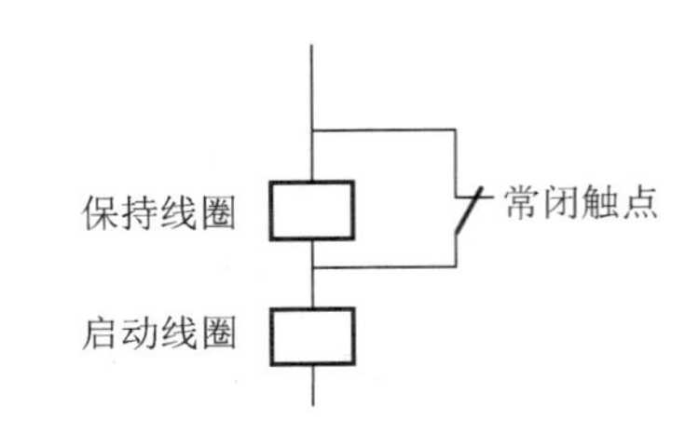

图 1-42　直接接触器双绕组线圈接线图

3）灭弧装置

直流电弧不同于交流电弧，它没有自然过零点，因此直流接触器主触点断开时，电弧通常较为强烈，严重时可能会烧损触点甚至造成断电延时。为了迅速灭弧，一般情况下，直流接触器的灭弧装置要比交流接触器的灭弧装置复杂。

小容量直流接触器通常采用磁吹式灭弧装置，并装有隔板及陶土灭弧罩，中大容量的接触器为保证灭弧效果，一般采取纵缝灭弧法与磁吹灭弧法并用的方式。磁吹式灭弧装置主要由磁吹线圈、铁芯、两块导磁夹板、灭弧罩等部分构成，如图 1-43 所示。

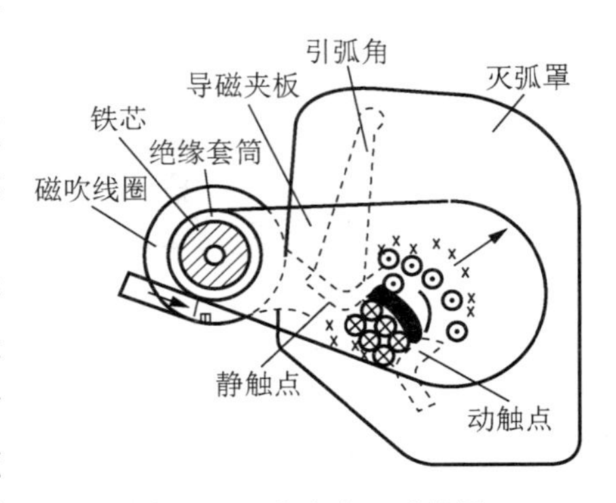

图 1-43　磁吹式灭弧装置

磁吹式灭弧装置的工作原理：当接触器的触点分断时，触点间产生电弧，在电弧熄灭之前负载电流 I 一直存在，并且形成两个磁场。根据右手螺旋定则，在电弧上方的磁场是流出纸面的，用“⊙”来表示；在电弧下方的磁场是流入纸面的，用“⊗”来表示。在电弧的周围还存在一个磁吹线圈电流所产生的磁场，该磁场经过铁芯，从一块导磁夹板穿过铁夹板间的空隙进入另一块导磁夹板，从而形成闭合磁路。根据安培定则判定，这个磁场的方向是进入纸面的。由此可见，在电弧的下方，导磁夹板间的磁场与电弧周围产生的磁场方向相同，磁场强度增加；在电弧的上方，两个磁场的方向相反，磁场强度被削减。因此，电弧将从磁场强度较大的一边被拉向强度较小的一边，电弧向上运动。在运动过程中电弧被迅速拉长，与空气的相对运动使电弧温度下降。与此同时，静触点上的电弧逐渐转移到灭弧角上，使电弧继续向上运动，电弧被进一步拉长，当电源电压不足以维持电弧燃烧时，电弧便自动熄灭。另外，电弧被吹进灭弧罩上部时，热量又被传递给灭弧罩向外发散，温度被进一步降低，使电弧很快熄灭。

磁吹式灭弧装置中线圈与电流串联，又称为串联式磁吹灭弧装置，它利用电弧电流本身灭弧，且电弧电流大小决定磁吹力的大小，装置简单，灭弧效果明显，在直流接触器灭弧装置中应用广泛。

3. 直流接触器的基本技术参数

1）额定电压

直流接触器铭牌上的电压为接触器的额定电压，它是主触点的额定工作电压，并应与负载的额定电压相等。常用的额定电压等级有 24V、48V、110V、220V、440V、660V 等。

2）额定电流

直流接触器铭牌上的电流为接触器的额定电流，它是主触点的额定电流值，应不小于与负载的额定电流值。常用的额定电流等级为 25A、40A、60A、80A、100A、160A、250A、315A、400A、630A、1 000A 等。

3）使用类别

直流接触器的使用类别是针对接触器在运行过程中不同控制对象的特点而规定的，控制对象不同，对于接触器通断能力、机械寿命、电寿命的要求均不一样。直流接触器的常见使用类别及用途如表 1-31 所示。

表 1-31　直流接触器的常见使用类别及用途

形式	触点类别	使用类别	用途
直流接触器	接触器主触点	DC-1	无感或低感负载、电阻炉
		DC-3	并励电动机的启动、反接制动或反向运转、点动，电动机在动态中分断
		DC-4	串励电动机的启动、反接制动或反向运转、点动，电动机在动态中分断
	接触器辅助触点	DC-11	控制直流电磁铁
		DC-13	控制直流电磁铁
		DC-14	控制电路中有经济电阻的直流电磁铁负载

4）线圈的额定电压

直流线圈常用的额定电压等级为 24V、48V、110V、220V、440V 等。

下面以 CZ0 系列直流接触器为例，对其技术参数进行列举，如表 1-32 所示。

表 1-32　CZ0 系列直流接触器的基本技术参数

型号	额定电压/V	额定电流/A	额定操作频率/（次/h）	主触点形式及数目		分断电流/A	辅助触点形式及数目		吸引线圈电压/V	吸引线圈消耗功率值/W
				常开	常闭		常开	常闭		
CZ20-40/20	440	40	1 200	2	—	160	2	2	24，48，110，220，440	22
CZ20-40/02		40	600	—	2	100	2	2		24
CZ20-100/10		100	1 200	1	—	400	2	2		24
CZ20-100/01		100	600	—	1	250	2	1		24
CZ20-100/20		100	1 200	2	—	400	2	2		30
CZ20-150/10		150	1 200	1	—	600	2	2		30
CZ20-150/01		150	600	—	1	375	2	1		25
CZ20-150/20		150	1 200	2	—	600	2	2		40
CZ20-250/10		250	600	1	—	1 000	可以在 5 常开、1 常闭与 5 常闭、1 常开之间任意组合			31
CZ20-250/20		250	600	2	—	1 000				40
CZ20-400/10		400	600	1	—	1 600				28
CZ20-400/20		400	600	2	—	1 600				43
CZ20-600/10		600	600	1	—	2 400				50

1.5.4　常见的接触器

1. CJ20 系列交流接触器

CJ20 系列交流接触器适用于交流 50Hz、电压至 660V、电流至 630A 的电力线路，供远距离接通与分断线路之用，适宜于频繁地启动和控制交流电动机，具有体积小、质量小、易于维护等优点。CJ20 系列交流接触器为直动式立体布置结构，主触点采用双断点桥式触点，CJ20-40 及以下的交流接触器的电磁系统选用 E 形铁芯，CJ20-63 及以上的交流接触器的电磁系统选用双线圈的 U 形铁芯。辅助触点采用通用的辅助触点，根据需要制成不同组合以适应不同需要。辅助触点的组合有 2 常开 2 常闭和 4 常开 2 常闭，也可以根据需要交换成 3 常开 3 常闭或 2 常开 4 常闭，还备有供直流操作专用的大超程常闭辅助触点。灭弧罩按额定电压和额定电流不同，分为栅片式和纵缝式两种结构。

CJ20 系列交流接触器的基本技术参数如表 1-33 所示。

表 1-33　CJ20 系列交流接触器的基本技术参数

型号	额定电压/V	额定电流/A	AC-3 每小时操作循环次数/（次/h）	AC-3 电寿命/万次	吸引线圈电压/V（AC）	选用的熔断器型号
CJ20-10	380/220	10	1 200	100	36，127，220，380	RT16-20
CJ20-16	380/220	16				RT16-32
CJ20-25	380/220	25				RT16-50
CJ20-40	380/220	40				RT16-80
CJ20-63	380/220	63		120		RT16-160
CJ20-100	380/220	100				RT16-250
CJ20-160	380/220	160				RT16-315
CJ20-250	380/220	250	600	60		RT16-400
CJ20-250/06	660	250				RT16-400
CJ20-400	380/220	400				RT16-500
CJ20-630	380/220	630				RT16-630
CJ20-630/06	660	63				RT16-630

2. B 系列交流接触器

B 系列交流接触器是引进德国 BBC 公司生产线生产的新型接触器，主要包含交流操作的 B 型和直流操作的 BC 型两种。其中，B 系列交流接触器主要适用于交流 50Hz 或 60Hz、额定电压为 380V 或 660V、额定电流最大达 460A 的电力线路中，设计合理，具有非常重要的经济技术指标，在结构上具有以下几个特点。

（1）有正装式和倒装式两种结构形式：正装式结构指触点系统在上面，磁系统在下面的结构；而倒装式结构与此相反，触点系统在下面，磁系统在上面，由于磁系统在上面，更换线圈较为方便，此外，多种附件也便于安装，大大增加了接触器的使用功能。

（2）通用件多，各种零部件能够通用，给接触器的制造、安装、维修提供了便利。

（3）包含多种安装方式，可以安装在卡规上，也可以用螺钉固定，安装方便，利于运用。

3. CZ18 系列直流接触器

CZ18 系列直流接触器适用于直流电压 440V 以下、电流 1 600A 及以下电路，供远距离接通和分断直流电力线路，以及频繁启动、停止直流电动机和控制直流电动机的换向及反接制动。其主触点的额定电流有 40A、80A、160A、315A、630A、1 000A。

4. 真空交流接触器

真空交流接触器的主触点被封闭在真空灭弧室内，真空开关管作为绝缘和灭弧介质，当触点断开时，由于真空具有很强的绝缘性，电弧的组成离子会很快向四周扩散，一般情况下在第一次电压过零时电弧便能熄灭，因而真空接触器具有通断能力强、可靠性高、寿命长和维修工作量小等优点。目前常用的真空交流接触器有 CKJ 等系列产品，但由于价格较高，推广应用仍受限制。

1.5.5　接触器的安装、使用注意事项

1. 安装前的检查

（1）检查接触器铭牌、型号、规格是否与控制线路或设计相符。

（2）检查接触器外壳、漆层，应无机械损伤或变形；用手推动接触器的可动部分，检查活动部件是否灵活、无卡滞。

（3）用万用表检查接触器线圈有无断线、短路现象。

（4）用兆欧表检查主触点间的绝缘电阻，阻值一般应大于 10 MΩ。

（5）检查灭弧罩有无破裂、损伤。

（6）用煤油擦净铁芯极面上的铁垢或防锈油污。

2. 安装时的注意事项

（1）接触器一般应安装在垂直面上，倾斜角度不超过 5°，并注意留有适当的飞弧空间，避免飞弧烧坏相邻电器。

（2）接触器安装地点应平稳，无剧烈震动，位置及高度应便于日常检查和维修。

（3）安装孔的螺钉应装有弹簧垫圈和平垫圈，将螺钉拧紧防止其松动或脱落，在安装接线时，避免零件落入接触器内部。

（4）接触器接线检查准确无误后，在主触点不带电情况下，操作几次，保证接触器动作确实可靠再投入使用。

（5）保证金属外壳或条架接地可靠。

3. 使用注意事项

（1）接触器使用时要充分考虑环境的影响，在散热条件较差、温度较高的环境中需适当降低使用容量，在工作条件恶劣的环境中应选额定电流大一个等级的接触器。

（2）接触器使用时，注意触点和线圈是否过热，并保持触点表面清洁，不允许沾有油污。

（3）交流接触器控制电动机或线路时，需与过电流保护器配合使用。

（4）接触器不允许在去掉灭弧罩的情况下使用。

（5）因负荷分断时有火花和电弧产生，应避免在易燃易爆、有导电性粉尘多的场所使用接触器，也不能在无防护措施的情况下在室外使用接触器。

1.5.6 接触器的选用标准

接触器是负载电路控制的核心器件，根据被控对象运行要求选择技术参数满足条件的接触器，是确保控制系统正常运转的必要条件。具体来说，接触器的选择主要从以下几个方面考虑。

（1）接触器类型的选择。根据接触器所控制的负载性质选择直流接触器或交流接触器。

（2）额定电压。接触器的额定电压应大于或等于所控制电路的工作电压。

（3）额定电流。当接触器控制的负载为电阻性时，接触器的额定电流应大于或等于被控负载的额定电流；而当接触器控制的负载为电动机时，应适当增加对于接触器额定电流的要求，具体可由式（1-4）计算。

$$I_c = \frac{P_N}{KU_N} \tag{1-4}$$

式中：I_c为接触器主触点电流，单位为A；P_N为电动机额定功率，单位为kW；U_N为电动机额定电压，单位为V；K为经验系数，一般取1～1.4。

（4）线圈的额定电压及频率。线圈的额定电压及频率要与被控电路的电压及频率相等。

（5）接触器操作频率。由电路的实际操作次数校验接触器所允许的操作频率。如果规定值小于操作频率，额定电流应增加一倍。

（6）触点数量。由被控电路中实际所需接触器触点数目及种类来选取满足要求的接触器。

（7）根据被控对象选择使用类别。若被控对象为小容量笼型异步电动机，则选用 AC-3系列；若控制任务为控制机床电动机的启动和反转，则选用 AC-4。

1.5.7 接触器的常见故障及处理方法

接触器在长期使用过程中，难免会出现故障，掌握接触器常见故障的产生原因及处理方法对缩短电气设备的维修时间、提高生产效率有重要的意义。接触器的常见故障及处理方法如表 1-34 所示。

表 1-34　接触器的常见故障及处理方法

故障现象	产生的原因	处理方法
接触器铁芯不吸合或吸不牢	电源电压过低	调高电源电压
	线圈断路	调换线圈
	线圈技术参数与使用条件不符	调换线圈
	铁芯机械卡阻	排除卡阻物
线圈断电，接触器不释放或释放缓慢	触点熔焊	排除熔焊故障，修理或更换触点
	铁芯表面有油污	清理铁芯极面
	触点弹簧压力过小或复位弹簧损坏	调整触点弹簧力或更换复位弹簧
	机械卡阻	排除卡阻物
触点熔焊	操作频率过高或过负载使用	调换合适的接触器或减小负载
	负载侧短路	排除短路故障或更换触点
	触点弹簧压力过小	调整触点弹簧压力
	触点表面有电弧灼伤	清理触点表面
	机械卡阻	排除卡阻物
铁芯噪声过大	电源电压过低	检查线路并提高电源电压
	短路环断裂	调换铁芯或短路环
	铁芯机械卡阻	排除卡阻物
	铁芯极面有油垢或磨损不平	用汽油清洗极面或更换铁芯
	触点弹簧压力过大	调整触点弹簧压力
线圈过热或烧毁	线圈匝间短路	更换线圈并找出故障原因
	操作频率过高	调换合适的接触器
	线圈参数与实际使用条件不符	调换线圈或接触器
	铁芯机械卡阻	排除卡阻物
接触器相间短路	工作环境潮湿或有腐蚀性气体	改善工作环境，保持清洁
	接触器灭弧罩损坏或者脱落	重新选择接触器灭弧装置
	负载短路	处理负载短路故障
	换向时两只接触器同时吸合	重新检查接触器互锁电路，改变操作方式
触点过热或灼伤	触点弹簧压力过小	调高触点弹簧压力
	触点上有油污或表面高低不平，有金属颗粒突起	清理触点表面
	在密封的控制箱内使用或周围环境温度过高 铜触点用于长期工作制	接触器降容使用
	操作频率过高或工作电流过大，触点的断开容量不够	调换容量较大的接触器
	触点的超程太小	调整触点超程或更换触点
触点过度磨损	接触器选用欠妥，在反接制动、操作频率过高时容量不足	改用适于繁重任务的接触器
	三相触点动作不同步	调整三相触点至同步
	负载侧短路	排除短路故障，更换触点

技能训练——接触器的识别及故障的判断和维修

1．接触器的识别

首先用纸片将所有接触器的型号遮住并对接触器进行编号，通过观察接触器外形，判断接触器的类型；然后将遮住接触器型号的纸片撕开，准确说出每个接触器对应型号的具体含义，将判断结果填入表 1-35 中。

表 1-35　接触器的识别

序号	1	2	3	4	5
类型					
型号含义					

2. 接触器故障的判断

以上 5 个接触器均含有常见的故障，从中任选一个接触器通过自检、观察或者实验的方法确定具体故障。

1）初检

仔细观察选定的交流接触器的外形结构，用万用表电阻挡测试其常闭、常开触点是否接通或断开，用手按动主触点检查运动部分是否灵活，并将接触器与负载相接，通过观察其运转情况初步判断故障类型。

2）拆卸

（1）卸下灭弧罩紧固螺钉，取下灭弧罩。

（2）拉紧主触点定位弹簧夹，将主触点侧转 45° 后取下，并将主触点压力弹簧片同时取下。

（3）松开辅助常开静触点的线桩螺钉，取下常开静触点。

（4）松开接触器底部的盖板螺钉，取下盖板。

（5）取下静铁芯及静铁芯缓冲绝缘纸片。

（6）取下静铁芯支架及缓冲弹簧。

（7）拔出线圈接线端的弹簧夹片，取下线圈。

（8）取下反作用弹簧。

（9）取下动铁芯和支架。

（10）从支架上取下动铁芯定位销。

（11）取下动铁芯及缓冲绝缘纸片。

3）检测

（1）检查灭弧罩有无破裂或烧损。

（2）检查触点的磨损程度。

（3）检查铁芯有无变形及端面接触是否平整。

（4）检查触点压力弹簧及反作用弹簧是否变形或弹力不足。

（5）检查电磁线圈是否有短路、断路及发热变色现象。

按照上述步骤对交流接触器进行拆卸和检测，确定具体故障类型，填入表 1-36 中。

表 1-36　接触器故障判断

序号	辅助触点数		触点是否接触良好		故障判定
	常开	常闭	常开	常闭	

3. 接触器故障的维修

判定接触器故障后，选取任一有故障的接触器进行维修，并实时记录检修步骤。

4. 接触器的装配

将检修好的接触器按照拆装的逆顺序进行装配。

能力拓展

1. 接触器日常检查项目

（1）检查最大负载电流是否在接触器的额定值之内。
（2）检查接触器的分、合信号指示是否与电路状态相符。
（3）监听接触器内是否有放电声、电磁系统是否有过大的噪声和过热现象。
（4）检查触点系统与连接处是否有过热现象，辅助触点是否有烧损情况。
（5）检查传动机构是否有损伤。
（6）检查灭弧罩是否有松动或裂损情况。
（7）检查吸合铁芯的接触表面是否光洁，短路环是否有断裂或过度氧化的现象。
（8）检查周围环境是否有不利于运行的因素。

2. 接触器日常运行维护

对接触器运行情况进行定期检查、必要时进行维修是确保接触器可靠运行的重要措施。接触器的维护要次序分明、重点清晰。断开电源按以下步骤进行操作。

（1）外观维护：清除灰尘；拧紧各紧固件，特别是导体连接部分，防止其松动脱落。

（2）灭弧罩维护：清理灭弧罩，检查是否破损；检查栅片灭弧罩的栅片是否完整；检查灭弧罩位置是否有松脱或变化；清理灭弧罩缝隙内的金属颗粒物及杂物。

（3）触点系统检查：检查动、静触点是否对准，三相是否闭合，并调节触点弹簧使三相保持一致；检查相间绝缘电阻值，其值不应低于 10MΩ；检查触点磨损程度，磨损深度不得超过 1mm，触点严重烧损或开焊脱落时，应及时更换，轻微烧损或接触面发毛、发黑不影响使用，一般不予以清理，清理时不允许使用砂纸，可使用整形锉，维修后的触点应对开距、超程、触点压力进行调整，保证其符合规定；检查辅助触点动作是否灵活，是否有松动脱落现象，若存在问题，应及时修理或更换。

（4）铁芯部分维护：清理铁芯端面，除去油污、灰尘等；检查各缓冲件是否齐全；检查短路环是否有脱落或断裂，若存在应及时修复；检查电磁铁吸合是否良好。

（5）电磁线圈的检修：测量线圈的绝缘电阻值；测量线圈温度，保证其低于 65℃；检测线圈绝缘物有无变色、老化现象；检查引线与插接件是否开焊或者断开，如果有开焊或烧损应及时修复。

1.6 继 电 器

1.6.1 继电器概述

1. 继电器的作用

继电器是根据某种输入信号的变化，接通断开控制线路，实现自动控制和保护电气装置的自动电器。继电器在控制系统中的主要用于传递信号和放大功率。

（1）传递信号。它用触点的转换、接通或断开电路以传递控制信号。

（2）功率放大。继电器动作的功率通常很小，但触点容量较大，被触点控制的电路功率可以大幅度增加，从而达到功率放大的目的。

2. 继电器的分类

继电器按照输入信号的不同分为时间继电器、热继电器、电压继电器、电流继电器、速度继电器和中间继电器等；按照线圈电流种类不同分为交流继电器和直流继电器；按照作用不同分为保护继电器和控制继电器两类，其中热继电器、过电流继电器、欠电压继电器属于保护继电器，时间继电器、速度继电器、中间继电器属于控制继电器；按照动作原理不同分为电磁式继电器、感应式继电器、电动式继电器、电子式继电器和热继电器。

3. 继电器的特性

继电器的主要特性是输入-输出特性，又称为继电特性，继电特性曲线为跳跃式的回环特性，如图 1-44 所示。

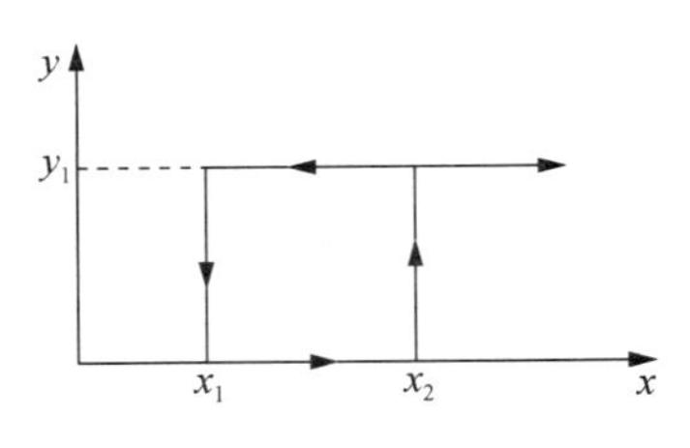

图 1-44 继电特性曲线

图 1-44 中，x 为继电器输入量，y 为继电器输出量，当输入量 x 由 0 增至 x_2 时，继电器吸合，输出量为 y_1，如果 x 继续增大，y_1 值将保持不变。当 x 减小到 x_1 时，继电器释放，输出量由 y_1 减小到 0，x 再减小，y 值均为 0。x_2 称为继电器吸合值，欲使继电器吸合，输入量必须大于或等于 x_2；x_1 称为继电器释放值，欲使继电器释放，输入量必须等于或小于 x_1。

继电器的返回系数 $K_f = x_1/x_2$ 是继电器的重要参数之一，它可以通过调节释放弹簧的松紧程度（拧紧时 K_f 增大，放松时 K_f 减小）或调整静铁芯与动铁芯之间非磁性垫片的厚度（增厚时 K_f 增大，减薄时 K_f 减小）来达到所要求的值。不同场合要求不同的 K_f 值。例如，一般继电器要求较低的返回系数，K_f 值为 0.1～0.4，这样当继电器吸合后，输入量波动较大时不至于引起误动作；欠电压继电器则要求较高的返回系数，K_f 值应在 0.6 以上。

设某继电器的 K_f=0.66，吸合电压为额定电压的 90%，则电压低于额定电压的 60%时，继电器释放，从而起到欠电压保护作用。

吸合时间和释放时间也是继电器的重要参数。吸合时间是指线圈接收电信号到动铁芯完全吸合所需要的时间；释放时间是指线圈失电到动铁芯完全释放所需要的时间。一般继电器的吸合时间与释放时间为 0.05～0.15s，它们的大小影响继电器的操作频率。

1.6.2　常用的继电器

1.5.2.1　时间继电器

时间继电器是一种利用电磁原理或机械动作原理来延迟触点闭合或分断的自动控制电器，文字符号为 KT。时间继电器的延时方式有通电延时和断电延时。

1. 延时方式

（1）通电延时。线圈通电后延迟一定时间，触点才会动作，即常开触点延时闭合，常闭触点延时断开；当线圈断电后，触点瞬时复原，即常开触点瞬时断开，常闭触点瞬时闭合，其线圈和触点符号如图 1-45 所示。

（2）断电延时。线圈通电后，触点瞬时动作，即常开触点瞬时闭合，常闭触点瞬时断开；当线圈断电后延迟一定时间，触点才会复原，即常开触点延时断开，常闭触点延时闭合，其线圈和触点符号如图 1-46 所示。

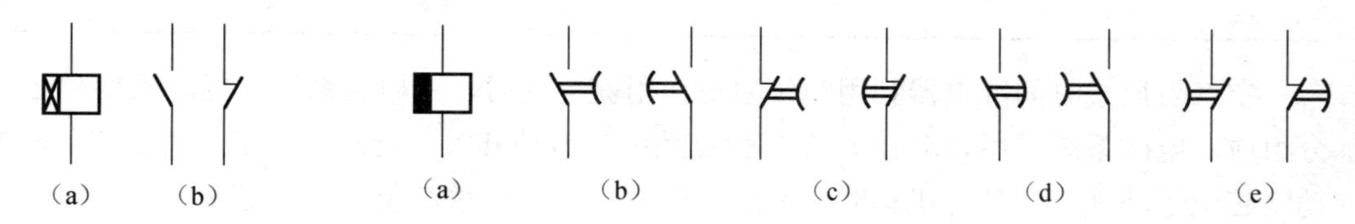

图 1-45　通电延时线圈及触点动作符号

图 1-46　断电延时线圈触点动作符号

2. 时间继电器的种类

时间继电器的种类有很多，按其工作原理可分为直流电磁式、空气阻尼式、电子式等。

1）直流电磁式时间继电器

直流电磁式时间继电器利用电磁惯性原理，在铁芯上通过增加阻尼铜套，利用继电器通、断电过程中铜套内的感生涡流阻碍磁通变化，进而起到阻尼作用。这种继电器仅用作断电延时，其特点是结构简单、寿命长、允许操作频率高，但延时准确度较低、延时时间较短，一般只用于延时精度不高、延时时间不长的场合。

直流电磁式时间继电器延时时间的长短可通过改变静铁芯与动铁芯间非磁性垫片的厚薄（粗调）或改变释放弹簧的松紧（细调）来调节。垫片厚则延时短，垫片薄则延时长；释放弹簧紧则延时短，释放弹簧松则延时长。直流电磁式时间继电器 JT3 系列的主要技术数据如表 1-37 所示。

表 1-37　直流电磁式时间继电器 JT3 系列的主要技术数据

型号	线圈电压/V	触点组合及数量（常开、常闭）	延时时间/s
JT3-□□/1	12，24，48，110，220，440	1/1，0/2，2/0，0/3，1/2，2/1，0/4，4/0，2/2，1/3，3/1，3/0	0.3～0.9
JT3-□□/3			0.8～3.0
JT3-□□/5			2.5～5.0

2）空气阻尼式时间继电器

空气阻尼式时间继电器在机床中应用最多。国产型号为 JS7 系列和 JS7-A 系列，J 表示继电器，S 表示时间，7 是设计序号，A 表示结构设计改进。改型产品具有体积小的特点。根据 JS7-A 系列触点的延时特点分为通电延时型（JS7-1A 和 JS7-2A）和断电延时型（JS7-3A 和 JS7-4A）两种。

下面以国产 JS7-A 系列介绍空气阻尼时间继电器，JS7-A 的技术数据如表 1-38 所示。

表 1-38　JS7-A 系列空气阻尼时间继电器的技术数据

型号	吸引线圈电压/V	触点额定电压/V	触点额定电流/A	延时范围/s	延时触点				瞬动触点	
					通电延时		断电延时		常开	常闭
					常开	常闭	常开	常闭		
JS7-1A	24，36，110，127，220，380，420	380	5	均有 0.4～0.6 和 0.4～180 两种产品	1	1				
JS7-2A					1	1			1	1
JS7-3A							1	1		
JS7-4A							1		1	1

空气阻尼式时间继电器利用空气阻尼作用获得延时，由电磁系统、延时机构和触点 3 部分组成。电磁系统采用直动双 E 型，触点系统是微动开关，延时机构采用气囊式阻尼器。当动铁芯位于静铁芯和延时机构时，为通电延时型；当静铁芯位于动铁芯和延时机构之间时，为断电延时型。

通电延时型继电器的结构如图 1-47（a）所示。线圈通电后，静铁芯将动铁芯吸合，拉动推板使微动开关立即动作，活塞杆在弹簧的作用下带动活塞及橡皮膜向上移动，由于橡皮膜下方气室空气稀薄，形成负压，因此活塞杆不能迅速上移。当空气由进气孔进入时，活塞杆逐渐上移，碰触杠杆使微动开关动作。延时时间为线圈通电到微动开关动作为止的时间段，通过调节螺杆改变进气孔的大小来调节延时时间。线圈断电时，动铁芯在反力弹簧的作用下将活塞往下推，橡皮膜下方的空气会通过橡皮膜、弱弹簧及活塞肩部形成的单向阀迅速排出，使微动开关迅速复位。

断电延时型的结构与通电延时型类似，只是电磁铁安装方向相反，如图 1-47（b）所示。当动铁芯吸合时推动活塞复位，排出空气；当动铁芯释放时活塞杆在弹簧作用下使活塞向下移动，实现断电延时。在线圈通电和断电时，微动开关在推板的作用下能瞬时动作，其触点即为时间继电器的瞬动触点。

空气阻尼式时间继电器结构简单、价格低廉、延时范围较大（0.4～180s），但延时误差较大，难以精确地整定延时时间，常用于对延时精度要求不高的场合。按照通电延时和断电延时两种形式，空气阻尼式时间继电器的延时触点有延时打开常开触点、延时打开常闭触点、延时闭合常开触点和延时闭合常闭触点。

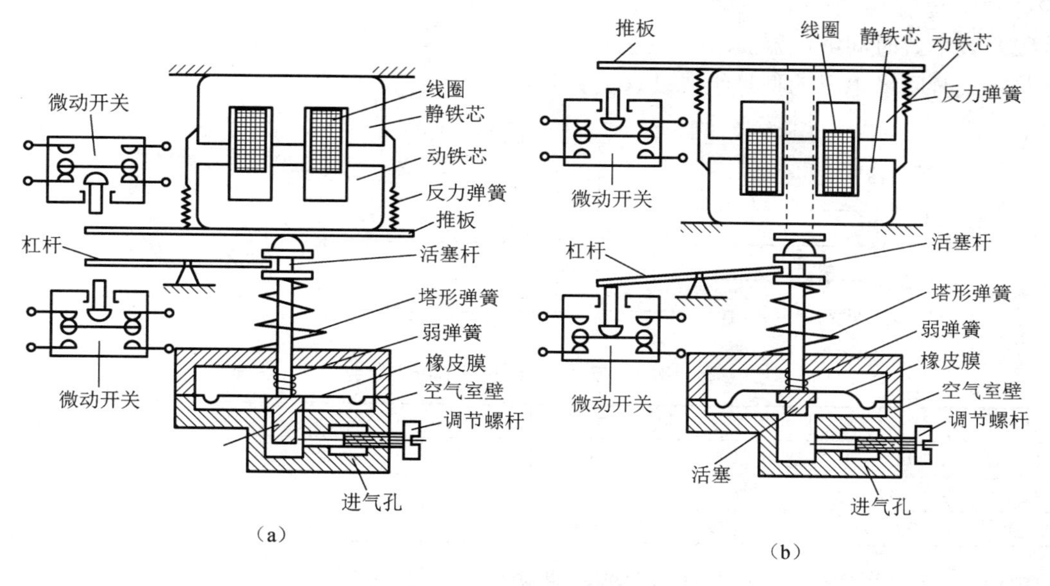

图 1-47　JS7-A 系列时间继电器

（a）通电延时型；（b）断电延时型

3）电子式时间继电器

电子式时间继电器按其构成分为晶体管式时间继电器和数字式时间继电器，按输出方式分为有触点型和无触点型。电子式时间继电器具有体积小、延时精度高、工作稳定、安装方便等优点，广泛用于电力拖动、顺序控制以及各种生产过程的自动化控制。随着电子技术的发展，电子式时间继电器将取代电磁式、空气阻尼式等时间继电器。

（1）晶体管时间继电器。

晶体管时间继电器又称半导体式时间继电器，其型号组成及含义如下：

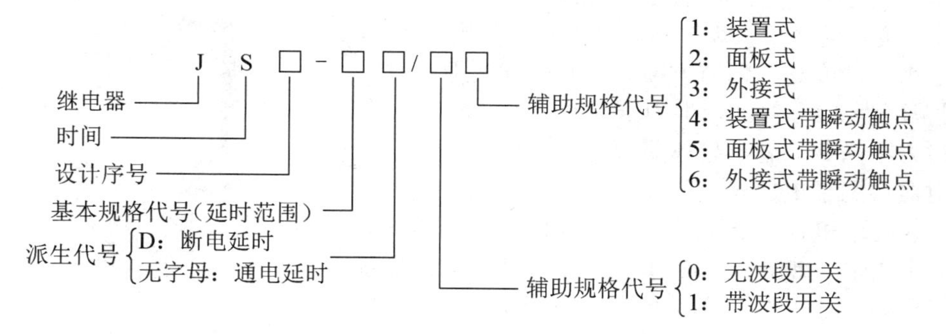

JS20 系列晶体管时间继电器的主要技术参数如表 1-39 所示。

表 1-39　JS20 系列晶体管时间继电器的主要技术参数

产品名称	额定工作电压/V		延时等级/s
	交流	直流	
通电延时继电器	26，110，127，220，380	24，48，110	1，5，10，30，60，120，180，240，300，600，900
瞬动延时继电器	36，110，127，220		1，5，10，30，60，120，180，240，300，600
断电延时继电器	36，110，127，220，380		1，5，10，30，60，120，180

（2）数字式时间继电器。

数字式时间继电器的型号组成及含义如下：

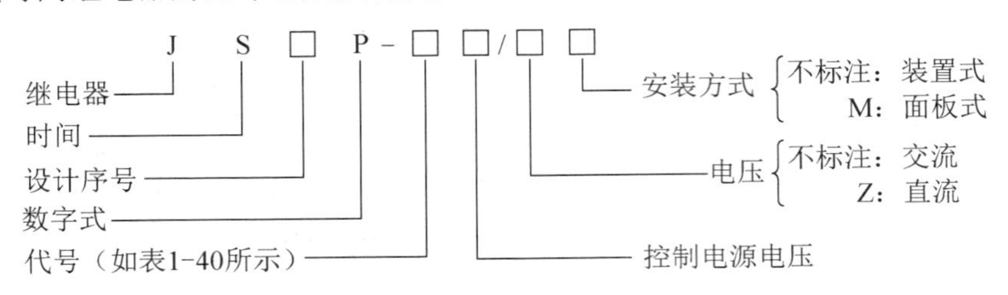

表 1-40 数字式时间继电器的代号

代号	1	2	3	4	5	6	7
延时范围	0.1～9.9s	1～99s	10～990s	0.1～9.9min	1～99min	0.1～9.9h	0.1～99h
代号	8	9	10	11	12	13	14
延时范围	0.1～9.9s	1～999s	10～990s	0.1～99.9min	1～999 min	0.1～99.9h	1～999h

JS14P 系列数字式时间继电器的主要技术参数如表 1-41 所示。

表 1-41 JS14P 系列拨码式时间继电器的主要技术参数

型号	延时动作触点对数	重复误差	电源波动误差	温度误差	额定工作电压/V		延时范围
					交流	直流	
JS14P-□/□	2 转换	≤±1%	≤±3%	≤±3%	36	—	0.1～9.9s
JS14P-□/□M	2 转换	≤±1%	≤±3%	≤±3%	110	—	1～99s
	2 转换	≤±1%	≤±3%	≤±3%	220	—	0.1～9.9min
JS14P-□/□Z	2 转换	≤±1%	≤±3%	≤±3%	—	48	01～99min
JS14P-□/□ZM	2 转换	≤±1%	≤±3%	≤±3%	—	110	0.1～9.9h

晶体管式时间继电器利用 RC 电路电容充电时电容电压不能突变，而按指数规律逐渐变化的原理获得延时，具有体积小、精度高、调节方便、延时长和耐振动等特点，延时范围为 0.1～3600s，但由于受 RC 延时原理限制，抗干扰能力不高。随着半导体集成电路的出现和应用，晶体管电器得到了更加长足的发展。目前，我国很多厂家采用集成电路和显示器件制成了 JS14P、JS14S、JSS1 等系列数字式时间继电器。JS14P 系列是采用 LED 显示的新一代拨码式时间继电器，如图 1-48 所示。它具有抗干扰能力强、工作稳定、延时精度高、延时范围广、体积小、功耗低、调整方便、读数直观等优点。

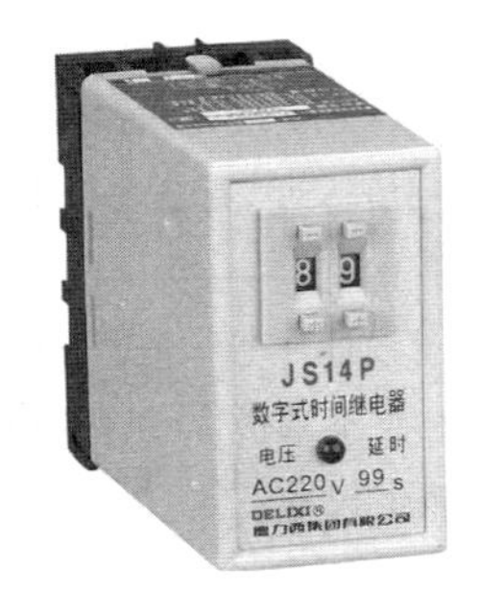

图 1-48 JS14P 系列数字式时间继电器

3. 时间继电器的选用原则

（1）根据工作条件选择时间继电器的类型。电源电压波动大、对延时精度要求不高的场合可以选择空气阻尼式时间继电器或电动式时间继电器，电源频率不稳定的场合不宜选用电动式时间继电器，环境温度变化大的场合不宜选用空气阻尼式时间继电器和电子式时间继电器。

（2）根据延时精度和延时范围要求选择合适的时间继电器。

（3）根据控制电路对延时触点的要求选择延时方式，即通电延时和断电延时。

（4）根据控制电路的电源电压等级选择电压匹配的吸引线圈。

4. 安装使用注意事项

（1）时间继电器必须垂直安装在控制屏或开关扳上，不可随意搁置。

（2）使用时应注意延时方式及延时范围的选择；接线时注意延时触点与瞬时触点不可相互混淆，同时还要注意延时常开、常闭触点的接线方法。以电子式时间继电器为例，延时触点一般分为两组，如图 1-49 所示，3-4 延时常开和 3-5 延时常闭为一组，6-7 延时常开与 6-8 延时常闭为另一组，每一组有一个公共节点（3 和 6），即等位点，接线时应注意实际电路中的非等位点接线问题，否则将无法完成相应的控制功能。

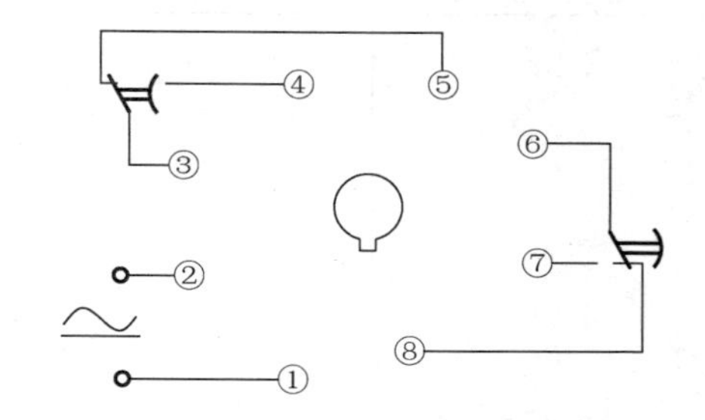

图 1-49　电子式时间继电器接线图

1-2—电源进线；3-4—延时常开触点；3-5—延时常闭触点；6-7—延时常开触点；6-8—延时常闭触点

（3）使用时要注意触点容量，一般触点的额定电流为 5A，使用过程中不能超过其额定值，否则将损坏触点。

1.5.2.2　热继电器

热继电器是利用流过热元件的电流所产生的热效应而动作的一种保护继电器，主要用于电气传动系统电动机的过载保护、断相保护、电流不平衡运行保护以及其他电气设备发热状态的控制。

热继电器的型号组成及含义如下：

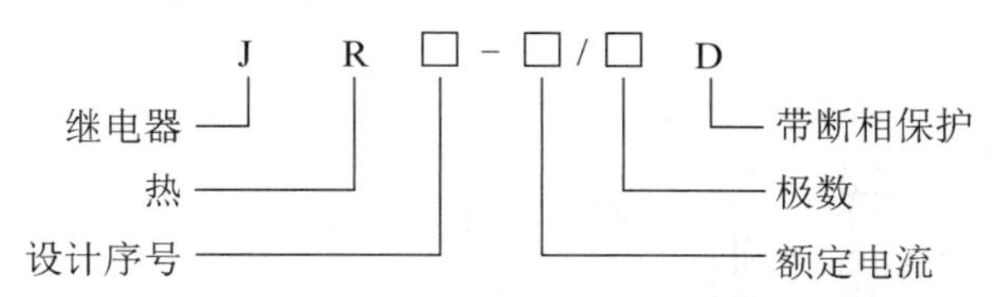

热继电器有 JR0、JR10、JR16 等系列，主要技术参数如表 1-42 所示。

表 1-42　JR0、JR10、JR16 系列热继电器的主要技术参数

型号	额定电流/A	热元件等级	
		额定电流/A	刻度电流调节范围/A
JR0-20/3 JR0-20/3D JR16-20/3 JR16-20/3D	20	0.35	0.25～0.35
		0.5	0.32～0.5
		0.72	0.45～0.72
		1.1	0.68～1.1
		1.6	1.0～1.6
		2.4	1.5～2.4
		3.5	2.2～3.5
		5	3.2～5
		7.2	4.5～7.2
		11	6.8～11
		16	11～16
		22	14～22

续表

型号	额定电流/A	热元件等级	
		额定电流/A	刻度电流调节范围/A
JR10-10	10	0.3	0.25～0.35
		0.37	0.3～0.4
		0.47	0.4～0.55
		0.55	0.5～0.65
		0.65	0.55～0.75
		0.8	0.7～0.95
		1.05	0.9～1.25
		1.4	1.2～1.6
		1.6	1.4～1.9
		2	1.8～2.35
		2.5	2.25～3
		3.1	2.8～3.75
		3.8	3.4～4.5
		5	4.2～5.6
		5.5	4.75～6.3
		7.2	6～8
		9	7.5～10

1．热继电器的结构

热继电器主要由热元件、双金属片和触点组成，如图 1-50 所示。热元件由发热电阻丝做成，双金属片由两种热膨胀系数不同的金属碾压而成。使用时将热元件串接于电动机主线路中，电动机的电流即为流过热元件的电流，其常闭触点串联在电动机的控制电路中。

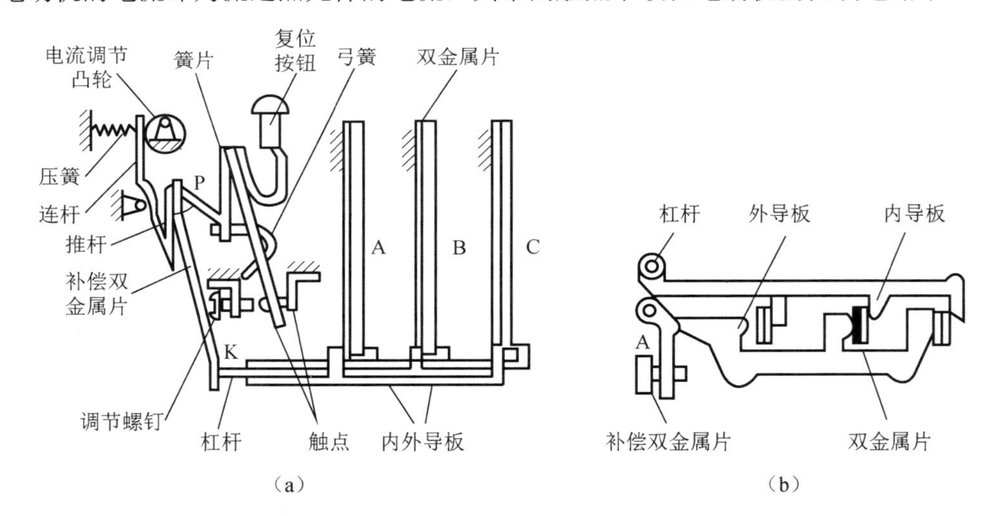

图 1-50　热继电器的外形及结构图

（a）结构；（b）差动机构

当电动机正常运行时，热元件产生的热量虽能使双金属片弯曲，但还不足以使热继电器的触点动作。当电动机过载时，双金属片弯曲位移增大，推动导板使常闭触点断开，切断控制电路起到保护作用。热继电器动作后一般不能自动复位，要等双金属片冷却后按下复位按钮才能复位。热继电器动作电流的调节可以借助调节螺钉于不同位置来实现。

电动机断相运行是电动机烧毁的主要原因之一，热继电器的导板常常采用差动机构，如图 1-50（b）所示。在断相工作时，其中两相电流增大，一相逐渐冷却，这样可使热继电器的动作时间缩短，从而更有效地保护电动机。

热继电器的符号如图 1-51 所示。

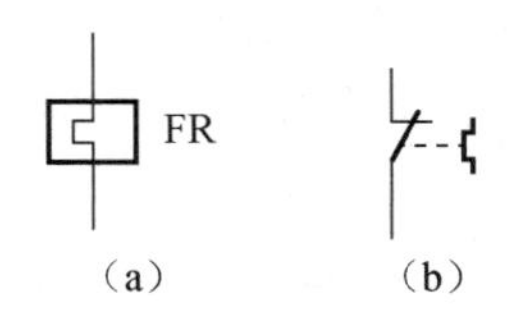

图 1-51　热继电器的符号

（a）热继电器的热元件；（b）常闭触点

2. 选用原则

热继电器选用是否得当，直接影响着对电动机进行过载保护的可靠性。选用时应按电动机形式、工作环境、启动情况及负荷情况等几个方面综合考虑。

（1）星形联结的电动机选用两相或三相结构热继电器，三角形联结的电动机选用带断相保护装置的三相结构热继电器。

（2）热元件的额定电流一般取 $I_N=(0.95\sim1.05)\,I_{MN}$，式中，$I_N$ 为热元件的额定电流，I_{MN} 为电动机的额定电流。当电动机启动电流为其额定电流的 6 倍且启动时间不超过 5s 时，热元件的整定电流调节到等于电动机的额定电流；工作环境恶劣、启动频繁的电动机取 $I_N=(1.15\sim1.5)I_{MN}$，过载能力较差的电动机选用额定电流较小的热继电器。通常，选取热继电器的额定电流为电动机额定电流的 60%～80%。

（3）对于重复短时工作的电动机（如起重机电动机），由于电动机不断重复升温，热继电器双金属片的温升跟不上电动机绕组的温升，电动机将得不到可靠的过载保护。因此，应选用过电流继电器或能反映绕组实际温度的温度继电器来进行保护。

3. 安装使用注意事项

（1）热继电器必须垂直安装在控制屏或开关扳上，不可以随意搁置。

（2）由于一般出厂试验的原因，初次使用新购置的热继电器时要对其进行复位操作，否则热继电器始终处于热过载故障状态，无法正常使用。

（3）热继电器整定电流必须与被保护的电动机额定电流匹配，否则将失去保护作用。

（4）除了接线螺钉外，热继电器的其他螺钉均不得拧动，否则其保护性能将会改变。

1.5.2.3　中间继电器

中间继电器一般用来控制各种电磁线圈放大信号，或将信号同时传给几个控制元件，也可以代替接触器控制额定电流不超过 5A 的电动机控制系统。

中间继电器的型号组成及含义如下：

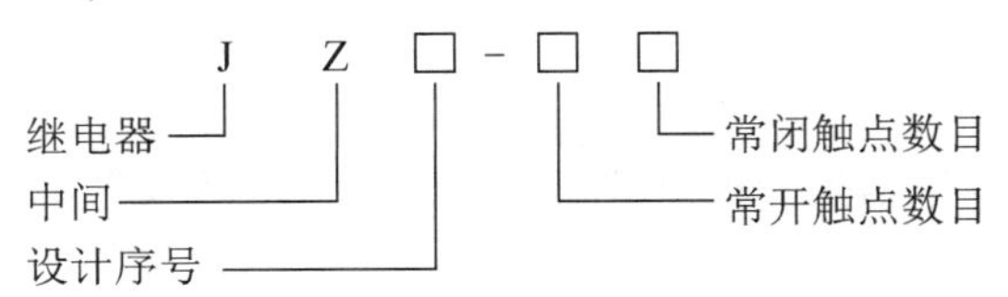

常用的直流中间继电器有 JZ12 系列，交流中间继电器有 JZ7 系列，交、直流两用的中间

继电器有 JZ8 系列。

JZ7 系列中间继电器的主要技术参数如表 1-43 所示。

表 1-43　JZ7 系列中间继电器的主要技术参数

<table>
<tr><th rowspan="2">型号</th><th colspan="2">额定电压/V</th><th rowspan="2">吸引线圈电压/V</th><th rowspan="2">额定电流/A</th><th colspan="2">触点数量</th><th rowspan="2">最高操作频率/（次/h）</th><th rowspan="2">机械寿命/万次</th><th rowspan="2">电寿命/万次</th></tr>
<tr><th>交流</th><th>直流</th><th>常开</th><th>常闭</th></tr>
<tr><td>JZ7-22</td><td rowspan="5">500</td><td rowspan="5">440</td><td>36，127，220，380，500</td><td rowspan="5">5</td><td>2</td><td>2</td><td rowspan="5">1 200</td><td rowspan="5">300</td><td rowspan="5">100</td></tr>
<tr><td>JZ7-41</td><td>36，127，220，380，500</td><td>4</td><td>1</td></tr>
<tr><td>JZ7-44</td><td>12，36，127，220，380，500</td><td>4</td><td>4</td></tr>
<tr><td>JZ7-62</td><td>12，36，127，220，380，500</td><td>6</td><td>2</td></tr>
<tr><td>JZ7-80</td><td>12，36，127，220，380，500</td><td>8</td><td>0</td></tr>
</table>

1. 中间继电器的结构

JZ7 系列中间继电器的主要由线圈、静铁芯、动铁芯、触点系统、反作用弹簧及复位弹簧等组成，如图 1-52 所示。图中有 8 对触点，可以组成 4 对常开、4 对常闭触点或 6 对常开、2 对常闭触点，或 8 对常开触点 3 种形式。

中间继电器的工作原理与接触器基本相同，只是它没有灭弧装置且触点没有主、辅之分，每对触点允许通过的电流大小相同，触点容量与接触器的辅助触点差不多，其额定电流一般为 5A。

中间继电器的符号如图 1-53 所示。

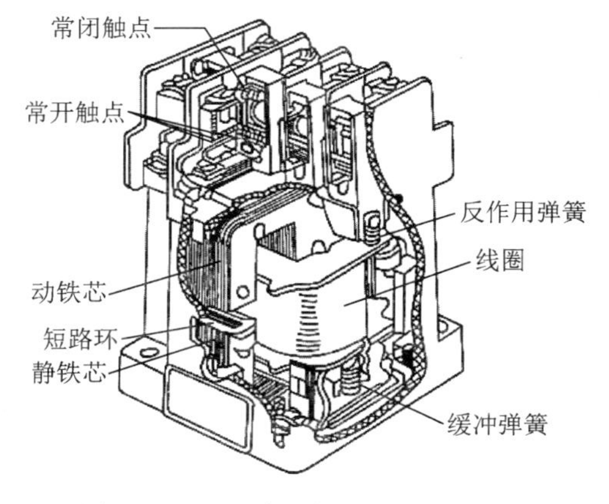

图 1-52　JZ7 系列中间继电器的结构

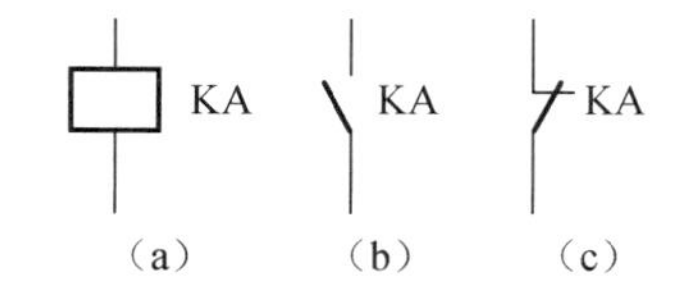

图 1-53　中间继电器的符号

（a）线圈；（b）常开触点；（c）常闭触点

2. 选用原则

选用中间继电器主要依据控制电路的电压等级，同时还要考虑所需触点数量、种类及触点容量是否满足控制电路的要求。

3. 安装使用注意事项

（1）中间继电器必须垂直安装在控制屏或开关扳上，不可随意搁置。为保持初始性能，请注意不要跌落或使其受到冲击。

（2）为保持初始性能，不要取下外壳以免无法保持特性。应在灰尘、SO_2、H_2S 或有机气体少的常温常湿环境下使用。使用场所的环境恶劣时，建议使用塑料密封型。

（3）注意直流中间继电器的线圈极性，避免向线圈连续施加的电压超过最大允许电压。

（4）密封型清洗时要使用含乙醇的清洗液，请勿使用超声波清洗。

1.5.2.4　速度继电器

速度继电器是用来反映转速与转向变化的继电器，可以按照被控电动机转速的大小使控制电路接通或断开。速度继电器通常与接触器配合，实现对电动机的反接制动。

机床控制线路中常用的速度继电器有 JY1、JFZ0 系列。JFZ 系列速度继电器的型号组成及含义如下：

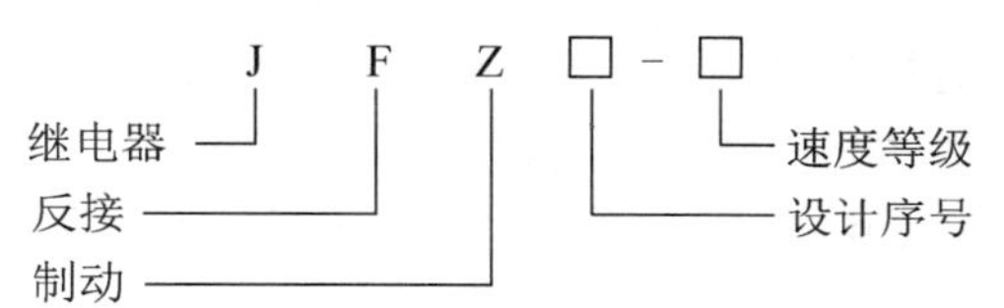

JY1 系列能在 3 000r/min 以下可靠地工作；JZF0-1 型适用于 300～1 000r/min，JZF0-2 型适用于 1 000～3 600r/min，JFZ0 系列有两对常开、常闭触点。一般被控电动机转速在 120 r/min 左右时，速度继电器触点即能正常工作。

1. 速度继电器的结构

JY1 系列速度继电器主要由永久磁铁制成的转子、用硅钢片叠压成的铸有笼型绕组的定子、支架、胶木摆杆和触点系统等组成，其转子与被控电动机的转轴相连接如图 1-54 所示。

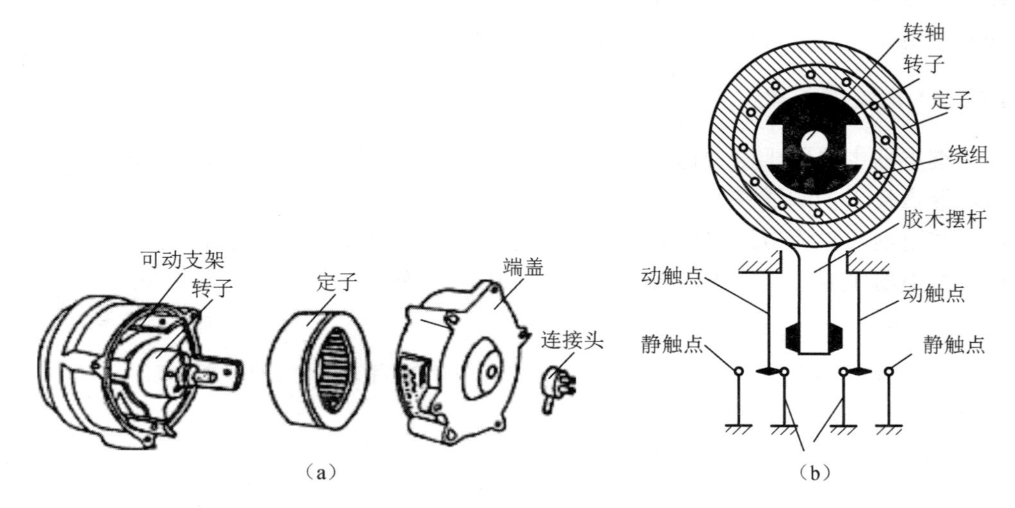

图 1-54　JY1 系列速度继电器外形及结构示意图

（a）外部组成；（b）内部结构

由于速度继电器与被控电动机同轴连接，当电动机制动时，由于惯性，它要继续旋转，从而带动速度继电器的转子一起转动。该转子的旋转磁场在速度继电器定子绕组中感应出电动势和电流，此时定子受到与转子转向相同的电磁转矩的作用，使定子和转子沿着同一方向转动。定子上固定的胶木摆杆也随着转动，推动簧片（端部动触点）与静触点闭合。静触点也起挡块作用，限制胶木摆杆继续转动。所以，转子转动时，定子只能转过一个不大的角度。当转子转速接近于零（低于100r/min）时，胶木摆杆恢复原来状态，触点断开，切断电动机的反接制动电路。

KS　KS　KS

（a）　（b）　（c）

图 1-55　速度继电器的符号

（a）转子；（b）常开触点；（d）常闭触点

速度继电器的符号如图 1-55 所示。

2. 选用原则

（1）JY1 系列速度控制继电器主要用于三相笼型电动机的反接制动电路，也可在异步电动机能耗制动电路中，用于电动机停转后自动切断直流电源。

（2）JY1 系列速度控制断电器在连续工作制中可靠地工作在 3 000r/min 以下，在反复短时工作制中（频繁启动、制动）每分钟不超过 30 次。

（3）JY1 系列速度控制继电器在继电器轴转速为 120r/min 左右时即能动作，100r/min 以下触点恢复工作位置。

3. 安装使用注意事项

（1）使用速度继电器时，其转子必须与电动机同轴连接。

（2）抗强度应能承受 50Hz 电压 1 500V，历时 1min。

（3）绝缘电阻在 20℃、相对温度不大于 80%时应不小于 100MΩ。

（4）工作环境温度应为−50～+50℃，相对温度应不大于 85%（20℃±5℃）。

（5）触点电流小于或等于 2A，电压小于或等于 500V。

（6）继电器在运输过程中注意防震、防潮、防尘。

1.5.2.5　电流继电器

电流继电器主要用于电力拖动系统的过载和短路保护，其线圈串联接入主电路，测量线路电流，触点接于控制线路，触点动作与否与线圈电流大小直接有关。按线圈电流种类分为交流电流继电器与直流电流继电器，按吸合电流大小分为欠电流继电器和过电流继电器。

电流继电器主要有 JT、JL、JSL 等系列，JL14 系列电流继电器的型号组成及含义如下：

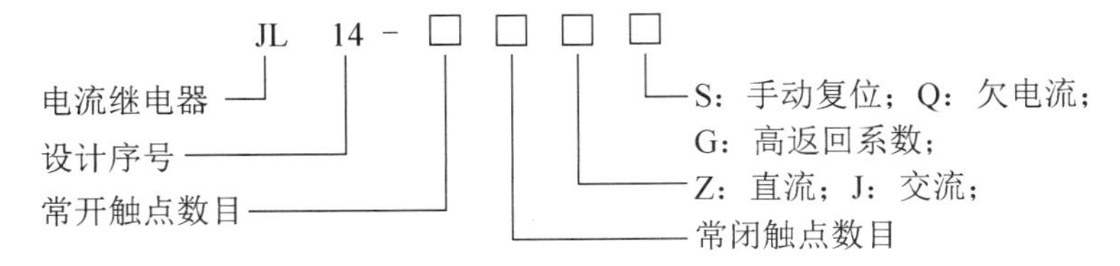

JL14 系列电流继电器的主要技术参数如表 1-44 所示。

表 1-44　JL14 系列电流继电器的主要技术参数

型号	吸引线圈电流/A	触点额定电流	消耗功率	触点数量	动作电流	动作时间
JL14系列	1，1.5，2.5，5，10，15，25，40，60，100，150，300，600	5A	直流 5.5W 交流 5VA	2	直流电流继电器吸引电流在额定电流的70%～300%调整；直流欠电流继电器吸引电流在额定电流的 30%～65%调整或释放电流在额定电流的 10%～20%调整；交流电流继电器吸引电流在额定电流的 110%～400%调整	0.06s

1. 电流继电器的结构

JL14 系列电流继电器由线圈、圆柱静铁芯、动铁芯、触点系统及反作用弹簧等组成，如图 1-56 所示。对于过电流继电器而言，当通过线圈的电流为额定值时，它所产生的电磁吸力不足以克服反作用弹簧力，常闭触点保持闭合状态，线路正常工作时不动作；当通过线圈的电流超过整定值后，电磁吸力大于反作用弹簧力，静铁芯吸引动铁芯使常闭触点分断，切断控制回路，使负载得到保护。对于欠电流继电器而言，正常工作时，线圈流过负载额定电流，动铁芯吸合动作；当负载电流降低至继电器释放电流时，动铁芯释放，带动触点复原，常开触点断开控制电路，从而起到欠电流保护作用。调节反作用弹簧可以整定继电器动作电流。

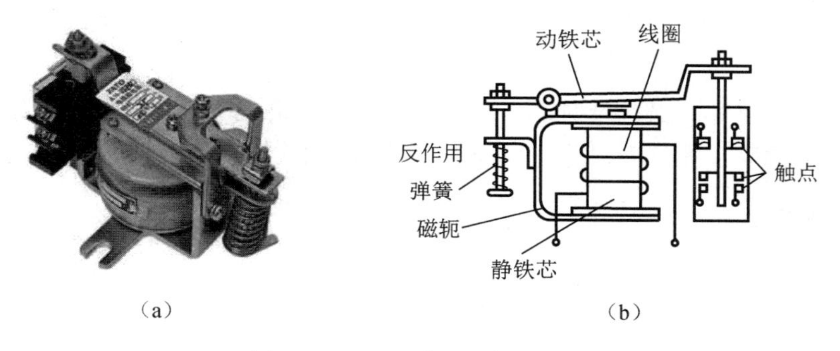

图 1-56　JL14 系列电流继电器
（a）外形；（b）内部结构

电流继电器的符号如图 1-57 所示。

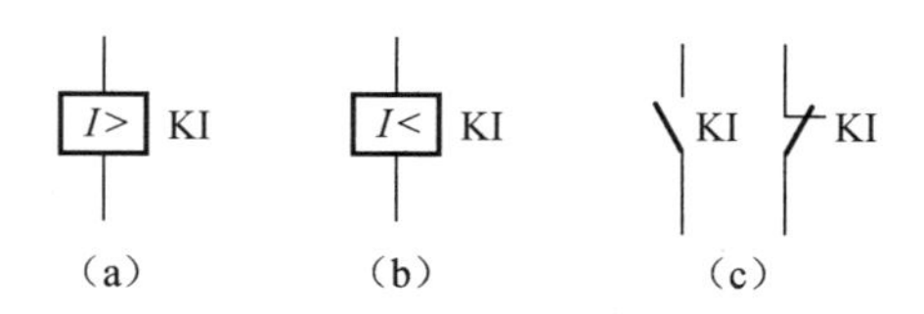

图 1-57　电流继电器的符号
（a）过电流继电器线圈；（b）欠电流继电器线圈；（c）电流继电器触点

2. 选用原则

（1）过电流继电器主要用于频繁启动、重载启动的场合作为电动机的过载和短路保护。整定范围通常是额定电流的 1.1～3.5 倍，为避免它在启动电流较大的情况下误动作，通常把动作电流整定在启动电流的 1.1～1.3 倍，此时只能用作短路保护。

用过电流继电器保护小容量直流电动机和绕线式转子异步电动机时，其线圈的额定电流一般可按电动机长期工作的额定电流来选择；对于频繁启动的电动机保护，继电器线圈的额定电流可选大一级。考虑到动作误差和余量，过电流继电器的整定电流值可按电动机最大工作电流来选择。

（2）在直流电路中，负载电流的降低或消失，往往会导致严重后果。例如，直流电动机的励磁电流过小会使电动机超速，甚至“飞车”。因此，电气设备中需要直流欠电流继电器，而交流电路不需要欠电流保护，也没有交流欠电流继电器。欠电流继电器的吸引电流为额定电流的 0.3～0.65 倍，释放电流为额定电流的 0.1～0.2 倍，正常工作时动铁芯是吸合的，当电流降低到一定值时，继电器释放。

3. 安装使用注意事项

（1）电流继电器必须垂直安装在控制屏或开关板上，不可随意搁置。为了保持初始性能，请注意不要将电流继电器跌落或使其受到冲击。

（2）线圈电流的种类和等级应与负载电路一致，根据对负载的保护作用来选择继电器的类型（过电流还是欠电流），另外还要根据控制电路的要求选择触点的类型和数量。

（3）动铁芯紧密地与静铁芯接触，动铁芯与静铁芯接触面有尘埃或油垢附着时可用汽油清洗干净。

（4）触点表面烧坏时必须及时清理或调换新触点，清洗时不允许采用砂纸，可以用汽油清洗或用细锉刀修理，在修理时尽力减少时银层的破坏，且不应改变触点的曲率半径。

1.5.2.6 电压继电器

触点的动作与线圈的动作电压大小有关的继电器称为电压继电器，它用于检测供电线路电压的大小，具有缺相保护、错相保护、过电压和欠电压保护以及电压不平衡保护等作用，使用时电压继电器的线圈与负载并联。按线圈的电流种类可分为交流电压继电器和直流电压继电器，按吸合电压的大小可分为过电压继电器和欠电压继电器。

电压继电器主要有 DY、JY 等系列，静态电压继电器 JY 系列的型号组成及含义如下：

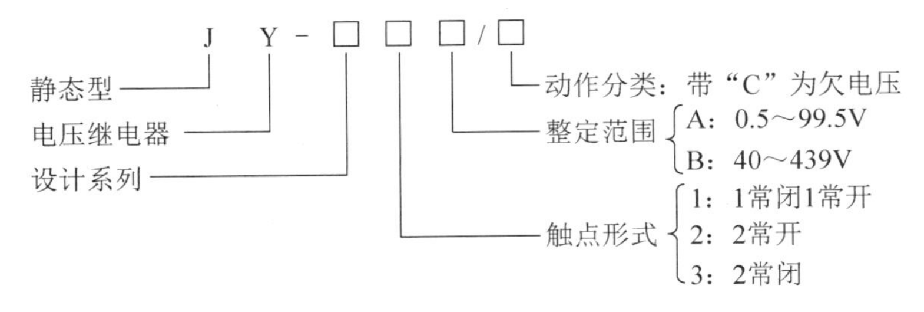

JY 系列电压继电器的主要技术参数如表 1-45 所示。

表 1-45　JY 系列电压继电器的主要技术参数

型号	整定范围/A	触点形式	触点容量/W	直流辅助电压/V	功耗	动作时间/ms
JY-11A JY-11A/C	0.5～99.5	1 常开 1 常闭	30	220 110 48	交流功耗≤0.5VA 直流功耗≤0.5W	≤40
JY-11B JY-11B/C	40～439					
JY-12A JY-12A/C	0.5～99.5	2 常开	30	220 110 48	交流功耗≤0.5VA 直流功耗≤0.5W	≤40
JY-12B JY-12B/C	40～439					
JY-13A JY-13A/C	0.5～99.5	2 常闭	30	220 110 48	交流功耗≤0.5VA 直流功耗≤0.5W	≤40
JY-13B JY-13B/C	40～439					

1. 电压继电器的结构

电压继电器属于电磁式继电器，其动作原理与接触器基本相同，主要由电磁机构和触点系统组成，JY 系列电压继电器外形示意图如图 1-58 所示。

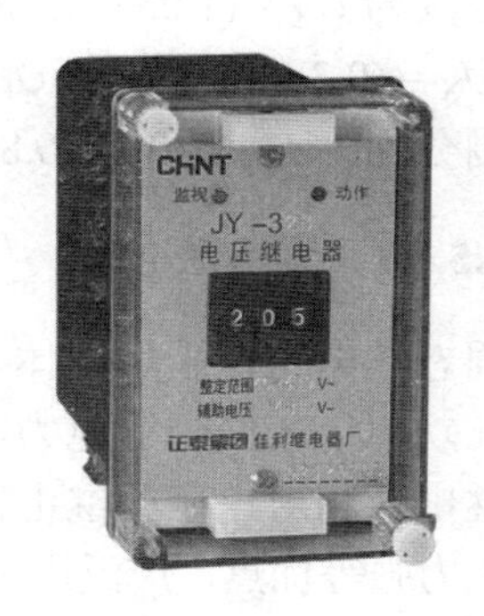

图 1-58　JY 系列电压继电器外形示意图

1）过电压继电器

过电压继电器线圈在额定电压时，动铁芯不产生吸合动作，只有当线圈的吸合电压高于其额定电压的某一值时动铁芯才产生吸合动作。因为直流电路不会产生波动较大的过电压现象，所以在产品中没有直流过电压继电器。

交流过电压继电器在电路中起过电压保护作用，在交流电路中，电气设备都是在额定电压下工作，而交流电路往往容易出现波动较大的过电压现象，过高的电压会使电气设备损坏。一旦电路出现过高电压，过电压继电器马上动作，从而及时分断电气设备的电源。可见，过电压继电器是利用其常闭触点来完成这一任务的，而且分断电源后，动铁芯又马上打开。

2）欠电压继电器

欠电压继电器又称零电压继电器，它的特点是释放电压很低，用作电路的欠电压或零电压保护。运行中的电气设备一旦出现过电压时，同样也不能正常工作。当电路中的电气设备在额定电压下正常工作时，欠电压继电器的动铁芯处于吸合状态；如果电路电压降低至线圈的释放电压，则动铁芯打开，使触点动作，从而及时分断电气设备电源。可见，欠电压继电器是利用其常开触点来完成这一任务的。

电压继电器的图形符号及文字符号如图 1-59 所示。

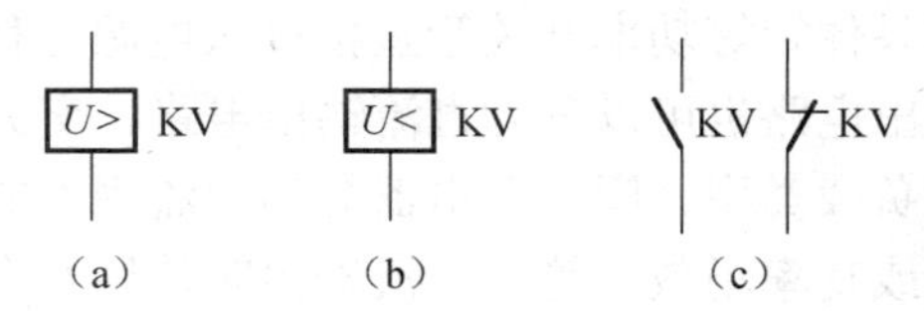

图 1-59　电压继电器的符号

（a）过电压继电器线圈；（b）欠电压继电器线圈；（c）电压继电器触点

2. 选用原则

过电压继电器选用时要注意线圈电流的种类和电压等级应与控制电路一致，并根据在控制电路中的作用（是过电压还是欠电压）选型。最后要按控制电路的要求选触点的类型和数量。

3. 安装使用注意事项

（1）电压继电器必须垂直安装在控制屏或开关扳上，不可随意搁置。为了保持初始性能，请注意不要跌落或使其受到冲击。

（2）如果电压继电器对吸合电压无固定要求，可以通过调节释放弹簧的松紧来整定释放电压。若有固定要求，需要规定整定。过电压继电器对释放电压无固定要求，故一般不需要整定；而欠电压继电器的释放电压按电路要求必须进行整定。交流过电压继电器吸合电压的调节范围为 $U_X = (1.05\sim1.2)U_N$；通常直流欠电压继电器的吸合电压与释放电压的调节范围分别为 $U_X = (0.3\sim0.5)U_N$ 和 $U_F = (0.07\sim0.2)U_N$，而交流欠电压继电器的吸合电压与释放电压调节范围分别为 $U_X = (0.6\sim0.85)U_N$ 和 $U_F = (0.1\sim0.35)U_N$。

1.5.2.7 固态继电器

固态继电器是采用固体半导体元件组装而成的一种无触点开关，它利用电力晶体管、晶闸管、功率场效应管等电力电子功率器件的开关特性，无触点、无火花地接通和断开电路。固态继电器相对电磁式继电器而言，具有开关速度快、动作可靠、使用寿命长、噪声低、抗干扰能力强等优点，广泛用于自动控制系统、数据处理系统、计算机终端接口和可编程控制器的输入/输出接口电路中，尤其适用于动作频繁、防爆、耐震、耐潮、耐腐蚀等特殊工作环境中。

1. 固态继电器的结构及工作原理

固态继电器由输入电路、隔离（耦合）和输出电路 3 部分组成。

按输入电压的不同类别，输入电路分为直流输入电路、交流输入电路和交直流输入电路 3 种。固态继电器的输入与输出电路的隔离和耦合方式有光电耦合和变压器耦合两种，光电耦合通常使用光敏二极管-光敏晶体管或光敏二极管-双向光控晶闸管，实现控制侧与负载侧隔离控制；高频变压器耦合利用输入的控制信号产生的自激高频信号经耦合到二次侧，经检波整流、逻辑电路处理形成驱动信号。

固态继电器主要使用电力晶体管、单向晶闸管、双向晶闸管、功率场效应管、绝缘栅型双极型晶体管等功率开关管直接接入电源与负载端，实现对负载电源的通断切换。固态继电器的输出电路也可以分为直流输出电路、交流输出电路和交直流输出电路等形式。

按负载类型，固态继电器分为直流固态继电器和交流固态继电器。直流输出时使用双极型器件或功率场效应管，交流输出时使用两个晶闸管或一个双向晶闸管。而交流固态继电器又可分为单相交流固态继电器和三相交流固态继电器，按导通与关断的时机分为随机型交流固态继电器和过零型交流固态继电器。

交流型的固态继电器的工作原理框图如图 1-60 所示，图中的固态继电器只有两个输入端及两个输出端，是一种四端器件。

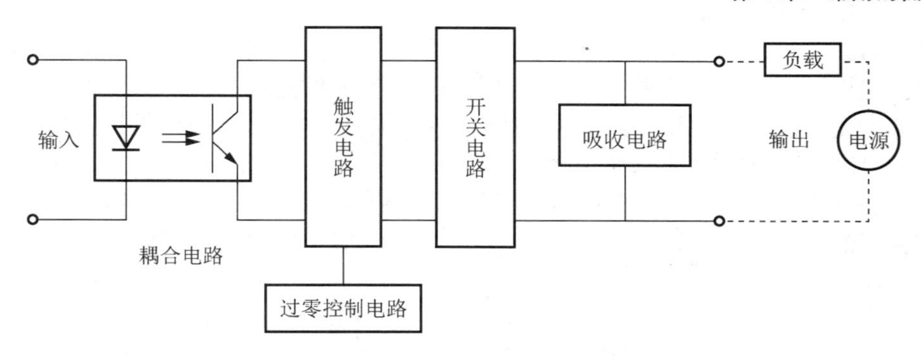

图 1-60　交流固态继电器的工作原理框图

工作时只要在输入端加上一定的控制信号，就可以控制输出两端之间的“通”和“断”，实现“开关”的功能。

（1）耦合电路的功能是为输入的控制信号提供一个输入与输出端之间的通道，但又在电气上断开固态继电器中输入端和输出端之间的电气联系，以防止输出端对输入端的影响。耦合电路用的元件是光耦合器，它动作灵敏、响应速度高、输入与输出端间的绝缘等级高。

（2）触发电路的功能是产生合乎要求的触发信号，驱动开关电路工作，但由于开关电路在不加特殊控制电路时，将产生射频干扰并以高次谐波或尖峰等污染电网，因此特设过零控制电路。

（3）过零是指当加入控制信号交流电压过零时，固态继电器即为通态；而当断开控制信号后，要等到交流电的正半周与负半周的交界点（零电位）时，固态继电器才为断态，这种设计能防止高次谐波的干扰和对电网的污染。

（4）吸收电路是为防止从电源中传来的尖峰、浪涌（电压）对开关器件双向晶闸管的冲击和干扰（甚至误动作）而设计的，一般是用阻容串联吸收电路或非线性压敏电阻器。

固态继电器的外形与符号如图 1-61 所示。

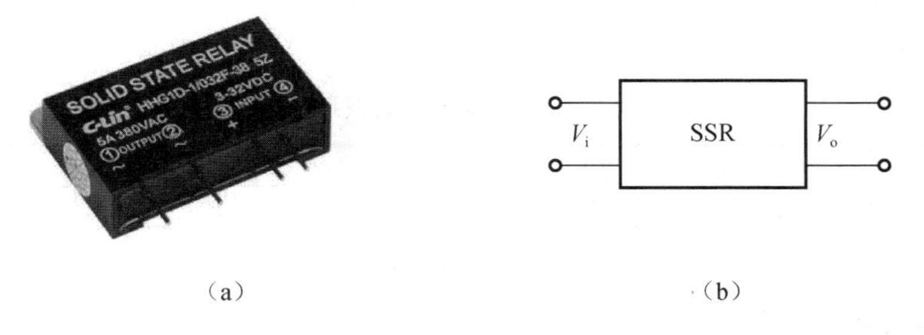

（a）　（b）

图 1-61　固态继电器的外形与符号

（a）外形；（b）符号

2. 选用原则

（1）在选用小电流规格印制电路板使用的固态继电器时，由于引线端子为高导热材料制成，焊接应在温度小于 250℃、时间小于 10s 的条件下进行。如果考虑周围温度的影响，则可以在必要时考虑降额使用，一般将负载电流控制在额定值的 1/2 以内使用。

（2）被控负载在接通瞬间会产生很大的浪涌电流，由于热量来不及散发，很可能使固态继电器内部晶闸管损坏，所以用户在选用继电器时应先对被控负载的浪涌特性进行分析，然后选择继电器。

一般在选用时遵循以下原则：低电压要求信号失真小时选用场效应管作输出器件的直流固态继电器；交流阻性负载和多数感性负载选用过零型继电器，这样可延长负载和继电器的寿命，也可以减小自身的射频干扰。

（3）固态继电器的负载能力受环境温度和自身温升的影响较大，在安装使用过程中，应保证其有良好的散热条件，额定工作电流在 10A 以上的产品应配散热器，100A 以上的产品应配散热器加风扇。如果继电器长期工作在高温（40～80℃）状态下，则要考虑降额使用来保证正常工作。

（4）在继电器使用时，由于过电流和负载短路会造成固态继电器内部输出晶闸管永久损坏，可以考虑在控制回路中增加快速熔断器和断路器予以保护，也可以在继电器输出端并联 RC 吸收回路和压敏电阻来实现输出保护。选用原则：220V 选用 500～600V 压敏电阻，380V 选用 800～900V 压敏电阻。

3. 安装使用注意事项

（1）卧式 W 型、立式 L 型体积小，适用于电路板直接焊接安装；立式 L2 型既适用于线路板焊接安装，也适用于电路板插接安装；K 型及 F 型适用于散热器及仪器底板安装。

（2）安装大功率固态继电器（K 型和 F 型封装）时应注意散热器接触面应平整，并涂覆导热硅脂（美宝 T-50）。

（3）安装力矩越大，接触热阻越小。

（4）大电流引出线需要配冷压焊片，以减少引出线接点电阻。

技能训练——继电器的识别及检测

1. 继电器的识别

将所有继电器的铭牌盖住并进行编号，观察所有继电器的外形及结构，写出对应的名称及型号，填入表 1-46 中。

表 1-46 继电器的识别

序号	1	2	3	4	5	6	7	8
名称								
型号								

2. 继电器的检测

1）时间继电器

仔细观察时间继电器，用万用表电阻挡测试各组常闭、常开触点是否接通或断开。若不是，则说明时间继电器已坏。一般时间继电器延时触点分为两组，每一组都有公共连接点，接线时应注意实际电路中的非等位点接线问题，否则将无法完成相应的控制功能。结合图 1-62 所示，考虑使用 JS14P 型时间继电器实施延时控制，将表 1-47 的内容填写完整。

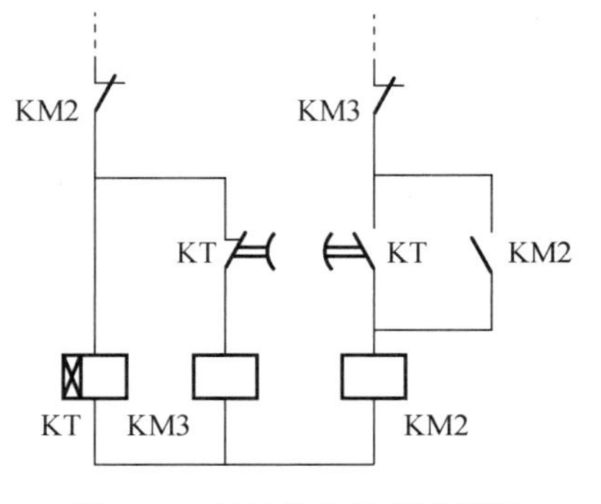

图 1-62 时间继电器应用例图

表 1-47 时间继电器的观测记录表

型号	触点数		触点是否良好		线圈电压	回答图 1-62 中的常开、常闭触点能否使用图 1-49 中的一组，例如 3-4 和 3-5 或者 6-7 和 6-8，并解释原因
	常开	常闭	常开	常闭		

2）热继电器

仔细观察热继电器的外形结构，用万用表电阻挡测试其常闭、常开触点是否接通或断开。若不是，则按下复位按钮后再进行测试，如果仍然不行应考虑热继电器损坏。热继电器与主回路连接的热元件相间应该绝缘，将观察测量的数据填入表 1-48。

表 1-48 热继电器的观测记录表

型号	辅助触点数		触点是否接触良好		热元件相间绝缘电阻/Ω			整定电流范围
	常开	常闭	常开	常闭	L1-L2	L2-L3	L1-L3	

3）中间继电器

使用前将中间继电器的外壳拆下来，仔细观察其内部结构，查看线圈、动铁芯及触点组的安装情况。用万用表电阻挡测试其常闭、常开触点是否接通或断开。若不是，应考虑中间继电器损坏。请将观察测量的数据填入表 1-49。

表 1-49 中间继电器的观测记录表

型号	线圈电压	触点数		触点是否接触良好		有无短路环，若有，说明其作用
		常开	常闭	常开	常闭	

4）速度继电器

使用前将速度继电器端盖拆下来，仔细观察其转轴、摆杆及动、静触点的结构和形状，用万用表电阻挡测试其常闭、常开触点是否接通或断开。还可以手动转动速度继电器的转轴，观察继电器的动、静触点的情况。使用时速度继电器的转动轴要与电动机主轴进行同轴连接，其辅助触点要串联至控制回路。将观察测量的数据填入表 1-50。

表 1-50 速度继电器的观测记录表

型号	辅助触点数		触点是否接触良好		转轴及摆杆是否工作良好	简述速度继电器的工作原理
	常开	常闭	常开	常闭		

5）电流继电器

仔细观察电流继电器的外形结构，用万用表电阻挡测试其常闭、常开触点是否接通或断开，若不是，应考虑电流继电器损坏。使用时线圈要串联至主回路，其电流的种类和等级应与负载电路一致，根据对负载的保护作用来选择继电器的类型（过电流或欠电流）。将观察测量的数据填入表 1-51。

表 1-51　电流继电器的观测记录表

型号	类型	辅助触点数		触点是否接触良好		线圈电流	动作电流整定范围
		常开	常闭	常开	常闭		

6）电压继电器

仔细观察电压继电器的外形结构，用万用表电阻挡测试其常闭、常开触点是否接通或断开。若不是，应考虑电压继电器损坏。使用时线圈与负载并联，其电压的种类和等级应与负载电路一致，根据对负载的保护作用来选择继电器的类型（过电压或欠电压），并将观察测量的数据填入表 1-52。

表 1-52　电压继电器的观测记录表

型号	类型	辅助触点数		触点是否接触良好		线圈电压	动作电压整定范围
		常开	常闭	常开	常闭		

能力拓展

空气阻尼式时间继电器、热继电器、中间继电器和速度继电器的常见故障及处理方法分别如表 1-53～表 1-56 所示。

表 1-53　空气阻尼式时间继电器的常见故障及处理方法

故障现象	产生的原因	处理方法
动作延时缩短或不延时	空气密封不严或漏气	重新装配检查漏气地方并进行密封处理
动作时间过长	进气通道堵塞	清理进气通道
线圈损坏或烧毁	空气中含粉尘、油污、水蒸气和腐蚀性气体，以致绝缘损坏	更换线圈，必要时涂抹绝缘漆
	线圈内部断线	重绕或更换线圈
	线圈在过电压或欠电压下运行，电流过大	检查并调整电源电压
	线圈额定电压与电源电压不符	更换额定电压合适的线圈
	线圈匝间短路	更换线圈
线圈过热或动铁芯噪声大	动铁芯与静铁芯接触面接触不良或动铁芯歪斜	清洗接触面的油污及杂质或调整接触面
	短路环损坏	更换短路环
	弹簧压力过大	调整弹簧压力，排除机械卡阻

表 1-54　热继电器的常见故障及处理方法

故障现象	产生的原因	处理方法
热继电器误动作或动作太快	整定电流偏小	调大整定电流
	操作频率过高	调换热继电器或限定操作频率
	连接导线太细	选用标准导线
热继电器不动作	整定电流偏大	调小整定电流
	热元件烧断或脱焊	更换热元件或热继电器
	导板脱出	重新放置导板并试验动作灵活性

续表

故障现象	产生的原因	处理方法
热元件烧断	负载侧电流过大 反复工作制 短时工作制	排除故障调换热继电器
	操作频率过高	限定操作频率或调换合适的热继电器
主电路不通	热元件烧毁	更换热元件或热继电器
	接线螺钉未旋紧	旋紧接线螺钉
控制电路不通	热继电器常闭触点接触不良或弹性消失	检修常闭触点
	手动复位的热继电器动作后，未手动复位	手动复位

表 1-55　中间继电器的常见故障及处理方法

故障现象	产生的原因	处理方法
中间继电器不吸合或吸不牢	电源电压过低	调高电源电压
	线圈断路	调换线圈
	线圈技术参数与使用条件不符	调换线圈
	铁芯机械卡阻	排除卡阻物
	触点虚接，由于控制回路的接触电阻变化，电磁式电器线圈两端的实际电压低于 85%额定电压，从而使铁芯不能吸合	1. 尽量避免采用 12V 及以下的低电压作为控制电压，因为在这种低电压电路中，最容易发生触点虚接故障； 2. 控制回路采用 24V 作为控制电压时，应采用并联型触点，以提高其工作可靠性； 3. 控制回路必须用低压控制时，以采用 48V 为好； 4. 控制回路最好采用 110V 及以上电压作为额定控制电压，可以有效地防止触点虚接现象的发生
线圈断电，继电器不释放或释放缓慢	触点熔焊	排除熔焊故障，修理或更换触点
	铁芯表面有油污	清理铁芯表面
	触点弹簧压力过小或复位弹簧损坏	调整触点弹簧力或更换复位弹簧
	机械卡阻	排除卡阻物
触点熔焊	控制回路短路	排除短路故障，更换触点
	触点弹簧压力过小	调整触点弹簧压力
	触点表面有电弧灼伤	清理触点表面
	机械卡阻	排除卡阻物
铁芯噪声过大	电源电压过低	检查线路并提高电源电压
	短路环断裂	调换铁芯或短路环
	铁芯机械卡阻	排除卡阻物
	铁芯极面有油垢或磨损不平	用汽油清洗极面或更换铁芯
	触点弹簧压力过大	调整触点弹簧压力
线圈过热或烧毁	线圈匝间短路	更换线圈并找出故障原因
	操作频率过高	限定操作频率或调换合适的继电器
	线圈参数与实际使用条件不符	调换线圈或继电器
	铁芯机械卡阻	排除卡阻物

表 1-56　速度继电器常见故障及检修方法

故障现象	产生的原因	处理方法
制动时速度继电器失效，电机不能制动	速度继电器胶木摆杆断裂	调整胶木摆杆
	速度继电器常开触点接触不良	清洗触点表面油污
	弹性动触片断裂或失去弹性	调换弹性动触片

电流、电压继电器也属于电磁式继电器的一种，其常见故障与中间继电器类似。在使用时还要注意继电器类型的选用以及整定方法（通过调整反力弹簧预紧力的大小，实现整定值大小的调整），继电器类型的错误选择或整定值调整不当也是其不能正常工作的一个很重要的原因。

练 习 题

一、判断题（正确的打√，错误的打×）

1．一台额定电压为220V的交流接触器在AC 20V和DC 220V的电源上均可使用。（ ）

2．交流接触器通电后如果铁芯吸合受阻，将导致线圈烧毁。（ ）

3．交流接触器铁芯端面嵌有短路环的目的是保证动、静铁芯严密，防止产生振动与噪声。（ ）

4．直流接触器比交流接触器更适合频繁操作的场合。（ ）

5．低压断路器又称自动空气开关。（ ）

6．只要外加电压不变化，交流电磁铁的吸力在吸合前后是不变的。（ ）

7．直流电磁铁励磁电流的大小与行程成正比。（ ）

8．熔断器的保护特性是反时限的。（ ）

9．低压断路器具有失电压保护功能。（ ）

10．一定规格的热继电器所装的热元件规格可能是不同的。（ ）

11．无断相保护装置的热继电器不能对电动机的断相提供保护。（ ）

12．热继电器的额定电流是其触点的额定电流。（ ）

13．热继电器的保护特性是反时限的。（ ）

14．行程开关、限位开关、终端开关是同一种开关。（ ）

15．万能转换开关本身带有各种保护。（ ）

16．主令控制器除了手动式产品外，还有由电动机驱动的产品。（ ）

17．继电器在整定值下动作时所需的最小电压称为灵敏度。（ ）

二、选择题（将正确答案的序号填入括号中）

1．关于接触电阻，下列说法不正确的是（ ）。

A．接触电阻的存在会导致电压损失

B．由于接触电阻的存在，触点容易产生熔焊现象

C．由于接触电阻的存在，触点的温度降低

D．由于接触电阻的存在，触点工作不可靠

2．为了减小接触电阻，下列做法不正确的是（ ）。

A．在静铁芯的端面上嵌有短路环　　B．加一个触点弹簧

C．触点接触面保持清洁　　D．在触点上镶一块纯银块

3．电弧的存在将导致（　　）。

A．电路的分断时间加长　　B．电路的分断时间不变

C．电路的分断时间缩短　　D．分断能力提高

4．CJ20-160 型交流接触器在 380V 时的额定工作电流为 160A，故它在 380V 时能控制的电动机的功率约为（　　）。

A．85kW　　B．100kW　　C．20kW　　D．160kW

5．在接触器的铭牌上常见到 AC3、AC4 等字样，它们代表（　　）。

A．生产厂家代号　　B．使用类别代号

C．国标代号　　D．与电压成正比

6．CJ40-160 型交流接触器在 380V 时的额定电流为（　　）。

A．160A　　B．40A　　C．100A　　D．80A

7．交流接触器在不同额定电压下的额定电流（　　）。

A．相同　　B．不相同　　C．与电压无关　　D．电压级别代号

8．熔断器的额定电流与熔体的额定电流（　　）。

A．是一回事　　B．不是一回事

9．电压继电器的线圈与电流继电器的线圈相比，具有的特点是（　　）。

A．电压继电器的线圈与被测电路串联

B．电压继电器的线圈匝数多、导线细、电阻大

C．电压继电器的线圈匝数少、导线粗、电阻小

D．电压继电器的线圈匝数少、导线粗、电阻大

10．断电延时型时间继电器的常开触点为（　　）。

A．延时闭合的常开触点　　B．瞬动常开触点

C．瞬时闭合延时断开的常开触点　　D．延时闭合瞬时断开的常开触点

11．在延时精度要求不高、电源电压波动较大的场合应选用（　　）。

A．空气阻尼式时间继电器　　B．晶体管式时间继电器

C．电动式时间继电器　　D．上述三种都不合适

12．交流电压继电器和直流电压继电器铁芯的主要区别是（　　）。

A．交流电压继电器的铁芯是由彼此绝缘的硅钢片叠压而成的，而直流电压继电器的铁芯则不是

B．直流电压继电器的铁芯是由彼此绝缘的硅钢片叠压而成的，而交流电压继电器的铁芯则不是

C．交流电压继电器的铁芯是由整块软钢制成的，而直流电压继电器的铁芯则不是

D．交、直流电压继电器的铁芯都是由整块软钢制成的，但其大小和形状不同

13．通电延时型时间继电器的动作情况是（　　）。

A．线圈通电时触点延时动作，断电时触点瞬时动作

B．线圈通电时触点瞬时动作，断电时触点延时动作

C．线圈通电时触点不动作，断电时触点瞬时动作

D．线圈通电时触点不动作，断电时触点延时动作

三、问答题

1．什么是低压电器？常用的低压电器有哪些？

2．电磁式低压电器有哪几部分组成？说明各部分的作用。

3．低压断路器可以启动哪些保护作用？说明其工作原理。

4．熔体的熔断电流一般是额定电流的多少倍？

5．如何选择熔体和熔断器规格？

6．交流接触器的铁芯端面上为什么要安装短路环？

7．交流接触器频繁操作后线圈为什么会发热？其动铁芯卡住后会出现什么后果？

8．交流接触器能否串联使用？为什么？

9．如何从接触器的结构区分是交流接触器还是直流接触器？

10．什么是继电器？其按用途不同可分为哪两大类？

11．中间继电器和接触器有何异同？在什么条件下可以用中间继电器来代替接触器？

12．什么是时间继电器？它有何用途？

13．电压继电器和电流继电器在电路中各起何作用？它们的线圈和触点各接于什么电路中？

14．在电动机启动过程中，热继电器会不会动作？为什么？

15．既然在电动机的主电路中装有熔断器，为什么还要装热继电器？装有热继电器是否可以不装熔断器？为什么？

16．带断相保护的热继电器与不带断相保护的热继电器有何区别？它们接入电动机定子电路的方式有何不同？

17．转换开关内的储能弹簧起什么作用？

18．控制按钮与主令控制器在电路中各起什么作用？

19．简述接触器中短路环、反作用弹簧、触点压力弹簧和缓冲弹簧的作用。

20．简述交流接触器的工作原理。

21．中间继电器与交流接触器有什么异同？什么情况下可以用中间继电器代替接触器？

22．双金属片式热继电器主要由哪几部分组成？

23．简述双金属片式热继电器的工作原理，它的热元件和常闭触点如何接入电路中？

第 2 章

电动机基本控制线路

本章主要介绍电动机继电-接触控制线路的基本环节，以三相笼型异步电动机、绕线转子异步电动机、直流电动机为例，介绍它们常用的基本控制线路的工作原理、线路的安装及安装工艺要求、线路的调试及维护等，在此基础上了解低压电器控制线路的设计方法及主要设备的选择应用。

- 掌握电动机控制线路图的绘制规则。
- 掌握电动机常用控制线路的基本工作原理。
- 掌握电动机控制线路的安装步骤。
- 掌握电动机控制线路的基本调试及维护方法。
- 了解电动机控制线路的安装工艺。
- 了解电动机控制线路的设计方法。
- 初步具有对电动机控制线路的改造和设计能力。
- 初步具有对电动机控制线路分析的能力。

2.1 笼型异步电动机单向正转控制线路

2.1.1 电动机控制线路绘图基本知识

为实现电动机按照生产机械的要求安全运转，须由电气设备和电气元件按一定要求连接而成的电路来实现对电动机的控制，这就是电动机的控制电路。在实际生产中，各种机械设备的工作过程和加工工艺各不相同，为设备提供动力的电动机要满足设备的运行需求，就需要通过控制系统来控制电动机的运转。控制系统的复杂程度由生产机械和所需电动机的种类、数量、控制要求等决定。为了清晰地表达生产机械电气控制系统的工作原理，便于系统安装、调整、使用和维修，将电气控制系统中的各电气元件用一定的图形符号和文字符号来表示，再将其连接情况用一定的图形表达出来，这种图形就是电气控制系统图样。

常用的电气控制系统图有系统图或框图、电气原理图、电气元件布置图接线图。电气控制系统图主要是为分析系统工作原理、设备安装接线、系统调试、故障维修等服务的。电气图中电气元件必须使用国家统一规定的图形符号和文字符号。目前，国家标准规范与电气系统图有关的是 GB/T 4728.1～15—2005、GB/T 4728.6～13—2008《电气简图用图形符号》，GB/T 4026—2010《人机界面标志标识的基本和安全规则　设备端子和导体终端的标识》，GB/T 50786—2012《建筑电气制图标准》，GB/T 6988《电气技术用文件的编制》，GB/T 20939—2007《技术产品及技术产品文件结构原则　字母代码　按项目用途和任务划分的主类和子类》。

1. 电气图幅尺寸

根据绘制电气系统图的内容选取合适的图纸，以便电气系统的内容清晰、合理地表示出来。国家规范中标准图纸的尺寸如表 2-1 所示。

表 2-1　国家规范中标准图纸的尺寸　　单位：mm

图幅	A0	A1	A2	A3	A4
长	1 189	841	594	420	297
宽	841	594	420	597	210

2. 图幅分区

为了清晰表示电气图中各部分在图幅中的位置，直观反映图中各部分之间的相对关系，一般将图幅进行横向和纵向分区。横向分区用阿拉伯数字表示，纵向分区用大写英文字母表示；横、纵向分区大小可以不同，一般分区长度为 25～75mm。图幅分区示意图如图 2-1 所示。

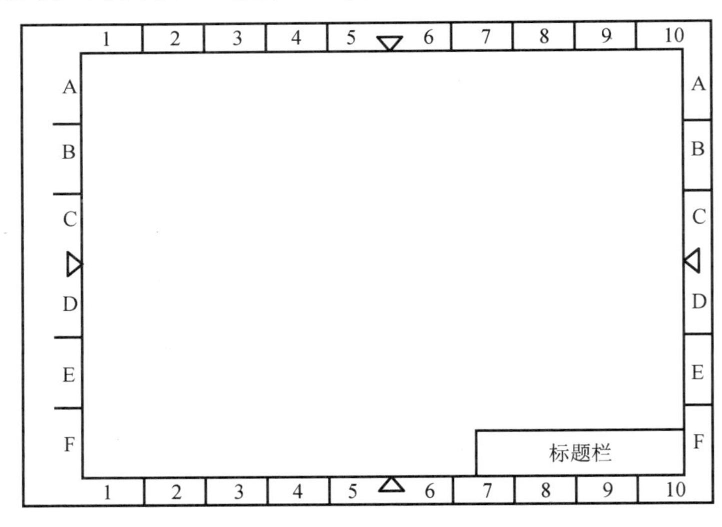

图 2-1　图幅分区示意图

3. 标题栏

图幅右下角为标题栏，标题栏各设计单位的内容表示不尽相同，但一般应包括图名、设计单位、使用单位、设计人、制图人、审核人、比例尺及日期等内容。

4. 图形符号和文字符号

图形符号通常用于图样或其他文件，用以表示一个设备或概念的图形、标记或字符，由符号要素、限定符号、一般符号及常用的非电操作控制的动作符号（如机械控制符号等）根据不同的具体元件情况组合构成。

文字符号适用于电气技术领域中技术文件的编制，也可以表示在电气设备、装置和元件上或其近旁，以标明它们的名称、功能、状态和特征。文字符号分为基本文字符号和辅助文字符号，基本文字符号表示电气设备、装置和元件的大类，辅助文字符号用来进一步表示电气设备、装置和元件的功能，状态和特征。

5. 接线端子标记

（1）三相交流电源引入线采用 L1、L2、L3 标记，中性线采用 N 标记，保护线采用 PE 标记；直流电源正极采用 L+标记，标记采用 L−负极。

（2）电源开关之后的三相交流电源主电路分别按 U、V、W 顺序标记。

（3）分级三相交流电源主电路采用在三相文字符号 U、V、W 之后加上阿拉伯数字 1、2、3 等来标记，如 U1、V1、W1 及 U2、V2、W2 等。

（4）三相电动机绕组的首端分别用 U1、V1、W1 标记，绕组尾端分别用 U2、V2、W2 标记，绕组中间抽头分别用 U3、V3、W3 标记。

（5）电动机主电路各接线端子标记，从电源进线开关后，采用三相文字符号后面加双数字来表示，数字中的个位数表示电动机代号，十位数表示该支路各接点的代号，从上到下按数字大小顺序标记。例如，U11 表示 M1 电动机第一相的第一个接线端子代号，U21 为电动机的第一相的第二个接线端子代号，依此类推。

（6）电动机控制电路采用阿拉伯数字编号，标注方法按“等电位”原则进行，在垂直绘制的电路中，一般按自上而下、从左到右的规律编号。凡是被线圈、触点等元件所间隔的接线端点，都应标以不同的编号。

6. 电气原理图

电气原理图是为了便于阅读和分析控制线路工作原理，用国家标准规定的图形符号和文字符号代表各种元件，用线条代表导线把元件连接起来，表示元件或设备的作用、动作顺序及连接关系的图样。在电气原理图中只表示出电气元件的导电部件和接线端子部分，并不按照各电气元件的实际布置位置和实际接线情况来绘制，也不反映电气元件的大小及安装方式。

电气原理图的绘制规则如下。

（1）一个完整的电气原理图一般由电源电路、主电路、控制电路和辅助电路组成，电源电路和主电路应画在图纸的左侧，控制电路和辅助电路画在图纸的右侧。

① 电源电路按规定绘成水平线，由电源保护和电源开关组成。三相交流电源的 L1、L2、L3 按自上而下的相序依次绘出，中性线 N 和保护线 PE 依次画在相线的下方；直流电源的正极画在上方，负极画在下方。

② 主电路是从电源到电动机绕组通过电动机工作电流的回路，一般由熔断器、接触器主触点、热继电器热元件组成。主电路应垂直于电源电路，用粗线条绘出。

③ 控制电路和辅助电路（照明电路、信号电路及保护电路）是控制主电路工作的小电流通过的电路，一般由主令电器的触点、接触器的辅助触点、各种继电器的触点、接触器和继电器的线圈、信号指示灯、照明开关和灯具等组成。控制电路和辅助电路一般跨接在水平放置的控制电源之间，用细实线绘出。为了分析、阅读方便，各元件一般应按动作顺序从上到下、从左到右依次排列。

（2）在电气原理图中，电气元件采用展开的形式绘制，例如，属于同一元件的不同部分（如接触器的线圈和触点）可以分开来绘制，绘制在它们起作用的电路中，但同一元件的各个部件必须标以相同的文字符号。

（3）电气原理图中所有的电气元件均不绘制实际的外形图，而是采用国家标准中规定的图形符号和文字符号。属于同一电器的线圈和触点要用同一个文字符号表示。当使用多个相同类型的电器时，要在文字符号后面标注阿拉伯数字序号来区分。

（4）电气原理图中所有电气设备的触点均按初始状态绘出，初始状态是指电气元件没有通电或没有外力作用时的状态。例如，继电器、接触器的触点按线圈未通电时的状态绘制，按钮、行程开关的触点按不受外力作用时的状态绘制。

（5）在原理图中，各电气元件应按动作顺序从上到下、从左到右依次排列，并尽量避免线条交叉。有直接电联系的导线的交叉点要用黑圆点表示。

（6）符号位置索引。在电气原理图中通常用图号、页次和图区编号的组合索引法构成符号位置的索引，其表示格式如下：

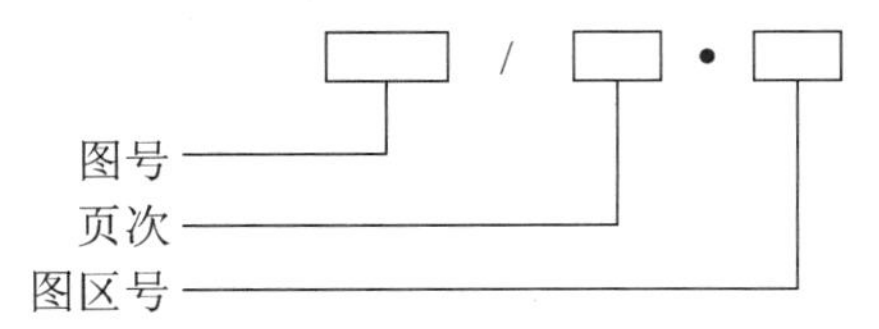

当某一元件相关的各符号元素出现在不同图号的图纸上，并且每个图号仅有一页图纸时，可将索引代号简化为：

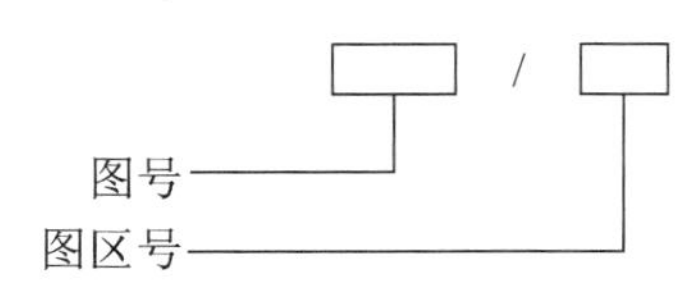

当某一元件相关的各符号元素出现在同一图号的图纸上，且该图号有几张图纸时，可省略图号，将索引代号简化为：

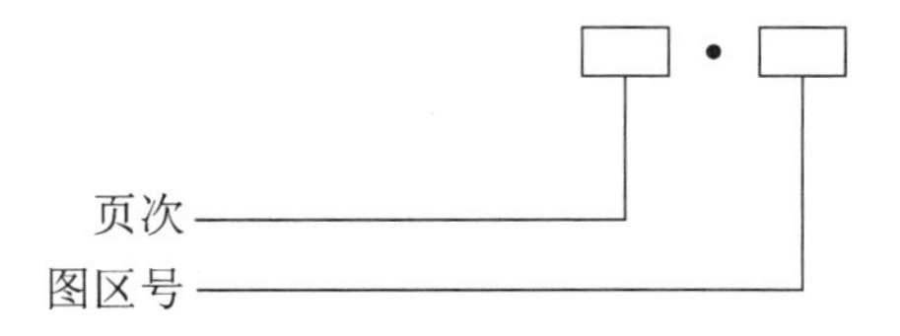

当某一元件相关的各符号元素出现在只有一张图纸的不同图区时，索引代号只用图区号表示，即

为了便于读图，继电器、接触器触点与其线圈的对应关系，可以用附图加以说明，如图 2-2 所示。

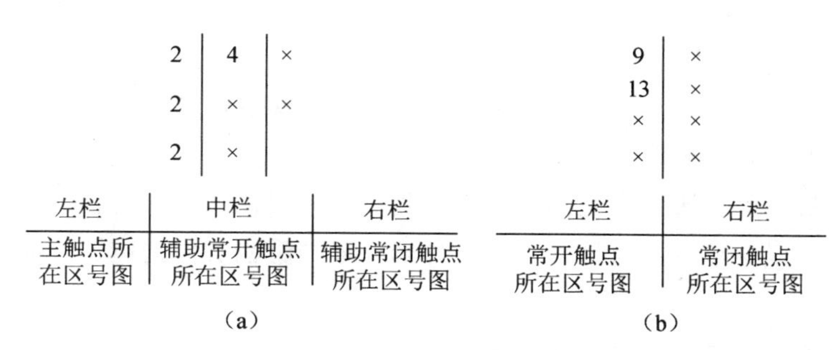

图 2-2　触点与线圈的对应关系标注

(a) 接触器；(b) 继电器

(7) 元件技术数据的标注。各电气元件的技术参数、型号及其他相关数据，一般在电气原理图中电气元件文字符号下方标注出来。如图 2-3 所示，热继电器文字符号 FR 下方所标注的 6～14A 为该热继电器的动作电流整定范围，8A 为该继电器的实际整定电流值。

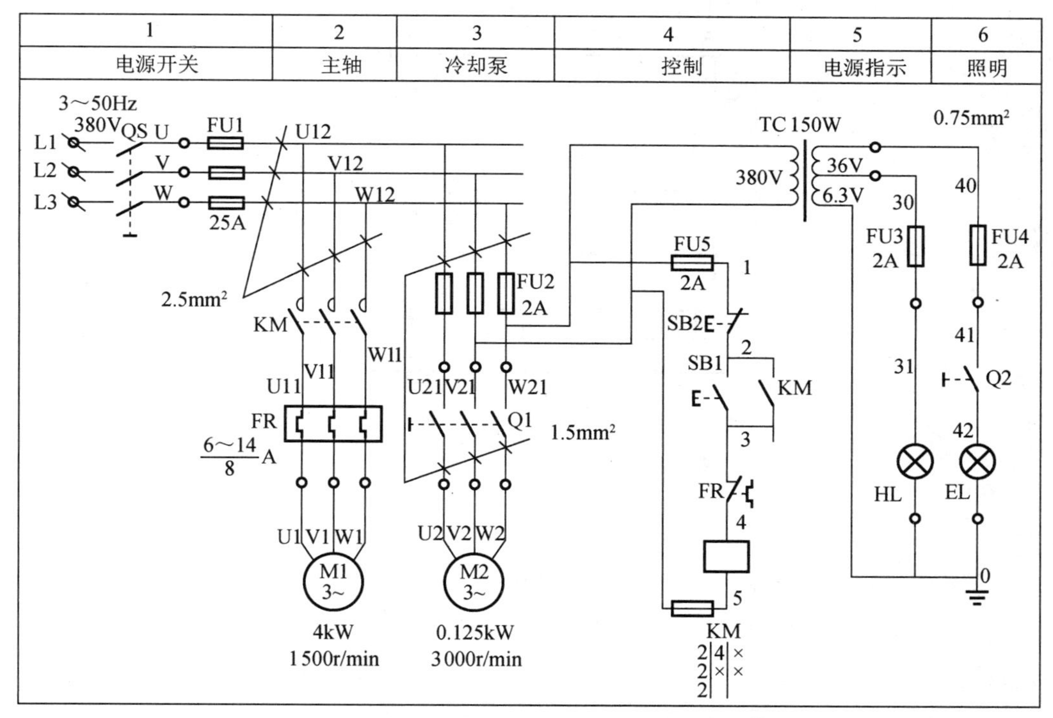

图 2-3　某控制设备的电气原理图

7. 电气元件布置图

电气元件布置图是用来表示元件在机械设备或控制柜中实际安装位置的图，主要为电气控制设备的安装、检修、维护提供支持。绘制时，采用简化的图形符号在元件的安装位置处绘出，各元件的文字符号必须与电气原理图中和接线图中的标注一致。绘制时注意以下几方面：

（1）体积大和较重的元件应安装在下方，发热元件安装在上方。

（2）强、弱电之间要分开，弱电部分要加屏蔽，防止外界信号的干扰。

（3）需要经常调整、检修的元件安装高度要适中，不宜过高或过低。

（4）元件的布置要整齐、对称、美观，外形尺寸与结构类似的电器安装在一起，以利于安装和配线。

（5）元件布置不要过密，以利于布线和维修。

某控制设备的电气元件布置图如图 2-4 所示。

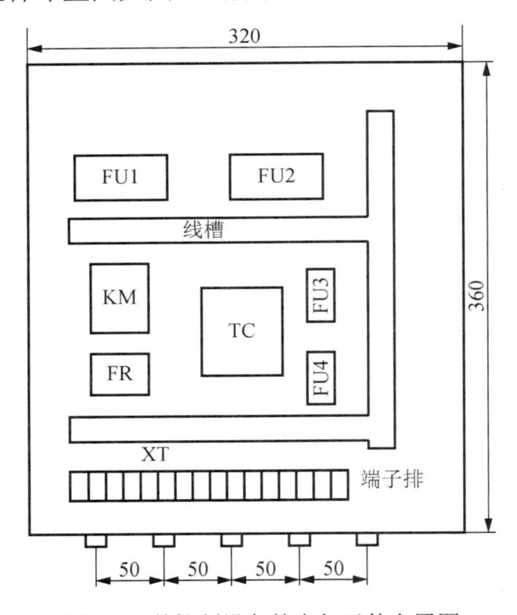

图 2-4　某控制设备的电气元件布置图

8. 接线图

接线图是按电气元件的实际安装位置绘制的，表明在控制柜或配电屏内部电气元件之间的连接关系及控制柜或配电屏与外部设备之间连接关系的图样，它是电气控制设备生产配线和设备检修、调试的重要依据。绘制接线图时应遵循以下原则。

（1）接线图中各电气元件均按实际安装位置绘制，同一电器的部件应绘在一起，各部件相对位置与实际位置应一致，并用虚线框表示。

（2）接线图中各电气元件的文字符号及接线端子的编号必须与电气原理图一致，且按国家标准绘制。

（3）接线图中各电气元件之间的、电气元件与端子板之间的，以及端子板与屏外设备的电气连接均应绘出。

（4）接线图中凡导线走向相同且穿同一线管或绑扎在一起的导线束均以一单线绘出。

（5）接线图中应标出连接导线及穿线管的型号、规格、根数、颜色和尺寸。管内穿线满 7 根时，应另加备用线 1 根，以便于检修。

（6）同一控制柜内的电气元件可直接相连；控制柜与外部元件相连，必须经过接线端子板转接，且相互连接的导线应注明规格，一般不表示实际走线。

常见的接线图如图 2-5～图 2-7 所示。

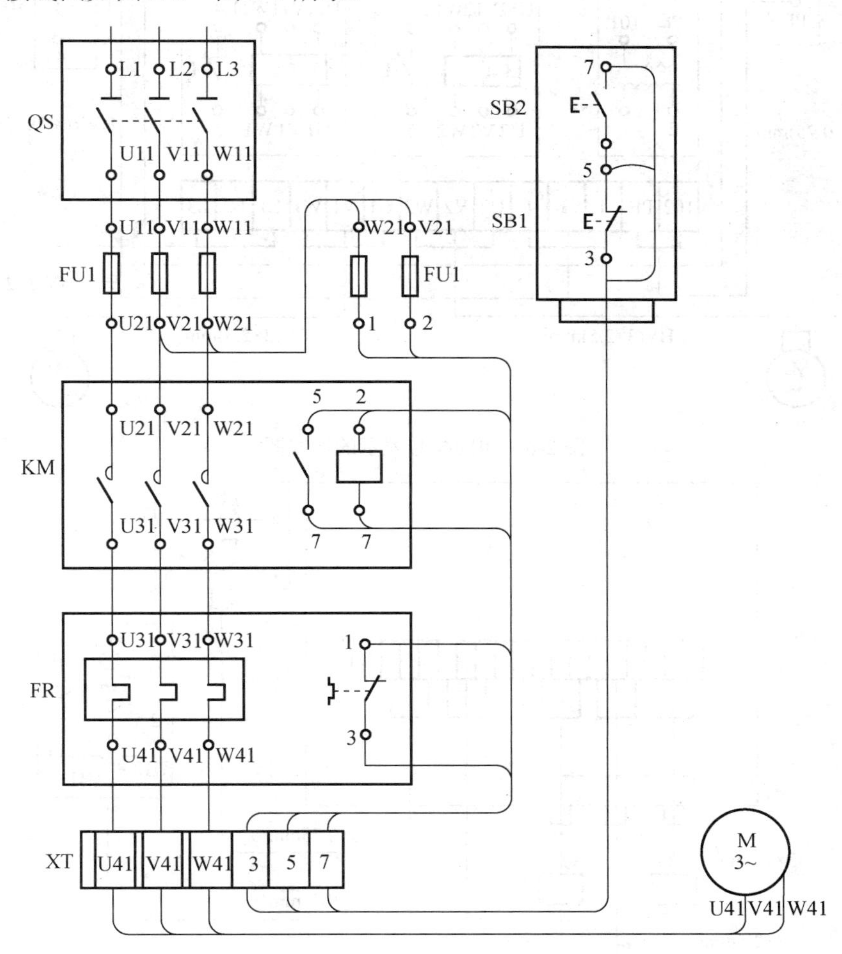

图 2-5　线束表示的接线图

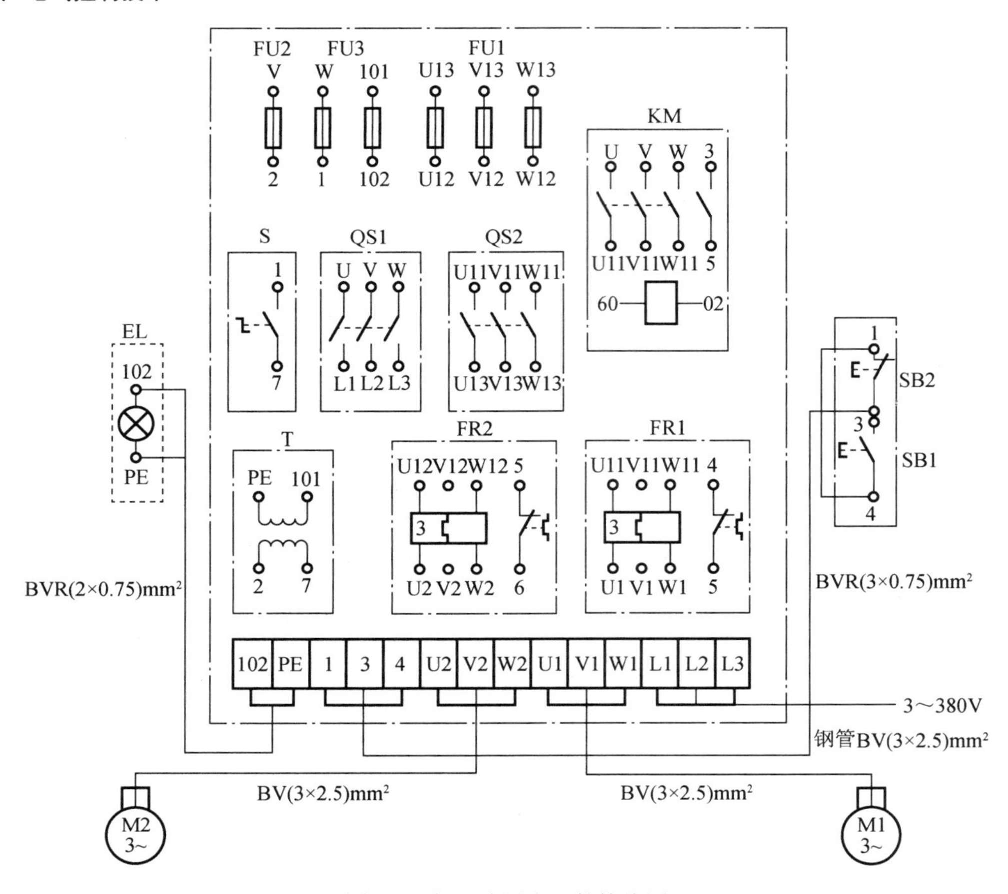

图 2-6 相同编号表示的接线图

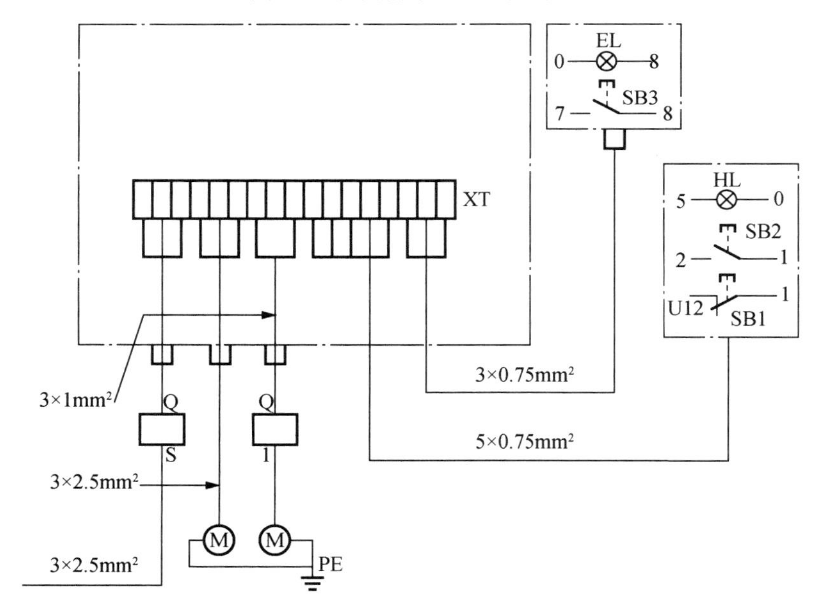

图 2-7 设备之间的互连接线图

2.1.2　三相笼型异步电动机正转直接启动控制线路

三相笼型异步电动机的结构简单，价格便宜，维修方便，而且现在变频调速技术发展迅速，笼型异步电动机的调速性能也得到了很大的提升，所以在企业中笼型异步电动机在电力拖动中得到了广泛的应用。笼型异步电动机在启动时，如果直接给定子绕组加额定电压，则为直接启动，也称全压启动。直接启动控制线路简单经济，但是启动电流较大，所以一般拖动的负载较小时，配用的电动机功率也较小，如小型台钻、冷却泵等的电动机，他们一般允许直接启动。一般电动机功率在 10kW 以下允许直接启动。

1. 手动控制线路

手动控制线路通过低压开关（负荷开关、转换开关、低压断路器等）来控制电动机的启动和停止，一般只有主电路，没有控制电路。

通过开关控制实现电动机的启停电路，工作原理简单，一般合上电源开关，电动机启动运行；断开电源开关，电动机断电停止。低压开关不允许频繁操作，其灭弧能力也较低，不能实现远距离操作和自动控制，不能用热继电器对电动机实现过载保护，电路无失电压与欠电压保护，所以这种控制线路只适合电动机容量较小，启动、换向不频繁的场合。

手动正转控制线路如图 2-8 所示。

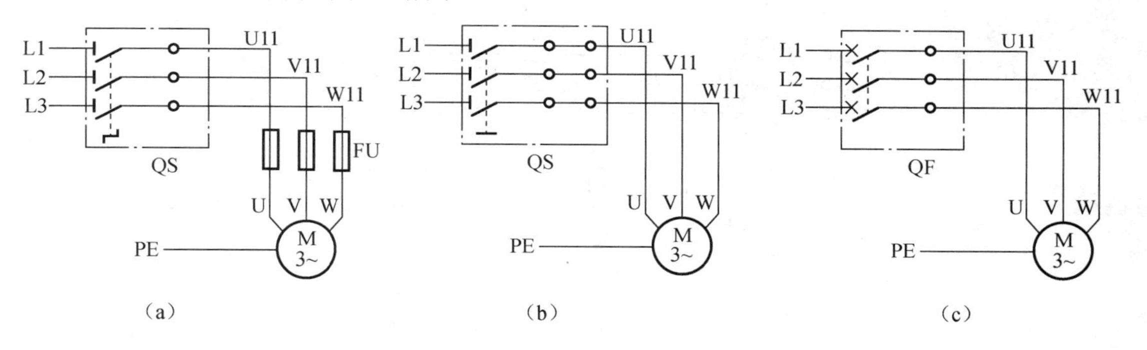

图 2-8　手动正转控制线路

（a）组合开关控制；（b）负荷开关控制；（c）低压断路器控制

2. 点动控制线路

为了克服手动控制线路的缺陷，电动机控制线路一般通过接触器的主触点通断来实现电动机定子绕组的通断电。点动控制线路是由按钮、接触器组成，是最简单的实现电动机启动、停止的线路。点动控制是指电动机运行时必须按住启动按钮，如果松开按钮，则电动机立即停止。这种点动控制一般用在电动机短时运行或需要短时调整的地方，如电动机调速后短暂冲动运行和车床刀具的快速移动、电动机控制等。电动机点动正转控制线路如图 2-9 所示。

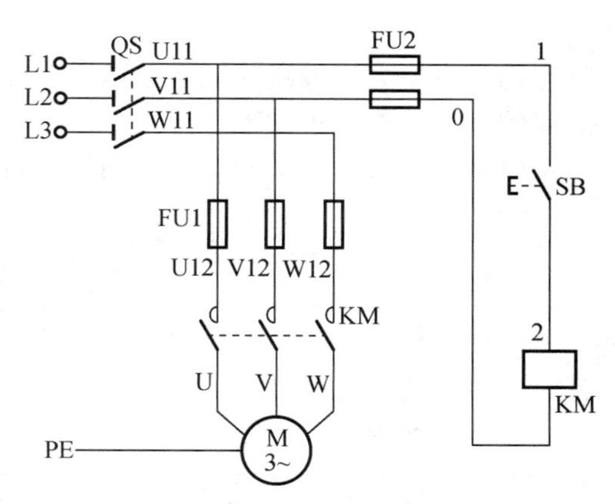

图 2-9　电动机点动正转控制线路

在图 2-9 中，点动控制线路包括主电路和控制电路，主电路由组合开关 QS、熔断器 FU1、接触器主触点 KM 组成，控制电路由熔断器 FU2、控制按钮 SB 和接触器线圈 KM 组成。其中组合开关 QS 作为电源引入隔离开关，熔断器 FU1、FU2 作为主电路和控制电路的短路保护，按钮 SB 用于控制接触器 KM 线圈通断电，接触器主触点控制电动机的启动和停止。控制线路的工作原理如下。

首先合上电源开关 QS，此时由于接触器主触点打开，电动机未接通电源，所以是不运转的。按住控制按钮 SB，接触器 KM 线圈带电，其动铁芯吸合时带动接触器 KM 的主触点吸合，电动机定子绕组通电，电动机启动运行。当松开 SB 时，接触器 KM 线圈立刻断电，其动铁芯释放，带动主触点断开，电动机定子绕组失电，电动机停止运行。

3. 连续运行控制线路

如果要求电动机能长时间连续运行，即启动后松开控制按钮，电动机也能继续保持运行，上述点动控制线路显然不能实现。为实现电动机的连续运行，可用接触器自锁的控制线路实现。通过接触器自身的常开辅助触点保证接触器线圈在松开按钮后继续通电的电路称为自锁电路，起自锁作用的常开辅助触点称为自锁触点。接触器自锁的连续正转控制线路如图 2-10 所示。

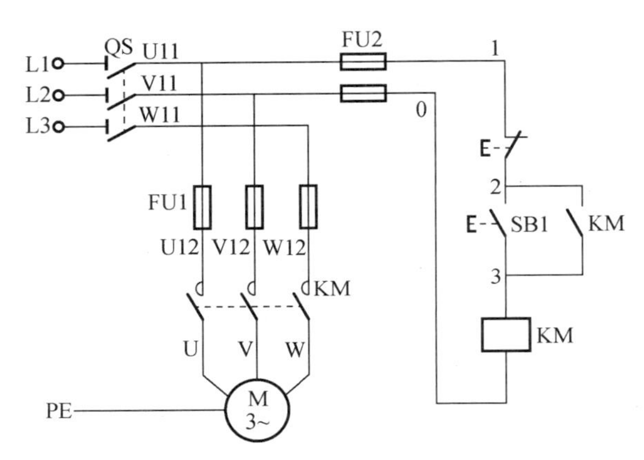

图 2-10　接触器自锁的连续正转控制线路

为了方便分析线路的工作原理，用符号、箭头和文字表示其工作过程，图 2-10 所示控制线路的工作原理分析如下。

（1）合上电源开关 QS，启动时按下控制按钮 SB1。

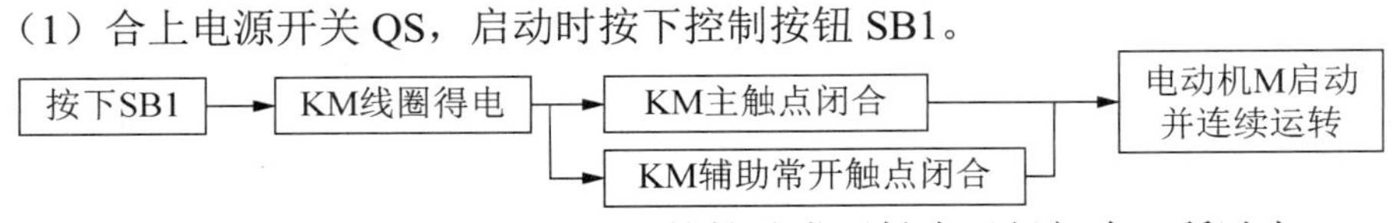

启动后松开 SB1，由于接触器 KM 的辅助常开触点已经闭合，所以当 SB1 的常开触点断开时，接触器 KM 的线圈不断电，其主触点就不能断开，电动机就会继续保持运行。

（2）需要电动机停止时，按下停止按钮 SB2。

按下SB2 → KM线圈失电 → KM主触点断开 / KM辅助常开触点断开 → 电动机M停止运行

由接触器自锁实现的电动机连续运行控制线路具有的保护功能如下。

（1）短路保护。当控制线路主回路或控制回路发生短路故障时，由熔断器 FU1 和 FU2 动作，切断故障电路，电动机停止运行。

（2）欠电压保护。欠电压保护是当电源电压由于某种原因下降而低于额定工作电压时，电动机自动脱离电源、停止运行的一种保护。电源电压降低时，电动机的转矩将显著下降，使电动机无法正常运转，甚至引起电动机堵转而烧毁。采用具有自锁的控制线路可避免出现这种事故。因为当电源电压低于接触器线圈额定电压的 75%左右时，接触器线圈产生的电磁吸力减小到小于反作用弹簧的拉力，造成接触器动铁芯释放，自锁触点断开，同时主触点也断开，使电动机断电，起到欠电压保护的作用。

（3）失电压保护。失电压保护是当电动机正常运转时，由于某种原因电源停电，当恢复供电时，电动机不能自行启动的一种保护。如果电动机不经控制自行启动，很容易对设备和人身造成伤害。采用接触器自锁的控制线路，断电时由于接触器自锁触点已经打开，当恢复供电时电动机控制电路和主电路都不能带电，所以电动机不能自行启动，从而避免了事故的发生，保障了设备和人身的安全。

欠电压和失电压保护作用是按钮、接触器控制连续运行控制线路的一个重要特点。

4. 具有过载保护的连续运行控制线路

电动机运行中由于电网电压的波动、电源缺相、所带负载的变化、频繁启停、机械故障等原因造成电动机工作电流长时间超过额定电流值的现象称为过载。电动机过载后会使电动机绕组过热，长时间会造成绕组老化，绝缘电阻降低，严重时还会烧坏电动机，造成严重事故。因此，当电动机过载后应立即切断电源，使电动机停止运行。

电动机的过载保护通常由热继电器实现。具有过载保护的接触器自锁的正转控制线路如图 2-11 所示，图中热继电器 FR 的热元件串接在电动机的主回路中，其常闭保护触点串接在控制回路中。电动机运行中由于某种原因过载后，经过一定时间，串接在主电路中的发热元件受热发生弯曲，带动动作机构动作，使其串接在控制电路中的常闭触点断开，从而切断控制回路电源，接触器 KM 线圈失电，其主触点断开，电动机失电停止运行。

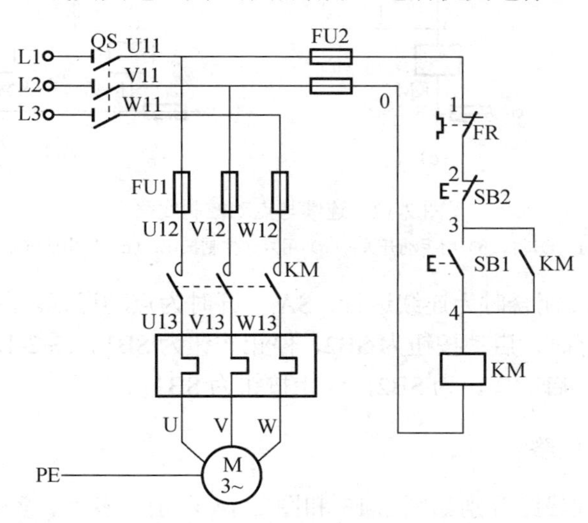

图 2-11　具有过载保护的接触器自锁的正转控制线路

5. 连续与点动混合控制的正转控制电路

在实际生产设备运行中，有些设备要求既能实现短时运行或调整，又能实现长期运行，这样就要求电动机既能点动运行，又能连续运行，实现这种运行的控制线路就是连续与点动运行的混合控制线路，如图 2-12 所示。

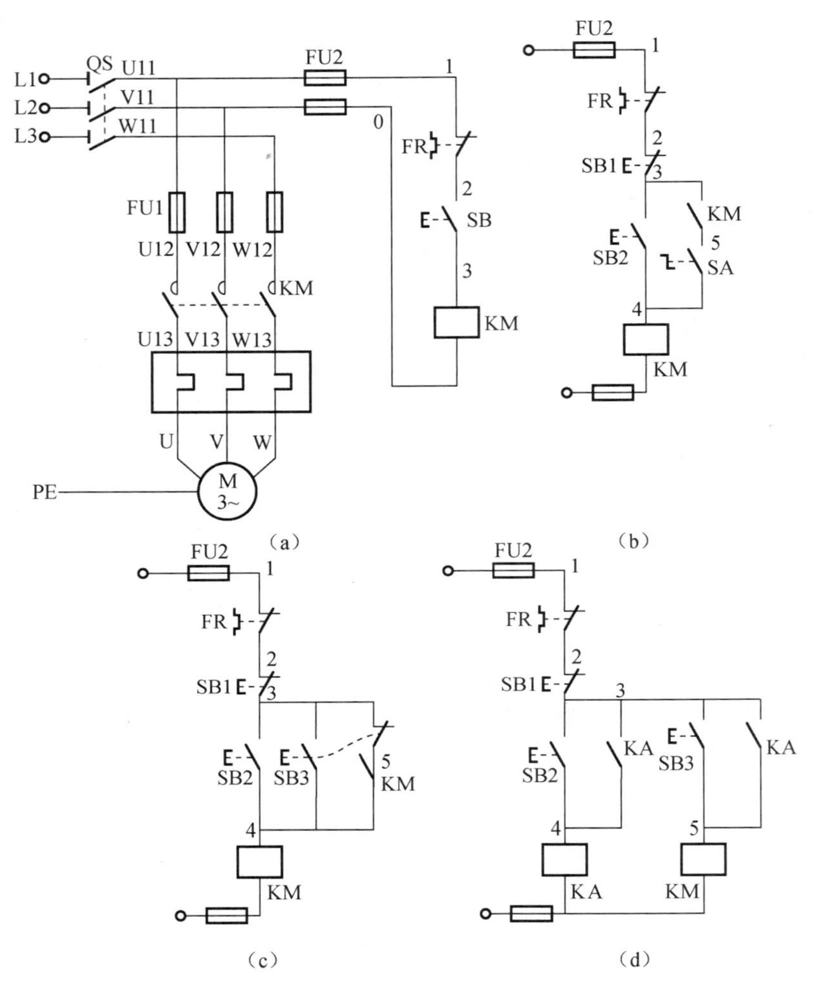

图 2-12　连续与点动控制线路

（a）点动；（b）用手动开关；（c）用复式控制按钮；（d）用中间继电器

图 2-12（b）中 SA 闭合时为连续运行，SA 打开时为点动运行。图 2-12（c）中点动运行时按住 SB3；连续运行时，启动按钮为 SB2，停止按钮为 SB1。图 2-12（d）中点动运行时按住 SB3；连续运行时，启动按钮为 SB2，停止按钮为 SB1。

6. 其他正转控制线路

多点和多条件控制线路分别如图 2-13 和图 2-14 所示。多点、多条件控制线路是在两个及以上的地点设置多套控制按钮，根据设备操作控制要求，在不同的地点通过控制按钮的动作实现对同一个设备的控制。两地控制线路如图 2-13 所示，SB1、SB3 和 SB2、SB4 分别安装在两个不同的位置，在两个不同的地点上都可以实现对电动机的启动和停止控制。图 2-14 中启动按钮 SB3 和 SB4 是串联在一起的，在启动电动机时，由于两个按钮安装在不同的地点上，所以必须由不同的人在两个地方都按下启动按钮才能实现电动机的启动。

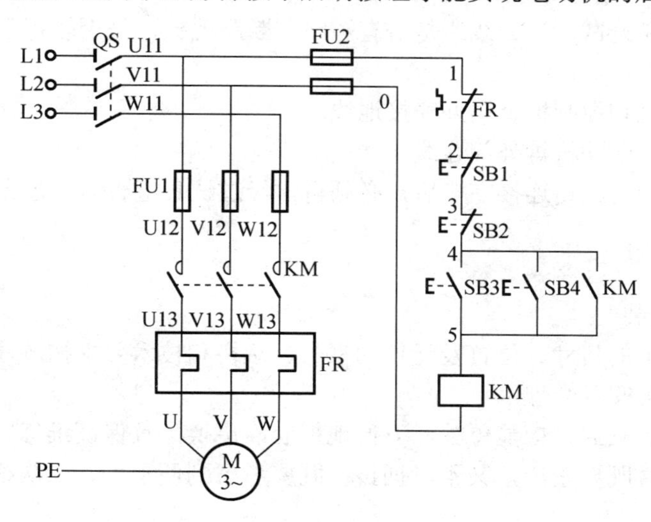

图 2-13　两地控制线路

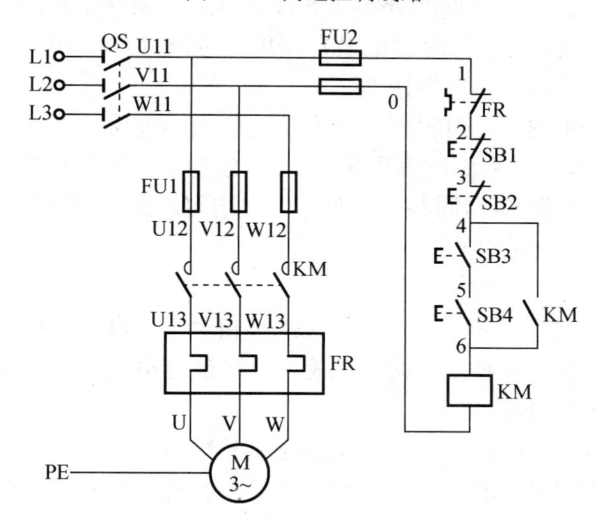

图 2-14　多条件控制线路

技能训练——具有过载保护的电动机连续正转控制线路的安装

1. 安装步骤

（1）绘制电气原理图、接线图及电气元件布置图，并能正确识读，按照图中所需元件进行正确选择，包括连接导线。

（2）正确检测所需元件是否完好，主要包括元件的外观检查，元件的常开、常闭触点是否能正常分断，元件触点动作是否顺畅，元件操作电压与电源电压是否相符等。

（3）正确安装、固定电气元件，按照电气元件布置图或接线图中元件的安装位置，准确定位、打孔、固定安装。

（4）按接线工艺要求正确接线，按照规范要求和接线工艺要求进行主电路和控制电路的配线。

（5）线路检查和调试，检查线路是否有短路、断路现象，是否能正常接通。

（6）安装电动机。

（7）连接电动机和控制柜金属外壳接地线。

（8）连接电源、电动机等外部连线。

（9）通电试运行。线路连接完毕后，必须再次经过认真检查后，才允许通电试运行。

2. 安装工艺要求

1）元件固定安装

（1）根据图样上的尺寸、位置及元件的型号、规格和技术要求按顺序组装。各电气元件的安装位置应整齐且间距合理。

（2）电气元件的安装，应能单独、方便地拆装、更换，且保证维修容易。对无确定位置的电气元件，组装时既要紧凑，又不能拥挤；既要考虑到便于一、二次线制作，又要保证电器安全距离。

（3）元件安装在垂直面上，倾斜度不超过5°。开关类设备应正装，即向上合闸为接通状态。

（4）所有电气元件及附件（如附加电阻），均应牢固地安装，不得有吊悬现象。具有金属外壳或金属框架的电气元件均应可靠接地。

（5）电气元件的安装螺钉，可根据元件安装孔的大小选用，不可过小，一般应小于安装孔直径1～2mm。长度以拧紧后螺纹露出螺母2～5丝为准，所有安装螺栓均应使螺母放于维护侧（即上侧、外侧和右侧）。紧固各元件时，用力均匀，紧固程度应适当。需要导轨固定的元件，应先固定好导轨后再安装电气元件。

2）配线安装

（1）配线时，使用剥线钳的压口应与导线规格相对应，以防止损坏导线表面绝缘。线头绝缘剥去长度应按连接螺钉直径及连接方式确定。导线与电气元件间采用螺栓连接、插接、焊接或压接等，均应牢固可靠。

（2）盘、柜内的导线不应有接头，导线芯线应无损伤。

（3）电缆芯线和所配导线的端部均应标明其回路编号，编号应正确、字迹清晰且不易脱色。标记头的识读方向应从左至右、从上至下。

（4）配线应整齐、清晰、美观，导线绝缘应良好、无损伤。走线通道应尽量少，同时并行导线按主、控电路分类集中紧贴敷设面敷设。布线应横平竖直、分布均匀，变换走向时应垂直。同一平面上的导线应高低一致或前后一致，不能交叉。

（5）每个接线端子的每侧接线宜为1根，不得超过2根。对于插接式端子，不同截面的两根导线不得接在同一端子上；对于螺栓连接端子，当接2根导线时，中间应加平垫。

（6）带屏蔽层的电缆，为避免形成感应电位差，须选任意一端屏蔽层接地。双屏蔽层的电缆，常采用两层屏蔽层在同一端相连并接地。具体接地措施应根据技术设计要求而定。

（7）接线端子（接线鼻子）选用时应根据导线的根数和总截面，选用相应规格的接线端子。

（8）单芯硬导线用螺栓连接时，弯线方向应与螺栓前进的方向一致。曲圈内径比紧固螺栓外径大 0.5～1mm，曲径起始位置距绝缘外皮约 2mm。

（9）绝缘导线不应支靠在不同电位的裸带电部件和带有尖角的边缘上，应采用适当的方法固定绝缘导线。

3. 安装用线路图

连接用导线必须按电气原理图中回路号标注线号，导线长度、走向、敷设方式等要满足配线工艺的要求。主电路与控制电路的导线要分开标注，各回路自从电源端起，依次标注到电动机接线端。

安装用线路图如图 2-15 所示。

4. 安装注意事项

（1）安装前一定要检查所用设备型号规格是否与要求一致，检查设备的外观是否完好。学会用万用表检查触点的通断是否正常。

（2）各元件安装时用力要均匀，对接触器、熔断器等易损元件固定安装时要把对角线上的螺钉交替旋紧，直到手摇元件不动后再稍微旋紧一些。如果元件是导轨安装，应先固定好导轨，再根据布置图依次将元件安装在导轨上。热继电器还有一种安装方式，就是可以和接触器直接相连。

（3）热继电器的整定电流要按实际选用的电动机的额定电流调整。热继电器的复位操作一般情况下应置于手动位置，手动复位时间不大于 2min；如果需要自动复位，可将复位调节螺钉顺时针方向向里旋到最大，自动复位时间不大于 5min。

（4）连接用导线截面选择要正确，导线长度要适中，剥去绝缘层的两端要正确套装编码套管，导线中间不能有接头。

（5）电动机及按钮的金属外壳必须可靠接地。

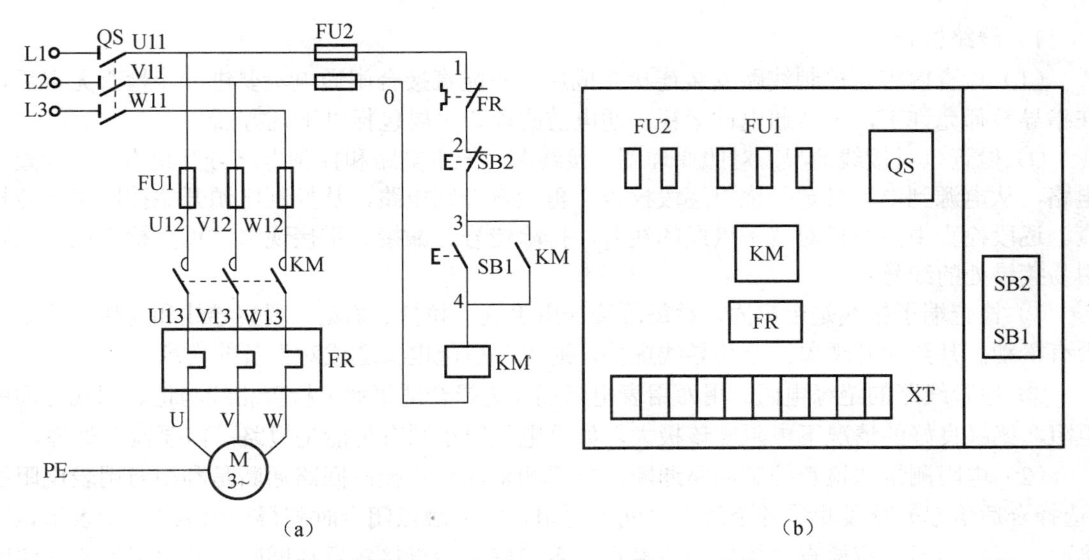

图 2-15 具有过载保护的电动机连续正转控制线路

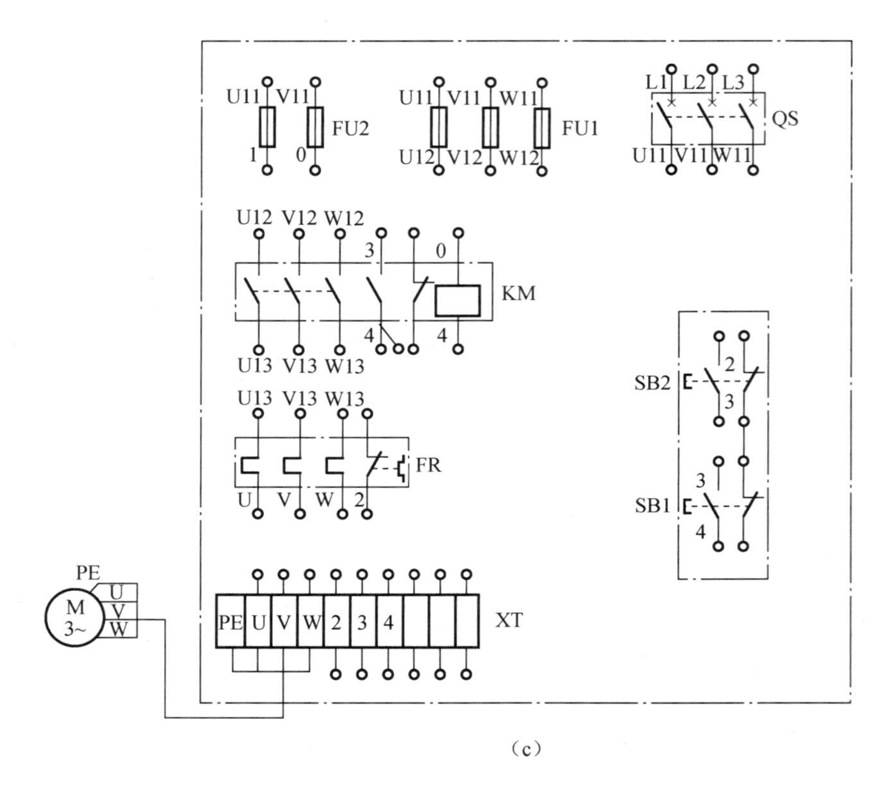

（c）

图 2-15　具有过载保护的电动机连续正转控制线路（续）

（a）原理图；（b）布置图；（c）接线图

能力拓展

1. 控制电路检查调试

1）线路检查

（1）检查内容。控制线路安装连接完成后，不能直接合闸通电，要进一步检查无误后，在指导教师允许下，才能通电试运行。通电前的检查主要包括以下几方面。

① 检查核对接线情况。对照原理图、接线图，把主电路和控制电路分开检查。先检查主电路，从电源到电动机定子绕组逐段检查；再检查控制电路，从控制电源开始按回路逐段检查。逐段检查中主要核对端子接线的线号，排除错号、漏接、错接现象，重点检查控制线路中易接错处的线号。

② 检查端子接线是否牢固。对每段接线用手逐一拉拽、摇动，观察导线和连接端子处是否有松动，甚至脱开现象，避免导线虚接，通电时引起电弧造成对设备的伤害。

③ 检查线路的绝缘电阻。用万用表电阻挡（选择合适倍率）检查相线与地、相线之间的电阻，绝缘良好的情况下电阻应该极大，如果电阻很小则有可能是短路，需要检查处理。

（2）电阻测量法检查控制回路通断。电阻测量法检查控制回路通断是利用万用表电阻挡（选择合适倍率）分段测量各个触点之间的电阻，如果触点闭合时测得电阻为 0，则表示该段接通；否则不通，应检查连接导线或触点是否完好。检查接触器线圈时，其电阻值应与铭牌中标注的一致。如果测量电阻为无穷大，则说明线圈断线或连接导线断路；如果测量电阻为 0，则说明线圈可能短路。如果测量回路有其他电路与其并联，检查时应把并联回路断开。利用电阻测量法检查控制回路通断时，电源必须断电。

电阻分段测量的示意图如图 2-16 所示，测量时需要两人配合进行。一人用万用表红表笔接到 1 点，黑表笔接到 0 点，另一个人按住控制按钮 SB1 不松开，测量 0～1 之间的电阻值，然后红表笔依次接到 2、3、4 点上，分别测量 0～2、0～3、0～4 之间的电阻值，根据测得的电阻值判断电路的通断情况。电阻分段测量检查电路通断表如表 2-2 所示。

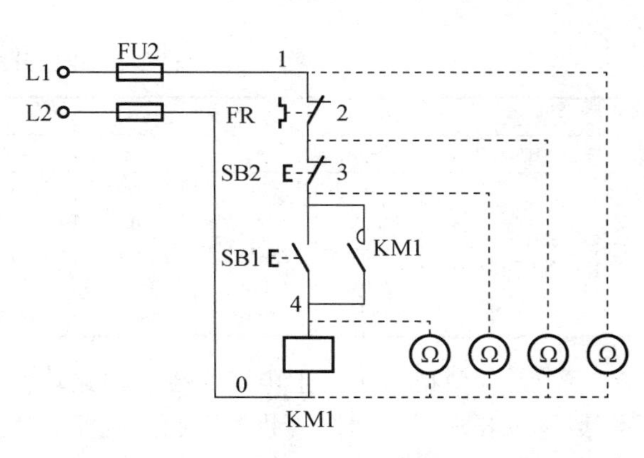

图 2-16　电阻分段测量的示意图

表 2-2　电阻分段测量检查电路通断表

检查	0～1	0～2	0～3	0～4	判断
按下 SB1 不松开	接触器线圈铭牌标称电阻 *R*				该回路正常
按下 SB1 不松开	∞	*R*	*R*	*R*	FR 常闭触点接触不良或接线松动
	∞	∞	*R*	*R*	SB1 常闭触点接触不良或接线松动
	∞	∞	∞	*R*	SB2 常开触点接触不良或接线松动
	∞	∞	∞	∞	KM 线圈断路或接线松动

2）通电试车

（1）控制电路通电试验。先把主电路电源断开，只给控制电路接通电源，观察控制电路是否有异常；如果没有异常，则按下启动按钮 SB1，观察接触器触点是否吸合，吸合时是否听到动铁芯与静铁芯碰撞的声音；正常则松开 SB1，观察接触器能否保持吸合状态；若接触器能保持吸合状态，使接触器继续持续工作一段时间，观察接触器有无过热现象，听听有无过大的噪声；上述都无异常，则说明该电路正常。

如果按下 SB1 后接触线圈不带电，则说明该电路存在故障，可以利用电阻分段测量，仿照图 2-16 和表 2-3 进行故障判断，找到故障点，这种方法在使用时一定要断开电源，所以其优点是操作比较安全，但是其电阻测量不准确时容易造成判断错误。故障判断时还可以利用电压分断测量法进行判断。检测时，利用万用表交流电压挡（500～700V，根据控制回路电源电压等级选用），按照图 2-17 和表 2-3 进行故障判断。这种方法带电操作，一定要按照相关安全操作规程去做。

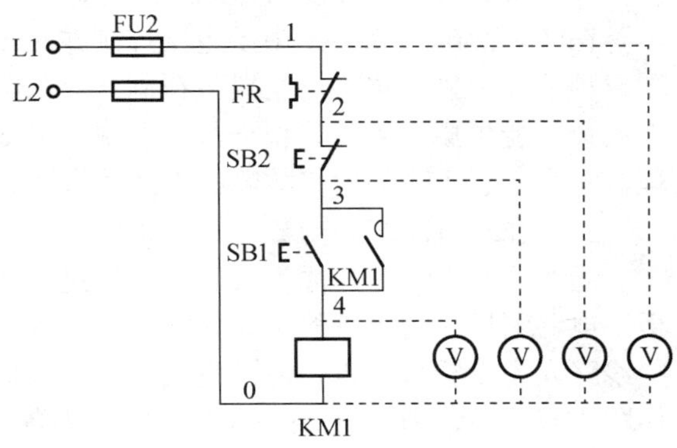

图 2-17　电压分段测量

表 2-3　电压分段测量找故障点

检查	0～1	0～2	0～3	0～4	判断
按下 SB1 不松开	—	—	—	380V	该回路正常
按下 SB1 不松开，KM 线圈不吸合	0	0	0	0	FU2 熔断
	380V	0	0	0	FR 常闭触点接触不良或接线松动
	380V	380V	0	0	SB2 常闭触点接触不良或接线松动
	380V	380V	380V	0	SB1 常开触点接触不良或接线松动
	380V	380V	380V	380V	KM 线圈断路或接线松动

（2）带负荷试车。主电路、控制电路均检查调试完成后，且控制电路空操作数次，接触器都能按要求准确动作，此时接通主电路、控制电路电源，带电动机空载试车。启动中若发现电动机启动时间过长、启动困难，电气设备运行中噪声过大等现象，应立即停车，切断主电源后重新进行线路检查，进行故障排除。

2. 故障检修的一般步骤及故障点设置与检修

1）故障检修的一般步骤

（1）在不扩大事故范围、不损坏电气设备的前提条件下，可以进行通电实验。通过“看”（看是否有明显损坏或其他异常现象，如接线是否有脱落，接触器触点是否有熔焊，熔断器标示是否脱落等）、“听”（听是否有异常声音，如接触器等吸合声音是否正常）、“闻”（闻是否有异味，如胶皮的焦煳味等）、“摸”（摸是否发热，在断电情况下摸电动机、接触器等是否有过热现象）、“问”（询问操作者故障前后设备运行的情况，是否有异常情况，或向有经验的老师傅请教）等确认故障现象的发生，并分清故障是属于电气故障还是机械故障。

（2）根据电气原理图，通过逻辑分析法，根据故障现象具体分析，缩小故障范围，大概确定故障发生的可能部位或回路，进一步寻找发生故障的可能原因。

（3）通过电阻分段测量和电压分段测量两种方法确定故障点。

（4）根据找到的故障点情况，采取正确的维修方法排除故障。

（5）故障检修完毕后要重新进行空载实验。

（6）检验合格后才能再次通电运行。

在实际故障检修中，由于电气控制线路结构复杂多变，故障形式多种多样，有时即使为同一种故障现象，也不一定发生在同一个故障点，因此要快速、准确地找出故障点，要求操作人员不能生搬硬套，要根据故障情况灵活处理，既要有一定的检修经验，又要弄懂电路原理，掌握一套正确的检修故障的方法和技巧。

2）故障点设置与检修

通过“看”“听”“闻”“问”“摸”进行了解和初步判断故障的基本情况，再通过逻辑分析、电路测量、实验等找出具体故障点。为了进一步训练查找故障点的能力，可以对连接好的线路人为设置故障点，通过查找与检修来训练处理故障的能力。点动加连续运行控制线路如图 2-18 所示，在主电路和控制电路人为各设置一处故障点，查找故障点时，一般先从控制电路开始，再查找主电路。

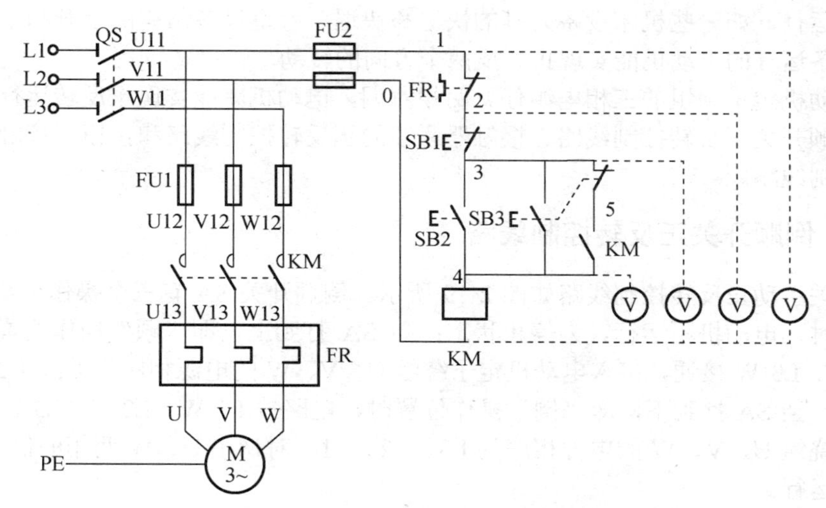

图 2-18　点动加连续运行控制线路

控制电路故障点的查找按照检修的一般步骤进行，合上电源开关后，按下 SB2 或 SB3 时，KM 线圈不带电，此时断开电源，分析线路工作原理，初步判断线路故障点，再通过电压分段测量法具体找出故障点。

如果是 FU2 熔体熔断，查明故障原因后更换同型号的熔体。

如果是 FR 常闭触点接触不良，查看热继电器是否损坏。若损坏，则更换同型号热继电器；若热继电器无问题，则按下热继电器复位按钮，查看其常闭触点是否复位，测量正常后则可以继续使用该热继电器。如果热继电器总是不能正常工作，则看看其整定电流是否和所带负载匹配，调好其整定电流重新进行测量。

如果 SB1、SB2 或 SB3 触点接触不良，则应更换相同型号的控制按钮。

如果 KM 线圈断路，则应更换相同型号的接触器。

控制电路故障点找出后，再查找主电路故障点。先断开主电路电源，按照回路分别测定从 U11、V11、W11 到 U、V、W 是否导通，如果有不导通的点，查明原因，排除故障。然后接通电源，按下启动按钮，接触器吸合后，观察电动机是否能正常运行。如果电动机有“嗡嗡”噪声且不转动，则可能是接触器主触点有一相接触不良，应立即断电检查，排除故障。如果主电路没问题，则可能是电动机有故障。

3）注意事项

（1）电压分段测量法是在通电情况下进行的，带电作业时要严格按照相关操作规程进行操作，严禁在测量时触摸带电元件。

（2）测量时万用表要扳至适当电压挡位，用测电笔测量时，测电笔要符合测量电压的要求。防止仪表使用错误或损坏仪表。

（3）带电测量必须经现场指导教师同意并在场监护下才能进行。

2.2　三相笼型异步电动机正反转控制线路

三相笼型异步电动机单向运行时电动机转子只向一个方向转动，而某些生产机械运动部件需要往返运行，如一些机床设备刀具的快进和快退、起重设备吊钩的上升和下降等，这就要求拖动设备运行的电动机能实现正、反两个方向的转动。

接入电动机定子绕组的三相电源任意两相对调，电动机就能实现正反转运行。常见的控制线路有倒顺开关正反转控制线路、接触器联锁的正反转控制线路和按钮、接触器双重联锁的正反转控制线路。

2.2.1 倒顺开关正反转控制线路

倒顺开关手动正反转控制线路如图 2-19 所示。倒顺开关 SA 有三个操作位置，当 SA 处于中间位置时，电动机不运行，为停止状态；当 SA 打到上，即“顺”操作位置时，电路按 L1-U、L2-V、L3-W 接通，接入电动机定子绕组 U、V、W 的电源相序为 L1、L2、L3，电动机正转运行；当 SA 打到下，即“倒”操作位置时，电路按 L1-W、L2-V、L3-U 接通，接入电动机定子绕组 U、V、W 的电源相序为 L3、L2、L1，对调了 U、W 两相的供电电源相序，电动机反转运行。

倒顺开关正反转控制线路属于手动控制，由于倒顺开关没有灭弧装置，所以其操作频率不能太快，控制的电动机功率一般在 3kW 以下。电动机在运行中如果需要改变转动方向，倒顺开关应先转到停，再变向，如果直接由“顺”变“倒”或由“倒”变“顺”，电动机定子绕组由于电源突然变向会产生很大的反接电流，容易使电动机的定子绕组过热，甚至烧坏。

倒顺开关正反转控制线路中还可以加入接触器，倒顺开关只作为电动机的方向选择开关，通过接触器的通断实现电动机的启动和停止，电路中可具有长期过载保护和失电压保护，如图 2-20 所示。

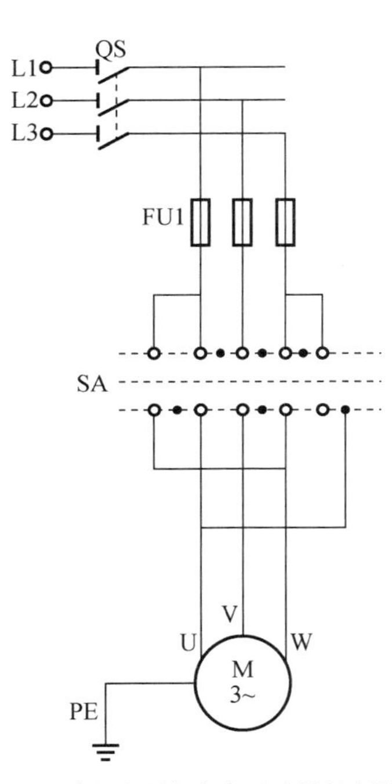

图 2-19　倒顺开关手动正反转控制线路

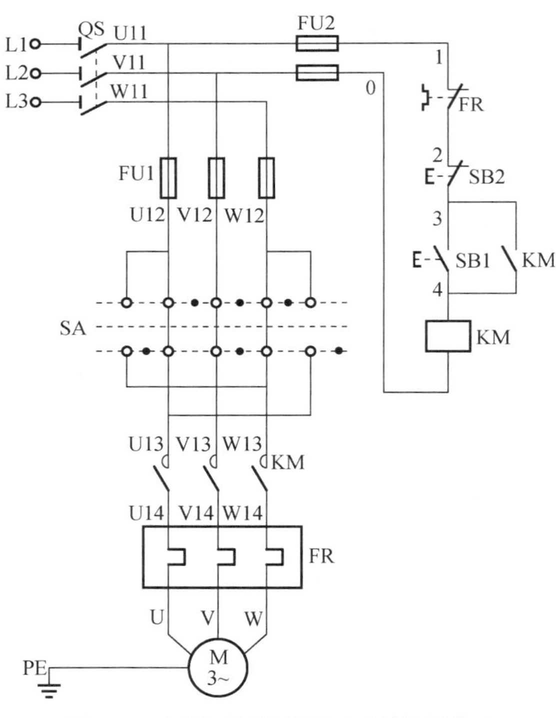

图 2-20　倒顺开关接触器正反转控制线路

2.2.2　接触器联锁的正反转控制线路

接触器联锁的正反转控制线路如图 2-21 所示，由两个不同旋转方向的单向控制电路组合而成。主电路由正、反转接触器 KM1、KM2 的主触点来实现电动机三相电源任意两相的换相，从而实现电动机正反转。当正转启动时，按下正转启动按钮 SB2，KM1 线圈通电吸合并自锁，电动机正向启动并运行；当反转启动时，按下反转启动按钮 SB3，KM2 线圈通电吸合并自锁，电动机便反向启动并运行。

需要注意的是，如果电动机处于正转运行的状态下，按下反转启动按钮 SB3，如果正反转接触器 KM1、KM2 线圈均通电吸合，它们的主触点均闭合，势必会造成电源两相短路。为了保证电路在任何时候只能一个接触器通电工作，通常在控制电路中将 KM1、KM2 正反转接触器的常闭辅助触点串接在对方线圈电路中，形成相互制约的控制，这种相互制约的控制关系称为互锁（或联锁），这两对起互锁作用的常闭触点称为互锁触点（或联锁触点）。图 2-21 所示电路是利用正反转接触器常闭辅助触点实现互锁的，这种电路要实现电动机由正转到反转，或由反转变正转，都必须先按下停止按钮后才可进行反向启动，故称其为“正—停—反”电路。线路工作原理如下。

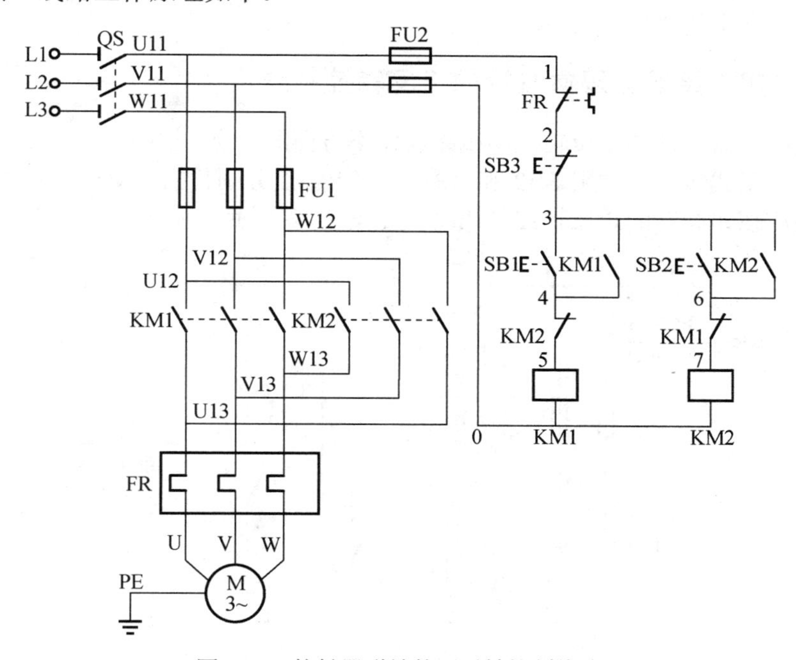

图 2-21　接触器联锁的正反转控制线路

先合上电源开关 QS。

1）正转控制工作原理

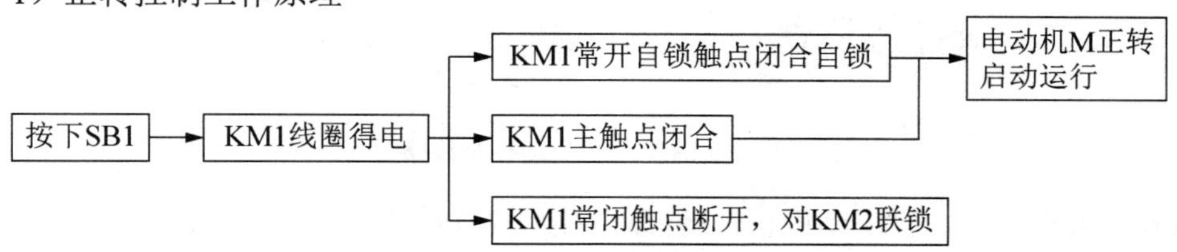

2）反转控制工作原理

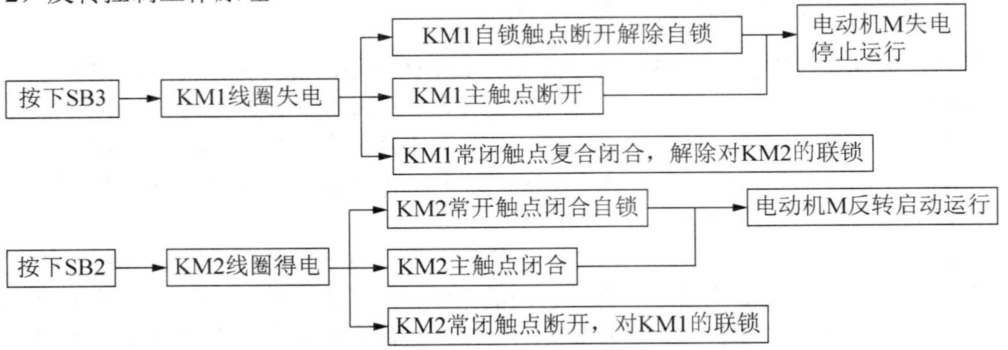

3）停止运行

正转或反转运行中，按下停止按钮 SB1，控制回路断电，接触器的主触点分断，电动机停止运行。

接触器互锁的正反转控制线路工作安全可靠，但缺点是操作不方便，当电动机转动方向需要改变时，必须先按下停止按钮，然后才能按相应转动方向的启动按钮，否则由于接触器的联锁作用，方向不能改变。

2.2.3　按钮、接触器双重联锁的正反转控制线路

为了克服接触器互锁的正反转控制线路操作不方便的缺点，把图 2-21 中的两个正反向启动按钮换成两个复式按钮，并用 SB2 和 SB3 的常闭触点分别替换 KM1 和 KM2 的辅助常闭触点，这就构成按钮联锁的正反转控制线路，如图 2-22 所示。

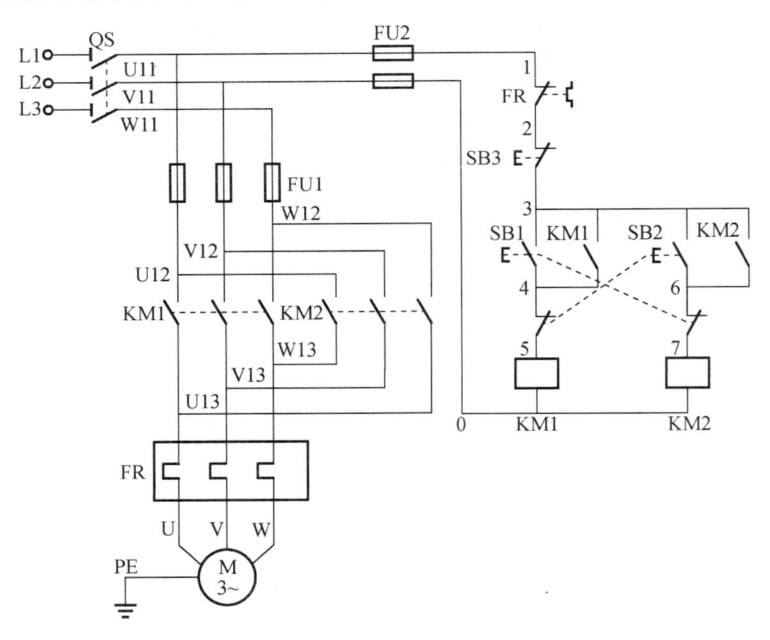

图 2-22　按钮联锁的正反转控制线路

由于采用了复合按钮，当电动机正转运行时，按下反转按钮 SB2 时，接在正转控制电路中的 SB2 常闭触点先断开，正转接触器 KM1 线圈失电，KM1 主触点断开，电动机 M 断电；

接着反转按钮 SB2 的常开触点闭合，反转接触器 KM2 的线圈得电，KM2 主触点闭合，电动机反转。这种既保证了正反转接触器 KM1 和 KM2 不会同时接通电源，又可不按停止按钮 SB1 而直接按反转按钮 SB2 进行反转启动。这种线路的优点是操作方便，但也容易造成电源短路故障。例如，当正转运行时，接触器 KM1 发生主触点熔焊等故障时，即使 KM1 的线圈失电，其主触点也不能分断，这时如果按下反转启动按钮 SB2，KM2 线圈得电，主触点吸合，势必会造成两相电源短路，因此按钮联锁的正反转控制线路在实际运行中有一定的安全隐患。为了保证电动机能可靠正反转运行，同时又能操作方便，一般采用按钮、接触器双重联锁正反转控制线路，如图 2-23 所示。

图 2-23 电路结合了图 2-21 和图 2-22 电路的优点，既能通过接触器互锁实现电动机可靠正反转运行，又能通过按钮互锁实现灵活操作，该电路工作原理如下。

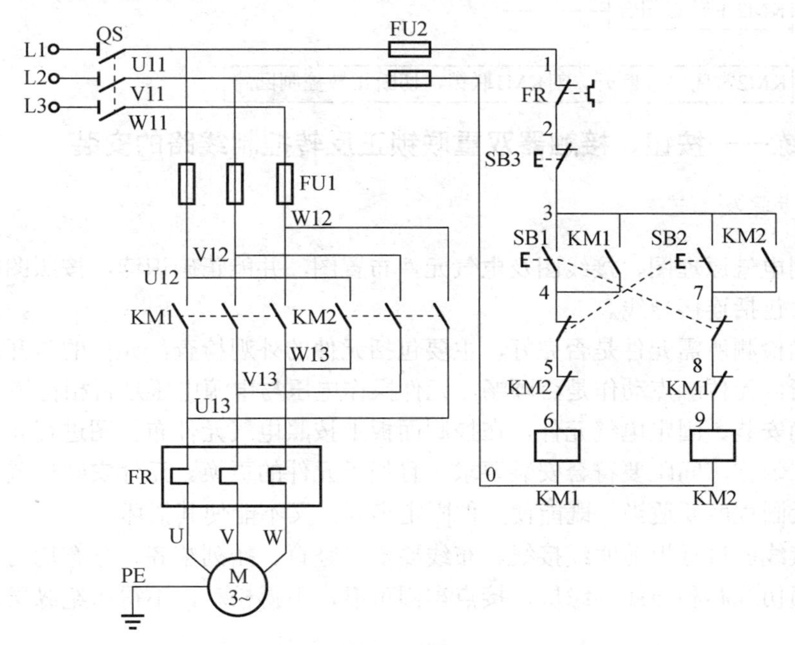

图 2-23　按钮、接触器双重联锁正反转控制线路原理图

合上电源开关 QS。

1）正转控制工作原理

按下SB1 → SB1常闭触点先断开，对KM2联锁

按下SB1 → SB1常开触点后闭合 → KM1线圈得电 →

→ KM1常开触点闭合自锁 → 电动机M正向启动运行

→ KM1主触点闭合 → 电动机M正向启动运行

→ KM1常闭触点断开，对KM2联锁，切断反转控制回路

2）反转控制工作原理

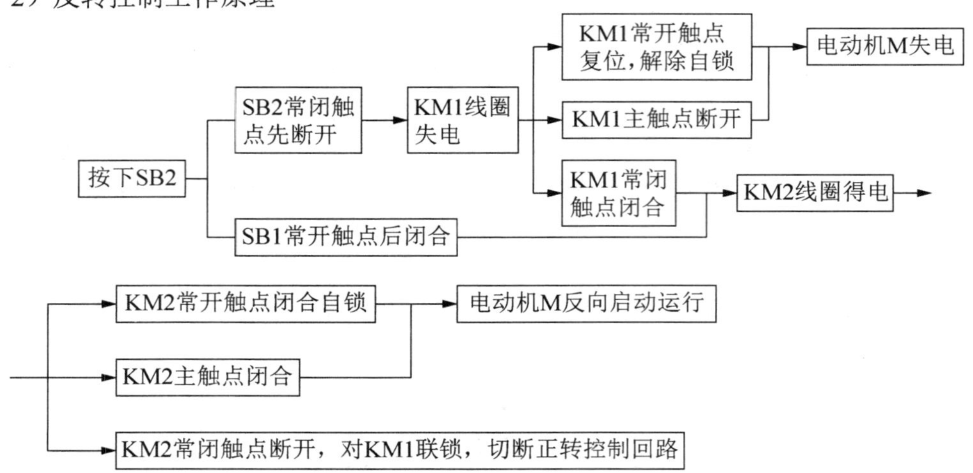

技能训练——按钮、接触器双重联锁正反转控制线路的安装

1. 安装步骤及工艺

（1）绘制电气原理图、接线图及电气元件布置图，并能正确识读，按照图中所需元件进行正确选择，包括连接导线。

（2）正确检测所需元件是否完好，主要包括元件的外观检查，元件的常开、常闭触点是否能正常分断，元件触点动作是否顺畅，元件操作电压与电源电压是否相符等。

（3）正确安装、固定电气元件，在控制面板上按照电气元件布置图进行元件安装。元件排列要整齐、匀称，间距要符合安装要求，且便于元件的更换。元件安装位置要准确定位，固定安装时紧固程度要适当，既能使元件固定牢固，又不能使其损坏。

（4）按接线图进行板前明线接线。布线要横平竖直、排列整齐、分布均匀，走线紧贴安装面。严禁损伤线芯和导线绝缘层，接点牢固可靠，不得松动，不得压绝缘层，不反圈、不露铜过长。

（5）按电气原理图检查线路和调试，检查线路是否有短路、断路现象，是否能正常接通。

（6）安装电动机。电动机要安装牢固、可靠。

（7）连接电动机和控制柜金属外壳接地线。

（8）连接电源、电动机等外部连线。

（9）通电试运行。线路连接完毕后，必须经过认真检查后，才允许通电试运行。

（10）校验合格后，通电试车。通电试车时必须经指导教师同意且在旁进行现场监控。

（11）通电试车完成后，先切断电源，再拆除三相电动机及相应的电源线等。

2. 安装用线路图

安装用线路图如图 2-24 所示。

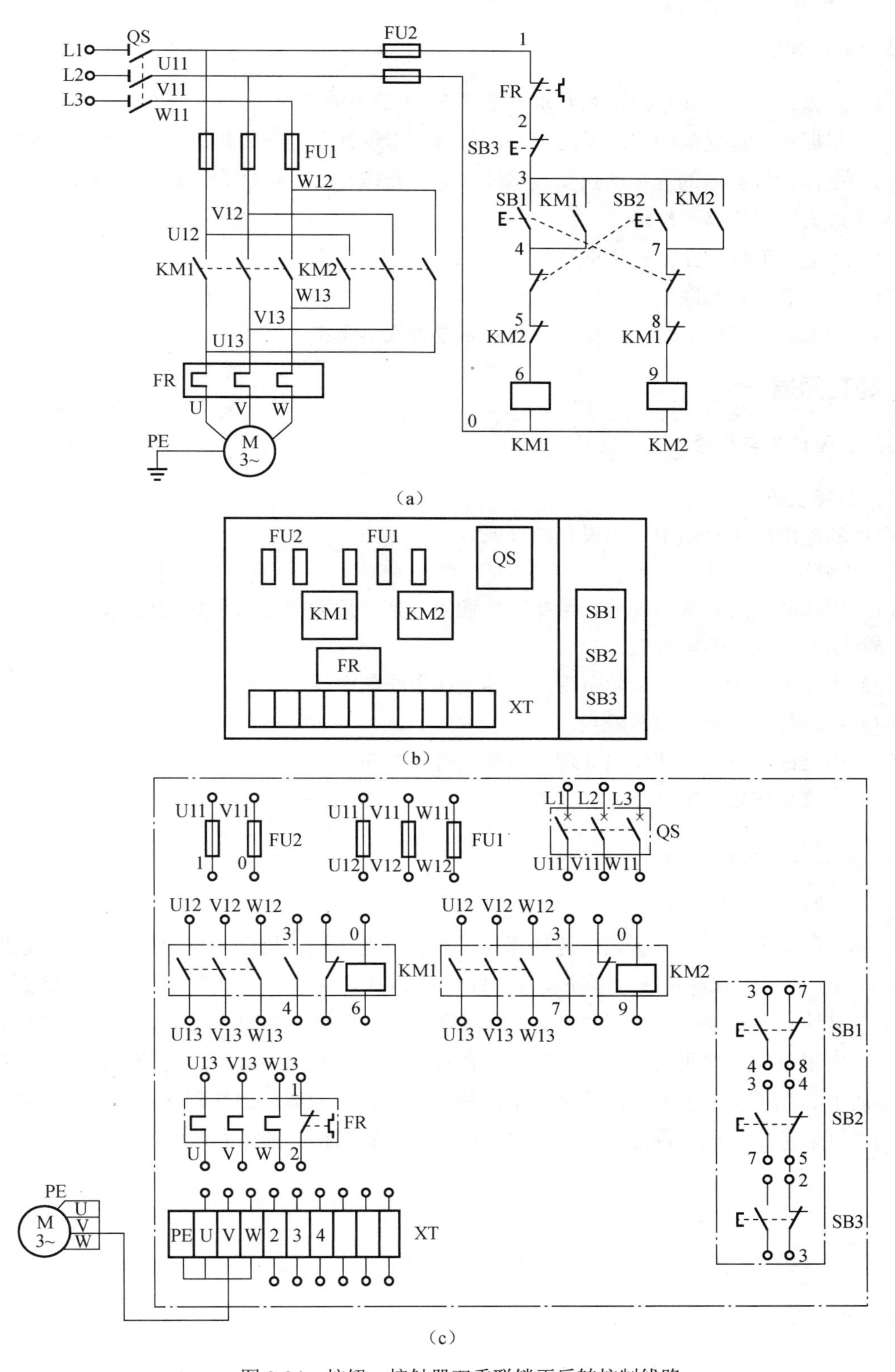

图 2-24　按钮、接触器双重联锁正反转控制线路

3. 安装注意事项

（1）具体元件安装和接线工艺要求可参见 2.1.3 节中的要求。

（2）根据实训室提供的熔断器的类型，对熔断器进行正确安装和接线，确保用电安全。

（3）按钮、接触器的互锁触点安装接线一定要正确，否则可能会造成接触器不吸合或震动，甚至造成电源短路等故障。

（4）通电试车时，合上电源开关后，按下正转或反转启动按钮，观察控制电路是否正常，再转换方向看看是否有联锁。

（5）训练应在规定的时间内完成，同时要做到安全操作和文明生产。

能力拓展

1. 故障设置与检修

1）故障设置

在控制电路或主电路中人为设置两处或以上故障点。

2）检修方法

（1）用实验法观察故障现象，给电动机通电，按下启动按钮后观察电动机的运行状态，如有异常情况，立即断电检查。

（2）用逻辑分析法判断故障范围，并尽量在电路图中找出大概出现故障的地点。

（3）用测量法准确找出故障点。

（4）根据故障情况迅速做出处理，检修、排除故障。

（5）检修完成后通电试车。

2. 位置控制与自动循环控制线路

1）位置控制线路

实际工程中的某些生产工艺，往往需要工作台往返运行。机床工作台往返运行示意图如图 2-25（a）所示。床身两端分别安装有行程开关 SQ1 和 SQ2，作为加工的起点与终点。工作台上的撞块随运动部件一起移动，运行到两端时将分别碰撞 SQ2 和 SQ1，从而改变控制电路状态，实现电动机的正反转运行，拖动工作台做自动往复循环运动。这种往返运行的控制线路实质上是在正反转控制线路的基础上，利用生产机械的运动部件碰撞行程开关，从而将运动的机械信号转换成位置控制信号。往返运行的控制线路如图 2-25（b）所示。

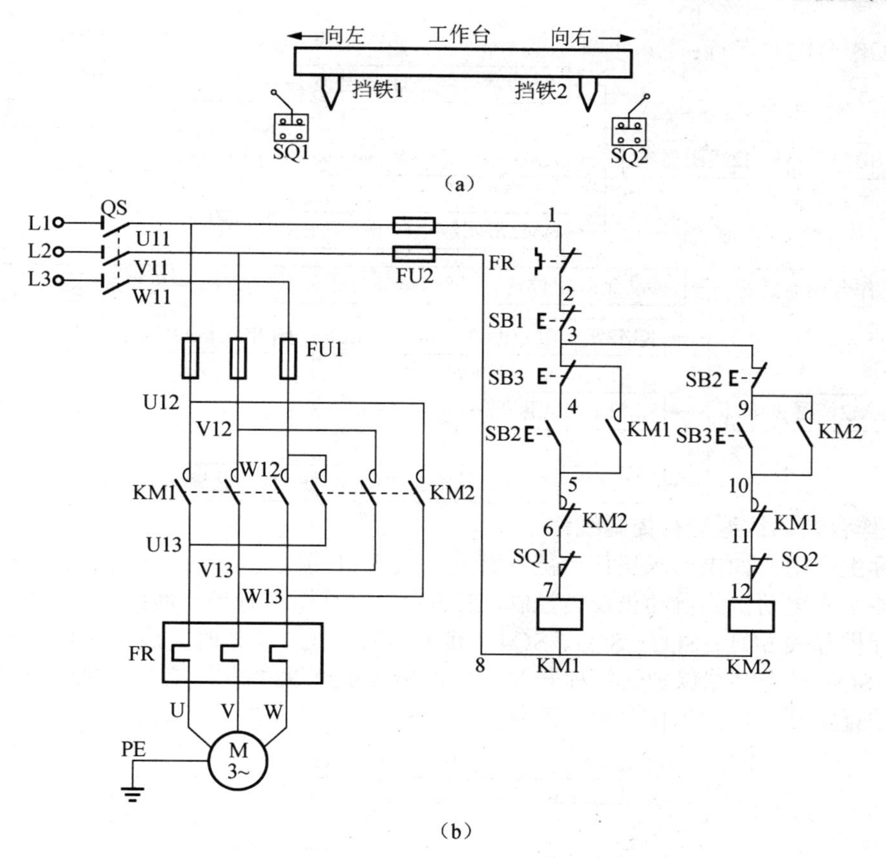

图 2-25　机床工作台往返控制

（a）机床工作台往返运行示意图；（b）往返运行的控制线路

图 2-25（b）所示控制线路的工作原理如下。

首先合上电源开关 QS。

（1）工作台向左运行：

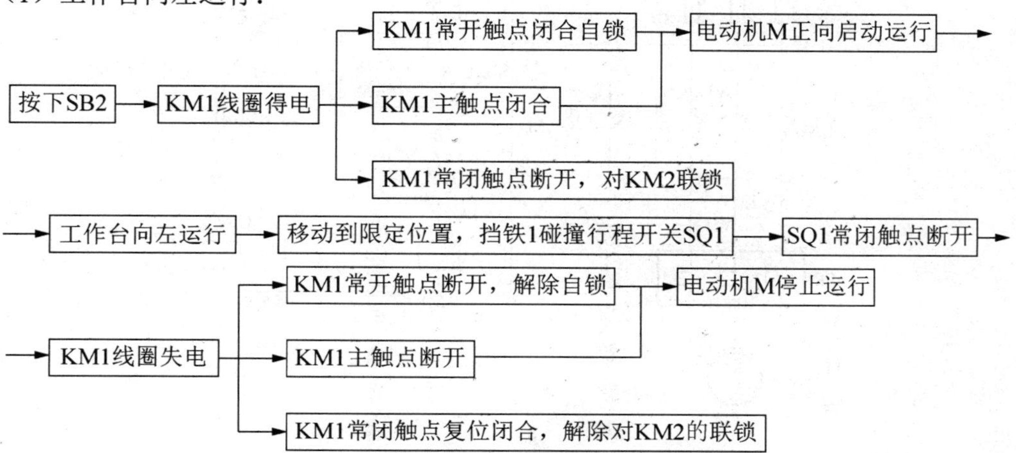

（2）工作台向右运行：

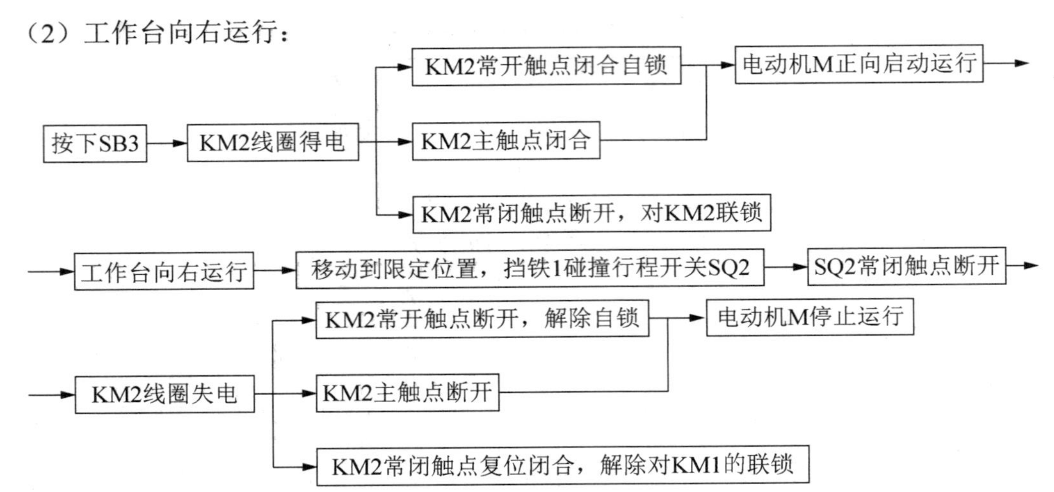

2）工作台自动往返运行控制线路

在实际生产中，如果要求工作台能在行程内实现自动往返运行，这就要求工作台的电气控制线路能实现电动机的自动正反转控制。工作台自动往返运行控制线路如图 2-26（b）所示。图中 4 个行程开关 SQ1、SQ2、SQ3、SQ4，其中 SQ1、SQ2 工作时完成工作台的自动往返运行，SQ3、SQ4 作为终端保护的行程开关，当 SQ1、SQ2 失灵时，工作台越过极限位置后碰撞极限保护行程开关，使工作台停止运行。

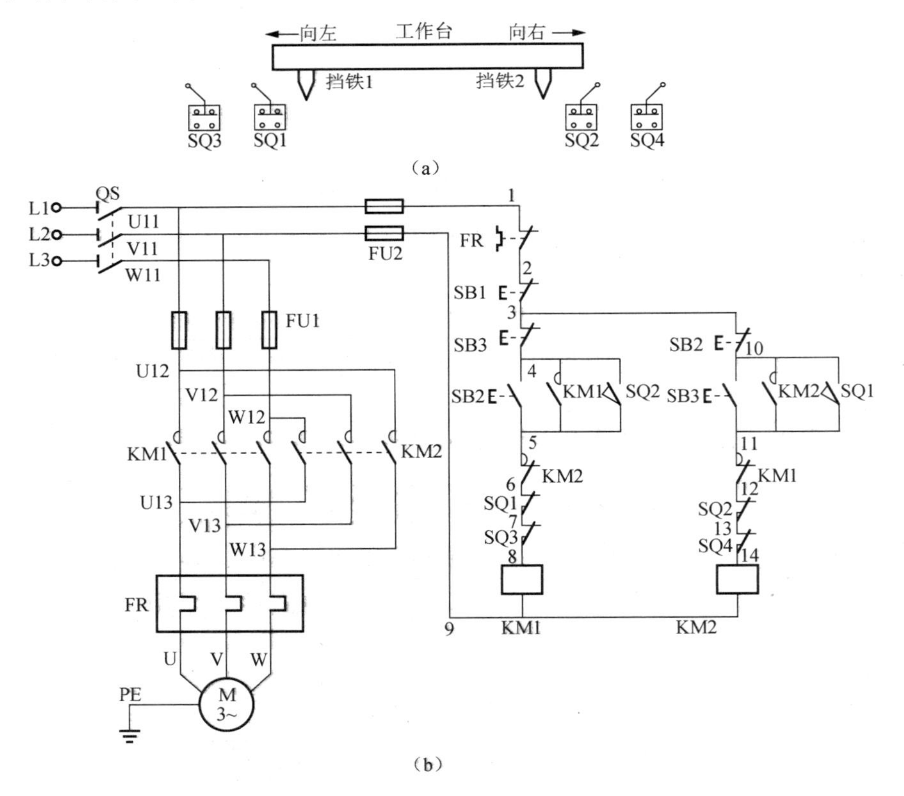

图 2-26　工作台自动往返运行控制

（a）工作台自动往返运行示意图；（b）工作台自动往返运行控制线路

图 2-26（b）所示控制电路的工作原理如下：

合上电源开关 QS。

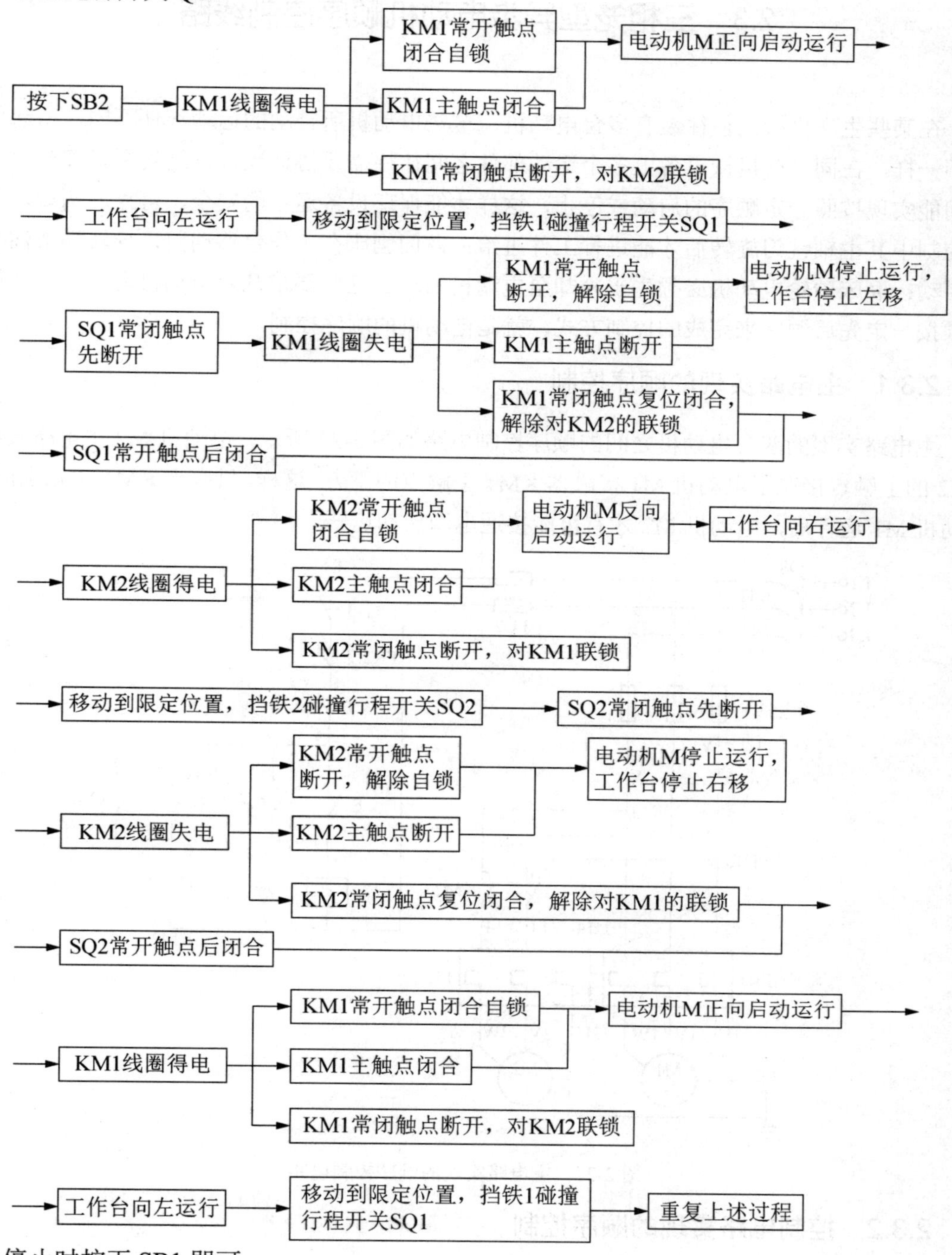

停止时按下 SB1 即可。

工作台自动往返运行控制线路图的安装与检修，读者可参照图 2-26 自行分析设计，需要注意的是行程开关的安装位置及安装好后与运动工作台之间的协调配合工作等问题。

2.3 三相笼型异步电动机顺序控制线路

在某些生产机械上往往装有多台电动机，这些电动机所带动的运动部件不同，所起作用也不一样，在同一台机械设备上多个运动部件之间往往需要协调运行，这就要求多台电动机之间能实现按照一定顺序的启动或停止，这样才能保证设备运行的安全、可靠。例如，在铣床控制中其主轴铣刀旋转后才能进行工件进给；龙门刨床在工作台移动前，导轨润滑油泵要先启动；磨床砂轮电动机必须先于冷却泵电动机启动。这些要求几台电动机之间启动或停止必须按一定先后顺序来完成的控制方式，就是电动机的顺序控制。

2.3.1 主电路实现的顺序控制

主电路实现的两台电动机之间的顺序控制电路如图 2-27 所示。电动机 M2 主电路接触器 KM2 的主触点接在了电动机 M1 接触器 KM1 主触点的下方，这样，只有当 KM1 主触点闭合，电动机 M1 运行后，电动机 M2 才有可能接通电源启动运转。

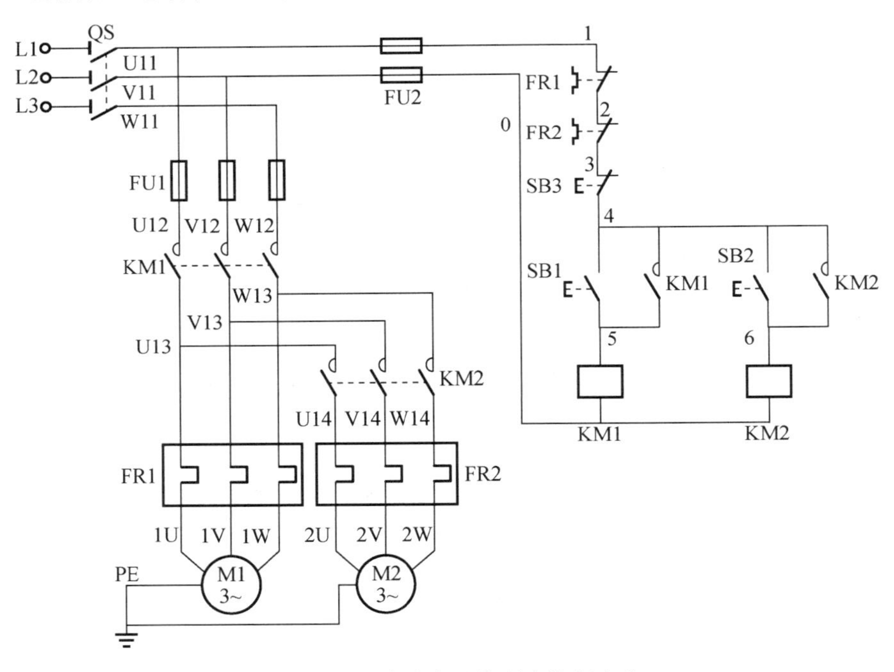

图 2-27 主电路实现的顺序控制电路

2.3.2 控制电路实现的顺序控制

现以两台电动机之间的顺序控制为例说明常见的 6 种顺序控制电路。

（1）两台电动机 M1、M2，要求 M1 启动后，M2 才能启动，M1 停止后，M2 立即停止，M1 运行时，M2 可以单独停止。电动机 M1 过载，两台电动机同时停止；电动机 M2 过载，只停 M2，其控制电路如图 2-28 所示。

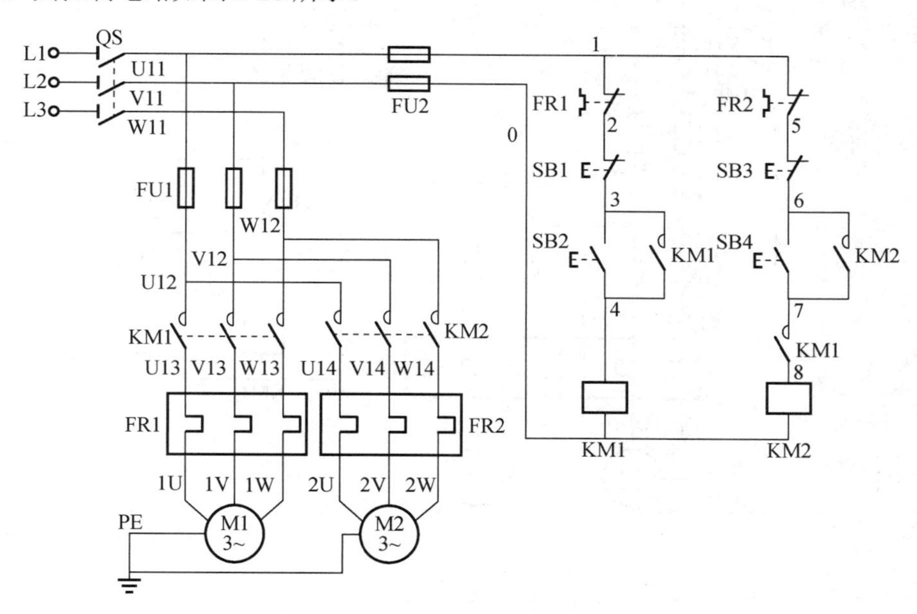

图 2-28　第一种两台电动机顺序控制电路

图 2-28 所示电路中，在 KM2 线圈回路中串入了 KM1 的辅助常开触点，该触点只有在 KM1 线圈得电后才能闭合，所以在先按下 SB4 时，由于 KM1 辅助常开触点是打开状态，所以 KM2 线圈不能得电，即实现了电动机 M1、M2 的启动顺序。在按下 SB1 时，KM1 线圈失电，电动机 M1 停止运行，由于 KM1 线圈失电时其辅助常开触点也复位打开，从而使 KM2 线圈也失电，电动机 M2 也会立即停止运行，即电动机 M1 停止后，M2 立即停止。当电动机 M1、M2 顺序启动后，如果按下 SB3，接触器 KM2 线圈失电，电动机 M2 停止运行，这时电动机 M1 还是运行状态，实现了 M2 可以单独停止的要求。由于电动机 M1、M2 的热继电器的保护触点分别串联在 KM1、KM2 的线圈回路中，其作用和停止按钮 SB1、SB3 相似，即 M2 过载时，只停 M2 自己；M1 过载时，两台电动机同时停止。

（2）两台电动机 M1、M2，要求 M1 启动后，M2 才能启动，停止时，两台电动机同时停止，任何一台电动机过载，两台电动机同时停止，其控制电路如图 2-29 所示。

图 2-29 所示电路中，在 KM2 线圈回路中串入了 KM1 的辅助常开触点，该触点只有在 KM1 线圈得电后才能闭合，所以在先按下 SB3 时，由于 KM1 辅助常开触点是打开状态，KM2 线圈不能得电，即实现了电动机 M1、M2 的启动顺序。图 2-29（a）和图 2-29（b）的区别在于图 2-29（a）中少用一个 KM1 的辅助触点，其 KM1 辅助触点既有自锁的作用，也有顺序联锁的作用。在按下 SB1 时，KM1、KM2 线圈同时失电，电动机 M1、M2 同时停止运行。由于电动机 M1、M2 的热继电器的保护触点串联后接在控制电源回路中，其作用和停止按钮 SB1 相似，即任何一台电动机过载时，两台电动机同时停止。

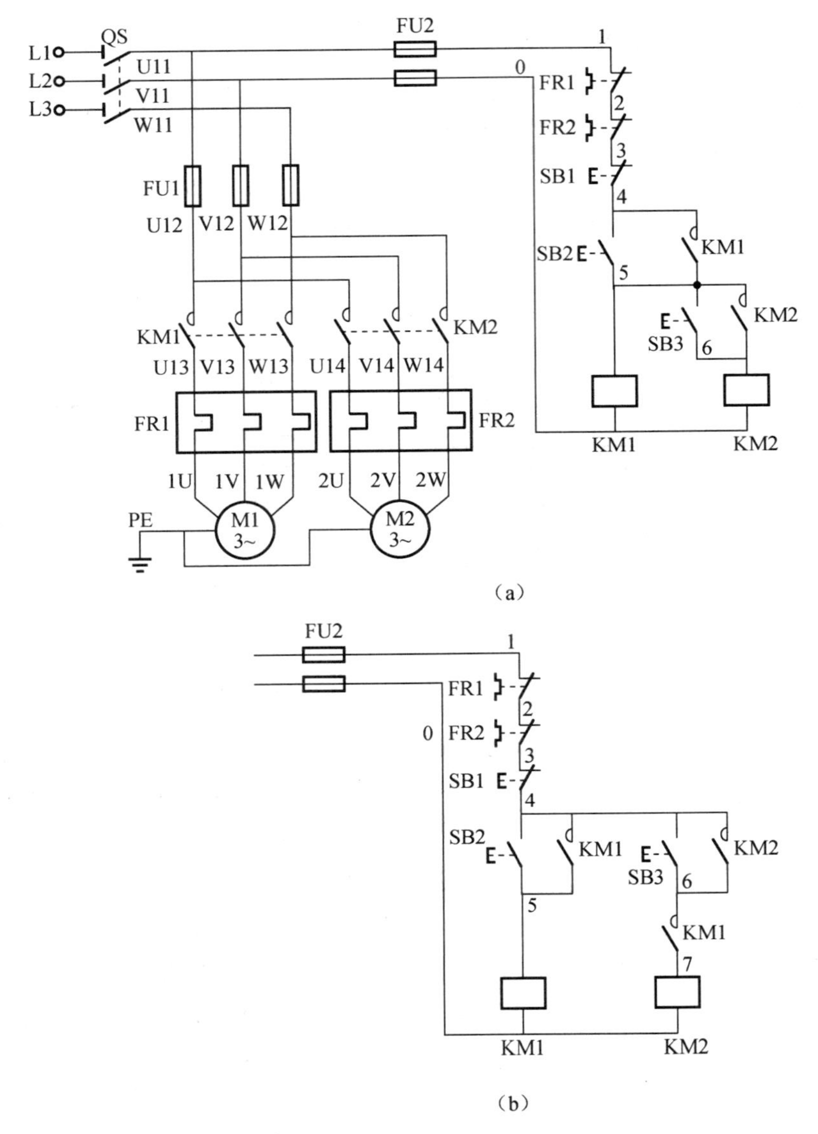

图 2-29　第二种两台电动机顺序控制电路

（3）两台电动机 M1、M2，要求 M1 启动后，M2 才能启动；M1 和 M2 可以单独停止；电动机 M1 过载，只停 M1；电动机 M2 过载，只停 M2。其控制电路如图 2-30 所示。

图 2-30 所示电路中，在电动机 M2 启动按钮 SB4 下方串入了 KM1 的辅助常开触点后，与 KM2 辅助常开触点并联，所以在先按下 SB4 时，由于 KM1 辅助常开触点是打开状态，因此 KM2 线圈不能得电，即实现了电动机 M1、M2 的启动顺序。当电动机 M1、M2 顺序启动后，由于 KM2 辅助常开触点闭合形成自锁，此时串在 SB4 下方的 KM1 辅助常开触点失去作用，即使其打开，也不能影响 KM2 的线圈得电，这样在按下 SB1 时，KM1 线圈失电，电动机 M1 停止运行，由于 KM1 线圈失电时其辅助常开触点也复位打开，但不影响 KM2 线圈，电动机 M2 在电动机 M1 停止后不会停止运行，只有按下 SB3 时，接触器 KM2 线圈失电，其主触点打开，电动机 M2 才停止运行。实现了电动机 M1、M2 可以单独停止的要求。由于电

动机 M1、M2 的热继电器的保护触点分别串联在 KM1、KM2 的线圈回路中，所以任何一台电动机过载，只停它自己，不会影响另外一台。

（4）两台电动机 M1、M2，要求 M1 启动后，M2 才能启动，M2 停止后 M1 才能停止，任何一台电动机过载，两台电动机同时停止，其控制电路如图 2-31 所示。

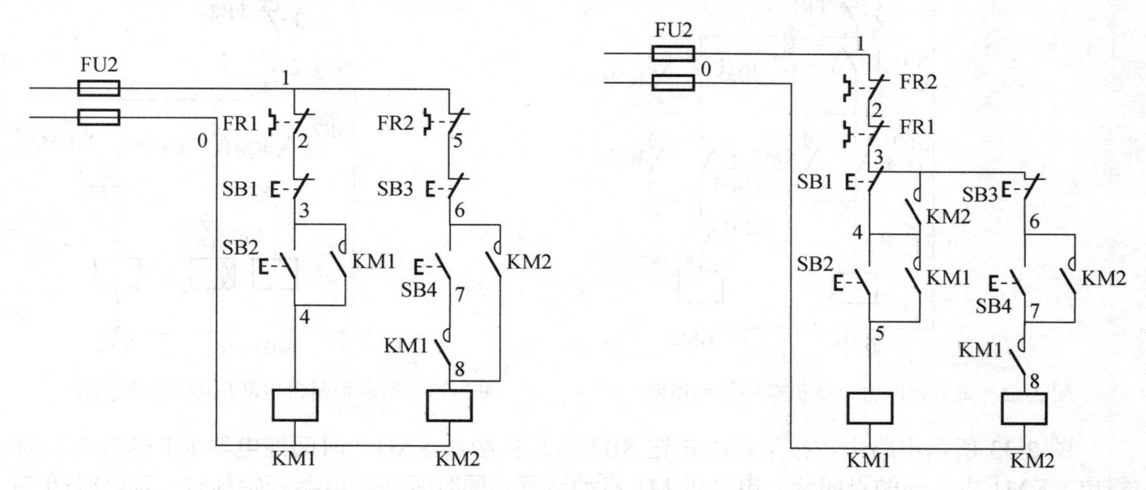

图 2-30　第三种两台电动机顺序控制电路　　　图 2-31　第四种两台电动机顺序控制电路

图 2-31 所示电路中，在 KM2 线圈回路中串入了 KM1 的辅助常开触点，该触点只有在 KM1 线圈得电后才能闭合，所以在先按下 SB4 时，由于 KM1 辅助常开触点是打开状态，KM2 线圈不能得电，即实现了电动机 M1、M2 的启动顺序。当电动机 M1、M2 顺序启动后，如果按下 SB1，由于 SB1 两端并联有 KM2 的辅助常开触点（此触点在 M2 运行时是闭合状态），所以按下 SB1 不能使 KM1 线圈失电，只有先按下 SB3，KM2 线圈失电，电动机 M2 停止运行，由于 KM2 线圈失电后其辅助常开触点也复位打开，此时再按 SB1，KM1 线圈才能失电，其主触点打开，电动机 M1 才能停止运行，即实现了电动机 M2 停止后，M1 才能停止。由于电动机 M1、M2 的热继电器的保护触点串联后接在控制电源回路中，所以任何一台电动机过载时，两台电动机同时停止。

（5）两台电动机 M1、M2，要求 M1 启动后，M2 才能启动，M1 停止后 M2 才能停止，任何一台电动机过载，两台电动机同时停止，其控制电路如图 2-32 所示。

图 2-32 所示电路中，在电动机 M2 启动按钮 SB4 下方串入了 KM1 的辅助常开触点后，与 KM2 辅助常开触点并联，所以在先按下 SB4 时，由于 KM1 辅助常开触点是打开状态，因此 KM2 线圈不能得电，即实现了电动机 M1、M2 的启动顺序。当电动机 M1、M2 顺序启动后，如果按下 SB3，由于 SB3 两端并联有 KM1 的辅助常开触点（此触点在 M1 运行时是闭合状态），所以按下 SB3 不能使 KM2 线圈失电，只有先按下 SB1，KM1 线圈失电，其主触点、辅助常开触点复位，电动机 M1 停止运行后，再按下 SB3 时，接触器 KM2 线圈才能失电，电动机 M2 才能停止运行，即实现了电动机 M1 停止后 M2 才能停止的要求。由于电动机 M1、M2 的热继电器的保护触点串联后接在控制电源回路中，所以任何一台电动机过载时，两台电动机同时停止。

（6）按时间顺序控制电动机按顺序启动，两台电动机 M1、M2，要求 M1 启动后，经过 5s，M2 自行启动，M1 和 M2 同时停止，任何一台电动机过载，两台电动机同时停止，其控制电路如图 2-33 所示。

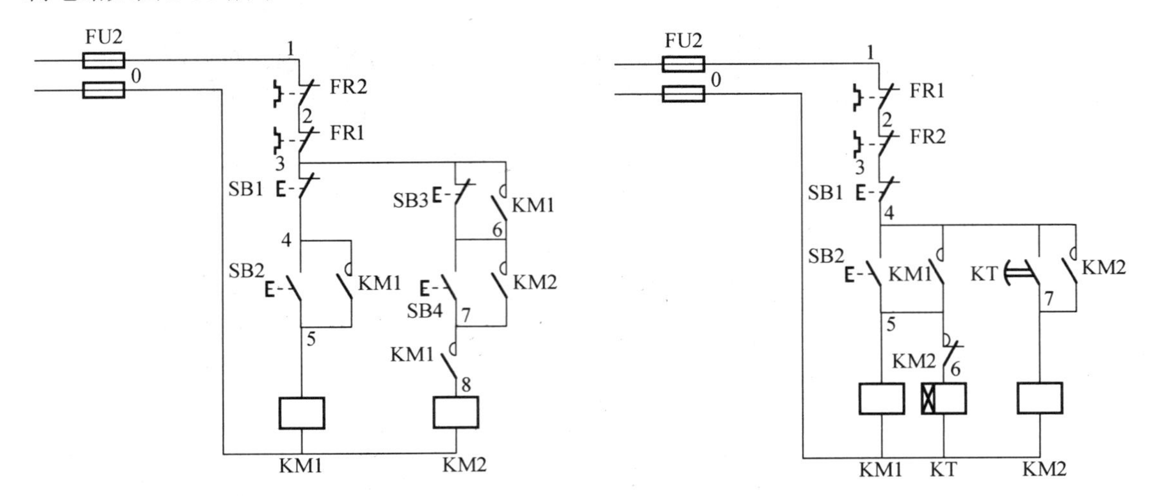

图 2-32　第五种两台电动机顺序控制电路　　　　图 2-33　第六种两台电动机顺序控制电路

图 2-33 所示电路中，按下启动按钮 SB2 后，接触器 KM1、时间继电器 KT 的线圈同时得电，KM1 主、辅触点闭合，电动机 M1 启动运行，同时时间继电器开始延时，延时时间 5s 后，时间继电器延时闭合的常开触点闭合，接触器 KM2 线圈得电，电动机 M2 启动运行，这样实现了电动机 M1 启动后 M2 经延时自行启动的要求。按下 SB1，KM1、KM2 线圈全部失电，M1、M2 立即停止运行。由于电动机 M1、M2 的热继电器的保护触点串联后接在控制电源回路中，所以任何一台电动机过载时，两台电动机同时停止。

技能训练——两台电动机顺序启动逆序停止控制线路的安装

1. 安装步骤及工艺

（1）绘制电气原理图、接线图及电气元件布置图，并能正确识读，按照图中所需元件进行正确选择，包括连接导线。

（2）正确检测所需元件是否完好，主要包括元件的外观检查，元件的常开、常闭触点是否能正常分断，元件触点动作是否顺畅，元件操作电压与电源电压是否相符等。

（3）正确安装、固定电气元件，在控制面板上按照电气元件布置图进行元件安装。元件排列要整齐、匀称，间距要符合安装要求，且便于元件的更换。元件安装位置要准确定位，固定安装时紧固程度要适当，既能使元件固定牢固，又不能使其损坏。

（4）按接线图进行板前明线接线。布线要横平竖直、排列整齐、分布均匀，走线紧贴安装面。严禁损伤线芯和导线绝缘层，接点牢固可靠，不得松动，不得压绝缘层，不反圈、不露铜过长。

（5）按电气原理图检查线路和调试，检查线路是否有短路、断路现象，是否能正常接通。

（6）安装电动机。电动机要安装牢固、可靠。

（7）连接电动机和控制柜金属外壳接地线。

（8）连接电源、电动机等外部连线。

（9）通电试运行。线路连接完毕后，必须经过认真检查后，才允许通电试运行。

（10）校验合格后，通电试车。通电试车时必须经指导教师同意且在旁进行现场监控。
（11）通电试车完成后，先切断电源，再拆除三相电动机及相应的电源线等。

2. 安装用线路图

安装用线路图如图 2-34 所示。

3. 安装注意事项

（1）具体元件安装和接线工艺要求可参见 2.1.3 节中的要求。
（2）根据实训室提供的熔断器的类型，对熔断器进行正确安装和接线，确保用电安全。
（3）按钮、接触器的互锁触点安装接线一定要正确，否则可能会造成接触器不吸合或震动，甚至造成电源短路等故障。
（4）通电试车时，合上电源开关后，按下两台电动机的启动按钮，观察控制电路是否有启动顺序；再分别按下两台电动机的停止按钮，观察电动机的停止是否有顺序。
（5）训练应在规定的时间内完成，同时要做到安全操作和文明生产。

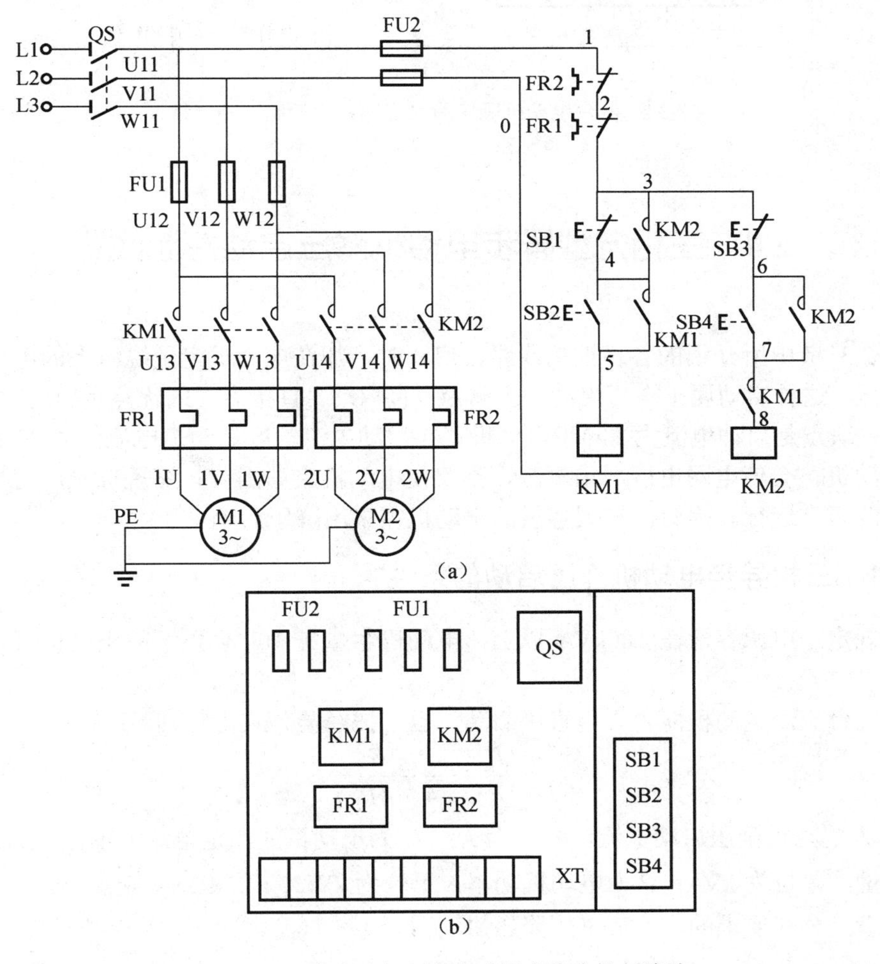

图 2-34　两台电动机顺序启动逆序停止控制线路

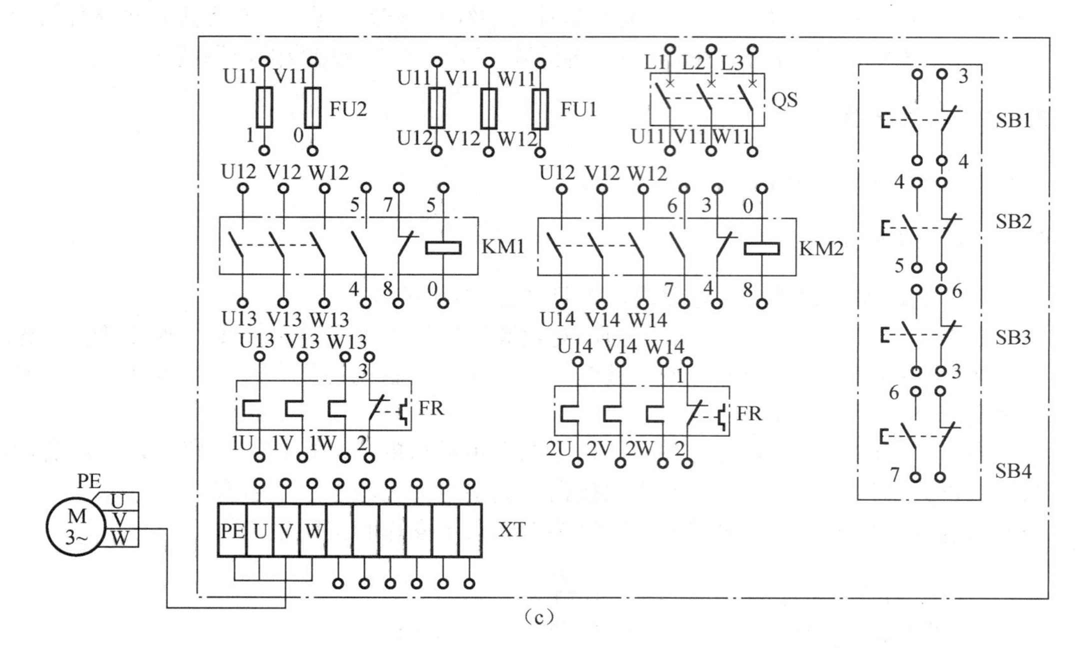

(c)

图 2-34 两台电动机顺序启动逆序停止控制线路（续）

（a）原理图；（b）布置图；（c）接线图

2.4 三相笼型异步电动机降压启动控制线路

2.1～2.3 节中所介绍的各种控制线路在启动时，加在电动机定子绕组上的电压为电动机的额定电压，这种启动属于全压启动，也称为直接启动。直接启动的优点是所用电气设备少，电路简单；缺点是启动电流大，异步电动机直接启动电流一般是额定电流的 4～7 倍，对容量较大的电动机，会使电网电压严重下跌，不仅使电动机启动困难、缩短寿命，而且影响其他用电设备的正常运行。因此，较大容量的电动机需采用降压启动。

2.4.1 三相异步电动机降压启动的条件

通常规定：电源容量在 180kVA 以上，电动机容量在 10kW 以下的电动机可以采用直接启动。

判断一台交流电动机能否采用直接启动，也可按经验公式进行判断：

$$\frac{I_{st}}{I_N} \leqslant \frac{3}{4} + \frac{S}{4P}$$

式中：I_{st} 为电动机全压启动电流，单位为 A；I_N 为电动机的额定电流，单位为 A；S 为电源变压器容量，单位为 kVA；P 为电动机功率，单位为 kW。

凡不满足公式要求的，均应采用降压启动。

降压启动是指启动时降低加在电动机定子绕组上的电压，以减小启动电流，待电动机转速上升到一定数值时再将电压恢复到额定值，电动机运行在额定电压下。降压启动可以减少启动电流，减小线路电压降，也就减小了启动时对线路的影响。由于电动机的电磁转矩与定子端电压平方成正比，降压启动时电动机的启动转矩也必然相应减小，故此，降压启动仅适用于空载或轻载下使用。三相笼型异步电动机降压启动的方式主要有定子绕组串电阻降压启动、自耦变压器降压启动、Y-△（星形-三角形）降压启动、延边三角形降压启动和软启动等。

在降压启动过程中，电动机的转速、电流、时间等参量都发生变化，原则上这些变化的参量都可以作为降压启动过程中的控制信号。但是，以转速和电流这两个物理量为变化参量控制电动机降压转全压时，由于受负载变化、电网电压波动的影响较大，有时候会造成启动失败；而以时间为变化参量控制电动机降压转全压时，其转换是靠时间继电器的动作，不论负载变化或电网电压波动，都不会影响时间继电器的整定时间，可以按时切换，不会造成降压启动失败。所以，在电动机降压启动控制中，大多以时间为变化参量来进行控制。

2.4.2　常用的降压启动控制线路

1. 定子绕组串电阻降压启动控制线路

定子绕组串电阻降压启动是指电动机在启动时，在电动机三相定子绕组电路中以串联的形式接入电阻，通过分压作用使加在电动机定子绕组上的电压降低。等电动机转速升高到一定值后，再将这个串接的电阻切除，电动机进入全压正常运行。常用的定子绕组串电阻降压启动控制线路有以下几种。

1）手动按钮切换控制线路

如图 2-35（a）所示，电动机由降压转成全压运行是由按下控制按钮 SB3 来实现的，工作原理如下。

先合上电源开关 QS，降压启动转全压运行过程：

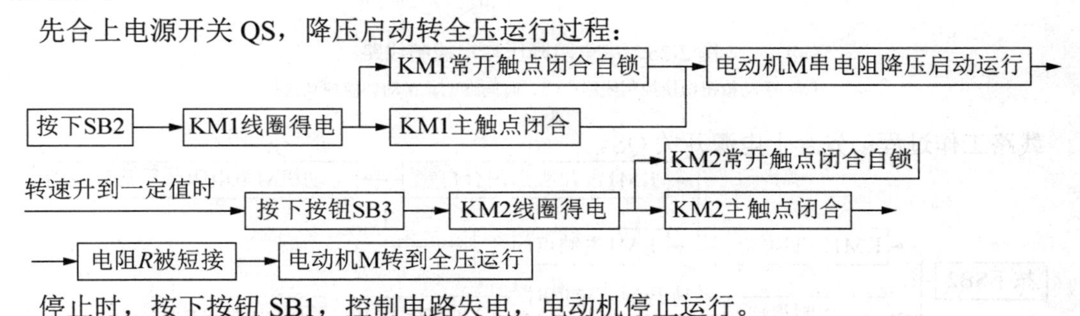

停止时，按下按钮 SB1，控制电路失电，电动机停止运行。

2）时间继电器自动切换控制线路

图 2-35（b）所示控制线路用时间继电器代替了图 2-35（a）中的按钮 SB3，实现了电动机由降压转全压运行的自动切换控制，这种线路操作方便，工作可靠。

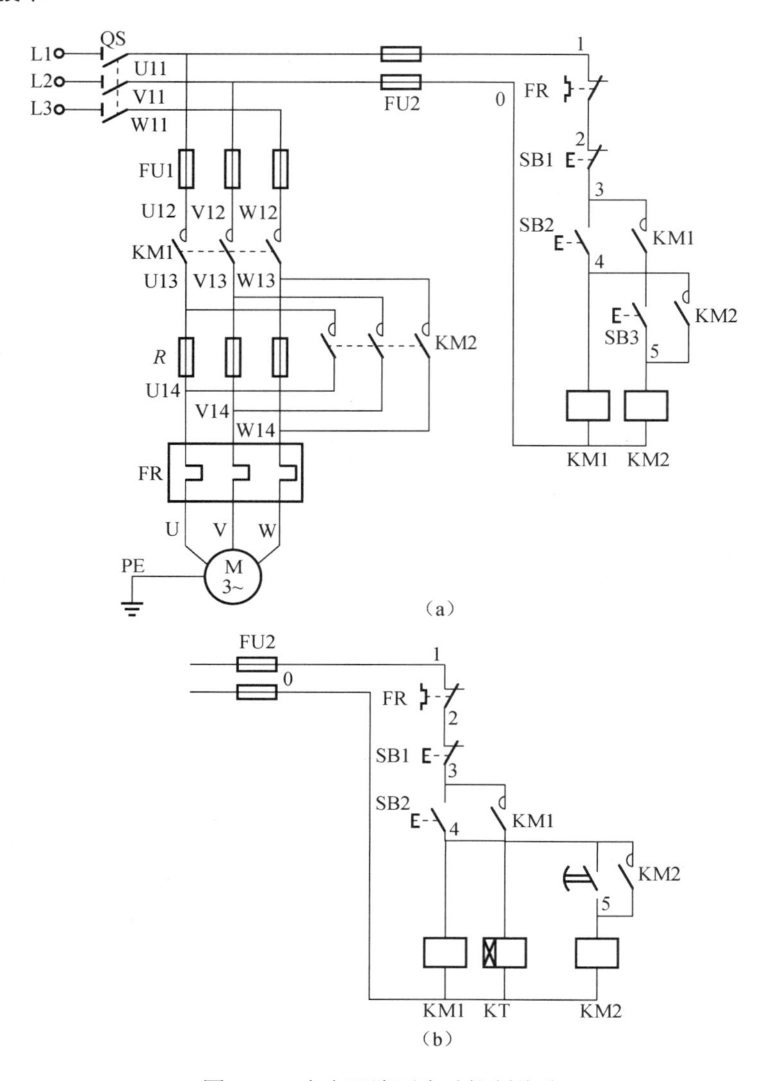

图 2-35　串电阻降压启动控制线路

（a）手动按钮切换控制线路；（b）时间继电器自动切换控制线路

线路工作过程：先合上电源开关 QS。

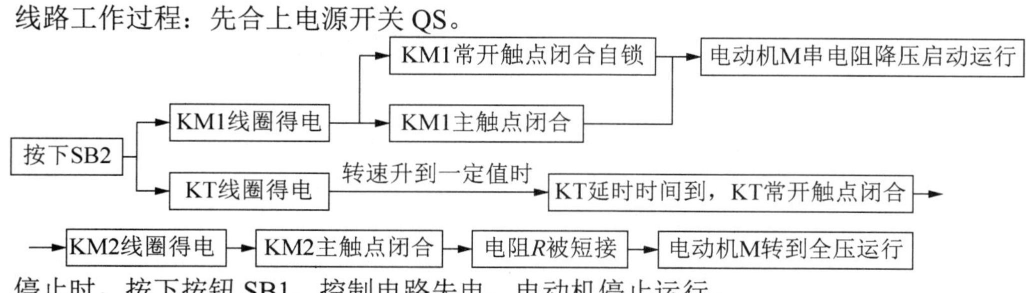

停止时，按下按钮 SB1，控制电路失电，电动机停止运行。

图 2-35（b）中，当电动机全压运行时，接触器 KM1、KM2 和时间继电器 KT 的线圈都需长时间带电运行，使电路能耗增加，电器的寿命缩短，影响电路的可靠工作。为此，把线路改成图 2-36 所示电路，该电路中，接触器 KM2 的主触点不是直接并联在电阻 R 两端，而

是把接触器 KM1 的主触点也并了进去，这样在电动机降压启动时只需要 KM1 和 KT 通电，当转到全压运行时，KM2 通电，其主触点吸合，把 KM1 和 KT 全部从电路中切除，从而延长了接触器 KM1 和时间继电器 KT 的使用寿命，节约了电能，提高了线路的工作可靠性。

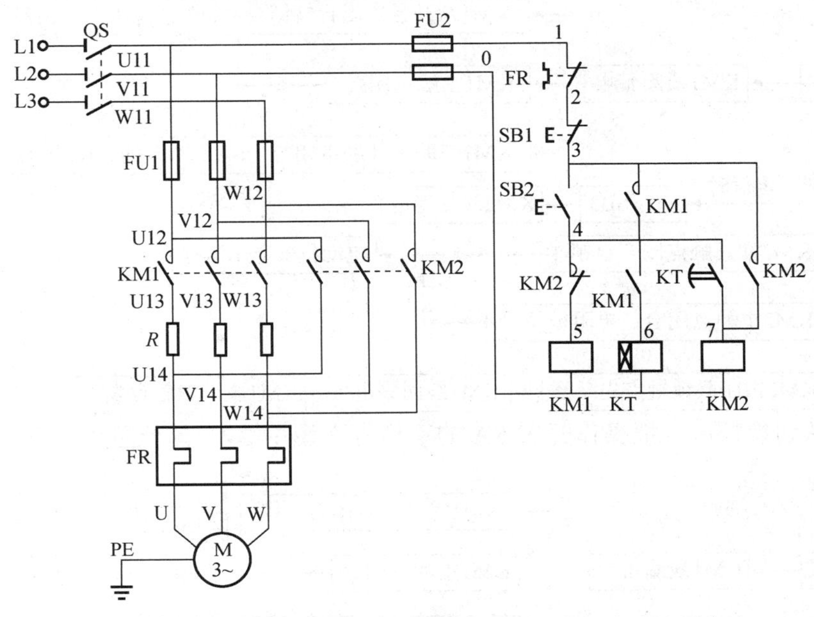

图 2-36　时间继电器控制的自动切换的串电阻降压启动控制线路

3）手动自动混合控制线路

手动自动混合控制的串电阻降压启动控制线路如图 2-37 所示。该线路中增加了一个操作开关 SA 和一个切换按钮 SB3，线路工作原理如下。

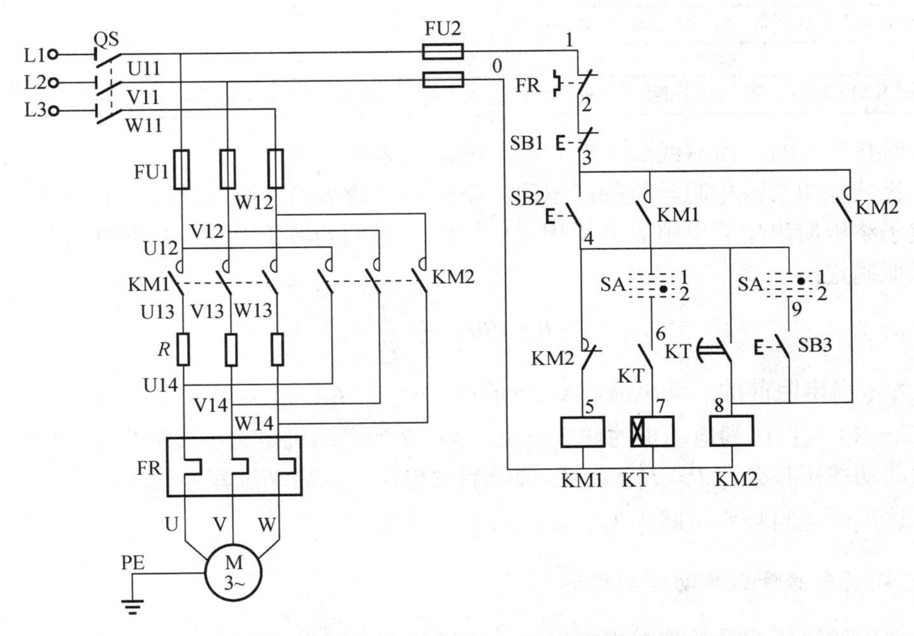

图 2-37　手动自动混合控制的串电阻降压启动控制线路

合上电源开关 QS。

（1）手动切换控制。把操作开关 SA 的手柄打在图中“1”的位置上（见图中黑点位置所示）。

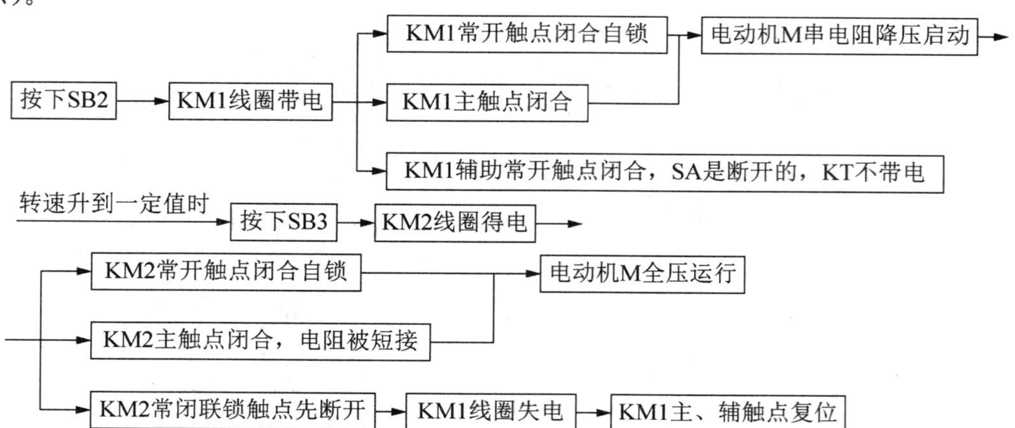

（2）自动切换控制。把操作开关 SA 的手柄打在图中“2”的位置上（见图中黑点位置所示）。

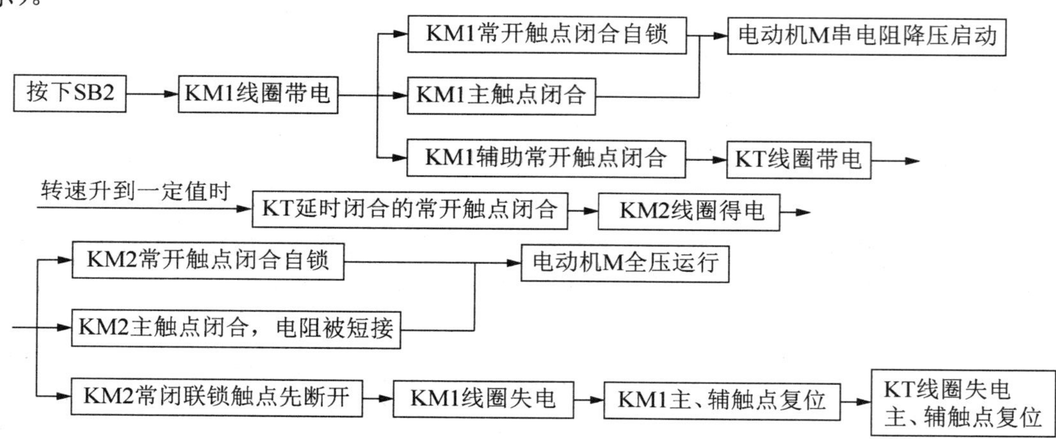

停止时按下 SB1，所有线圈失电，电动机停止运行。

铸铁板式电阻（或电阻丝绕制式电阻）阻值小，功率高，能通过较大的电流，所以降压启动中定子绕组所串接的电阻 R 常采用 ZX1、ZX2 系列的铸铁电阻，其阻值大小可按下列经验公式近似确定：

$$R = 190 \times \frac{I_{st} - I'_{st}}{I_{st} I'_{st}}$$

式中：I_{st} 为未串电阻前的启动电流，A，一般取（4～7）I_N；I'_{st} 为串联电阻后的启动电流，A，一般取（2～3）I_N；I_N 为电动机的额定电流，A；R 为电动机每相串接的启动电阻，Ω。

电阻的功率可按公式 $P = I_N^2 R$ 计算。由于启动电阻仅在启动过程中接入，且启动时间很短，所以实际选用的电阻功率可减小为计算值的 1/4～1/3。

2. 自耦变压器降压启动控制线路

自耦变压器降压启动是将自耦变压器一次侧接在电网上，启动时定子绕组接在自耦变压器二次侧上。通过自耦变压器把电压降低后给电动机供电，以达到减小启动电流的目的。电动机启动后，待电动机转速接近额定转速时，再将其定子绕组接入额定电压转入正常全压运行。这种降压启动不受电动机定子绕组接法的限制，适用于较大容量电动机的空载或轻载启动。

自耦变压器是一种单圈式变压器，一、二次侧共用一个绕组，其电压比是固定的。因其是只有一个绕组的变压器，当作为降压变压器使用时，从绕组中抽出一部分线匝作为二次绕组。一般情况下自耦变压器运行时，均应将线圈绕组按照星形联结方式进行连接。自耦变压器实物及星形联结示意图如图 2-38 所示。

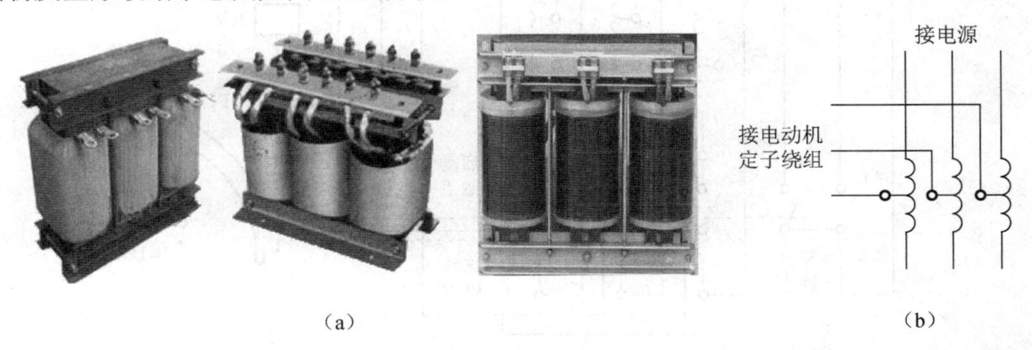

图 2-38　自耦变压器

（a）自耦变压器实物；（b）自耦变压器星形联结示意图

自耦变压器二次绕组一般有两个或 3 个抽头，抽头比为 80%、650%、40%等，用户可根据电网允许的启动电流和机械负载所需的启动转矩来选择。

1）手动自耦降压启动器

自耦降压启动器一般适用于工业中交流 50Hz、电压 380V，功率 10kW、14kW、28kW、40kW、55kW、75kW 及以下的三相笼型异步电动机，作不频繁降压启动用。常用的手动自耦降压启动器主要是 QJ 系列，有油浸式和空气式两种。

QJ10 系列手动自耦降压启动器电路图如图 2-39 所示。QJ10 系列自耦降压启动器二次绕组有两几组抽头，抽头电压分别是电源电压的 80%和 65%（出厂时接在 65%），使用时可以根据电动机启动负载的大小来选择不同的启动电压。该启动器具有欠电压和过载保护两种。欠电压保护采用欠电压脱扣器，它由线圈、铁芯和动铁芯组成，线圈 KV 跨接在 U、W 两相之间，在电源电压正常时，线圈得电使静铁芯吸住动铁芯，但当电源电压降低到额定电压的 85%以下时，铁芯吸力减弱，动铁芯下落，通过操作机构使降压启动器掉闸，切断电源，起到欠电压保护的作用。过载保护通过热继电器实现，热继电器热元件串接在电动机定子绕组和电源之间，其保护触点与欠电压脱扣器线圈 KV、停止按钮串联在一起，当热继电器动作时，其保护触点断开，KV 线圈失电使降压启动器掉闸，从而切断电源，实现过载保护。QJ10 系列自耦降压启动器的技术参数如表 2-4 所示。

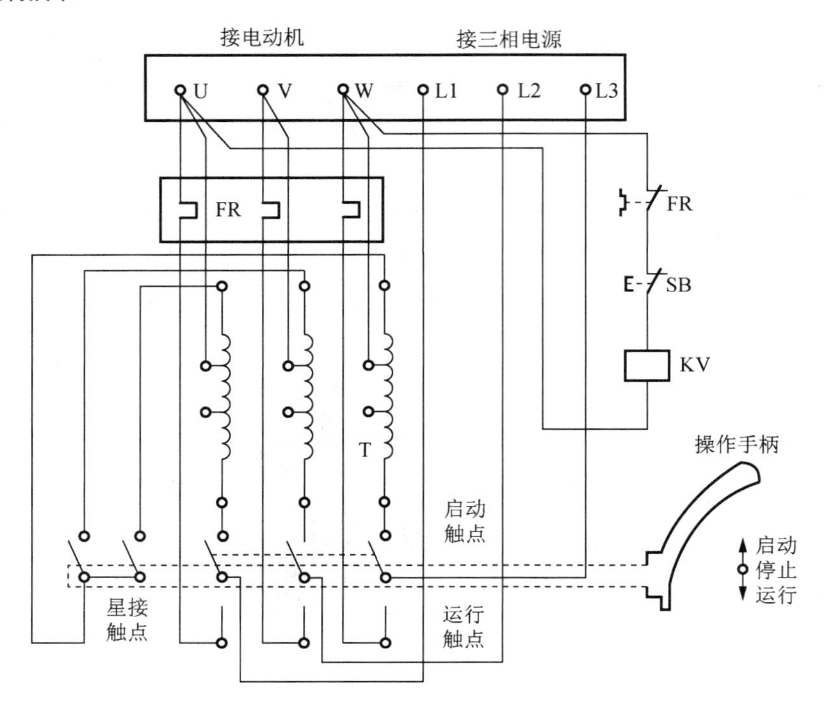

图 2-39　QJ10 系列手动自耦降压启动器电路图

表 2-4　QJ10 系列自耦降压启动器的技术参数

型号	额定电压/V	控制电动机功率/kW	电动机额定电流/A	过载保护整定电流/A	最大启动时间/s
QJ10-10		10	20.7	20.7	
QJ10-13		13	25.7	25.7	30
QJ10-17		17	34	34	
QJ10-20	380	20	43	43	
QJ10-30		30	58	58	40
QJ10-40		40	77	77	
QJ10-55		55	105	105	
QJ10-75		75	142	142	60

QJ10 系列手动自耦降压启动器工作过程：当操作手柄置于“停止”位置时，启动触点、运行触点、星接触点均处于断开状态，电动机未接电源，处于停止状态。当手柄处于“启动”位置时，启动触点与星接触点闭合，自耦变压器连成星形，接在三相电源上，而自耦变压器的二次侧的抽头接到三相电动机定子上，获得相应抽头电压，电动机进行降压启动。当电动机转速接近额定转速时，将操作手柄迅速扳到“运行”位置。此时，启动触点、星接触点断开，运行触点闭合，三相电源直接接入电动机定子绕组，在额定电压下正常运转。当电动机需停止时，按下停止按钮 SB，欠电压脱扣线圈 KV 断电，经操作机构使操作手柄返回“停止”位置，运行触点断开，切断电动机三相电源，电动机停止运转。

2）按钮接触器实现的自耦变压器降压启动控制线路

如图 2-40 所示，控制按钮 SB3 是手动切换控制按钮，电动机启动时由自耦变压器供电实现降压启动，当电动机转速升高到一定值时，按下 SB3 把自耦变压器切除，电动机转成全压运行。线路工作原理如下。

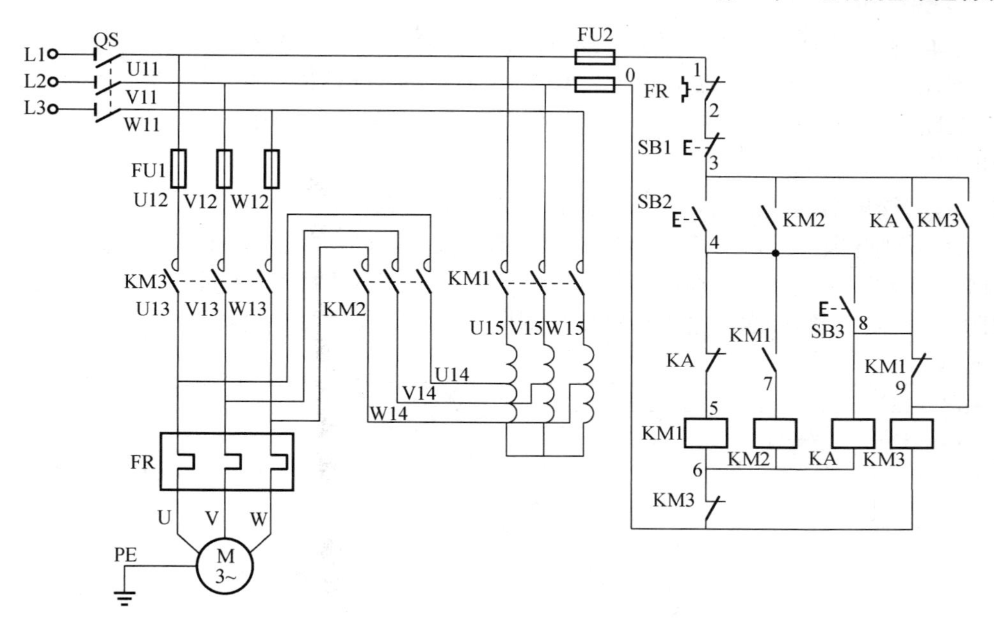

图 2-40　按钮接触器实现的自耦变压器降压启动控制线路

合上电源开关 QS。

按下启动按钮 SB2，降压启动：

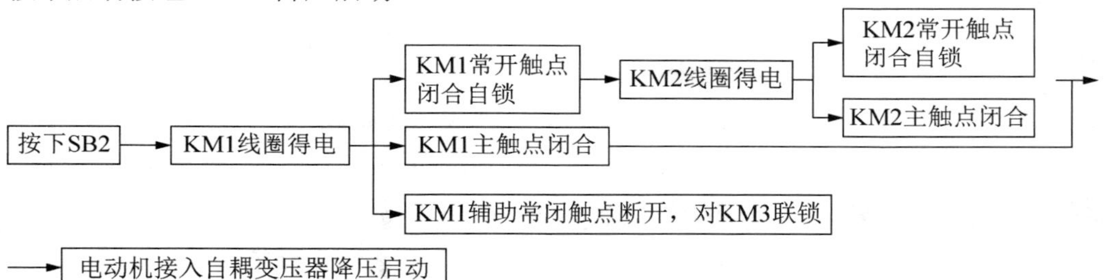

当电动机转速升到一定值时，按下按钮 SB3 转全压运行：

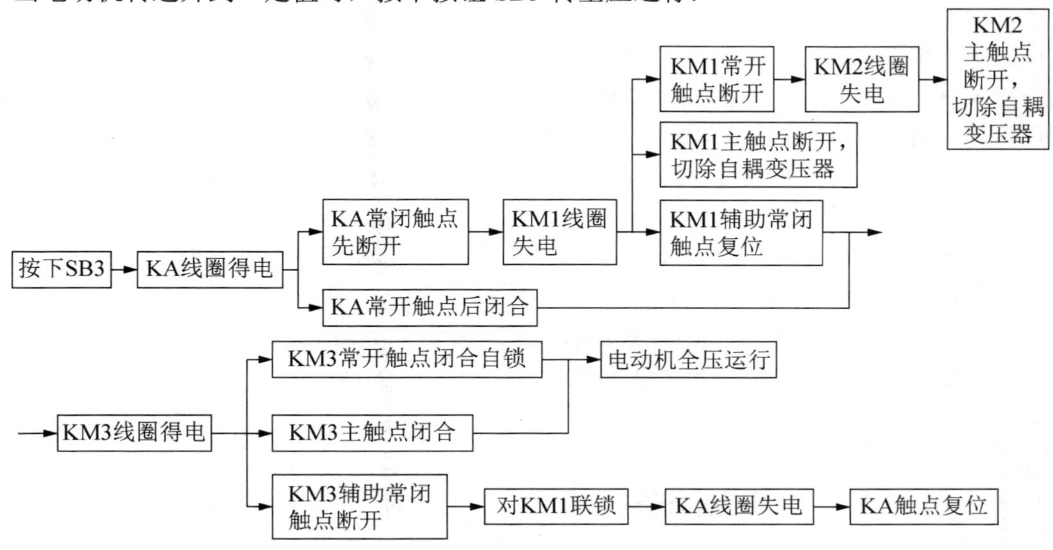

图 2-40 所示控制线路的优点是启动时，如果先按下 SB3，接触器 KM3 的线圈不能得电，电动机不能全压启动运行；降压启动结束后，KM1、KM2 线圈均失电，即使 KM3 触点出现故障无法闭合，电动机也不会低压长期运行。该线路的缺点是操作不方便，启动时需要按两次按钮才能完成启动。

3）时间继电器实现的自耦变压器降压启动控制线路

XJ01 系列自耦变压器降压启动控制设备是我国生产的用于交流 50Hz、额定电压 380V、功率 14～300kW 的笼型异步电动机降压启动的设备，是通过时间继电器自动切换的自耦变压器降压启动控制设备。XJ01 系列自耦变压器降压启动器电路如图 2-41 所示。

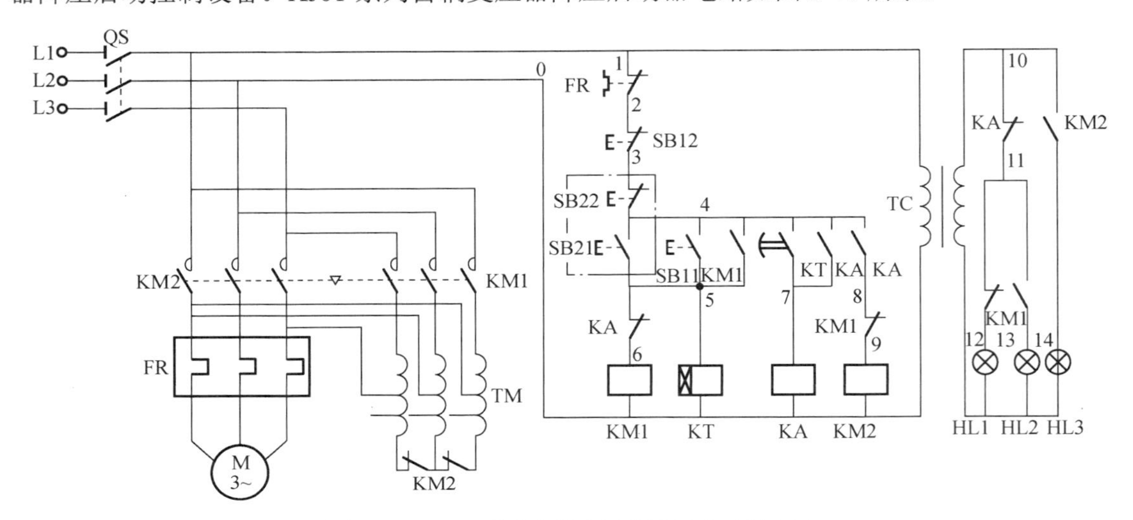

图 2-41　XJ01 系列自耦变压器降压启动器电路

图 2-41 中 KM1 为降压启动接触器，KM2 为全压运行接触器，KA 为中间继电器，KT 为降压启动时间继电器，HL1 为电源指示灯，HL2 为降压启动指示灯，HL3 为正常运行指示灯。启动时，先合上主电路与控制电源开关，HL1 灯亮，表明电源电压正常。按下启动按钮 SB11 或 SB12，KM1、KT 线圈同时得电并自锁，将自耦变压器接入，电动机由自耦变压器二次电压供电做降压启动，同时指示灯 HL1 灭，HL2 亮，显示电动机正进行降压启动。当电动机转速接近额定转速时，时间继电器 KT 延时触点闭合，使 KA 线圈通电并自锁，其常闭触点断开 KM1 线圈电路，KM1 线圈断电释放，将自耦变压器从电路切除；KA 的另一对常闭触点断开，HL2 指示灯灭；KA 的常开触点闭合，使 KM2 线圈通电吸合，电源电压全部加在电动机定子上，电动机在额定电压下进入正常运行，同时 HL3 指示灯亮，表明电动机降压启动结束。由于自耦变压器星形联结部分的电流为自耦变压器一、二次电流之差，故用 KM2 辅助触点来连接。停止时，按下 SB12 或 SB22，所有设备线圈断电，电动机停止运行。表 2-5 列出了部分 XJ01 系列自耦变压器降压启动器的技术数据。

表 2-5　XJ01 系列自耦变压器降压启动器的技术数据

型号	被控制电动机功率/kW	最大工作电流/A	自耦变压器功率/kW	电流互感器电流比	热继电器整定电流/A
XJ01-14	14	28	14	—	32
XJ01-20	20	40	20	—	40
XJ01-28	28	58	28	—	63
XJ01-40	40	77	40	—	85
XJ01-55	55	110	55	—	120

续表

型号	被控制电动机功率/kW	最大工作电流/A	自耦变压器功率/kW	电流互感器电流比	热继电器整定电流/A
XJ01-75	75	142	75	—	142
XJ01-80	80	152	115	300/5	2.8
XJ01-95	95	180	115	300/5	3.2
XJ01-100	100	190	115	300/5	3.5

图 2-42 还给出了时间继电器控制的自耦变压器降压启动控制的其他线路。图 2-43 给出了手动加自动的自耦变压器降压启动控制线路，线路的工作过程读者可以自行分析。

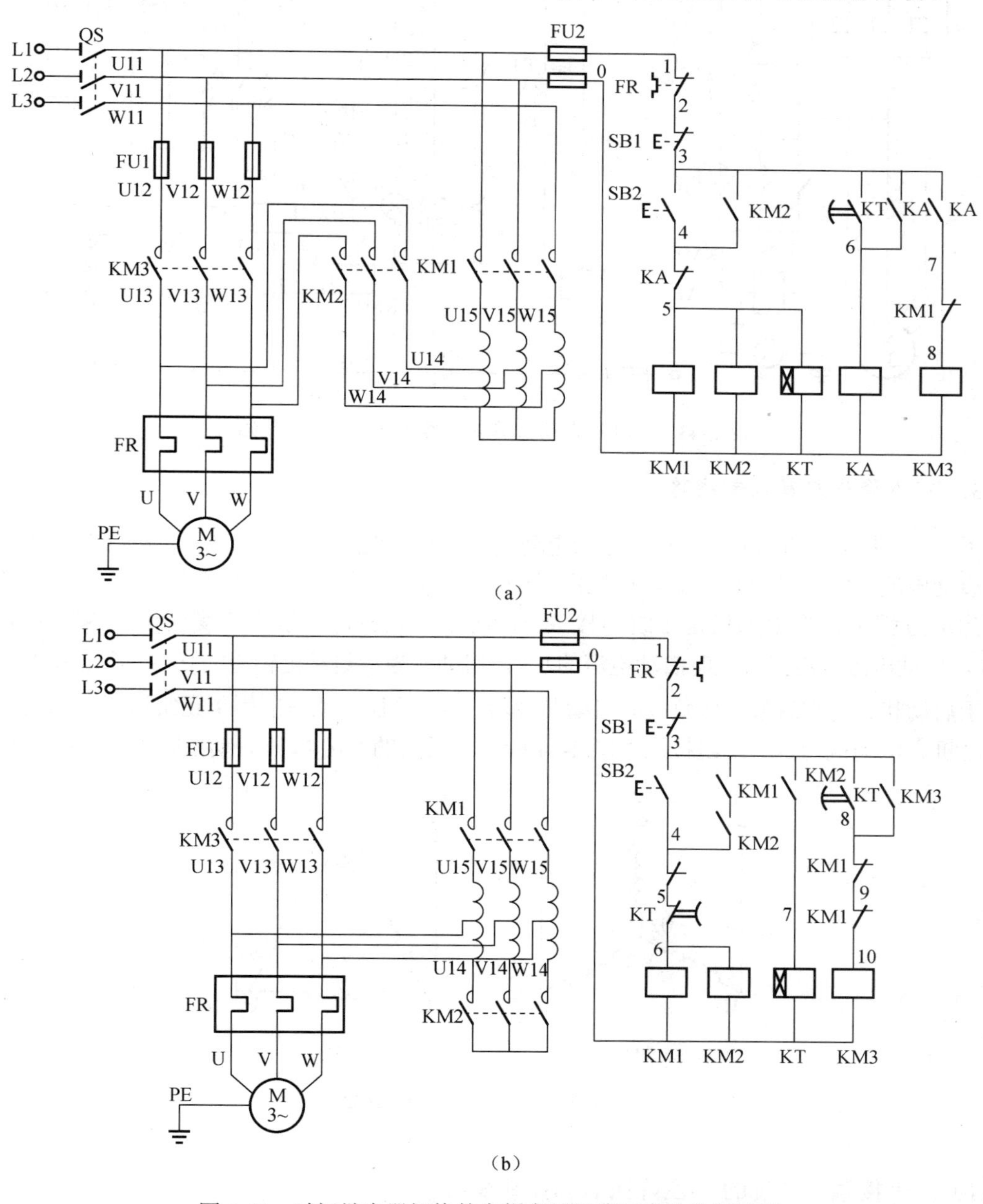

图 2-42　时间继电器切换的自耦变压器降压启动控制线路

（a）三个接触器实现的自耦变压器降压启动控制线路；（b）另一种三个接触器实现的自耦变压器降压启动控制线路

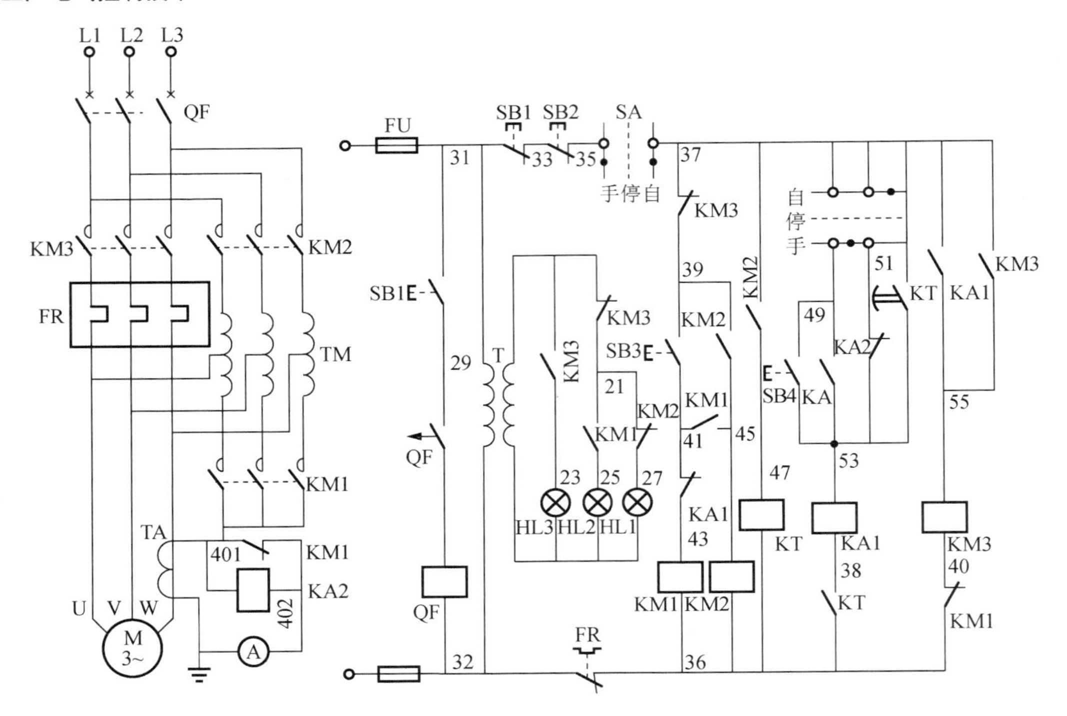

图 2-43　手动加自动自耦变压器降压启动控制线路

3. ㄚ-△降压启动控制线路

ㄚ-△（星形-三角形）降压启动是指电动机启动时，把定子绕组接成ㄚ，以降低启动电压，减小启动电流。待电动机启动后，再把定子绕组改接成△形，使电动机全压运行。ㄚ-△降压启动在启动过程中，将电动机定子绕组接成ㄚ形时，电动机每相绕组承受的电压为额定电压的$1/\sqrt{3}$，启动电流为△形接法时启动电流的1/3，启动转矩只是额定转矩的1/3，ㄚ-△降压启动只适用于启动状态为空载或轻微负载的启动环境，且ㄚ-△降压启动只能用于正常运行时为△形接法的电动机。电动机的定子绕组接法如图 2-44 所示。常用的ㄚ-△降压启动控制线路有以下几种。

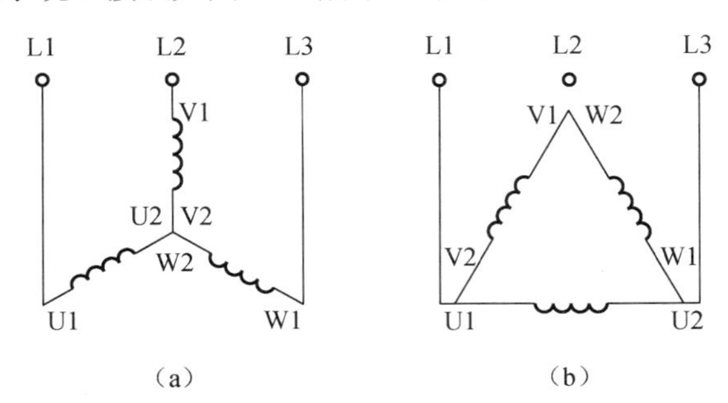

图 2-44　电动机定子绕组接法

（a）ㄚ形接法；（b）△形接法

1）两个接触器实现的ㄚ-△降压启动控制线路

两个接触器实现的ㄚ-△降压启动控制线路如图 2-45 所示。该线路图中只用了两个接触器

KM1 和 KM2，Y形降压启动过程中，只有接触器 KM1 吸合，电动机定子绕组接成Y形，当电动机转速升高后，通过时间继电器设定降压启动时间，设定时间到，电动机转到全压△形运行，接触器 KM2 通电吸合，电动机定子绕组接成△形。

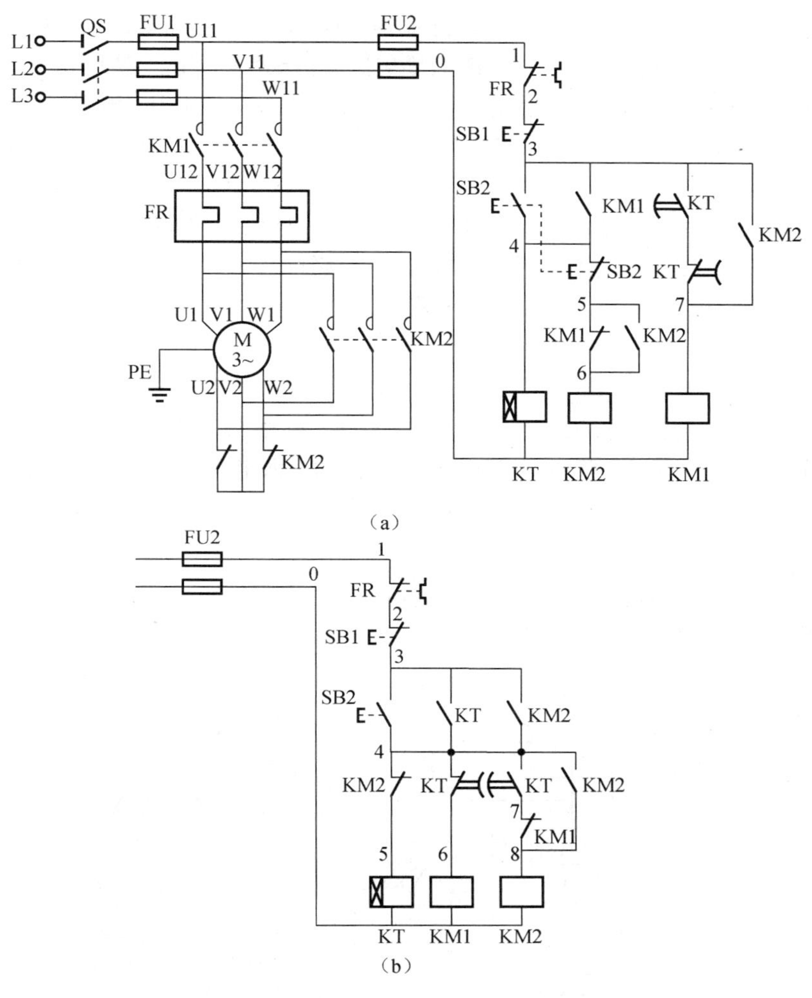

图 2-45　由两个接触器实现的Y-△降压启动控制线路

（a）控制线路（一）；（b）控制线路（二）

以图 2-45（b）为例分析线路的工作原理。合上电源开关 QS。

按下启动按钮 SB2，接触器 KM1、时间继电器 KT 的线圈同时得电吸合保持，KM1 主触点吸合接通电源。由于 KM1 辅助常闭触点断开，接触器 KM2 线圈不能得电，所以电动机定子绕组接成Y形，开始降压启动。当电动机转速升高，时间继电器延时时间到，KT 延时打开的常闭触点打开，使接触器 KM1 线圈失电，其主触点打开，电动机断电，其常闭辅助触点复位；同时，KT 延时闭合的常开触点闭合，使 KM2 线圈通电并自锁，KM2 主触点闭合，电动机定子绕组接成△形，其辅助常闭触点打开，一方面使电动机定子绕组末端脱离短接状态，一方面使时间继电器线圈失电，时间继电器的触点复位，使接触器 KM1 线圈重新得电吸合，其主触点接通，电动机转成△形全压运行。

图 2-45（a）的工作原理，读者可以仿照上述分析过程自行分析。

两个接触器实现的Y-△降压启动控制线路的优点是接触器用了两个，设备数量相对较少，投资少，成本低。但其缺点也比较明显：

（1）在主电路中用 KM2 常闭触点作为辅助触点，如工作电流太大就会烧坏触点。

（2）该线路在启动过程中接触器 KM1 有断电然后再次带电情况，所以相当于电动机在启动过程有停电然后再次通电情况出现，会使电动机转速下降然后再次上升，出现二次电流冲击现象。

（3）图 2-45（a）中时间继电器的线圈始终都带电，增加了电路的功耗，缩短了时间继电器的寿命。

（4）图 2-45（b）中用到了时间继电器的瞬动触点，选用的时间继电器必须带有瞬动触点。接触器 KM2 用到了三对常闭触点，选用接触器 KM2 时必须考虑其辅助常闭触点的数量是否够用。

鉴于以上特点，两个接触器实现的Y-△降压启动控制线路一般适用于 4～13kW 的电动机降压启动。

2）三个接触器实现的Y-△降压启动控制线路

（1）按钮接触器控制Y-△降压启动控制线路。三个接触器实现的按钮接触器控制Y-△降压启动控制线路如图 2-46 所示，该线路接触器 KM1 作为引入电源用，KM2、KM3 分别为电动机定子绕组△形和Y形连接用接触器，SB1 是停止按钮，SB2 是启动按钮，SB3 是Y-△切换按钮。

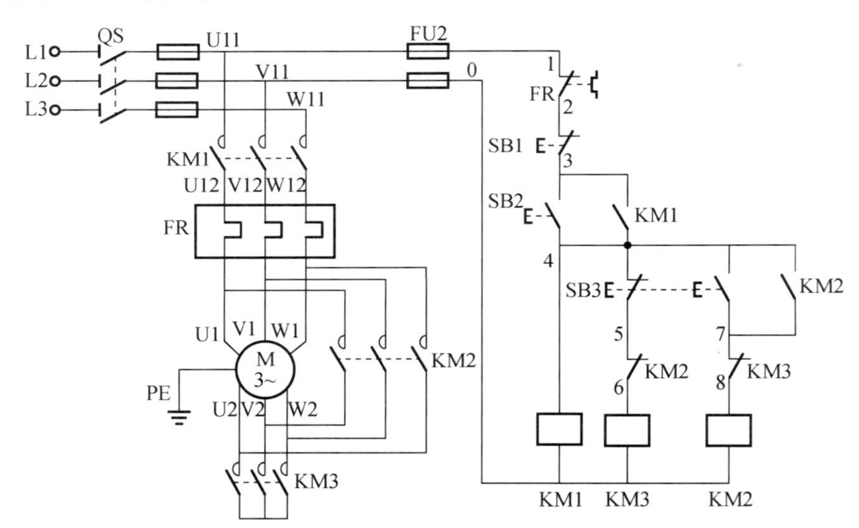

图 2-46　三个接触器实现的按钮接触器控制Y-△降压启动控制线路

线路的工作原理如下。

先合上电源开关 QS。

电动机Y形降压启动：

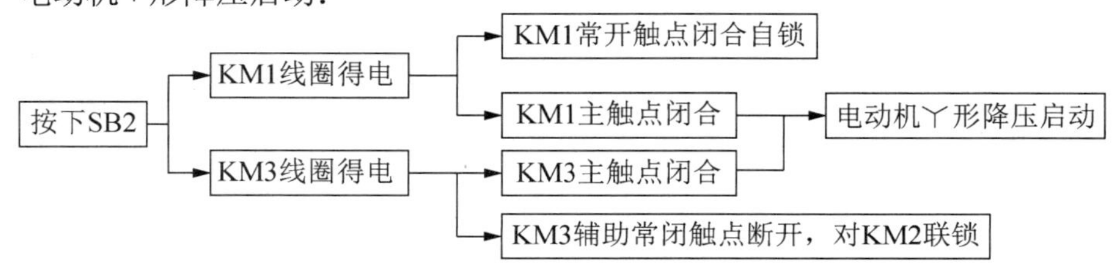

等到电动机转速升高到一定程度，按下 SB3，电动机转△形运行：

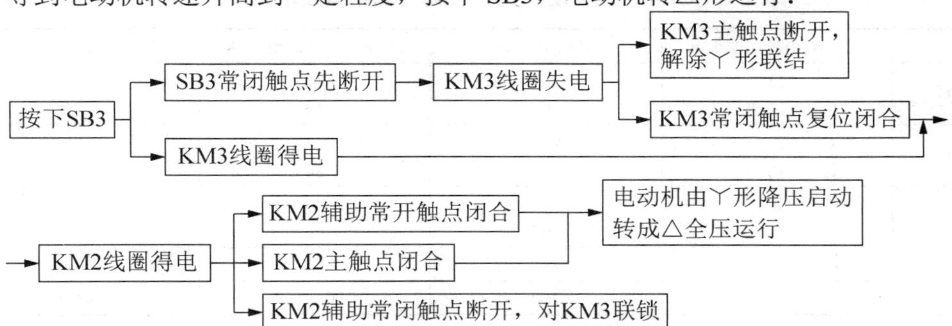

（2）通电延时时间继电器自动控制Y-△降压启动控制线路。通电延时时间继电器自动控制Y-△降压启动控制线路由 3 个接触器、1 个通电延时型时间继电器、1 个热继电器、2 个控制按钮组成。利用时间继电器延时自动控制Y形降压启动和完成Y-△自动切换。

QX3、QX4 系列自动Y-△转换降压启动电路是我国自行生产的定型产品，适用于 125kW 及以下的三相笼型异步电动机做Y-△转换降压启动和停止的控制。QX4 系列Y-△降压启动控制线路如图 2-47 所示。该线路由接触器 KM1、KM2、KM3，热继电器 FR，时间继电器 KT，控制按钮 SB1、SB2 等元件组成，具有短路保护、过载保护和失电压保护等功能。启动时，先合上电源开关 QS，按下启动按钮 SB2，KM1、KT、KM3 线圈同时得电并自锁，电动机三相定子绕组按Y形接入三相交流电源进行降压启动，当电动机转速接近额定转速时，通电延时型时间继电器动作，KT 常闭触点断开，KM3 线圈断电释放；同时 KT 常开触点闭合，KM2 线圈得电吸合并自锁，电动机绕组接成△形全压运行。当 KM2 线圈得电吸合后，KM2 常闭触点断开，使 KT 线圈失电，避免时间继电器长期工作。KM2、KM3 常闭触点为互锁触点，以防同时接成Y形和△形造成电源短路。QX4 系列自动Y-△转换降压启动器技术参数如表 2-6 所示。

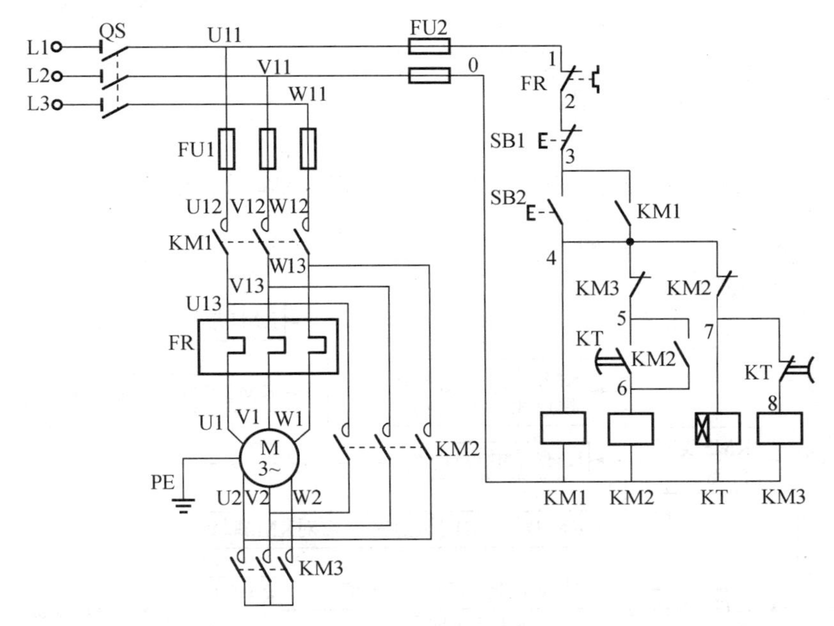

图 2-47　QX4 系列Y-△降压启动控制线路

表 2-6　QX4 系列自动Y-△转换降压启动器技术参数

型号	控制电动机功率/kW	额定电流/A	热继电器额定电流/A	时间继电器整定值/s
QX4-17	13	26	15	11
	17	33	19	13
QX4-30	22	42.5	25	15
	30	58	34	17
QX4-55	40	77	45	20
	55	105	61	24
QX4-75	75	142	85	30
QX4-125	125	260	100～160	14～60

其他通电延时时间继电器自动控制Y-△降压启动控制线路如图 2-48 所示。

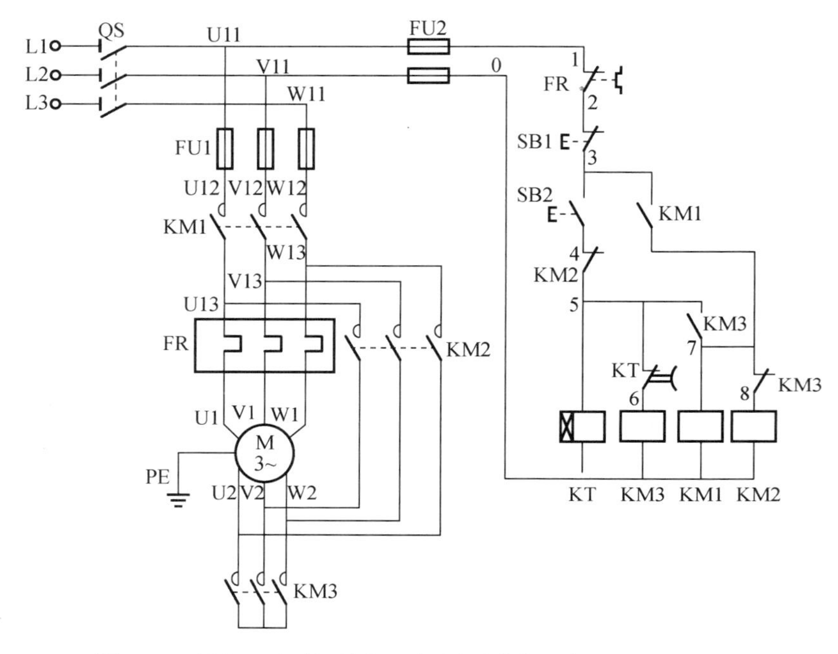

图 2-48　通电延时时间继电器自动控制Y-△降压启动控制线路

图 2-48 所示线路工作原理如下。

合上电源开关 QS。

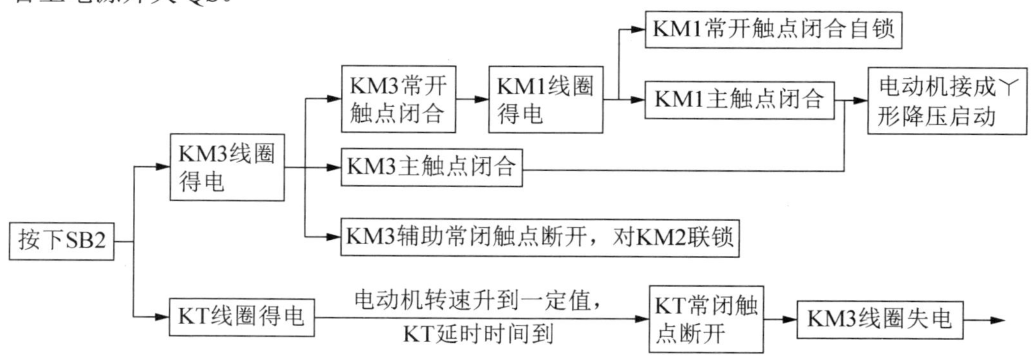

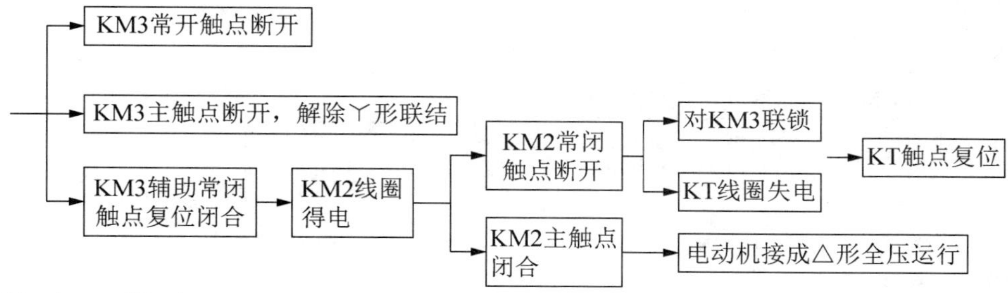

停止时按下 SB1 即可。

（3）断电延时时间继电器自动控制丫-△降压启动控制线路。断电延时时间继电器自动控制丫-△降压启动控制线路如图 2-49 所示，该线路中时间继电器为断电延时型。线路工作原理如下。

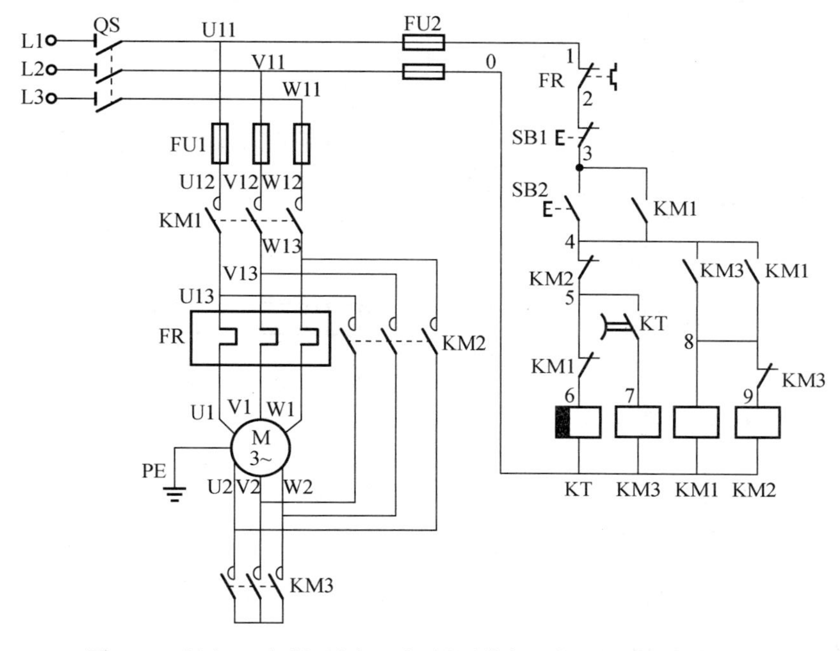

图 2-49　断电延时时间继电器自动控制丫-△降压启动线路（一）

合上电源开关 QS。

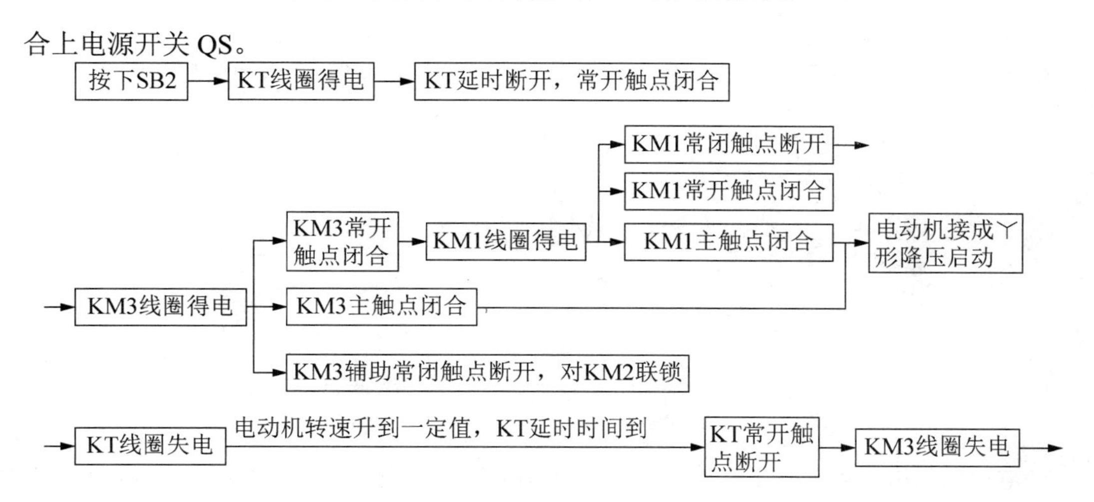

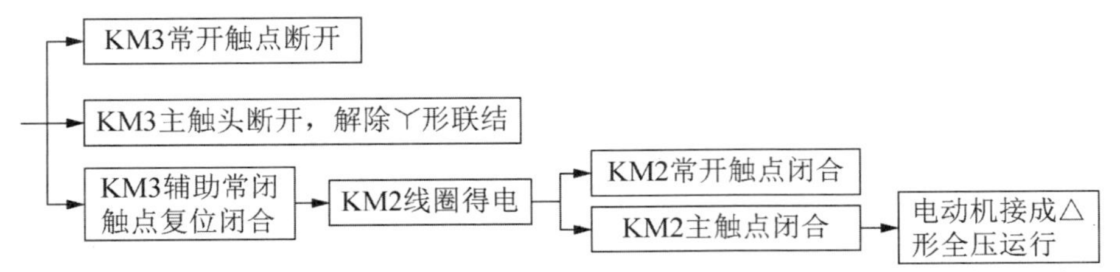

图 2-50 也是采用断电延时时间继电器实现的Y-△降压启动控制线路，读者可以自行分析其工作原理。

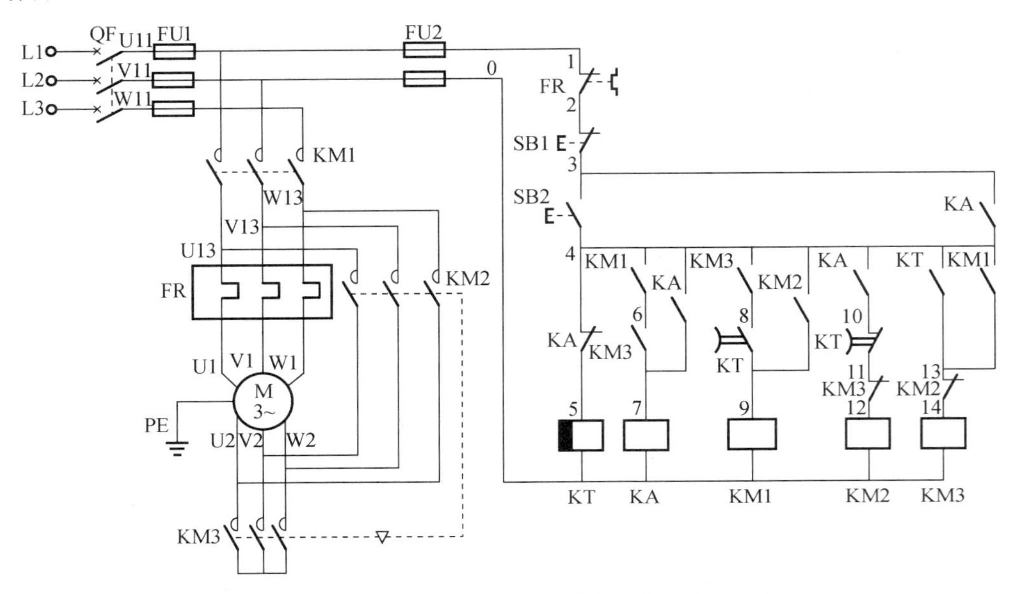

图 2-50 断电延时时间继电器自动控制Y-△降压启动线路（二）

3 个接触器实现的Y-△降压启动克服了两个接触器实现的控制线路中存在的缺点，一般适用于大容量异步电动机降压启动，但其所需设备数量多，投资也大。

4. 延边三角形降压启动

延边三角形降压启动要求电动机定子有 9 个出线头，即三相绕组的首端 U1、V1、W1，三相绕组的尾端 U2、V2、W2 及各相绕组的抽头 U3、V3、W3，绕组的结构如图 2-51 所示。

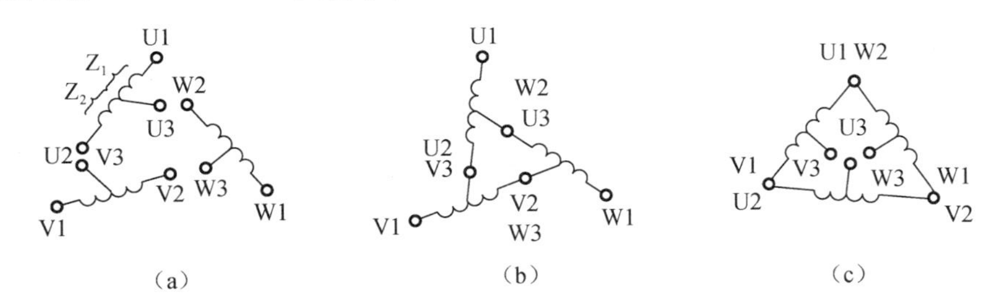

图 2-51 延边三角形降压启动电动机绕组的联结方法

（a）原始状态；（b）延边三角形；（c）三角形

电动机延边三角形降压启动时，定子绕组的 3 个首端 U1、V1、W1 接电源，而 3 个尾端分别与下一相绕组的抽头端相接，如图 2-51（b）的 U2-V3、V2-W3、W2-U3 相接，这样使定子绕组一部分接成Y形，另一部分则接成△形。从图形符号上看，好像是将一个三角形的三个边延长，故称其为“延边三角形”。在电动机启动结束后，将电动机接成△形，即定子绕组的首尾相接 U1-W2、V1-U2、W1-V2 相接，而抽头 U3、V3、W3 悬空，如图 2-51（c）所示。

延边三角形启动时能降低启动电流，这是因为三相绕组接成延边三角形时，每相绕组所承受的电压小于△联结时的相电压，而大于Y联结时的相电压，每相绕组的电压随电动机绕组的抽头（U3、V3、W3）比例的不同而异。如果将延边三角形看成一部分绕组是△联结，另一部分绕组是Y联结，则接成星形部分的绕组圈越多，电动机的相电压也就越低。

延边三角形降压启动时，每相绕组各种抽头比的启动特性如表 2-7 所示。

表 2-7　延边三角形定子绕组不同抽头比的启动特性

定子绕组抽头比 $K=Z_1/Z_2$	相似于自耦变压器的抽头百分比	启动电流为额定电流的倍数 I_{st}/I_N	延边三角形启动时每相绕组电压/V	启动转矩为全压启动时的百分比
1∶1	71%	3～3.5	270	50%
1∶2	78%	3.6～4.2	296	60%
2∶1	66%	2.6～3.1	250	42%
当 Z_2 为 0 时即为Y形联结	58%	2～2.3	220	33.3%

延边三角形降压启动控制线路如图 2-52 所示。启动时先合上电源开关 QS，按下启动按钮 SB2，接触器 KM1 和 KM2 及时间继电器 KT 线圈同时得电，接触器 KM1 的主触点闭合，使电动机 U2-V3、V2-W3、W2-U3 相接，接触器 KM2 的主触点闭合，使电动机 U1、V1、W1 端与电源相通，电动机定子绕组接成延边三角形降压启动。当电动机转速接近额定转速时，时间继电器 KT 的触点延时动作，使接触器 KM1 线圈失电释放，接触器 KM3 线圈得电，电动机 U1-W2、V1-U2、W1-V2 接在一起后与电源相接，电动机定子绕组接成△形，转到全压稳定运行。同时 KM3 常闭触点断开，使 KT 线圈失电释放，保证时间继电器 KT 不长期通电。电动机停止时按下停止按钮 SB1 即可。

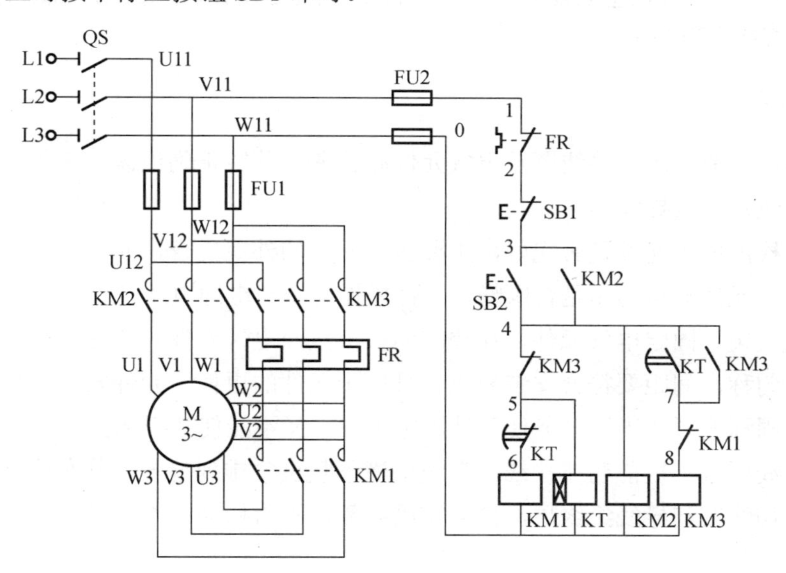

图 2-52　延边三角形降压启动控制线路

采用延边三角形降压启动，比采用自耦变压器降压启动结构简单，维护方便，可以频繁启动，改善了启动性能。但因为电动机需有9个接线端，使其应用范围受到一定限制。

图2-53是我国自行设计生产的XJ1系列延边三角形降压启动器控制线路。该线路增加了3个指示灯，当电源接通后，HL1亮；按下启动按钮后，电动机延边三角形降压启动，指示灯HL2亮；转成全压运行后，指示灯HL3亮。其他工作过程与图2-52所示线路相同，读者可自行分析。

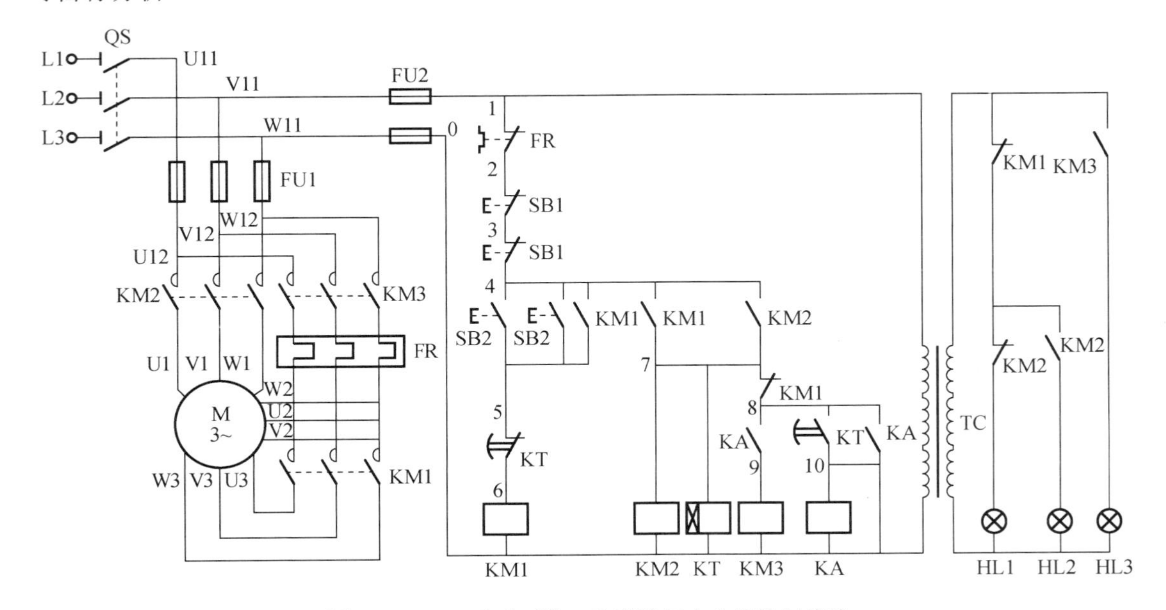

图2-53　XJ1系列延边三角形降压启动器控制线路

技能训练——时间继电器自动控制的自耦变压器降压启动控制线路和Y-△降压启动控制线路的安装

1. 安装步骤及工艺

（1）绘制电气原理图、接线图及电气元件布置图，并能正确识读，按照图中所需元件进行正确选择，包括连接导线。

（2）正确检测所需元件是否完好，主要包括元件的外观检查，元件的常开、常闭触点是否能正常分断，元件触点动作是否顺畅，元件操作电压与电源电压是否相符等。

（3）正确安装、固定电气元件，在控制面板上按照电气元件布置图进行元件安装。元件排列要整齐、匀称，间距要符合安装要求，且便于元件的更换。元件安装位置要准确定位，固定安装时紧固程度要适当，既能使元件固定牢固，又不能使其损坏。

（4）按接线图进行板前明线接线。布线要横平竖直、排列整齐、分布均匀，走线紧贴安装面。严禁损伤线芯和导线绝缘层，接点牢固可靠，不得松动，不得压绝缘层，不反圈、不露铜过长。

（5）按图电气原理图检查线路和调试，检查线路是否有短路、断路现象，是否能正常接通。

（6）安装电动机。电动机要安装牢固、可靠。

（7）连接电动机和控制柜金属外壳接地线。

（8）连接电源、电动机等外部连线。

（9）通电试运行。线路连接完毕后，必须经过认真检查后，才允许通电试运行。

（10）校验合格后，通电试车。通电试车时必须经指导教师同意且在旁进行现场监控。

（11）通电试车完成后，先切断电源，再拆除三相电动机及相应的电源线等。

2. 安装用线路图

安装用线路图如图 2-54 和图 2-55 所示。

3. 安装注意事项

具体元件安装和接线工艺要求可参见 2.1.3 节中的要求。

1）自耦变压器降压启动控制线路安装注意事项

（1）时间继电器和热继电器的整定值应在通电前预先整定好。

（2）根据实训室提供的熔断器的类型，对熔断器进行正确安装和接线，确保用电安全。

（3）电动机和自耦变压器的金属外壳必须可靠接地，接地线应接到指定的接地螺钉上。

（4）接触器 KM1、KM2 的电源相序不能接错，否则会使电动机降压启动和全压运行时的转动方向不同。

（5）通电试车时，合上电源开关后，按下电动机的启动按钮，观察控制电路是否由自耦变压器供电，电动机降压启动；延时时间到，自耦变压器能否自动切除，电动机转到全压运行。

（6）通电时必须有指导教师在现场监护，确保用电安全。训练应在规定的时间内完成，同时要做到安全操作和文明生产。

2）Y-△降压启动控制线路安装注意事项

（1）Y-△降压启动用电动机必须有 6 个接线端子，且当电动机定子绕组接成△形时的额定电压等于三相电源电压。

（2）电动机△形联结时要保证定子绕组首尾相连，即△形联结的接触器线圈吸合时，保证电动机定子绕组的 U1 与 W2、V1 与 U2、W1 与 V2 连接。

（3）接触器 KM2 和 KM3 一定要有互锁关系，否则会引起电源相间短路。

（4）通电前要校验时间继电器的整定时间和热继电器的整定电流。

（5）通电试车时，合上电源开关后，按下电动机的启动按钮，观察控制电路是否能实现Y形降压启动；延时时间到，观察电动机能否转到△形全压运行。

（6）通电时必须有指导教师在现场监护，确保用电安全。训练应在规定的时间内完成，同时要做到安全操作和文明生产。

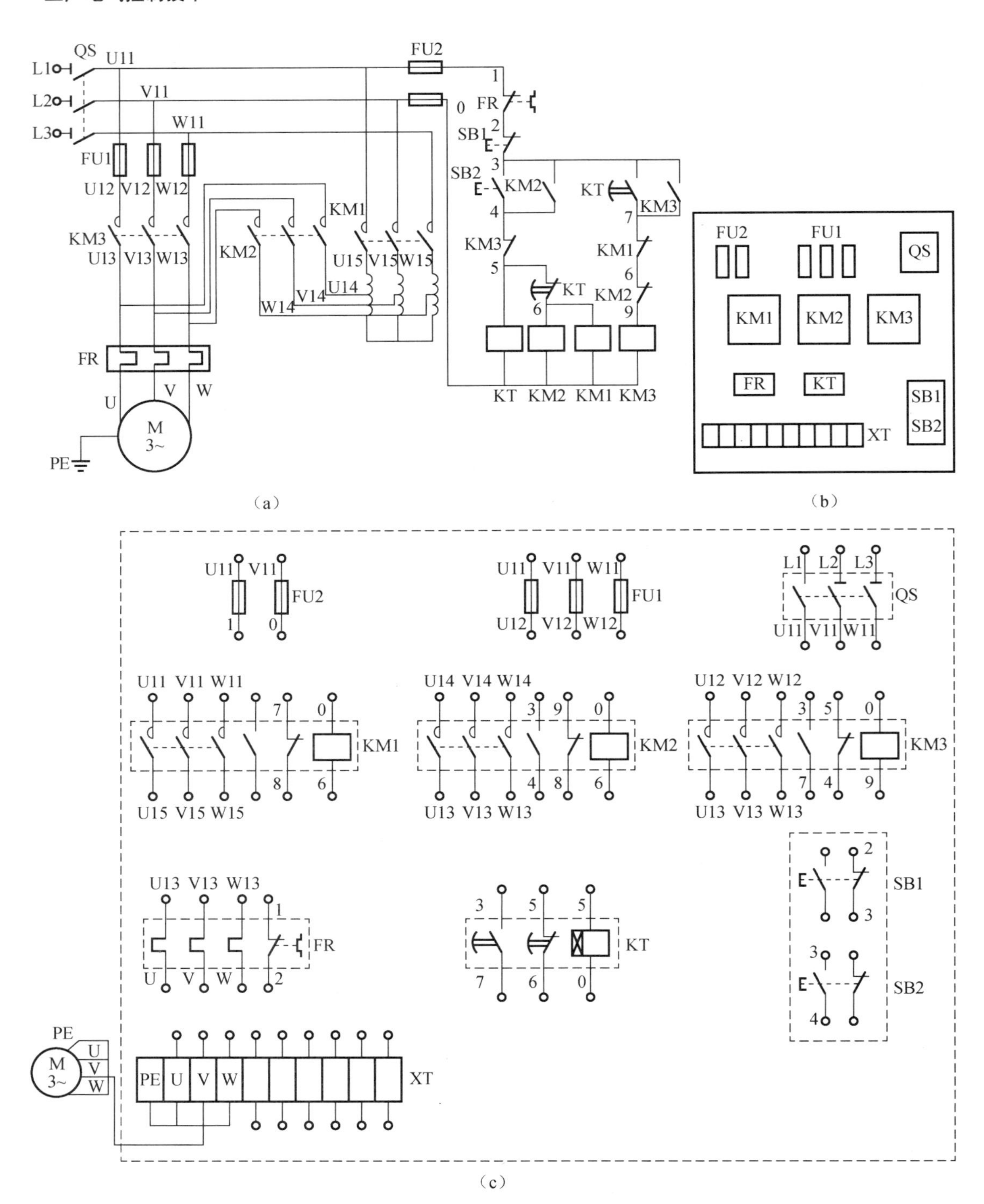

图 2-54　自耦变压器降压启动控制线路

（a）原理图；（b）布置图；（c）接线图

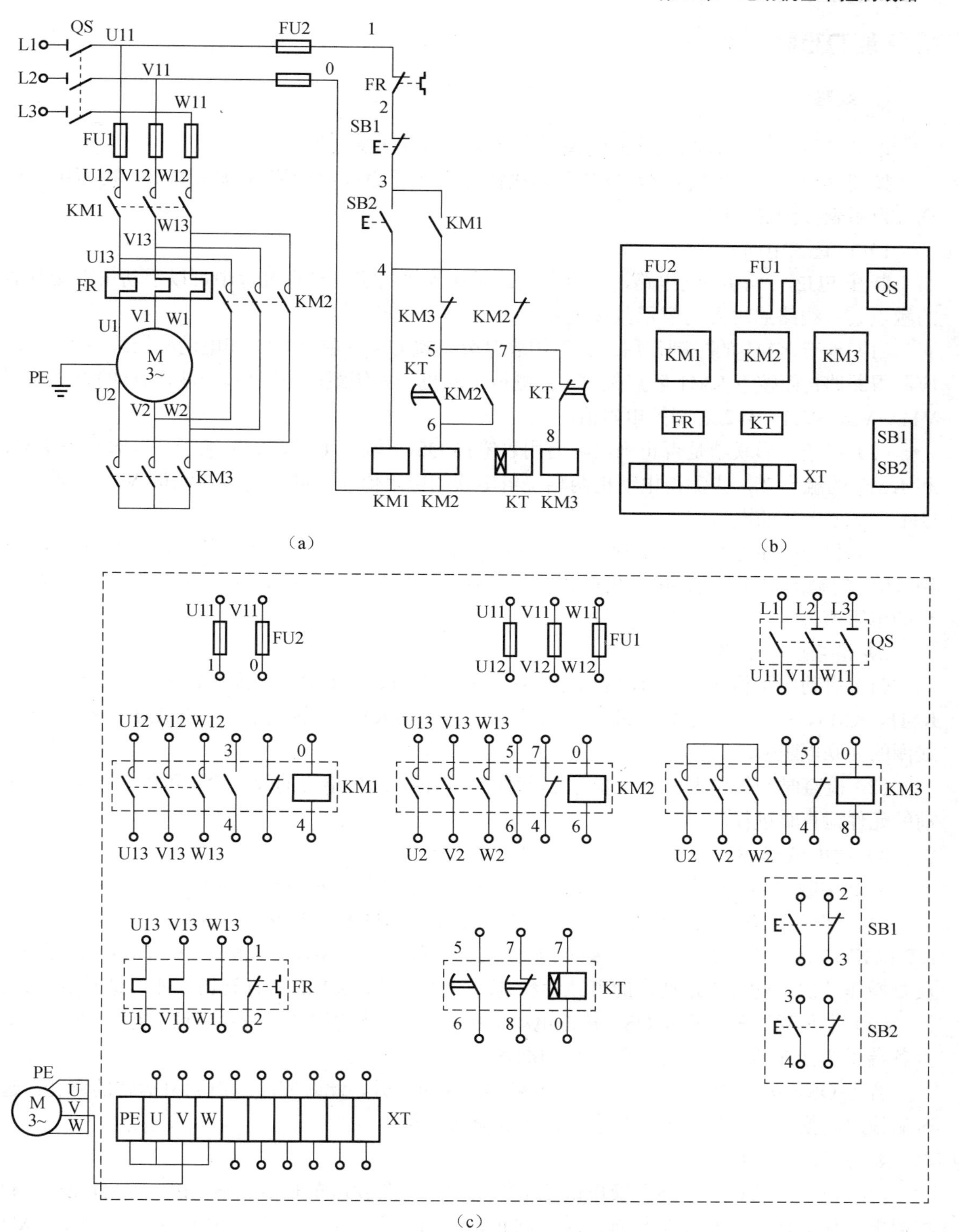

图 2-55　Y-△降压启动控制线路

（a）原理图；（b）布置图；（c）接线图

能力拓展

1. 线路检修

以Y-△降压启动控制线路为例说明线路检修的方法及过程。

按图 2-55（a）检查线路，并排除虚接情况。断开 QS，摘下接触器灭弧罩，用万用表检查（万用表拨到 R×1 挡）。

1）检查主电路

断开 FU2，切除控制电路，检查主电路导线连接情况。检查过程中可以手动按下接触器的触点架，线路通时万用表示数接近零。

（1）检查 KM1 的控制作用。将万用表笔分别接 QS 下端的 U11 和电动机接线端子 U2，应测得断路；而按下 KM1 触点架时，应测得电动机一相绕组的电阻值。再用同样的方法检测 V11～V2、W11～W2 之间的电阻值。

（2）检查Y形联结是否正确。将万用表笔接 QS 下端的 U11、V11 端子，同时按下 KM1 和 KM3 的触点架，应测得电动机两相绕组串联的电阻值。用同样的方法测量 V11～W11 及 U11～W11 之间的电阻值。

（3）检查△形联结是否正确。将万用表笔接 QS 下端的 U11、V11 端子，同时按下 KM1 和 KM2 的触点架，应测得电动机两相绕组串联后再与第三相绕组并联的电阻值（小于一相绕组的电阻值）。

2）检查控制电路

（1）启动电阻检查。将万用表笔接 QS 下端的 U11、V11 端子，按下启动按钮 SB2，测得 KM1、KM3、KT 三个线圈的并联电阻值。按下接触器 KM2 的触点架，测得 KM1、KM2 两个线圈的并联电阻值。

（2）检查时间继电器。时间继电器延时时间和触点动作情况的验证检查可以在线路安装之前的元件检查时进行。

3）通电试车

装好接触器的灭弧罩，检查三相电源，在指导老师的监护下通电试车。

（1）空操作试验。合上 QS，按下 SB2，KM1、KM3 和 KT 应立即得电动作，经延时后，KT 和 KM3 线圈失电释放，同时 KM2 线圈得电动作。按下 SB1，则 KM1 和 KM3 线圈释放。反复操作几次，检查线路动作的可靠性和延时时间，调节 KT 的延时旋钮，使其延时更准确。

（2）带负载试车。断开 QS，接好电动机接线，仔细检查主电路各熔断器的接触情况，检查各端子的接线情况，做好立即停车的准备。

合上 QS，按下 SB2，电动机应得电启动，转速上升，此时应注意电动机运转的声音；延时后线路转换，电动机转速再次上升，进入全压运行。

4）故障现象分析

（1）电动机缺相。线路空操作试验工作正常；带负载试车时，按下 SB2，KM1 及 KM3 均得电动作，但电动机发出异响，转子向正、反两个方向颤动；立即按下 SB1 停车，KM1 及 KM2 线圈释放。空操作试验时线路工作正常，说明控制电路接线正确。带负载试车时，电动机的故障现象是缺相启动引起的。

检查主电路熔断器及 KM1、KM3 主触点是否有异常。如果没有，检查线路连接，可能是主电路中某相连接点不实，使电动机某相绕组未接入，电动机出现缺相启动，大电流造成强电弧。由于缺相，绕组内不能形成旋转磁场，使电动机转轴的转向不定。

（2）电动机重复Y形降压启动。空操作试验时，Y接启动正常，经过延时接触器换接，一会又延时换接，如此重复。

控制电路中，KM2 接触器的自锁触点没接好，检查接触器 KM2 的自锁触点，接好后重新通电试车。

2. 故障设置与检修

具体内容同 2.2 节能力拓展的故障设置与检修。

2.5　三相笼型异步电动机制动控制线路

三相异步电动机断电以后，由于存在机械惯性，总是经过一段时间才能完全停止旋转。为了满足某些生产工艺希望迅速停车的要求，这就要求对电动机进行制动控制，使电动机能够迅速停止。

电动机的电磁转矩与转速的方向相同，是驱动性质的。电动机运行于制动状态时，电磁转矩和转速的方向相反，是制动转矩，所以制动就是给电动机一个与旋转方向相反的电磁转矩。电动机制动控制分为机械制动和电气制动两种。机械制动是利用机械设备（如电磁抱闸），在电动机断电后，使电动机迅速停转。电气制动是利用电磁转矩与转速方向相反的原理制动，常用的制动方法有反接制动、能耗制动、电容制动和再生发电制动。

2.5.1　机械制动

机械制动常用的有电磁抱闸制动器和电磁离合器两种。

1. 电磁抱闸制动器

1）电磁抱闸制动器的结构及工作原理

电磁抱闸制动器的结构示意图如图 2-56 所示，其主要由制动电磁铁和闸瓦制动器两大部分组成。制动电磁铁主要由静铁芯、动铁芯、线圈组成，主要通过电磁吸力来操作机械装置实现对一些部件的吸持和固定；闸瓦制动器包括闸轮、杠杆、闸瓦、弹簧等几部分，闸轮装在被制动电动机轴上。

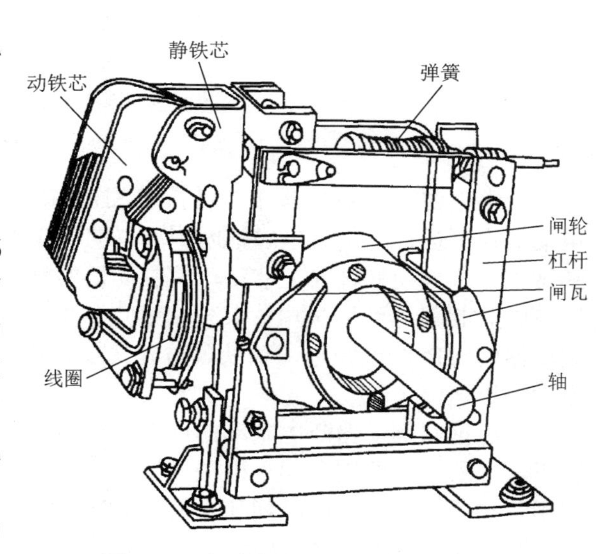

图 2-56　电磁抱闸制动器的结构示意图

电磁抱闸制动器有通电制动和断电制动两种。在电梯、起重、卷扬机等升降机械上，通常采用断电制动。其优点是能够准确定位，同时可防止电动机突然断电或线路出现故障时重物的自行坠落。在机床等生产机械中采用通电制动，以便在电动机未通电时，可以用手扳动主轴以调整和对刀。通电制动型：制动电磁铁的线圈通电后，动铁芯克服弹簧的拉力被静铁芯吸住，迫使制动杠杆带动闸瓦向里运动，闸瓦紧紧抱住闸轮完成制动。而当线圈失电后，闸瓦与闸轮分开，闸轮和被制动电动机转轴自由转动，失去制动作用。断电制动型：制动电磁铁的线圈通电后，动铁芯被静铁芯吸住，带动制动杠杆带动闸瓦向外运动，闸瓦与闸轮松开，没有制动作用。而当线圈失电后，闸瓦紧紧抱住闸轮完成制动作用。

2）电磁抱闸制动器制动控制线路

由于电磁抱闸制动器分为断电制动型和通电制动型，因此其制动控制电路也有断电制动和通电制动两种。

电磁抱闸制动器断电制动控制线路如图 2-57 所示，线路工作原理如下。

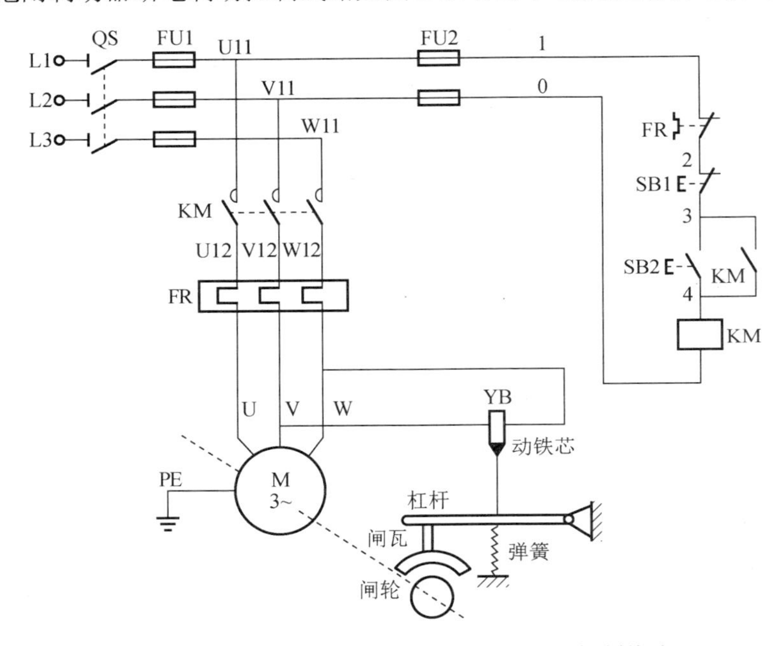

图 2-57　电磁抱闸制动器断电制动控制线路

合上电源开关 QS，按下启动按钮 SB2，接触器 KM 线圈得电，其自锁触点和主触点闭合，电动机通电运行，同时电磁抱闸制动器的 YB 线圈得电，动铁芯与静铁芯吸合，动铁芯克服弹簧拉力，迫使杠杆向上移动，使制动器的闸瓦和闸轮分开，电动机正常运转；按下停止按钮 SB1，接触器线圈失电，其自锁触点和主触点打开，电动机断电停止运行，同时电磁抱闸制动器的 YB 线圈断电，动铁芯与静铁芯分开，在弹簧拉力的作用下，闸瓦紧紧抱住闸轮，电动机迅速停止转动。

电磁抱闸制动器断电制动的优点是能够准确定位，同时能防止电动机突然断电时重物自行下落，所以主要用在起重机械设备上。但其缺点是运行能耗高、调整困难，这是因为电磁抱闸制动器的线圈通电时间和电动机的运行时间一样长，电动机断电后，由于电磁抱闸制动器的制动作用，手动调整转动非常困难。

电磁抱闸制动器通电制动控制线路如图 2-58 所示，线路工作原理如下。

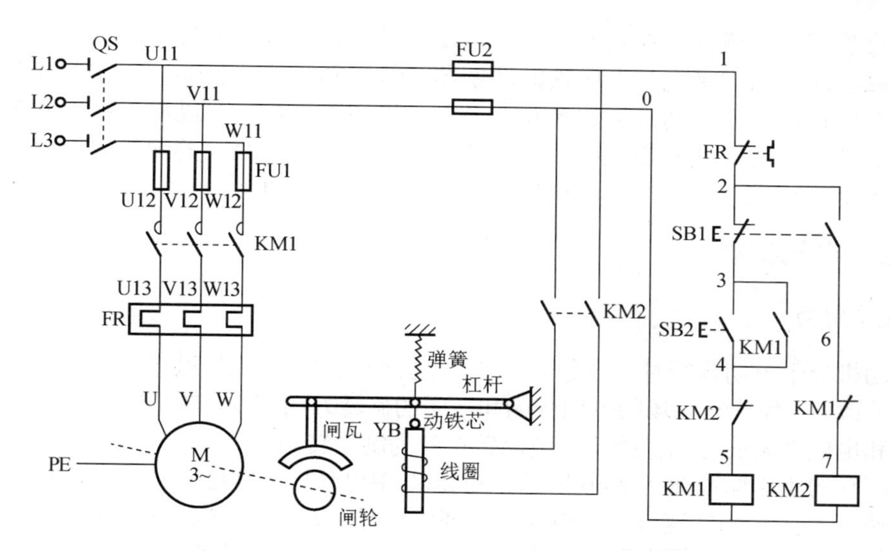

图 2-58　电磁抱闸制动器通电制动控制线路

合上电源开关 QS，按下启动按钮 SB2，接触器 KM 线圈得电，其自锁触点和主触点闭合，电动机通电运行，此时电磁抱闸制动器的 YB 线圈不带电，动铁芯与静铁芯分开，制动器的闸瓦和闸轮分开，无制动作用。当电动机需要停止时，按住停止按钮 SB1，接触器 KM1 线圈失电，其自锁触点和主触点打开，电动机断电；接触器 KM2 线圈得电，其主触点闭合，电磁抱闸制动器的 YB 线圈通电电，动铁芯与静铁芯吸合，闸瓦紧紧抱住闸轮制动，电动机迅速停止转动。当松开 SB1 后，电动机处于停止转动状态，电磁抱闸制动器的 YB 线圈也不带电，闸瓦和闸轮分开无制动，这样操作人员可以手动调整转动电动机主轴。

2. 电磁离合制动器

电磁离合制动器的工作原理与电磁抱闸制动器相似，其制动过程也与电磁抱闸制动器相似，所以电磁离合制动器工作时也分为通电制动型和断电制动型两种，其控制线路与图 2-57、图 2-58 类似。下面以断电制动型电磁离合器为例说明其结构和工作原理，控制线路读者可自行画出进行分析。

1）断电制动型电磁离合制动器的结构

断电制动型电磁离合制动器的结构如图 2-59 所示。其主要由制动电磁铁（动铁芯、静铁芯和励磁线圈）、动摩擦片、静摩擦片、制动弹簧等组成。动铁芯与静摩擦片固定在一起，并且只能做轴向移动而不能绕轴转动。动摩擦片通过连接法兰与绳轮轴（与电动机共轴）由键固定在一起，可以随电动机一起转动。

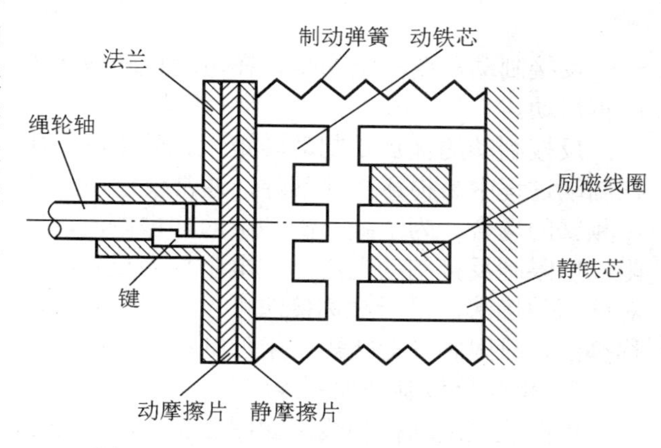

图 2-59　断电制动型电磁离合制动器的结构

2）断电制动型电磁离合制动器的工作原理

电动机停止时，励磁线圈也不带电，

制动弹簧将静摩擦片紧紧压在动摩擦片，电动机转轴通过绳轮轴被制动。当电动机通电运转时，励磁线圈也同时带电，电磁铁的动铁芯被静铁芯吸住，使动、静摩擦片分离，动摩擦片与绳轮轴在电动机带动下一起转动。当电动机切断电源时，励磁线圈也同时断电，制动弹簧将静摩擦片连同动铁芯一起推向转动着的动摩擦片，强大的弹簧张力迫使动、静摩擦片之间产生足够大的摩擦力，电动机受制动立即停止转动。

2.5.2 电气制动

1. 反接制动

在电动机处于电动运行时，将定子绕组的电源两相对调，因机械惯性，转子的转向不变。电源相序的改变，使旋转磁场的方向变为和转子的旋转方向相反，转子绕组中的感应电动势、感应电流和电磁转矩的方向都改变，电磁转矩变为制动转矩。

反接制动的工作原理如图 2-60 所示。图 2-60 中电动机正常运行时，开关 QS 向上投合，电动机转速 n 小于磁场转速 n'。当电动机需要停止时，开关 QS 向下投合，此时电动机电源相序有两相对调，定子绕组产生的旋转磁场立即反向，而由于转动惯性，电动机的转子还沿原来的方向转动，以 $n+n'$的相对转速切割旋转磁场，在转子中产生感应电流。而转子中产生的感应电流又受到旋转磁场的作用，产生电磁转矩，电磁转矩的方向与电动机的旋转方向相反，迫使电动机迅速停止。

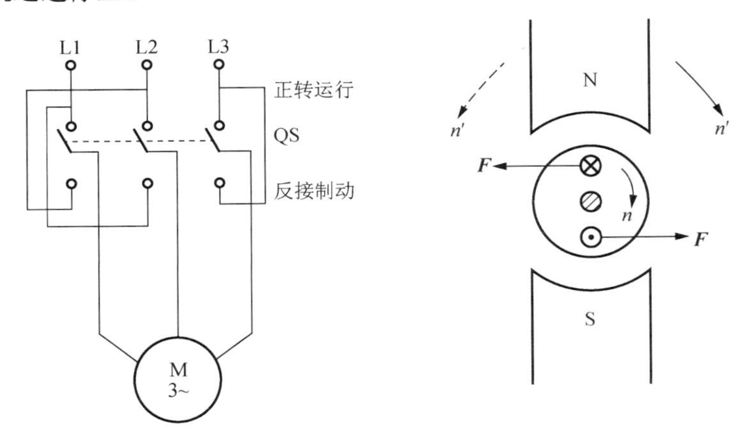

图 2-60 反接制动原理图

反接制动需要注意的是，在电动机转速接近于零时，要及时切断反相序电源，以防止反向再启动。

反接制动的优点是制动转矩大、效果好，制动迅速，控制设备简单，但电流冲击较大，在制动过程中易损坏传动部件，通常仅适用于 10kW 以下的小容量电动机，制动要求迅速且不频繁的场合。为了减小制动中的冲击电流，通常要求在电动机主电路中串联一定阻值的电阻，以限制反接制动电流，该电阻称为反接制动电阻。反接制动电阻的接线方式有对称和不对称两种接法，采用对称接法可以在限制制动转矩的同时，也限制了制动电流，而采用不对称接法，只限制制动转矩，未加制动电阻的那一相仍具有较大的电流。

1）单向反接制动控制线路

单向反接制动控制线路如图 2-61 所示。该线路中 KM2 为反向制动接触器，同时 3 只电阻 R 与 KM2 主触点串联，实现制动时限制反接制动电流；KS 为速度继电器，KM1 为正转运行接触器。

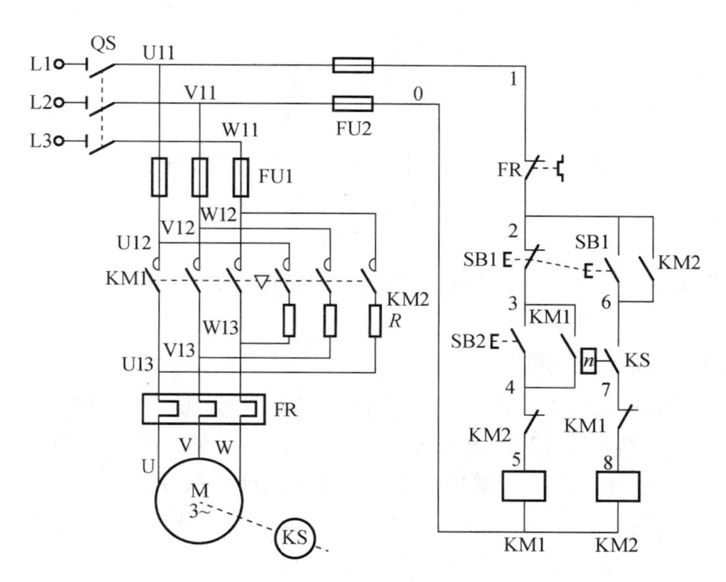

图 2-61　单向反接制动控制线路

图 2-61 所示控制线路的工作原理如下。

合上电源开关 QS。

（1）单向启动：

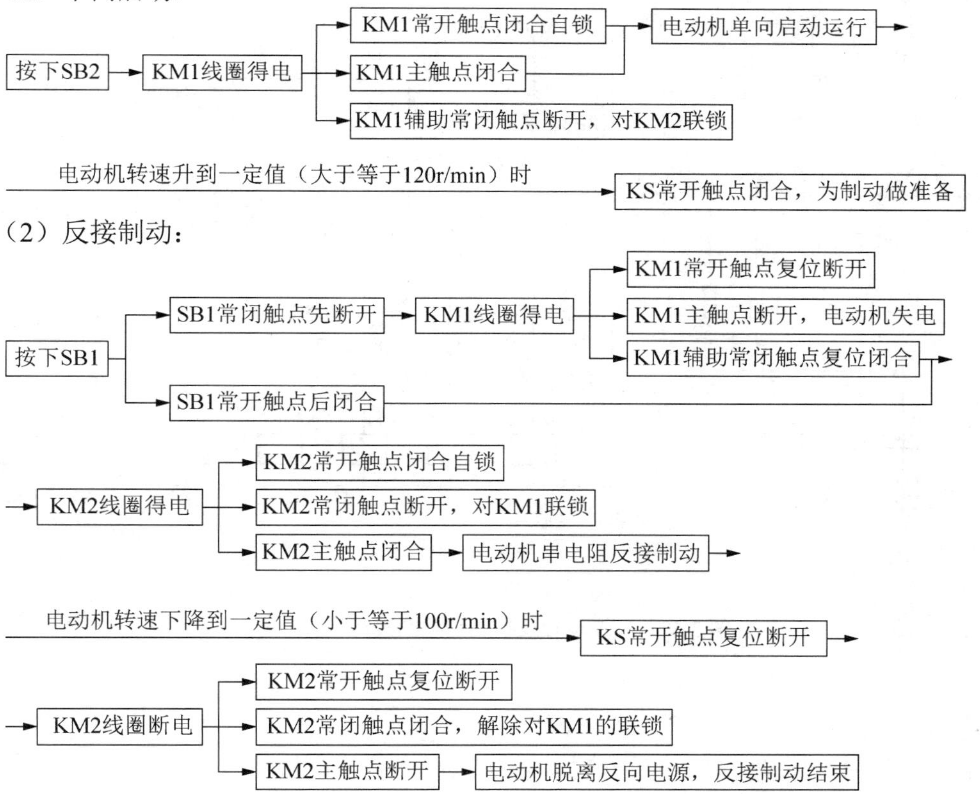

制动限流电阻阻值的选择应根据制动电流来定，一般如果制动电流取启动电流 I_{st} 的一半，则三相电路每相串接的电阻 R（单位为 Ω）应为

$$R \approx 1.5 \times \frac{220}{I_{st}}$$

如果制动电流取与启动电流 I_{st} 一样的值，则三相电路每相串接的电阻 R（单位为 Ω）应为

$$1.3 \times \frac{220}{I_{st}}$$

如果制动限流电阻只在两相中串接，则相应的电阻值应增大。一般可以分别取上述两种情况的 1.5 倍。

2）可逆运行反接制动控制线路

可逆运行反接制动控制线路如图 2-62 所示，图中 KM1 既是正转运行接触器，又是反转运行时的反接制动接触器；KM2 既是反转运行接触器，又是正转运行时的反接制动接触器；KM3 为短接限流电阻接触器；中间继电器 KA1、KA2、KA3、KA4 配合实现正反转启动和反接制动；速度继电器 KS 的 KS-1 和 KS-2 分别用于正转运行和反转运行的反接制动；R 为反接制动限流电阻，同时又能实现正反向启动的限流作用。

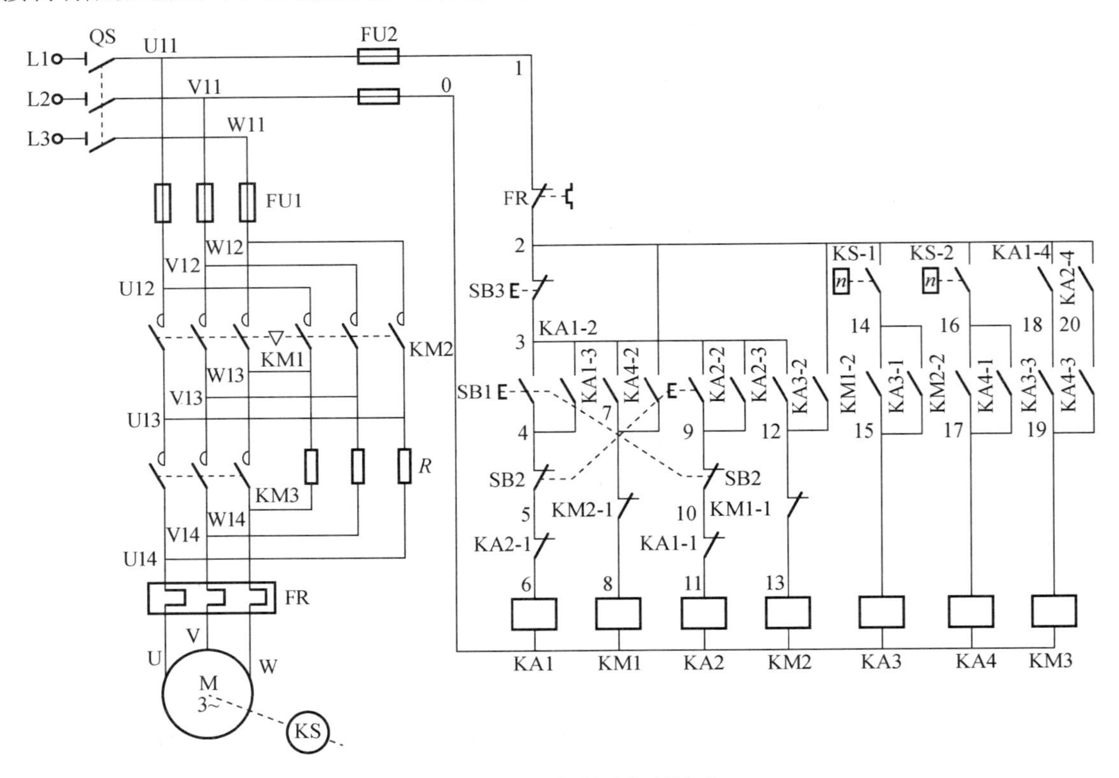

图 2-62　可逆运行反接制动控制线路（一）

图 2-62 所示线路的工作原理如下。

合上电源开关 QS。

（1）正转启动运行：

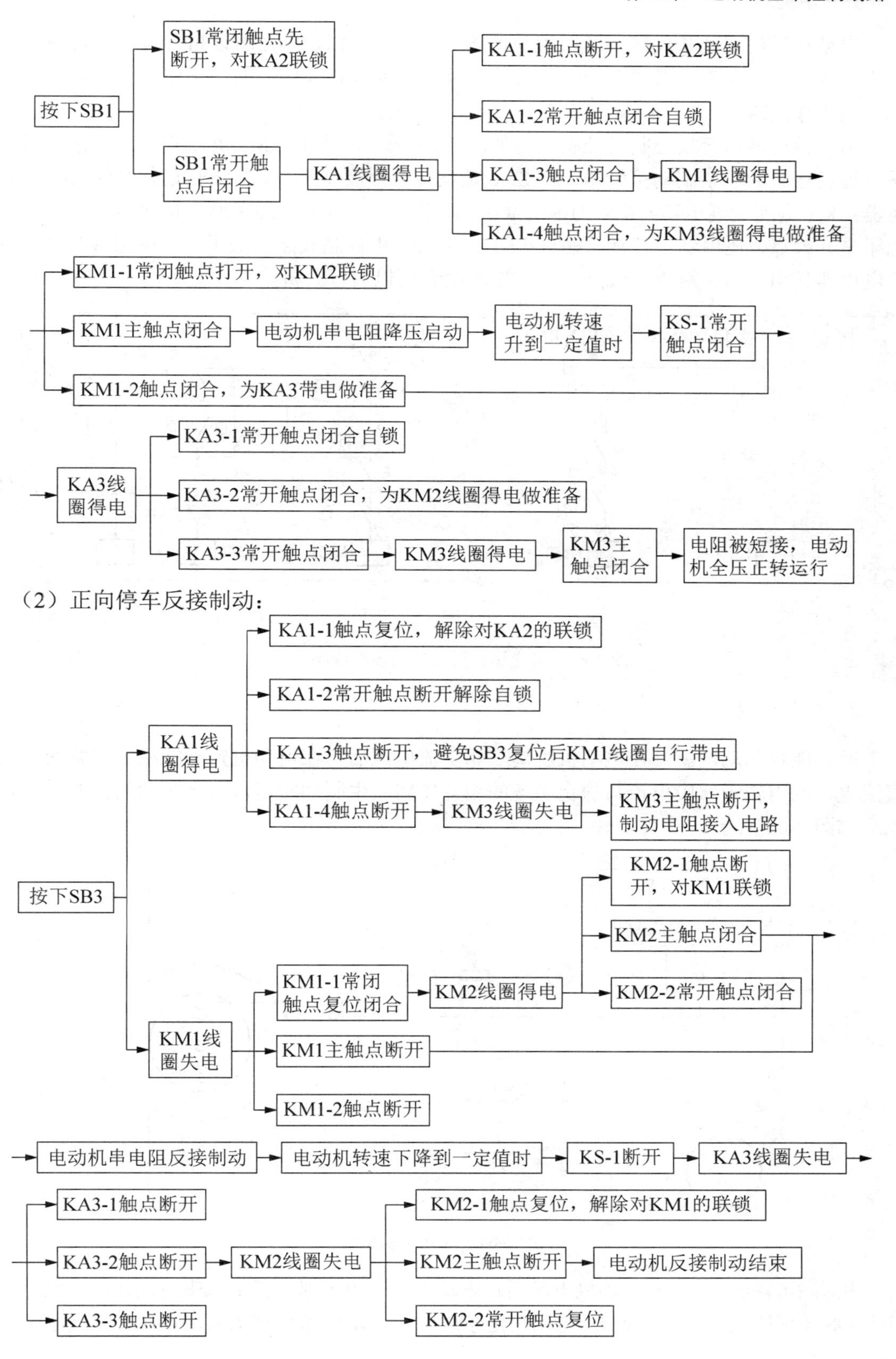
按下SB1
SB1常闭触点先断开，对KA2联锁
SB1常开触点后闭合
KA1线圈得电
KA1-1触点断开，对KA2联锁
KA1-2常开触点闭合自锁
KA1-3触点闭合
KM1线圈得电
KA1-4触点闭合，为KM3线圈得电做准备
KM1-1常闭触点打开，对KM2联锁
KM1主触点闭合
电动机串电阻降压启动
电动机转速升到一定值时
KS-1常开触点闭合
KM1-2触点闭合，为KA3带电做准备
KA3线圈得电
KA3-1常开触点闭合自锁
KA3-2常开触点闭合，为KM2线圈得电做准备
KA3-3常开触点闭合
KM3线圈得电
KM3主触点闭合
电阻被短接，电动机全压正转运行
按下SB3
KA1线圈得电
KA1-1触点复位，解除对KA2的联锁
KA1-2常开触点断开解除自锁
KA1-3触点断开，避免SB3复位后KM1线圈自行带电
KA1-4触点断开
KM3线圈失电
KM3主触点断开，制动电阻接入电路
KM1线圈失电
KM1-1常闭触点复位闭合
KM2线圈得电
KM2-1触点断开，对KM1联锁
KM2主触点闭合
KM2-2常开触点闭合
KM1主触点断开
KM1-2触点断开
电动机串电阻反接制动
电动机转速下降到一定值时
KS-1断开
KA3线圈失电
KA3-1触点断开
KA3-2触点断开
KA3-3触点断开
KM2线圈失电
KM2-1触点复位，解除对KM1的联锁
KM2主触点断开
电动机反接制动结束
KM2-2常开触点复位

（2）正向停车反接制动：

电动机反向启动和反接制动过程与上述工作原理相似，读者可以自行分析。可逆运行反接制动控制线路所需设备数量较多，线路较复杂，但线路操作方便，工作可靠，是一种较为完善的工作线路。

另一种可逆运行反接制动控制线路如图 2-63 所示。图中 KM1 既是正转运行接触器，又是反转运行时的反接制动接触器；KM2 既是反转运行接触器，又是正转运行时的反接制动接触器；KS 为速度继电器；KA 为中间继电器。图 2-63（a）只用了两个接触器，速度继电器除了常开触点，还用到了其常闭触点；图 2-63（b）中控制线路多加了一个中间继电器，但速度继电器只用了常开触点。线路的工作原理读者可以自行分析。

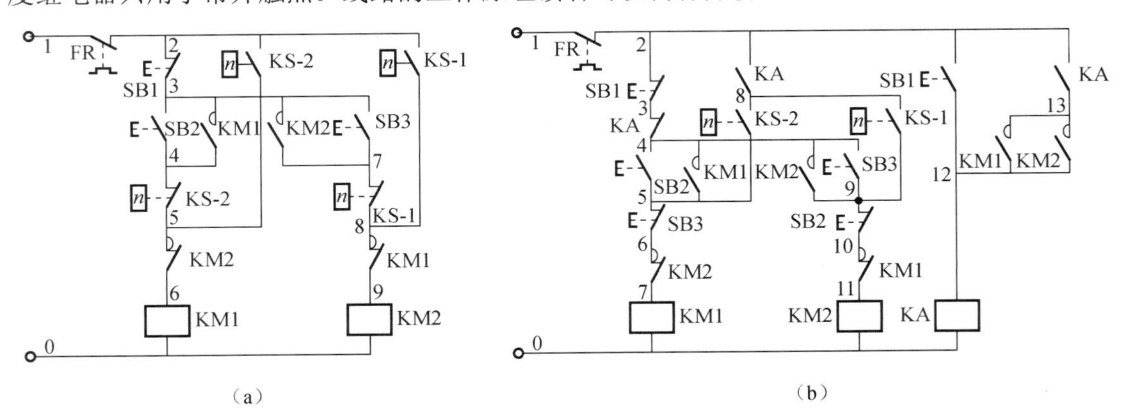

图 2-63　可逆运行反接制动控制线路（二）

2. 能耗制动

所谓能耗制动，就是在电动机脱离三相交流电源后，在电动机定子绕组中任意两相通入直流电，利用转子感应电流与静止磁场的相互作用产生制动转矩以达到制动的目的。其制动原理如图 2-64 所示。

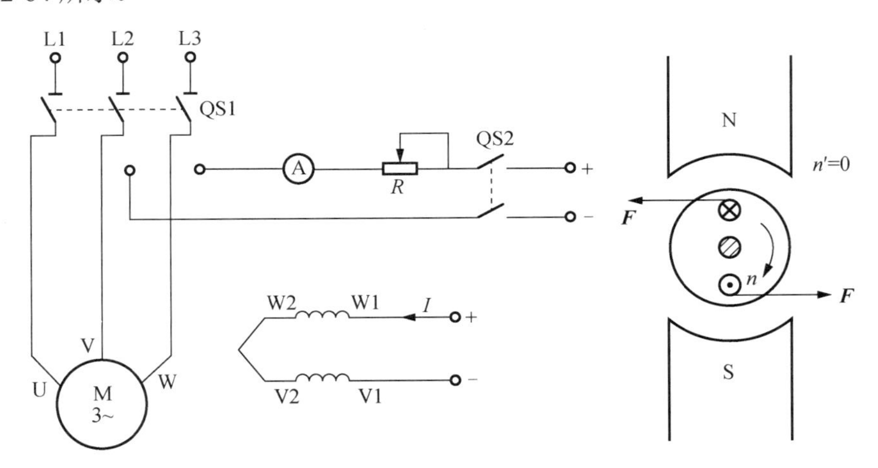

图 2-64　能耗制动原理

从图 2-64 可知，切断电动机电源后，电动机转子由于惯性仍沿原来方向转动，此时合上开关 QS2，并将 QS1 向下合闸，电动机定子绕组 V、W 两相中通入直流电，定子绕组中产生一个恒定的静止磁场，惯性转动的转子切割磁力线而在绕组中产生感应电流，定子绕组中产生的感应电流又受到静止磁场的作用，产生一个与转子相反的电磁转矩，使电动机制动迅速停止转动。当电动机停止后应立即切除直流电，切除直流电的控制可用时间继电器实现，也可用速度继电器实现。

能耗制动具有制动准确、平稳，能量消耗较小等优点，但其需要附加直流电源装置，增加了设备投资费用，且制动力较弱，低速制动时制动力矩小。一般适用于要求制动准确、平稳的场合，如机床控制线路中。

1）无变压器单相半波整流能耗制动控制线路

无变压器单相半波整流能耗制动控制线路如图 2-65 所示，该线路采用时间控制原则设计，直流电源采用单相半波整流电路，无变压器。该线路简单，整流设备少，成本较低，主要用于 10kW 以下小容量电动机且对制动要求不高的场合。

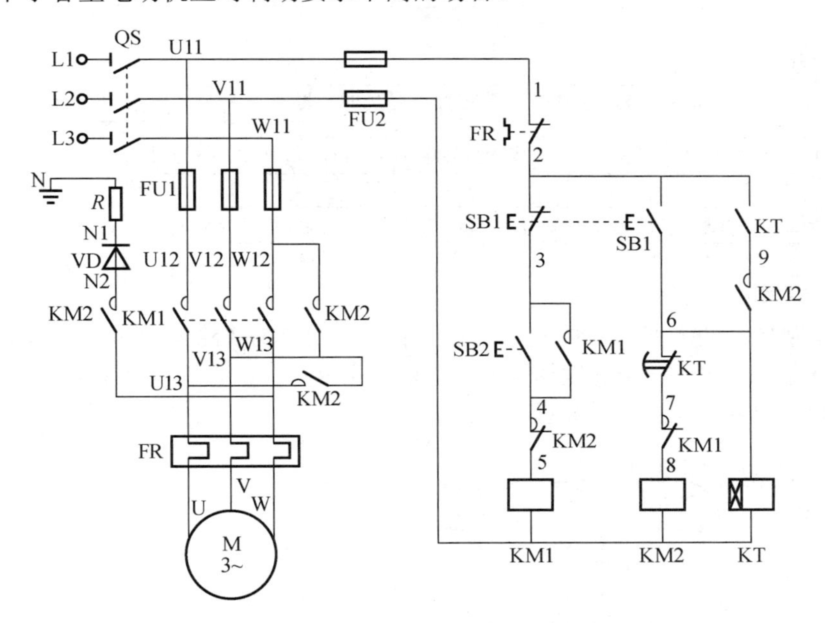

图 2-65　无变压器单相半波整流能耗制动控制线路

图 2-65 所示线路的工作原理如下。

合上电源开关 QS。

（1）单向启动运行：

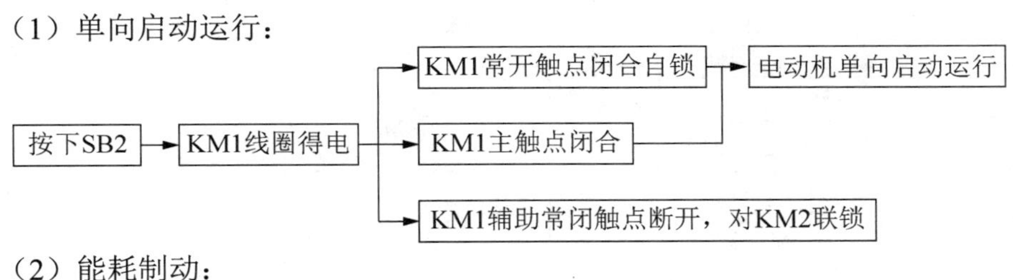

（2）能耗制动：

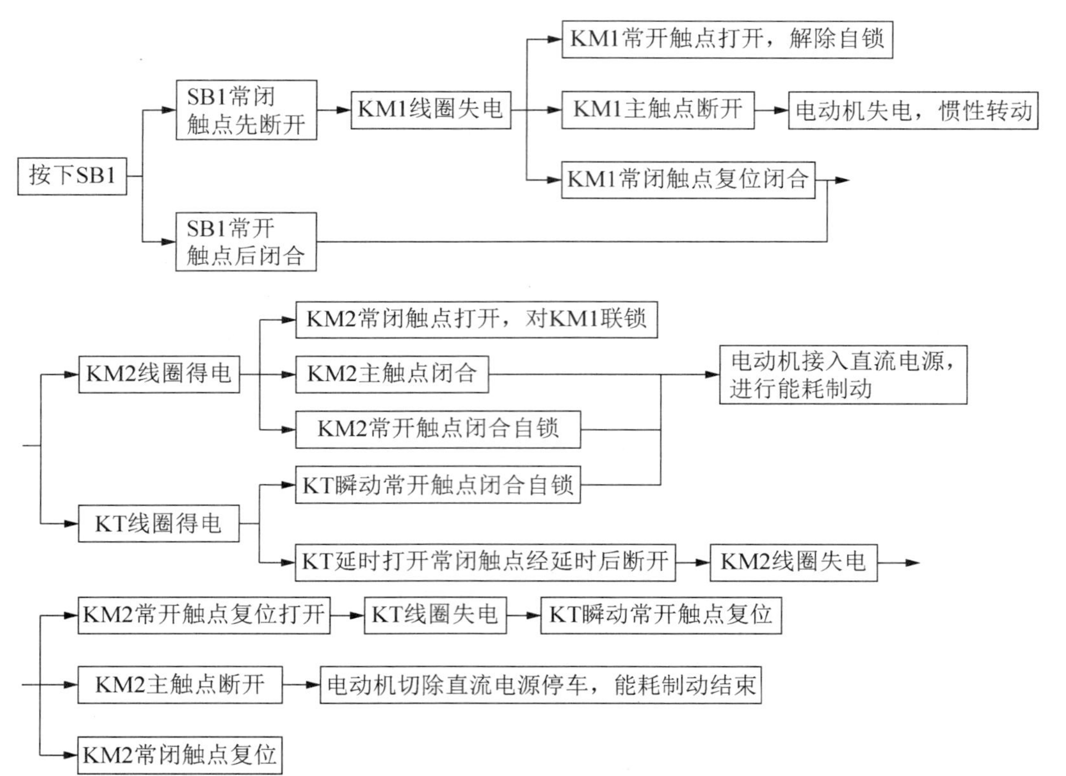

按速度原则控制的无变压器单相半波整流能耗制动控制线路如图 2-66 所示，该线路中去掉了时间继电器，增加了一个速度继电器。电动机正常运行时，速度继电器的常开触点闭合，为电动机制动做准备。当按下停止按钮时，由于转动惯性，电动机转子转速还比较高，速度

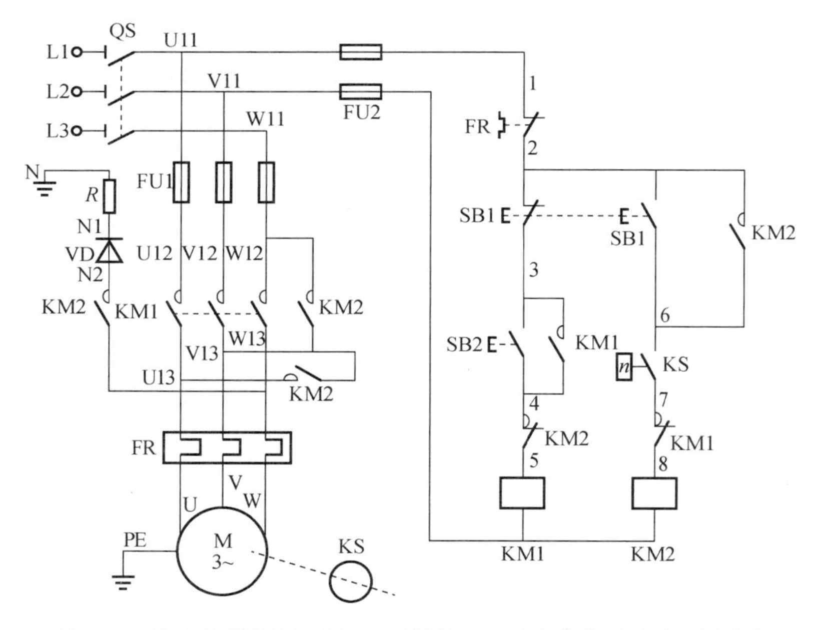

图 2-66　按速度原则控制的无变压器单相半波整流能耗制动控制线路

继电器触点不复位，此时接触器 KM2 线圈带电，其常开主、辅触点闭合，电动机定子绕组接入直流电源，进行能耗制动。当电动机转速接近零时，速度继电器触点复位，KM2 线圈断电，其触点复位，切除直流电，电动机停止运行。

2）有变压器全波整流能耗制动控制线路

与图 2-65 相比，图 2-67 中，直流电源由单相桥式全波整流电路实现，其中 VC 是二极管桥式整流电路，可变电阻 R 是调节直流电流的。图 2-67 所示线路与图 2-65 所示线路工作原理相同，读者可参照图 2-65 自行分析。有变压器全波整流能耗制动控制线路一般适用于容量 10kW 以上的电动机能耗制动。

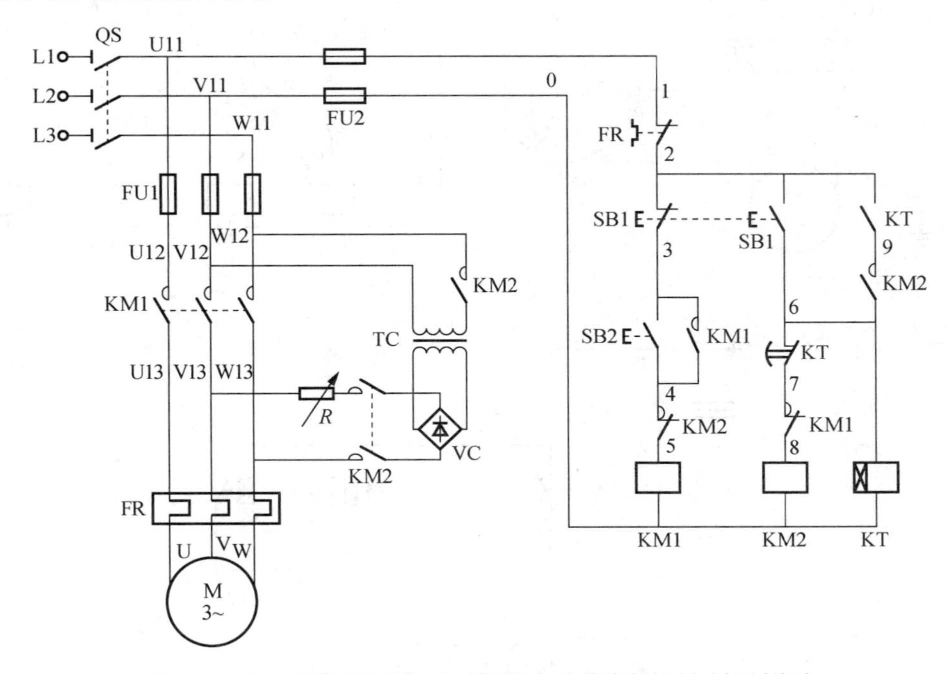

图 2-67　按时间原则控制的有变压器全波整流能耗制动控制线路

读者可以参照图 2-66 设计按速度原则控制的有变压器全波整流能耗制动控制线路，工作原理与图 2-66 所示线路相同。

可逆运行全波能耗制动控制线路如图 2-68 所示，图 2-68（a）为按时间原则控制的，图 2-68（b）为按速度原则控制的，工作原理读者可以仿照前面线路自行分析。

能耗制动中制动力矩的大小与通入电动机定子绕组中的直流电流的大小有关，电流越大，产生的静磁场越强，产生的制动力矩也就越大，对笼型异步电动机来说，要想增大制动力矩，只能通过增加通入电动机定子绕组中的直流电流来实现。但是如果通入电动机定子绕组中的直流电流过大，就会烧坏定子绕组，因此能耗制动所需直流电通过下述方法估算得到。

（1）测量电动机三根进线中任意两根之间的电阻 R（Ω）。

（2）测量电动机的进线空载电流 I_0（A）。

（3）能耗制动所需直流电流 $I_L=KI_0$（A），能耗制动所需直流电压 $U_L=I_LR$（V）。其中，系数 K 一般取 3.5～4。若考虑电动机绕组发热情况，并使电动机达到比较满意的制动效果，对高速、惯性大的电动机可取系数的上限。

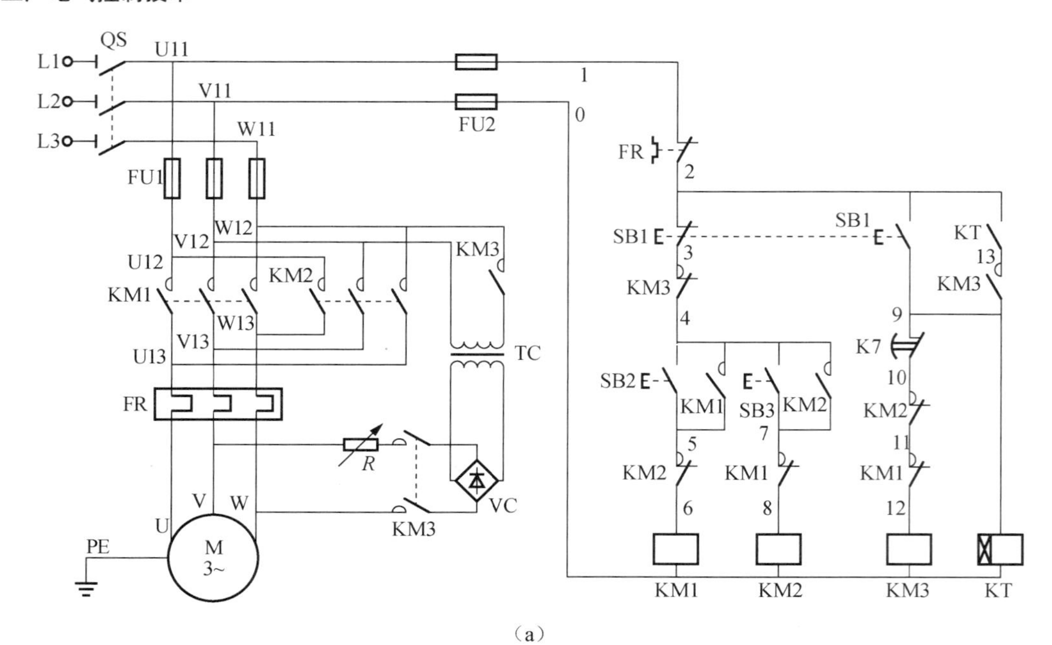

（a）

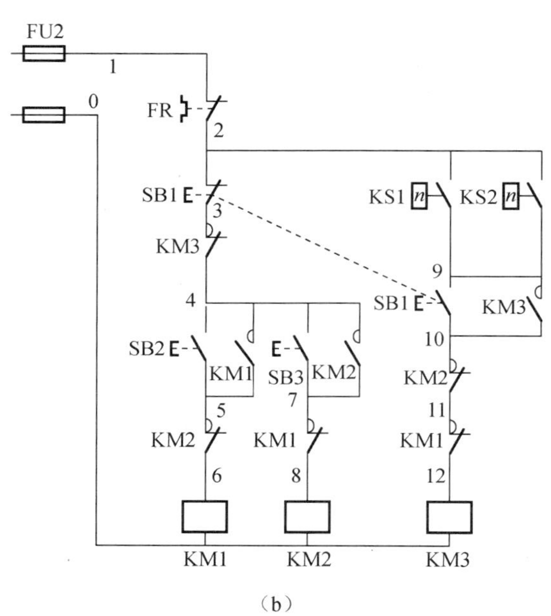

（b）

图 2-68　可逆运行全波能耗制动控制线路

（a）按时间原则控制；（b）按速度原则控制

（4）单相全波桥式整流电源变压器二次绕组电压和电流的有效值为

$$U_2 = U_L / 0.9(\mathrm{V})$$

$$I_2 = I_L / 0.9(\mathrm{A})$$

变压器容量为

$$S = U_2 I_2 (\mathrm{VA})$$

如果制动不频繁，可取变压器实际容量为

$$S' = (\frac{1}{3} \sim \frac{1}{4})S(\text{VA})$$

（5）可调电阻 R 一般取 2Ω，功率取 $I_L^2R(\text{W})$，实际选用时功率也可以小些。

3. 电容制动和再生发电制动

电气制动除了反接制动和能耗制动，还有电容制动和再生发电制动。电容制动是当电动机定子绕组与电源断开后，立即通过其引出端子与电容器组相连实现电动机迅速停转的制动。这种制动一般用于 10kW 以下小容量电动机的制动。再生发电制动主要用于起重设备中，当重物下降过程中，电动机转子转速超过磁场转速，电动机处于发电状态，电磁力矩变为制动力矩，阻碍重物下降。这种制动方法比较经济，能实现电能的回馈，但其应用范围较窄。对于这两种制动的控制线路，感兴趣的读者可以查找其他参考资料自行分析。

技能训练——单向反接制动控制线路和单向无变压器半波能耗制动控制线路的安装

1. 安装步骤及工艺

（1）绘制电气原理图、接线图及电气元件布置图，并能正确识读，按照图中所需元件进行正确选择，包括连接导线。

（2）正确检测所需元件是否完好，主要包括元件的外观检查，元件的常开、常闭触点是否能正常分断，元件触点动作是否顺畅，元件操作电压与电源电压是否相符等。

（3）正确安装、固定电气元件，在控制面板上按照电气元件布置图进行元件安装。元件排列要整齐、匀称，间距要符合安装要求，且便于元件的更换。元件安装位置要准确定位，固定安装时紧固程度要适当，既能使元件固定牢固，又不能使其损坏。

（4）按接线图进行板前明线接线。布线要横平竖直、排列整齐、分布均匀，走线紧贴安装面。严禁损伤线芯和导线绝缘层，接点牢固可靠，不得松动，不得压绝缘层，不反圈、不露铜过长。

（5）按电气原理图检查线路和调试，检查线路是否有短路、断路现象，是否能正常接通。

（6）安装电动机。电动机要安装牢固、可靠。

（7）连接电动机和控制柜金属外壳接地线。

（8）连接电源、电动机等外部连线。

（9）通电试运行。线路连接完毕后，必须经过认真检查后，才允许通电试运行。

（10）校验合格后，通电试车。通电试车时必须经指导教师同意且在旁进行现场监控。

（11）通电试车完成后，先切断电源，再拆除三相电动机及相应的电源线等。

2. 安装用线路图

安装用线路图如图 2-69 和图 2-70 所示。

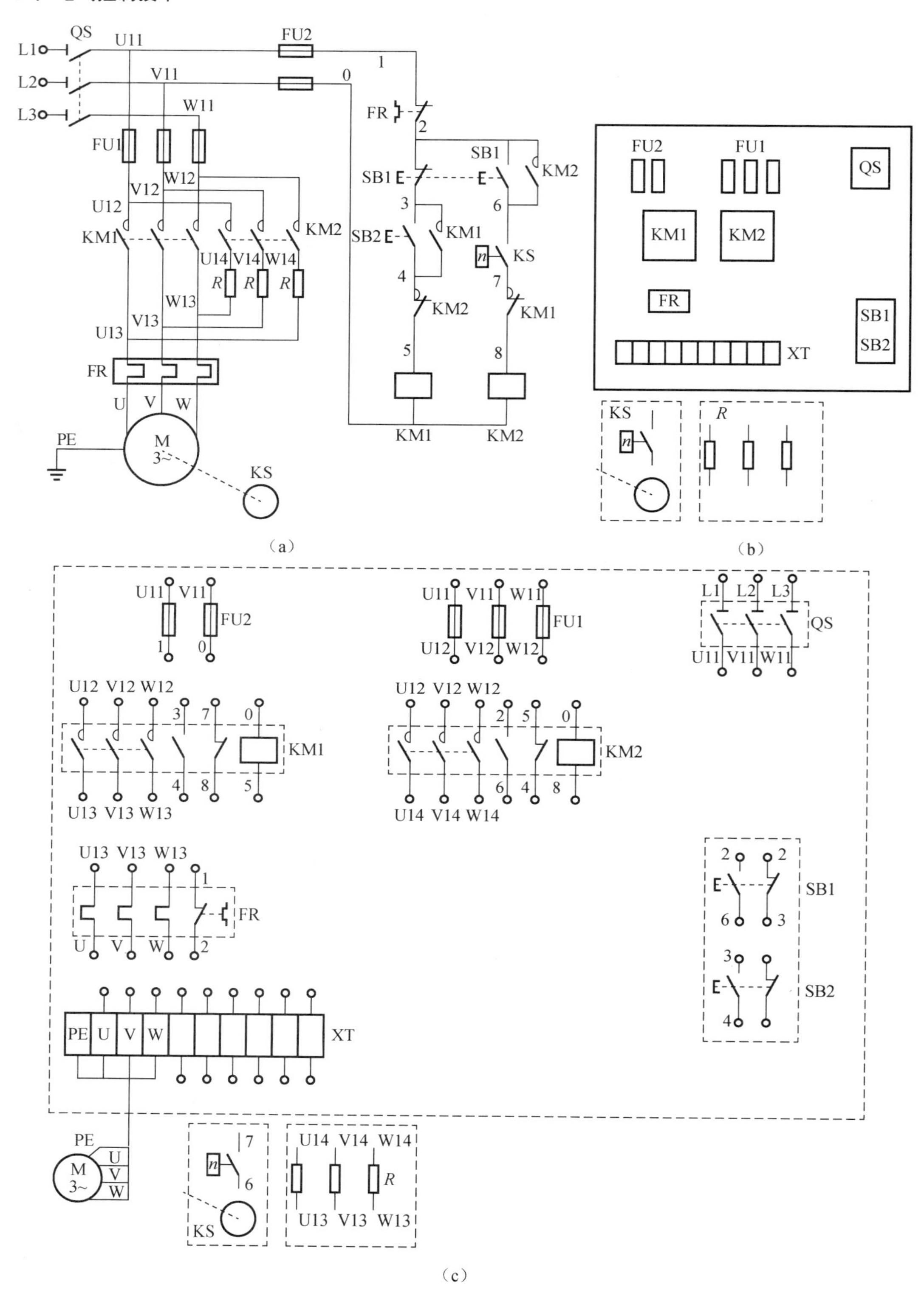

（a）（b）

（c）

图 2-69　单向反接制动控制线路

（a）原理图；（b）布置图；（c）接线图

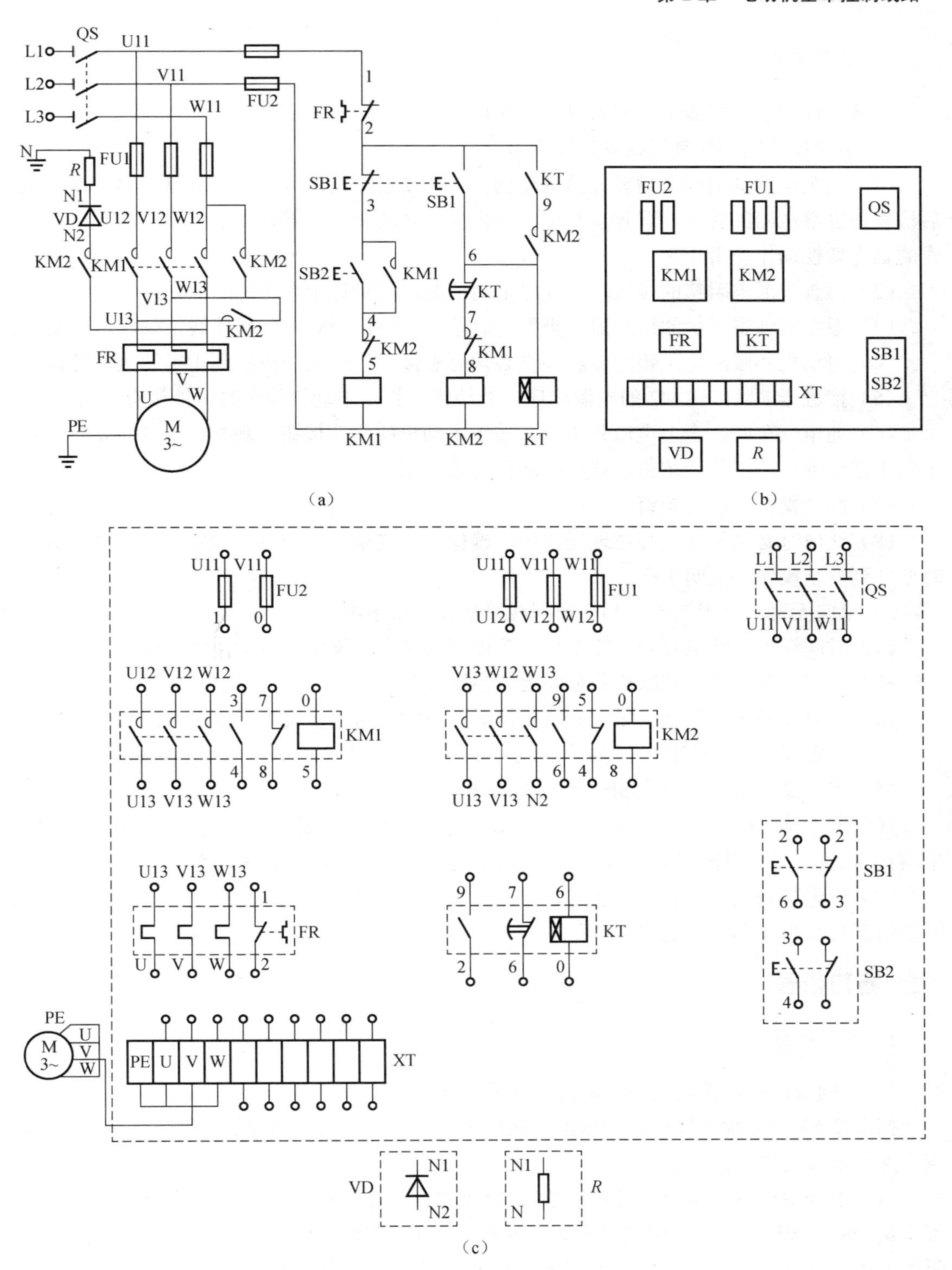

图 2-70　单向无变压器半波能耗制动控制线路

（a）原理图；（b）布置图；（c）接线图

3. 安装注意事项

具体元件安装和接线工艺要求可参见 2.1.3 节中的要求。

1）单向反接制动控制线路安装注意事项

（1）安装速度继电器之前要弄清其结构，辨别要选用的常开触点接线端子是哪个。安装后检查速度继电器的转子、联轴器与电动机轴（或传动轴）的转动是否同步；检查速度继电器的触点切换动作是否正常。

（2）检查限流电阻箱的接线端子及电阻的情况，测量每个电阻的阻值并做记录。

（3）根据实训室提供的熔断器的类型，对熔断器进行正确安装和接线，确保用电安全。

（4）电动机和限流电阻箱的金属外壳必须可靠接地，接地线应接到指定的接地螺钉上。

（5）接触器 KM1、KM2 的电源相序不能接错，否则电动机停车时可能没有制动。

（6）通电试车时，合上电源开关后，按下电动机的启动按钮，观察控制线路是否能实现单向正常运行；按下停止按钮，观察电动机是否有制动。

（7）制动操作不易过频繁。

（8）通电时必须指导教师在现场监护，确保用电安全。训练应在规定的时间内完成，同时要做到安全操作和文明生产。

2）单向无变压器半波能耗制动控制线路安装注意事项

（1）时间继电器整定时间不能太长，防止制动时间过长引起定子绕组发热。

（2）整流二极管要配装散热器和固定散热器支架。

（3）整流二极管和制动电阻应安装在控制板外面，通过接线端子排接入控制电路。

（4）接触器 KM1 和 KM2 主触点接线一定要正确，要防止接错引起电源相间短路。

（5）进行停车制动时按钮 SB1 一定按到底。

（6）通电试车时，合上电源开关后，按下电动机的启动按钮，观察控制电路是否能实现单向正常运行；按下停止按钮后，观察电动机是否能在短时间内迅速停车。

（7）通电时必须指导教师在现场监护，确保用电安全。训练应在规定的时间内完成，同时要做到安全操作和文明生产。

能力拓展

1. 线路检修

1）单向反接制动控制线路的检修方法及过程

按图 2-69（a）检查线路，并排除虚接情况。断开 QS，摘下接触器灭弧罩，用万用表检查（万用表拨到 $R\times1$ 挡）。

（1）检查主电路。断开电源开关 QS，断开 FU2，切除辅助电路。按下 KM1 触点架，分别测量 QS 下端相间电阻，应测得电动机各相绕组的电阻值；松开 KM1 触点架，则应测得电阻无穷大。按下 KM2 触点架，分别测量 QS 下端相间电阻，应测得电动机各相绕组串联两个限流电阻后的电阻值；松开 KM2 触点架，应测得电阻无穷大。

（2）检查控制电路。拆下电动机接线，接通 FU2，将万用表笔分别接 U11、V11 端子上，分别进行以下测量。

① 检查启动控制。按下 SB2，万用表应显示 KM1 线圈电阻值；松开 SB2，则应测得电阻无穷大；按下 KM1 触点架，万用表应显示 KM1 线圈电阻值；松开 KM1 触点架，应测得电阻无穷大。

② 检查反接制动控制。按住 SB2 后，再同时按下 SB1，万用表显示由通而断；松开 SB2，将 SB1 按到底，同时转动电动机轴，使其转速约达 130r/min，使 KS 的常开触点闭合，应测得 KM2 线圈电阻值；电动机停转，则测得线路由通而断。同样，按下 KM2 触点架，同时转动电动机轴使 KS 的常开触点闭合，应测得 KM2 线圈电阻值。

（3）通电试车。装好接触器的灭弧罩，检查三相电源，在指导老师的监护下通电试车。

① 空操作试验。合上 QS，按下 SB2，接触器 KM1 应立即得电动作。按下 SB1 则 KM1 立即断电释放，同时手动转动电动机使其转速达到 130r/min 以上，接触器 KM2 应立即带电动作。反复操作几次，观察接触器 KM1、KM2 是否能可靠动作。

② 带负载试车。断开 QS，接好电动机接线，仔细检查主电路各熔断器的接触情况，检查各端子的接线情况，做好立即停车的准备。

合上 QS，按下 SB2，电动机应单向启动运行，此时应注意电动机运转的声音；电动机正常运行后，按下 SB1，电动机应制动，实现迅速停车（1～2s 内停止）。

（4）故障现象分析。

电动机不能制动的故障分析如下：

① 按下停止按钮 SB1 后，电动机惯性停车，没有制动。首先按启动按钮 SB2，电动机启动后，观察速度继电器 KS 的摆杆摆向，看看有接线的一组触点是否闭合。如果摆杆摆向没有使用的一组触点，使控制线路中使用的 KS 的触点起不到控制作用，致使电动机停车时没有制动作用，这时应断电，将控制电路中的速度继电器的触点换成另外一组，重新试车。在使用速度继电器时，一定要先根据电动机的转向正确选择速度继电器的触点，再接线。

② 如果速度继电器触点没有接错，停车时还是没有制动，此时应检查接触器 KM2 的主触点电源相序是否接错。KM2 吸合时应提供一个反向电源，即对调了两相相序的电源。

2）单向无变压器半波能耗制动控制线路的检修方法及过程

按图 2-70（a）检查线路，并排除虚接情况。断开 QS，摘下接触器灭弧罩，用万用表检查（万用表拨到 $R\times1$ 挡）。

（1）检查主电路。断开电源开关 QS，断开 FU2，切除辅助电路。按下 KM1 触点架，分别测量 QS 下端相间电阻，应测得电动机各相绕组的电阻值；松开 KM1 触点架，则应测得电阻无穷大。按下 KM2 触点架，测量 QS 下端 W11 与 N 之间的电阻，应测得 R 和整流器 VD 的正向导通阻值（对调万用表红、黑表笔，电阻应当无穷大）。

（2）检查控制电路。拆下电动机接线，接通 FU2，将万用表笔分别接 U11、V11 端子上，测量检查与单向反接制动控制线路的控制电路检查相似，只是在应用时间继电器时调整好其整定时间，一般为 1～2s。

（3）通电试车。装好接触器的灭弧罩，检查三相电源，在指导老师的监护下通电试车。

① 空操作试验。合上 QS，按下 SB2，接触器 KM1 应立即得电动作。按下 SB1 则 KM1

立即断电释放，同时接触器 KM2、时间继电器 KT 应立即带电动作，延时 1～2s 后，KM2、KT 断电释放。反复操作几次，观察接触器 KM1、KM2、KT 是否能可靠动作。

② 带负载试车。断开 QS，接好电动机接线，仔细检查主电路各熔断器的接触情况，检查各端子的接线情况，做好立即停车的准备。

合上 QS，按下 SB2，电动机应单向启动运行，此时应注意电动机运转的声音；电动机正常运行后，按下 SB1，电动机应制动，实现迅速停车（1～2s 内停止）。

2. 故障设置与检修

具体内容同 2.2 节能力拓展的故障设置与检修。

2.6 多速异步电动机控制线路

三相笼型异步电动机转速公式为

$$n=(1-s)\frac{60f_1}{p}$$

式中：n 为电动机转速，单位为 r/min；s 为转差率；f_1 为电源频率，单位为 Hz；p 为磁极对数。

由转速公式可看出三相异步电动机的调速方法有 3 种：①改变定子绕组的磁极对数 p 调速；②改变供电电源的频率 f_1 调速；③改变电动机的转差率 s 调速。本任务主要介绍适用于笼型异步电动机调速的变极对数调速控制线路，对电磁离合器调速和变频调速简单介绍。

2.6.1 变极对数调速

在电源频率、转差率保持不变的情况下，电动机同步转速与磁极对数成反比，改变磁极对数就可实现对电动机速度的调节。而改变定子磁极对数可由改变定子绕组的接线方式来实习。能改变磁极对数的电动机称为多速电动机，常见的有双速、三速、四速等类型。

1. 双速异步电动机控制线路

1）双速电动机定子绕组的连接

双速电动机定子绕组接线图如图 2-71 所示，其中图 2-71（a）为△形联结，此时磁极为 4 极，同步转速为 1 500r/min。电动机需要高速工作时可接成图 2-71（b）的形式，即电动机绕组为双丫形联结，磁极为 2 极，同步转速为 3 000r/min，可获得两倍变速。电动机低速运行时，定子绕组△形联结，△形顶点 U1、V1、W1 分别与三相电源相连接，另外三个出线端子 U2、V2、W2 悬空。电动机高速运行时，定子绕组为双丫形联结，出线端子 U1、V1、W1 并接在一起，U2、V2、W2 分别与三相电源连接。

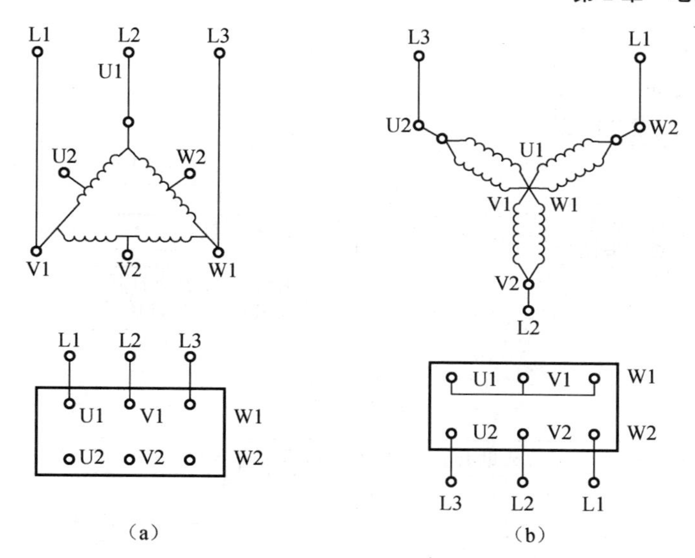

图 2-71　双速电动机定子绕组接线图

(a) 低速-△形 4 极；(b) 高速-丫丫形 2 极

需要注意的是，双速电动机定子绕组从△形改成丫丫形或从丫丫形改成△形时，必须把电源相序反接，以保证电动机在变速后旋转方向不变。

2）接触器手动双速电动机控制线路

接触器手动双速电动机控制线路如图 2-72 所示。SB2、KM1 控制电动机低速运行，SB3、KM2、KM3 控制电动机高速运行，线路工作原理如下。

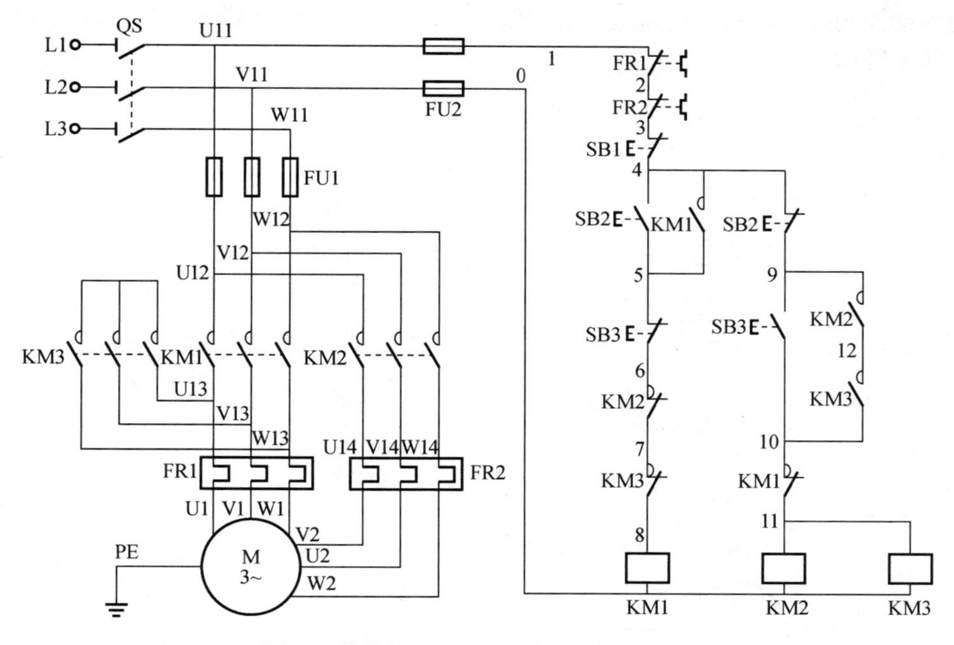

图 2-72　接触器手动双速电动机控制线路

合上电源开关 QS。

（1）低速运行：

按下SB2 → SB1常闭触点先断开，对KM2、KM3联锁

按下SB2 → SB2常开触点后闭合 → KM1线圈得电 → KM1常开触点闭合自锁 / KM1主触点闭合 → 电动机低速运行

KM1线圈得电 → KM1常闭触点打开，对KM2、KM3联锁

（2）高速运行：

按下SB3 → SB3常闭触点先断开 → KM1线圈失电 → KM1常开触点复位，解除自锁 / KM1主触点断开 / KM1常闭触点复位闭合 →

按下SB3 → SB3常开触点后闭合 →

→ KM2、KM3线圈同时带电 → KM2、KM3常开触点闭合自锁 / KM2、KM3主触点闭合 → 电动机高速运行

KM2、KM3线圈同时带电 → KM2、KM3常闭触点打开，对KM1联锁

3）带高低速启动按钮的双速电动机控制线路

带高低速启动按钮的双速电动机控制线路如图 2-73 所示。SB2 为低速启动控制按钮，SB3 为高速启动控制按钮，且启动高速时，先低速运行，经时间继电器延时后再转成高速运行。线路工作原理如下。

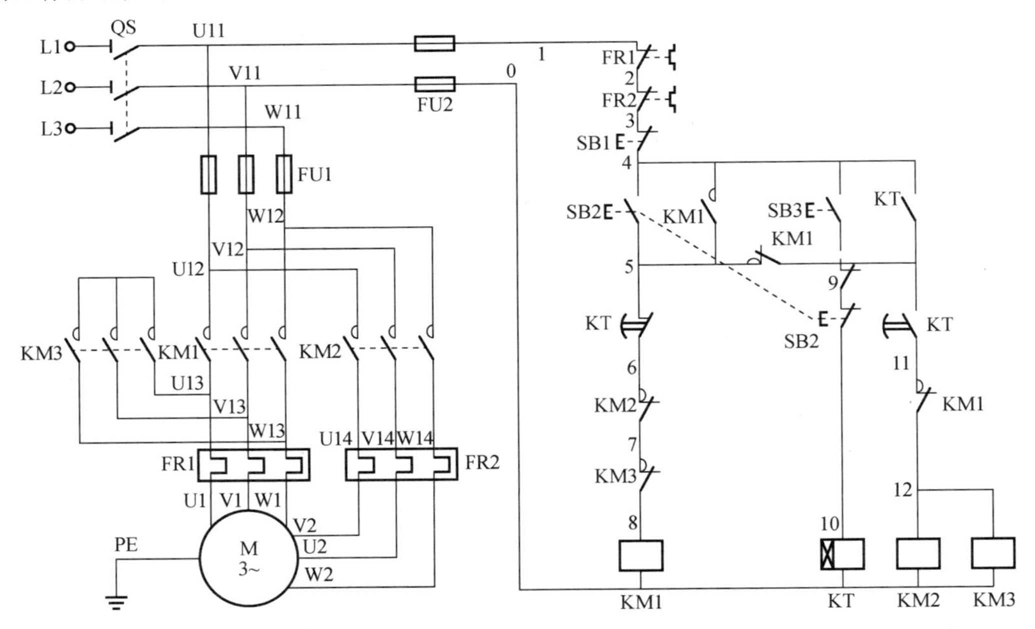

图 2-73　带高低速启动按钮的双速电动机控制线路

合上电源开关 QS。

（1）低速启动运行：

（2）高速启动运行：

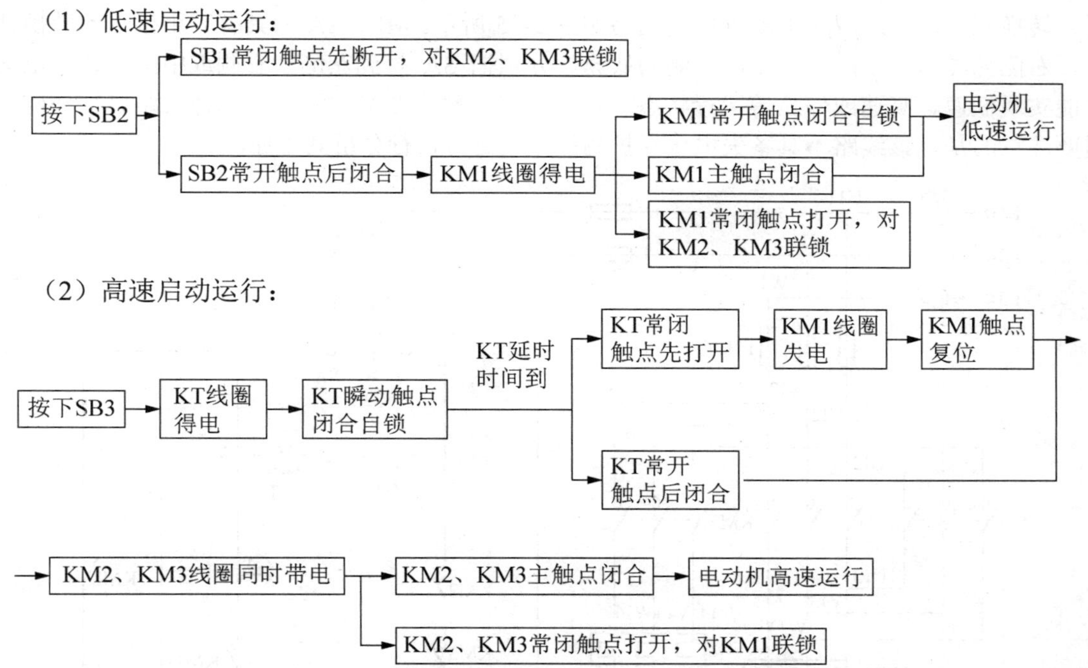

双速电动机按时间自动变速控制线路如图 2-74 所示，该线路按下启动按钮 SB2 后，电动机先低速运行一段时间，然后自动转成高速运行。工作原理读者可自行分析。

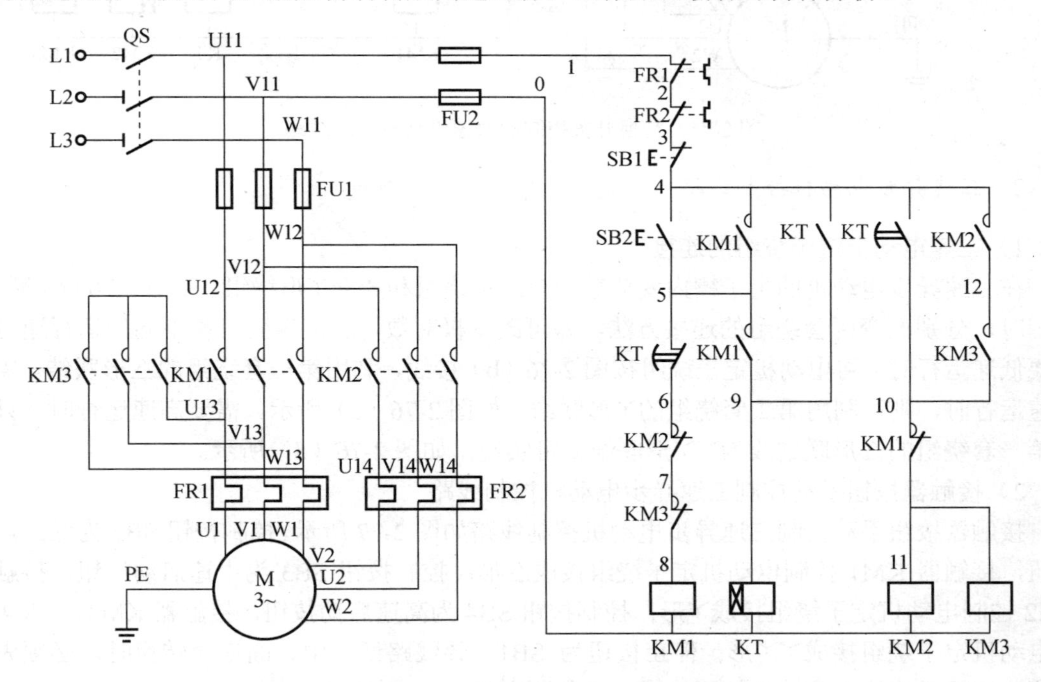

图 2-74　双速电动机按时间自动变速控制线路

4）转换开关控制的双速电动机控制线路

转换开关控制的双速电动机控制线路如图 2-75 所示。图中 SA 为具有三个接点的转换开关，右侧为高速，中间为停止，左侧为低速。分别把 SA 打到左侧、右侧或中间位置，电动机能实现低速、高速或停止等运行状态，具体工作原理读者可仿照上述几种线路自行分析。需要注意的是，该线路不具备失电压保护功能，读者可自行分析其中原因。

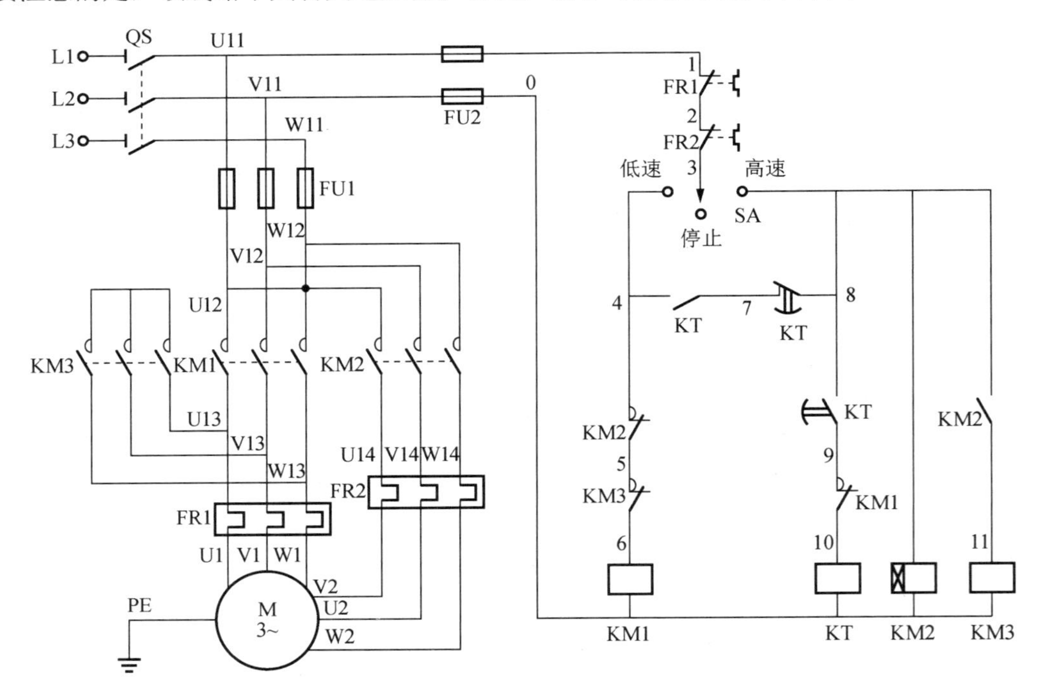

图 2-75　转换开关控制的双速电动机控制线路

2. 三速异步电动机控制线路

1）三速电动机定子绕组的连接

在三速异步电动机的定子槽内安放着一套△形绕组和一套Y形绕组，如图 2-76（a）所示。使用时，分别改变两套绕组的连接方法，即可改变极对数，就能得到三种不同的运行速度。需要低速运行时，将电动机定子绕组按图 2-76（b）接线，利用第一套绕组的△形联结。需要中速运行时，则可利用第二套绕组的Y形联结，如图 2-76（c）所示。需要高速运行时，只要将第一套绕组的△形联结改为YY形联结即可实现，如图 2-76（d）所示。

2）接触器按钮手动控制三速异步电动机控制线路

接触器按钮手动控制三速异步电动机控制线路如图 2-77 所示。控制按钮 SB2 为低速启动按钮，接触器 KM1 控制电动机定子绕组接成△形；控制按钮 SB3 为中速启动按钮，接触器 KM2 控制电动机定子绕组接成Y形；控制按钮 SB4 为高速启动按钮，接触器 KM3、KM4 控制电动机定子绕组接成YY形；停止按钮为 SB1。该线路低、中、高三速转换时，必须先按下停止按钮后才能再按其他按钮换速，操作不方便。

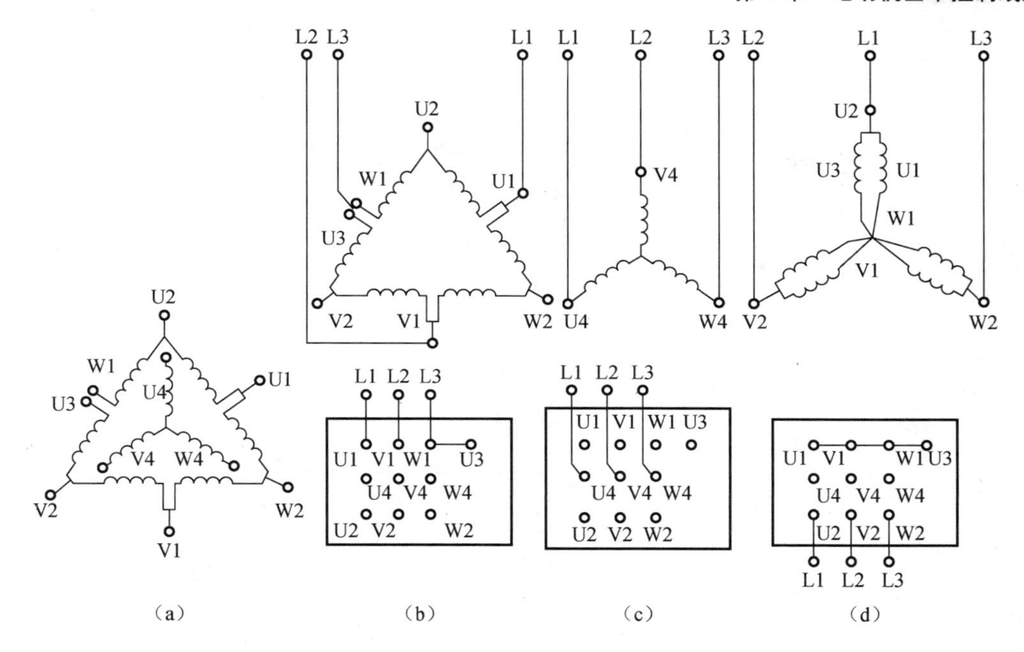

图 2-76　三速电动机定子绕组接线

（a）三速电机的两套绕组；（b）低速接线；（c）中速接线；（d）高速接线

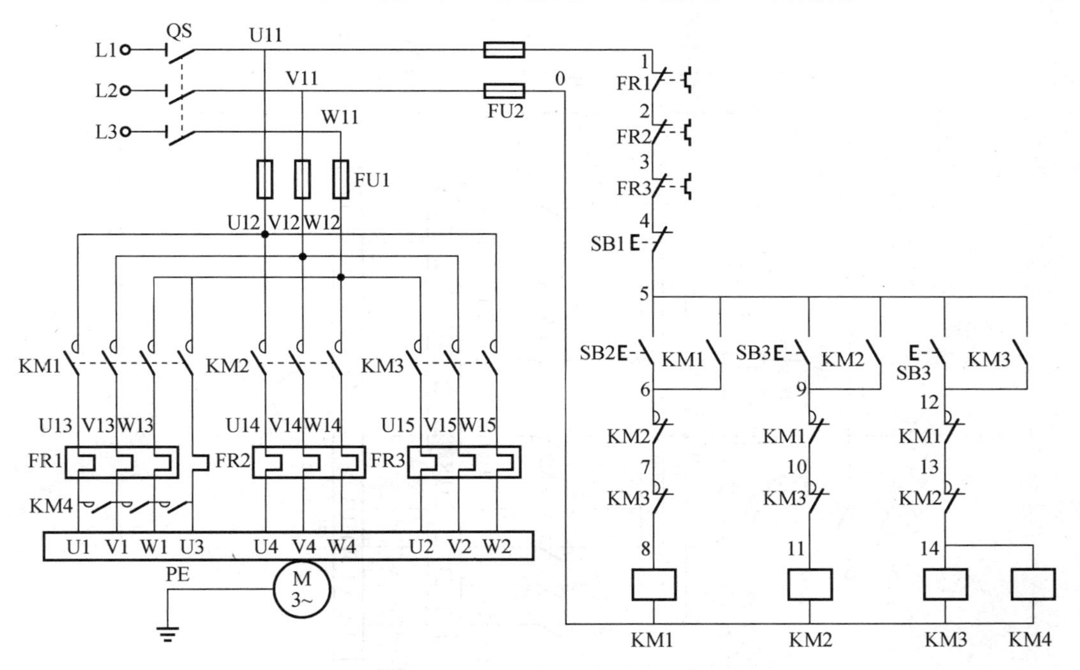

图 2-77　接触器按钮手动控制三速异步电动机控制线路

3）时间继电器控制的自动三速异步电动机控制线路

时间继电器控制的自动三速异步电动机控制线路如图 2-78 所示。该线路启动中速时，先经低速运行，然后自动转成中速；启动高速时，先经低速运行后自动转成中速，然后中速运行后自动转成高速。线路工作原理如下。

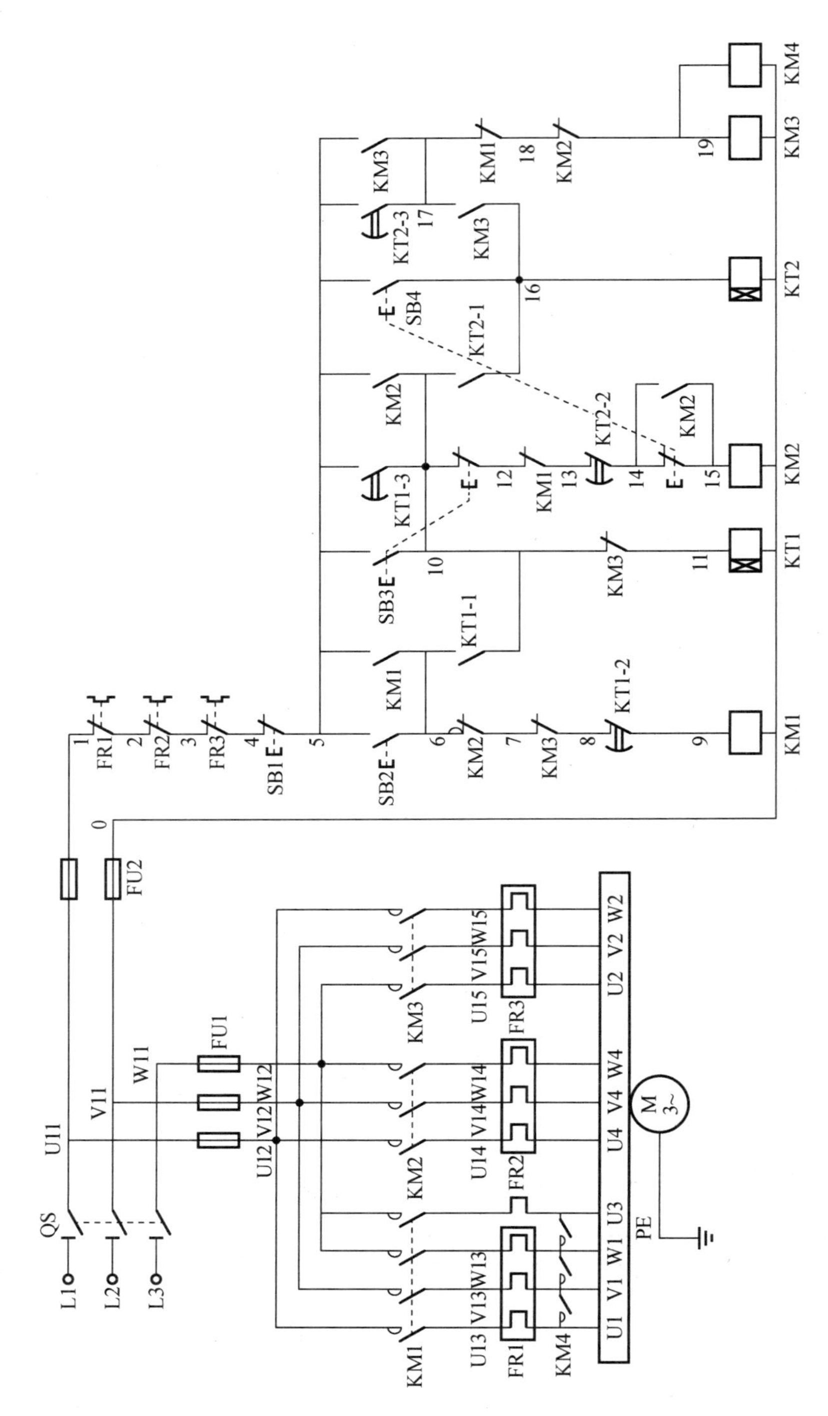

图 2-78　时间继电器控制的自动三速异步电动机控制线路

合上电源开关 QS。

（1）△形低速启动运行：

（2）丫形中速启动运行：

（3）丫丫形高速启动运行：

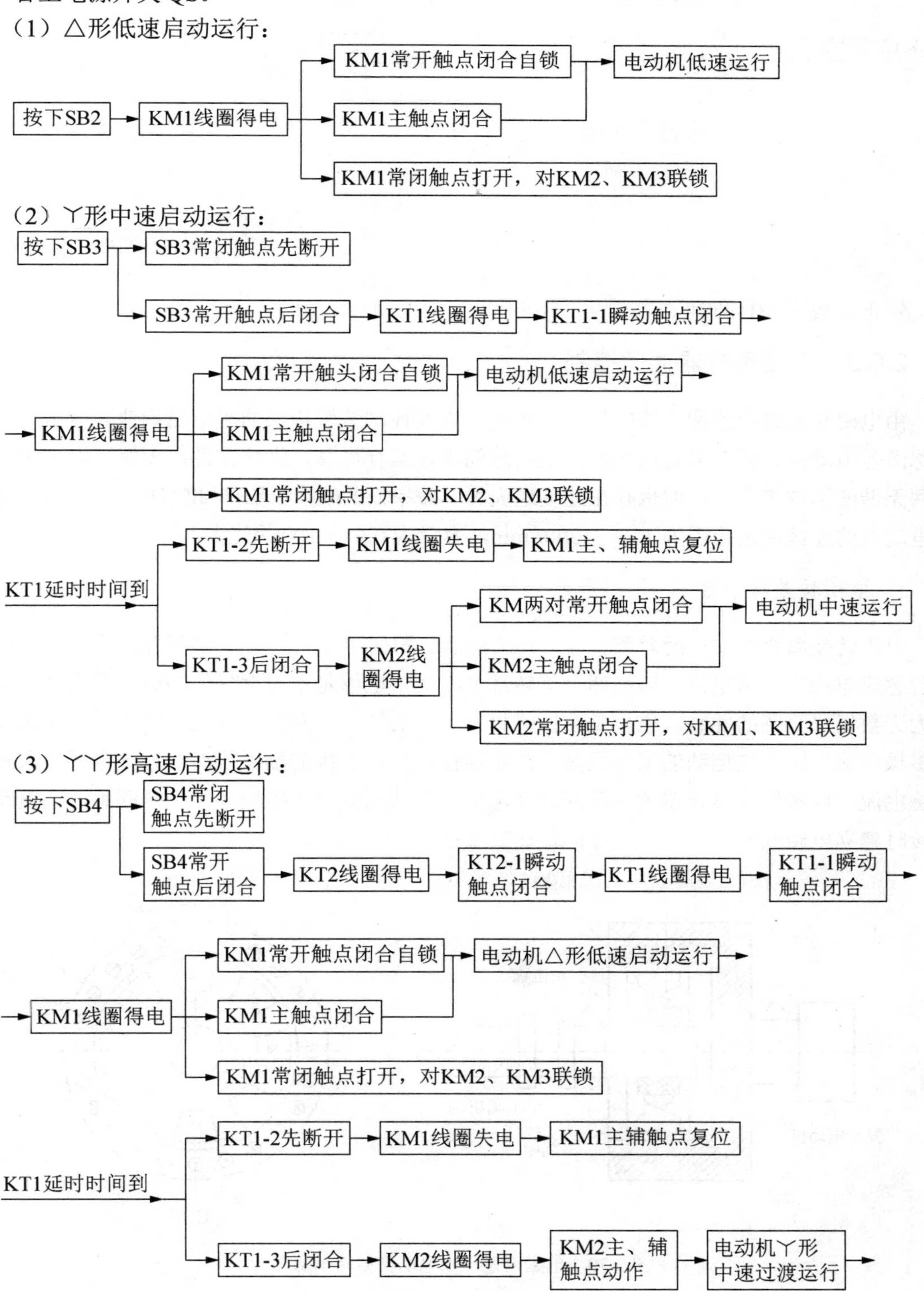

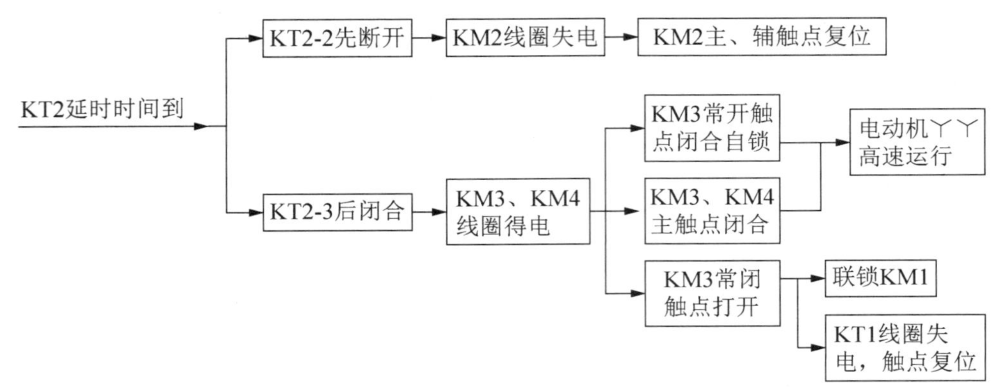

停止时按下 SB1 即可。

2.6.2 电磁离合器调速控制

由电磁转差离合器和普通的笼型异步电动机及控制装置构成的“电磁调速异步电动机”又称滑差电动机，具有装置结构及控制线路简单、运行可靠、维修方便；无级平滑调速；对电网无谐波影响等优点，但也存在速度遗失大、效率低的缺点。国产 JZTH 系列电磁调速异步电动机的连续调速范围为 120～1200r/min，容量为 0.64～100kW。

1. 电磁转差离合器

电磁转差离合器又称滑差离合器，其结构示意图如图 2-79 所示。电磁转差离合器实际是一台感应电动机，由电枢、磁极两个旋转部分组成。电枢是由铸钢材料制成的圆筒形，可等效为无数根鼠笼条的并联。磁极是由铁磁材料制成的铁芯，并装有励磁线圈或爪形磁极。爪形磁极的输出轴与被拖动的工作机械负载相连接，爪形磁极的励磁线圈通过集电环接入直流励磁电流。电磁转差离合器的主动部分（电枢）与从动部分（磁极）无机械联系，当电动机旋转时建立电磁联系。

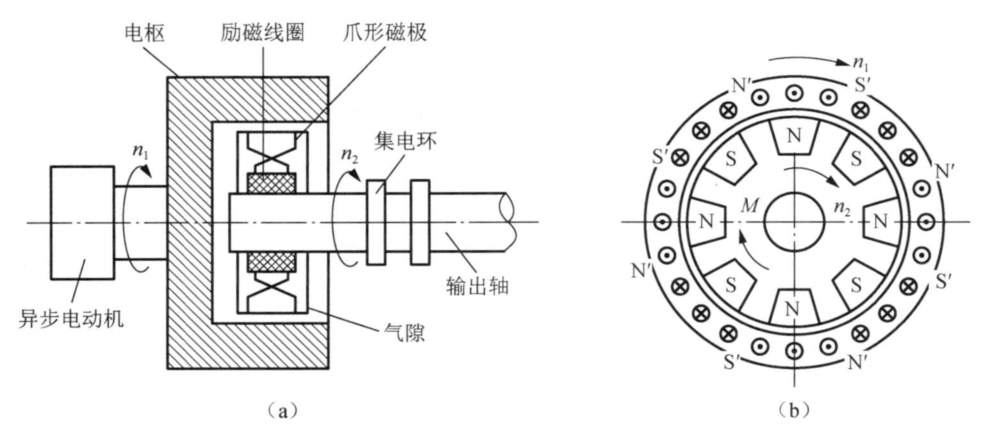

图 2-79 电磁调速异步电动机结构示意图

（a）正面图；（b）剖面图

异步电动机运行时，转差离合器的电枢部分随异步电动机轴同速旋转，设转速为 n_1，转向设定为顺时针，如图 2-79（a）所示。当励磁绕组通入直流励磁电流时，电枢与磁极之间无电磁联系，磁极与被拖动的负载不转动，相当于负载“离开”。当直流励磁电流不为零时，磁极产生磁性，与电枢之间建立磁的联系，电枢与磁极之间的相对运动使电枢鼠笼条产生感应电动势，并产生感应电流，感应电流产生的磁场在电枢中形成新的磁极 N′、S′，如图 2-79（b）所示。电枢上的这种磁极 N′、S′ 与爪形磁极 N、S 相互作用，使爪形磁极受到与电枢旋转方向相同的作用力，进而形成与电枢旋转方向相同的电磁转矩 M，使爪形磁极以 n_2 转速与电枢同方向转动起来，此时负载相当于“合上”。爪形磁极的转速 n_2 必然小于电枢的转速 n_1，正是因为它们之间有转速差才形成了相互切割，从而产生感应电流，进一步产生转矩，故称其为电磁转差离合器。

n_2 的大小与磁极电流的强弱有关。改变励磁电流的大小，则可得出不同的机械特性曲线，如图 2-80 所示。从图 2-80 中可见，励磁电流越大磁场越强，在一定的转差下产生的转矩越大，机械特性曲线越向右偏移。对于一定的负载转矩 M_2，当励磁电流大小不同时，其输出转速也不同。由此可见，只要改变转差离合器的励磁电流，就可调节转差离合器的转速。综上分析可知，输出轴的转向与电枢转向一致，要改变输出轴的转向必须改变原动机的转向。因为转差离合器在低速（转差大）时热耗大，效率低，所以电磁调速异步电动机不宜长期低速运行。

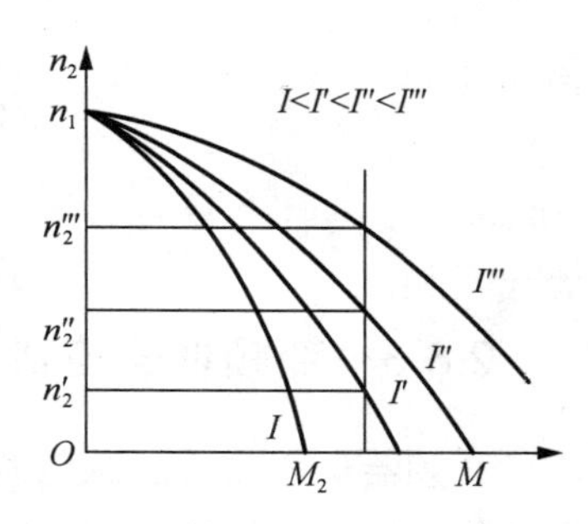

图 2-80　转差离合器的机械特性

2. 电磁调速异步电动机控制线路

电磁调速异步电动机的控制线路，由晶闸管控制器 VC、异步电动机 M、电磁转差离合器 DC 及控制电路构成，如图 2-81 所示。其中，VC 的作用是将单相交流电变换成直流电，供给 DC 直流电源。电动机工作时，先合上电源开关 QS，按下启动按钮 SB1，接触器 KM 线圈得电，电动机启动，同时晶闸管控制器 VC 电源接通，整流后输出直流电流，供给电磁转差离合器的爪形磁极的励磁线圈，爪形磁极随电动机和离合器电枢同向旋转。通过调节电位器 R 可以改变励磁电流的大小，从而改变转差离合器磁极（从动部分）的转速，达到调节拖动负载转速的目的。电动机停机时，按下停止按钮 SB2，KM 失电释放，电动机和转差离合器同时断电停止。

图 2-81 中的 TG 为测速发电机，由它取出电动机的速度信号反馈给 VC，起到速度负反馈的作用，用以调整和稳定电动机的转速。

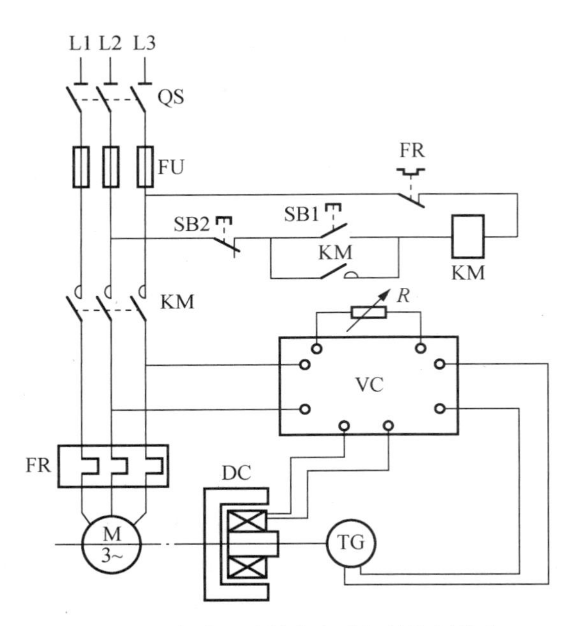

图 2-81　电磁调速异步电动机的控制线路

2.6.3　变频调速控制

变频器是将交流工频电源转换成电压、频率均可变的适合交流电机调速的一种电力电子变换装置，英文简称 VVVF（Variable Voltage Variable Frequency）。通过变频器控制三相异步电动机，实现了通过改变频率来调节电动机的转速。随着电力电子技术及计算机技术的迅速发展，变频调速技术在异步电动机调速中的应用越来越广泛。

1. 变频调速原理

根据三相异步电动机转速公式可知，变频调速有额定频率以下调速和额定频率以上调速两种。

1）额定频率以下调速

当在电源频率 f_1 额定频率以下调速时，电动机转速下降，但在调节电源频率的同时，必须同时调节电动机的定子电压 U_1，且始终保持 U_1/f_1 恒定，否则电动机无法正常工作。这是因为三相异步电动机定子绕组相电压 $U_1 \approx E_1 = 4.44 f_1 K_1 \Phi_m$，当 f_1 下降时，若 U_1 不变，则必使电动机每极磁通 Φ_m 增加，在电动机设计时，Φ_m 处于磁路磁化曲线的膝部，Φ_m 的增加使其进入磁化曲线饱和段，使磁路饱和，电动机空载电流剧增，使电动机负载能力变小，而无法正常工作。为此，电动机在额定频率以下调节时，应使 Φ_m 恒定不变。所以，在频率下调的同时应使电动机定子相电压随之下调，并使 U_1/f_1 恒定。可见，电动机额定频率以下的调速为恒磁通调速。由于 Φ_m 不变，调速过程中电磁转矩不变，故额定频率以下调速属于恒转矩调速。

2）额定频率以上调速

当电源频率 f_1 在额定频率以上调速时，电动机的定子相电压是不允许在额定相电压以上调节的，否则会危及电动机的绝缘。所以，电源频率上调时，只能维持电动机定子额定相电压不变。故随着电源频率的升高，磁通将下降，但转速 n 上升，故额定频率以上调速属于恒功率调速。

2. 变频器

1）变频器的分类

变频器按变频的原理可分为交-交变频器和交-直-交变频器。交-交变频器是将频率固定的交流电源变换成频率连续可调的交流电源，其主要优点是没有中间环节、变换效率高，但其连续可调的频率范围较窄，主要用于容量较大的低速拖动系统中。交-直-交变频器是先将频率固定的交流电整流后变成直流电，再经过逆变电路，把直流电逆变成频率连续可调的三相交流电。由于把直流电逆变成交流电较易控制，因此在频率的调节范围、变频后电动机特性的改善等方面都具有明显的优势，目前使用最多的变频器均为交-直-交变频器。交-直-交变频器的结构示意图如图 2-82 所示。

根据直流环节的储能方式不同，交-直-交变频器又分为电压型和电流型两种。电压型变频器整流后是由电容来滤波的。现在使用的交-直-交变频器大部分为电压型变频器。电流型变频器整流后是由电感元件来滤波的，目前比较少用。

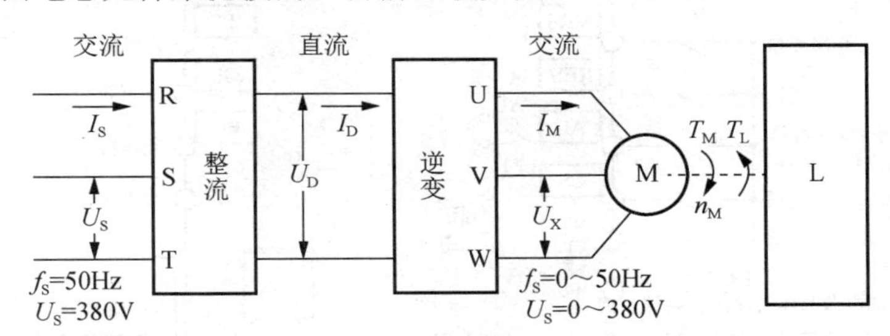

图 2-82　交-直-交变频器的结构示意图

根据调压方式不同，交-直-交变频器又分成脉幅调制型和脉宽调制型两种。脉幅调制型变频器的输出电压大小是通过改变直流电压大小来实现的，常用 PAM 表示，目前已很少使用。脉宽调制型变频器的输出电压大小是通过改变输出脉冲的占空比来实现的，常用 PWM 表示。目前使用最多的是占空比按正弦规律变化的正弦脉宽调制，即 SPWM 方式。

2）变频器的应用

各种厂家生产的变频器型号非常多，每种型号的变频器其功能、参数设置、接线端子、通信方式等都有所不同，在选择使用过程中，要根据安装使用的场合、电动机的容量大小、负载转矩性质、调速要求等合理选择。西门子 M440 变频器端子及内部结构框图如图 2-83 所示。变频器的主电路连接图如图 2-84 所示。关于变频器的参数设置及端子功能读者可参阅变频器的使用手册。

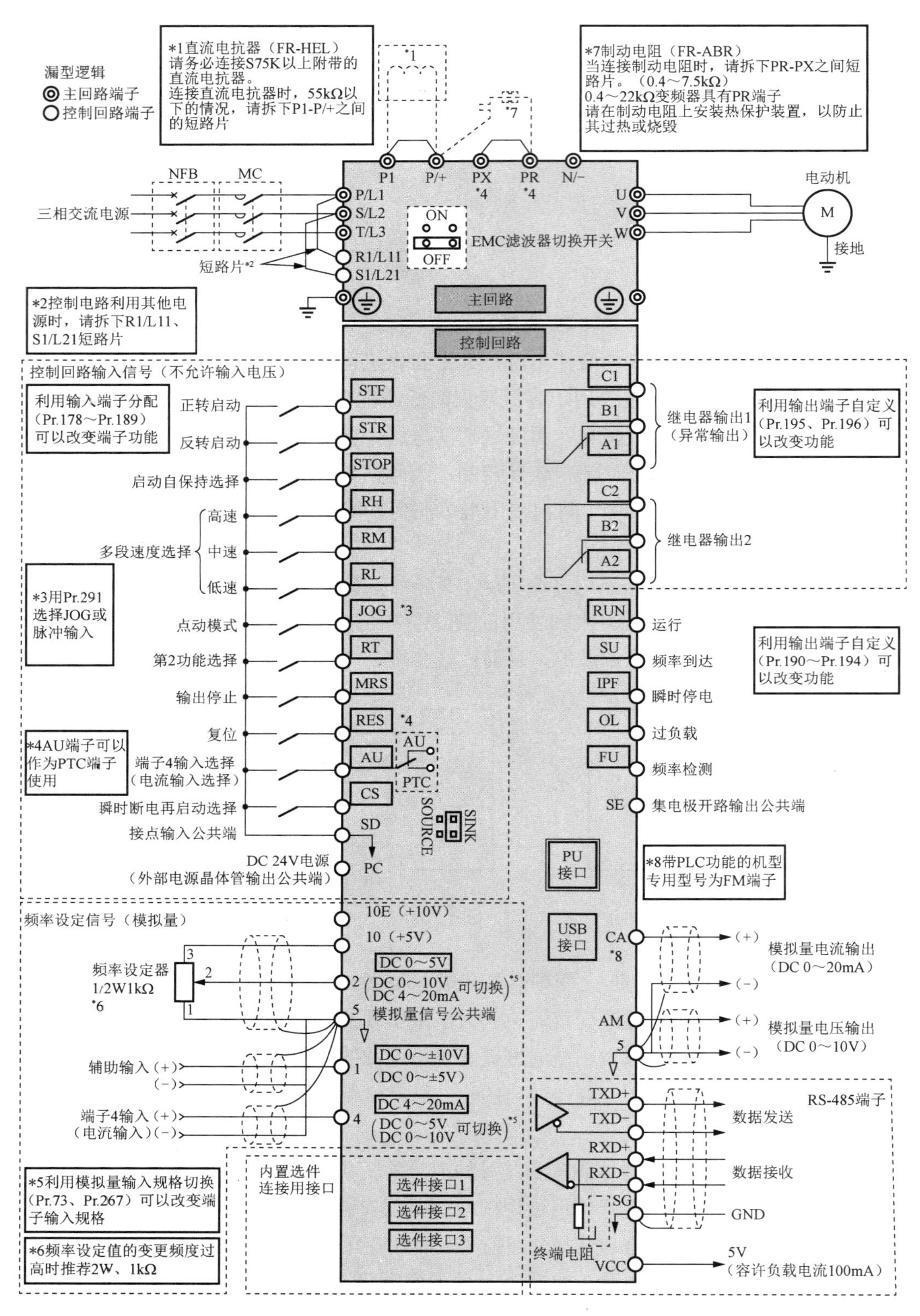

图 2-83　M440 变频器端子及内部结构框图

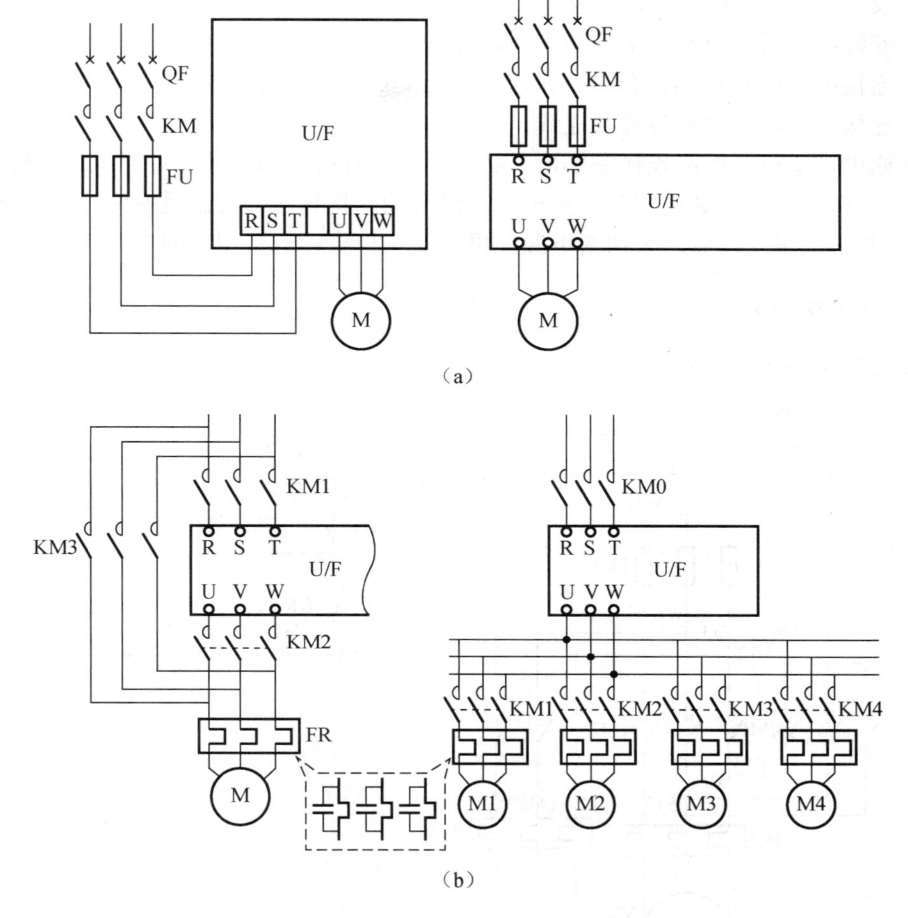

图 2-84　变频器的主电路连接图

（a）主电路图；（b）切换主电路

技能训练——时间继电器控制的双速电动机控制线路的安装

1. 安装步骤及工艺

（1）绘制电气原理图、接线图及电气元件布置图，并能正确识读，按照图中所需元件进行正确选择，包括连接导线。

（2）正确检测所需元件是否完好，主要包括元件的外观检查，元件的常开、常闭触点是否能正常分断，元件触点动作是否顺畅，元件操作电压与电源电压是否相符等。

（3）正确安装、固定电气元件，在控制面板上按照电气元件布置图进行元件安装。元件排列要整齐、匀称，间距要符合安装要求，且便于元件的更换。元件安装位置要准确定位，固定安装时紧固程度要适当，既能使元件固定牢固，又不能使其损坏。

（4）按接线图进行板前明线接线。布线要横平竖直、排列整齐、分布均匀，走线紧贴安装面。严禁损伤线芯和导线绝缘层，接点牢固可靠，不得松动，不得压绝缘层，不反圈、不露铜过长。

（5）按电气原理图检查线路和调试，检查线路是否有短路、断路现象，是否能正常接通。

（6）安装电动机。电动机要安装牢固、可靠。

（7）连接电动机和控制柜金属外壳接地线。

（8）连接电源、电动机等外部连线。

（9）通电试运行。线路连接完毕后，必须经过认真检查后，才允许通电试运行。

（10）校验合格后，通电试车。通电试车时必须经指导教师同意且在旁进行现场监控。

（11）通电试车完成后，先切断电源，再拆除三相电动机及相应的电源线等。

2. 安装用线路图

安装用线路图如图 2-85 所示。

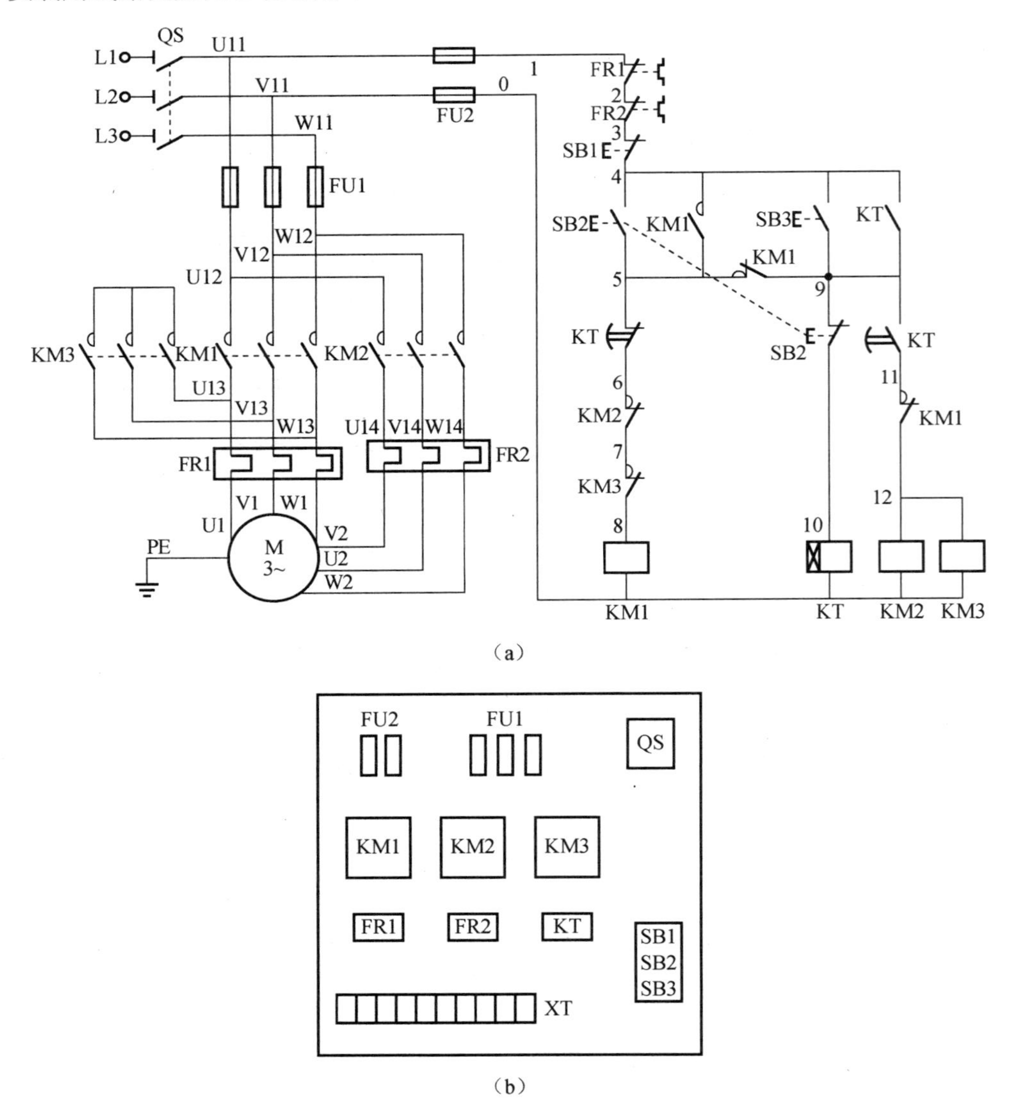

（a）

（b）

图 2-85 时间继电器控制的双速电动机控制线路

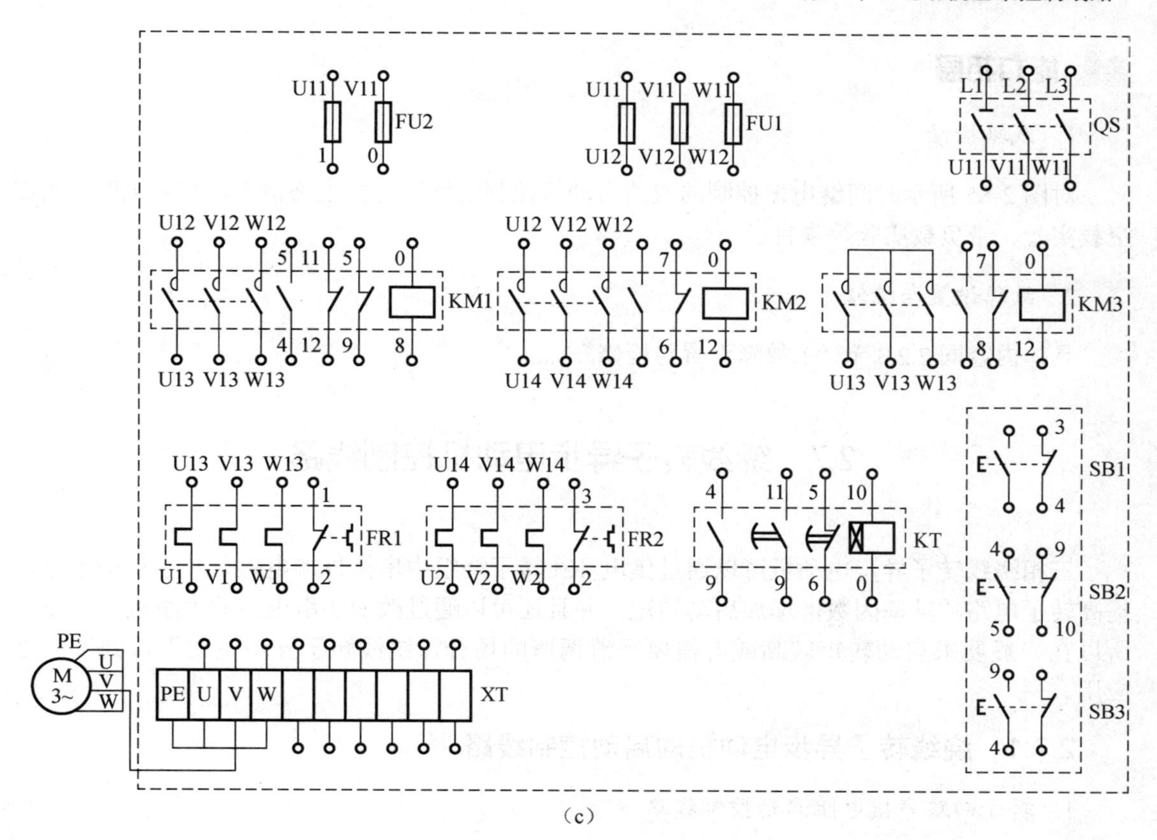

（c）

图 2-85　时间继电器控制的双速电动机控制线路（续）

（a）原理图；（b）布置图；（c）接线图

3. 安装注意事项

具体元件安装和接线工艺要求可参见 2.1.3 节中的要求。具体线路安装注意事项如下：

（1）安装时间继电器之前要弄清其结构，辨别要选用的延时触点和瞬动触点的接线端子是哪个。

（2）根据实训室提供的熔断器的类型，对熔断器进行正确安装和接线，确保用电安全。

（3）电动机和电阻箱的金属外壳必须可靠接地，接地线应接到指定的接地螺钉上。

（4）接触器 KM1、KM2 的电源相序不能接错，否则两种转速下电动机转动方向相反，会给电动机造成很大的冲击电流。

（5）热继电器 FR1、FR2 的整定电流及其在主电路中的接线不能接错。

（6）通电试车时，合上电源开关后，先按下电动机的低速启动按钮，观察控制电路是否能实现低速正常运行；按下停止按钮，再按高速启动按钮，观察电动机是否先低速运行然后经延时转换成高速运行。

（7）通电时必须有指导教师在现场监护，确保用电安全。训练应在规定的时间内完成，同时要做到安全操作和文明生产。

能力拓展

1. 线路检修

对图 2-85 所示时间继电器控制的双速电动机控制线路进行主电路检查、控制电路检查、空载实验、带负载实验等项目。

2. 故障设置与检修

具体内容同 2.2.3 节“1.故障设置与检修”。

2.7 绕线转子异步电动机控制线路

三相绕线转子异步电动机可以通过集电环在转子绕组中串接外加电阻来减小启动电流，提高转子电路的功率因数，增加启动转矩，并且还可以通过改变所串电阻的大小进行调速。所以在一般要求启动转矩较高或者需要平滑调速的场合，绕线转子异步电动机得到了广泛应用。

2.7.1 绕线转子异步电动机的启动控制线路

1. 转子回路串接电阻启动控制线路

绕线转子异步电动机在启动时，转子要连接成丫形，启动电阻也要连接成丫形外接在转子回路中。启动时，将全部启动电阻接入，随着电动机转速升高，转子启动电阻依次被短接，在启动结束时，转子外接电阻全部被短接。短接电阻的方式有三相电阻不平衡短接法和三相电阻平衡短接法两种。所谓不平衡短接是依次轮流短接各相电阻，而平衡短接是依次同时短接三相转子电阻。转子串接三相电阻线路如图 2-86 所示。

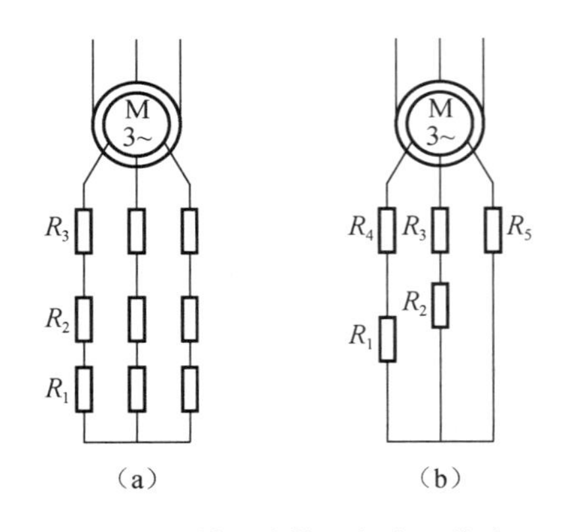

（a） （b）

图 2-86 转子串接三相电阻线路

（a）转子串接三相对称电阻；（b）转子串接三相不对称电阻

1）按钮手动控制线路

按钮手动转子串电阻启动控制线路如图 2-87 所示。启动时，合上电源开关 QS，按下启动按钮 SB2，接触器 KM 线圈得电，其常开主、辅触点闭合，转子串全部电阻启动；启动一段时间后，按下按钮 SB3，接触器 KM1 线圈得电，主触点闭合，切除启动电阻 R_1，转子串两组电阻继续启动；再启动一段时间后，按下按钮 SB4，接触器 KM2 线圈得电，主触点闭合，切除启动电阻 R_2，转子串一组电阻继续启动；再启动一段时间后，按下按钮 SB5，接触器 KM3 线圈得电，主触点闭合，切除全部电阻，电动机启动结束转入正常运行。停止时按下按钮 SB1 即可。该线路操作不方便，工作也不太可靠，实际中常用时间继电器自动控制线路。

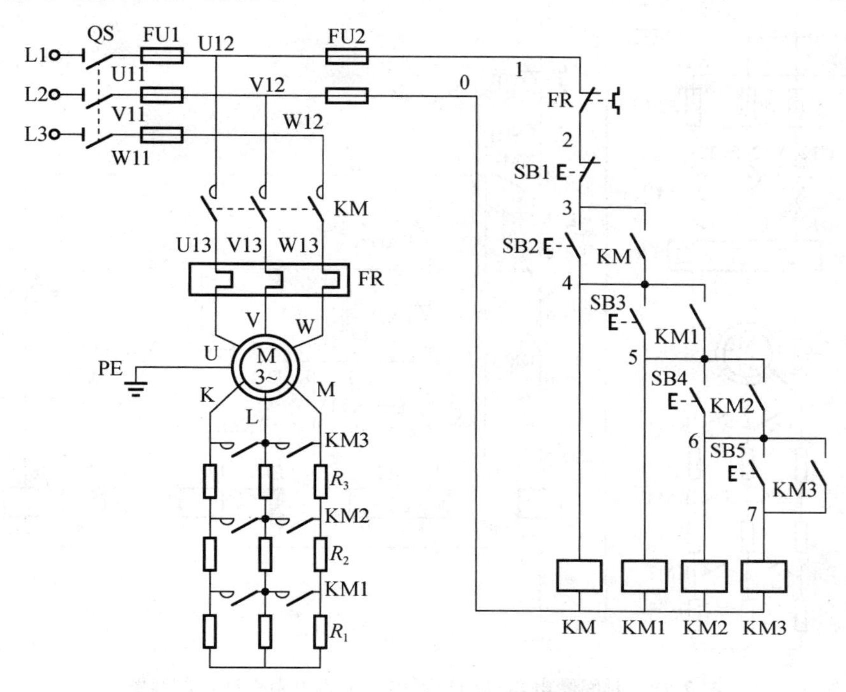

图 2-87　按钮手动转子串电阻启动控制线路

2）时间继电器自动控制线路

时间继电器自动控制的转子串电阻启动控制线路如图 2-88 所示。转子回路三段启动电阻的短接是依靠 KT1、KT2、KT3 三个时间继电器及 KM1、KM2、KM3 三个接触器的相互配合来实现的。

启动时，合上电源开关 QS，按下启动按钮 SB2，接触器 KM1 线圈得电，电动机串接全部电阻启动，同时时间继电器 KT1 线圈得电，经一定延时后 KT1 常开触点闭合，使接触器 KM2 线圈得电，KM2 主触点闭合，将电阻 R_1 短接，电动机加速运行，同时 KM2 的辅助常开触点闭合，使时间继电器 KT2 线圈得电。经延时后，KT2 常开触点闭合，使接触器 KM3 线圈得电，KM3 的主触点闭合，将电阻 R_2 短接，电动机继续加速，同时 KM2 的辅助常开触点闭合，使时间继电器 KT3 线圈得电，经延时后，其常开触点闭合，使接触器 KM4 线圈得电，其主触点闭合，电阻 R_3 被短接。至此，全部启动电阻被短接，于是电动机进入稳定运行状态。接触器 KM1 线圈回路采用 KM2、KM3、KM4 三个常闭触点串联，保证了转子只有全部电阻接入时才能启动。值得注意的是，这种接线一旦时间继电器损坏，线路将无法实现电动机的正常启动和运行。

3）电流继电器自动控制线路

电流继电器自动控制转子串电阻控制线路如图 2-89 所示。KI1、KI2、KI3 是三个过电流继电器，线圈均串接在电动机转子电路中，它们的吸合电流相同，释放电流不同。KIl 的释放电流最大，KI2 次之，KI3 最小。

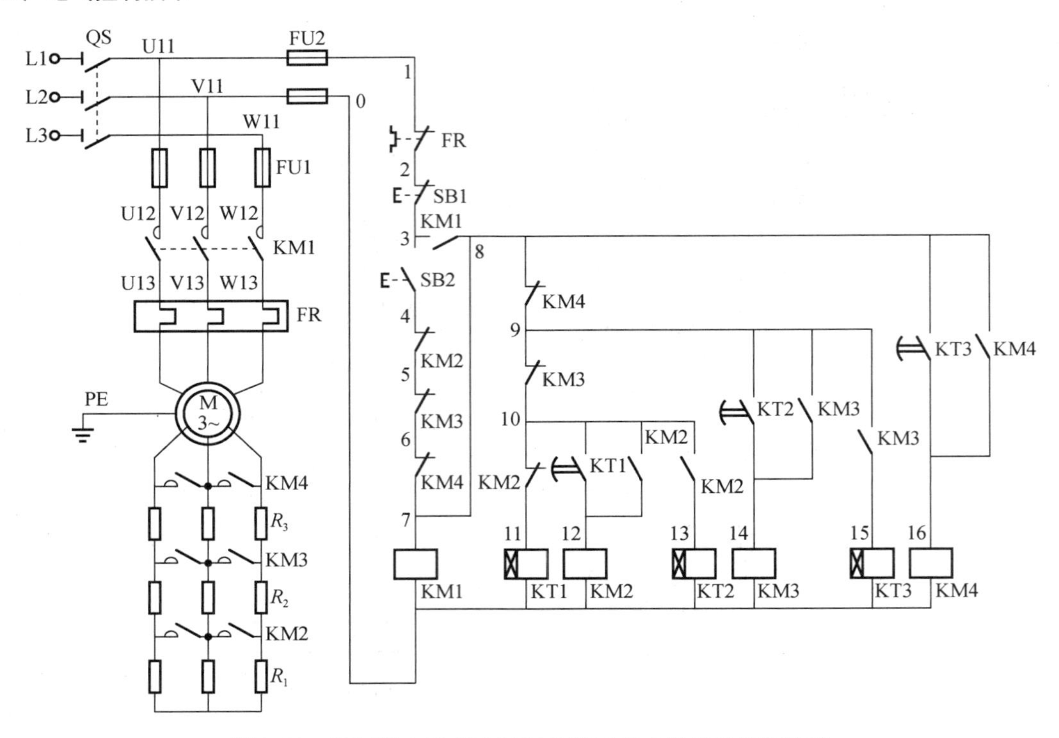

图 2-88　时间继电器自动控制的转子串电阻启动控制线路

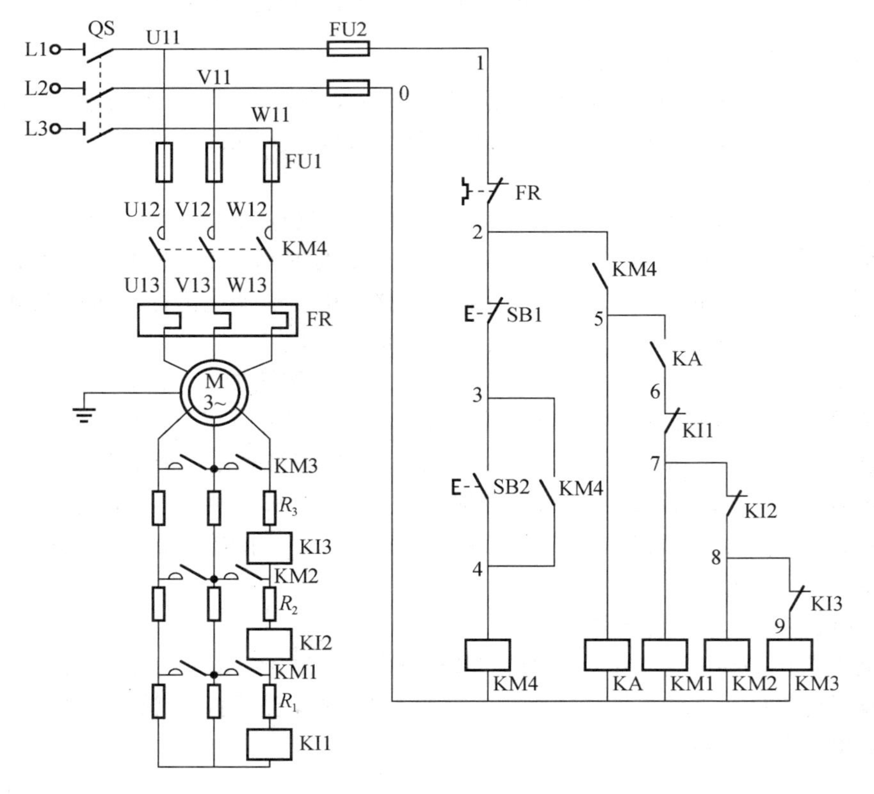

图 2-89　电流继电器自动控制转子串电阻控制线路

合上电源开关 QS，按下启动按钮 SB2 时接触器 KM4 线圈得电，主触点闭合，电动机定子绕组串全部电阻启动。由于电动机刚启动时转子电流很大，所以三个过电流继电器全部吸合，它们的常闭触点断开，使接触器 KM1、KM2、KM3 线圈都不能得电，保证了全部电阻串接在转子回路中。随着电动机转速逐渐升高，转子电流也逐渐减小，当减小至 KI1 的释放电流时，KI1 首先释放，KI1 的常闭触点复位，使接触器 KM1 线圈得电，其主触点闭合，短接电阻 R_1。R_1 被短接后，转子电流重新增大，但随着转速的继续升高，转子电流又会减小，减小至 KI2 的释放电流时，KI2 又释放，KI2 的常闭触点复位，使接触器 KM2 线圈得电，其主触点闭合，短接电阻 R_2。R_2 被短接后，转子电流又会重新增大，但电动机转速继续升高，转子电流又会减小，减小至 KI3 的释放电流时，KI3 释放，KI3 的常闭触点复位，接触器 KM3 线圈得电，其主触点闭合，电阻 R_3 被短接，此时转子串接电阻全部切除，电动机进入正常运行状态。启动过程中电流、转速与时间的关系曲线如图 2-90 所示。

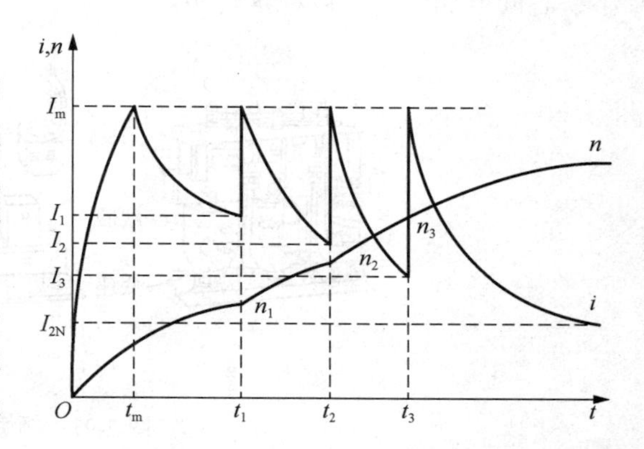

图 2-90　启动过程中电流、转速与时间的关系曲线

图 2-89 所示线路中中间继电器 KA 的作用是保证电动机在转子电路中串接全部电阻的情况下启动。电动机启动时，启动电流由零增加到最大值需要一定的时间，如果没有 KA，可能会出现电流继电器未动作，接触器 KM1～KM3 就已经吸合而短接全部电阻，使电动机直接启动。

2. 转子绕组串频敏变阻器启动控制线路

采用转子串电阻的启动方法，在电动机启动过程中，由于逐段减小电阻，电流及转矩发生突变将会产生一定的机械冲击。为了得到较理想的机械特性，克服启动过程中不必要的机械冲击力，可采用频敏变阻器启动方法。频敏变阻器是一种电抗值随频率变化而变化的电器，它串接于转子电路中，可使电动机有接近恒转矩的平滑无级启动性能，是一种理想的启动设备。

1）频敏变阻器

频敏变阻器实质上是一个铁芯损耗非常大的三相电抗器，由 E 形铸铁板或钢板叠成的三柱式铁芯，在每个铁芯上装有一个线圈，线圈一端与转子绕组连接，另一端做Y形联结，相当于转子绕组接入一个铁损很大的电抗器。频敏变阻器示意图如图 2-91 所示。

频敏变阻器三相绕组通入电流后，由于铁芯是由厚钢板制成的，交变磁通在铁芯中产生很大的涡流，铁芯损耗很大。频率越高，损耗越大。交变磁通在铁芯中产生的损耗可以等效地看作电流在电阻中的损耗，因此，频率变化时相当于等效电阻值在变化。

频敏变阻器的等效阻抗随转子电流频率的变化而变，电动机刚启动时，转速较低，转子电流的频率较高，相当于在转子回路中串接一个阻抗很大的电抗器，随着转速的升高，转子频率逐渐降低，其等效阻抗自动减小，从而减小机械和电流冲击，实现了平滑无级启动。

频敏变阻器绕组有 4 个抽头，1 个标号为 N，另 3 个分别标为 1、2、3。抽头 1—N 之间为

100%匝数，2—N之间为85%匝数，3—N之间为71%匝数，出厂一般接在85%匝数抽头位置。

频敏变阻器上、下铁芯由两面4个拉紧螺栓固定，拧开拉紧螺栓上的螺母，可以在上、下铁芯之间垫非磁性垫片，以调整空气隙，通过改变抽头和垫片可以调整线圈的匝数和铁芯气隙。当启动电流大，启动太快时，可换接抽头，使匝数增加，减小启动电流；反之应换接抽头，使匝数减少。当启动时转矩过大，机械冲击大，启动完后稳定转速又太低时，可在上、下铁芯间增加气隙，以稳定转矩。

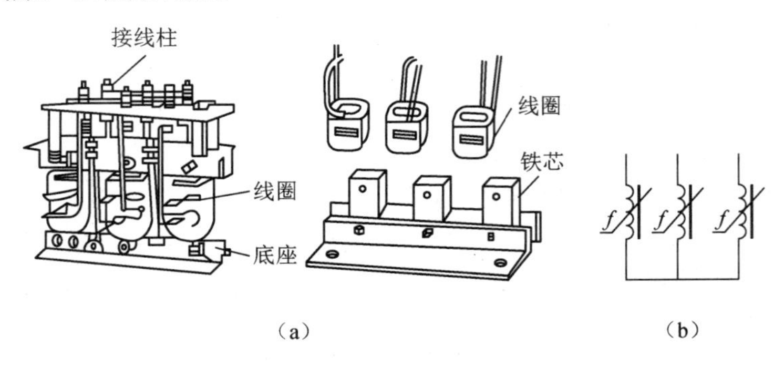

图2-91　频敏变阻器示意图

（a）结构；（b）符号

2）时间继电器自动控制线路

时间继电器控制的转子串频敏变阻器启动控制线路如图2-92所示。该线路按下启动按钮后，转子绕组串频敏变阻器启动，经过延时后，自动切除频敏变阻器转成正常运行，具体工作原理读者可以自行分析。

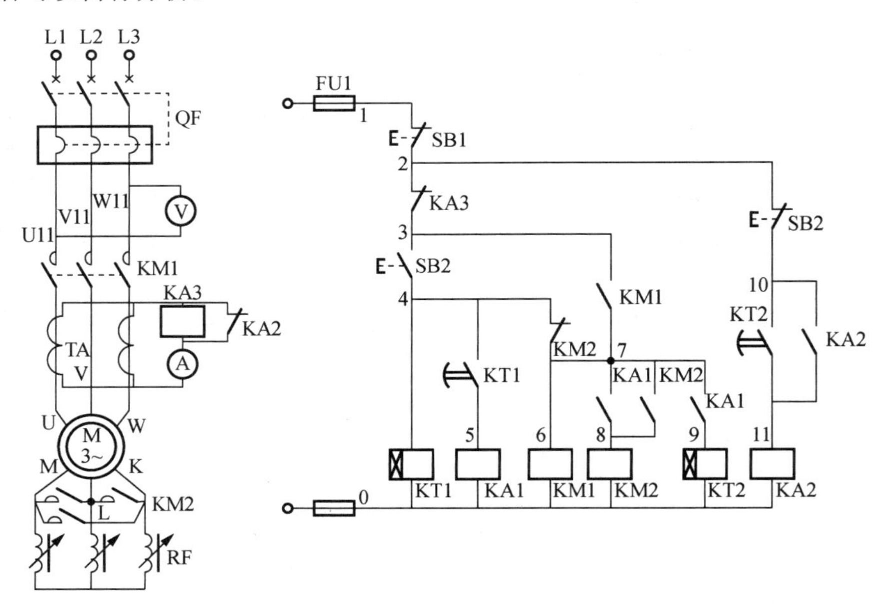

图2-92　时间继电器控制的转子串频敏变阻器启动控制线路

3）手动加自动控制线路

手动加自动转子串频敏变阻器启动控制线路如图2-93所示。线路手动控制和自动控制是通过转换开关 SA 实现的。

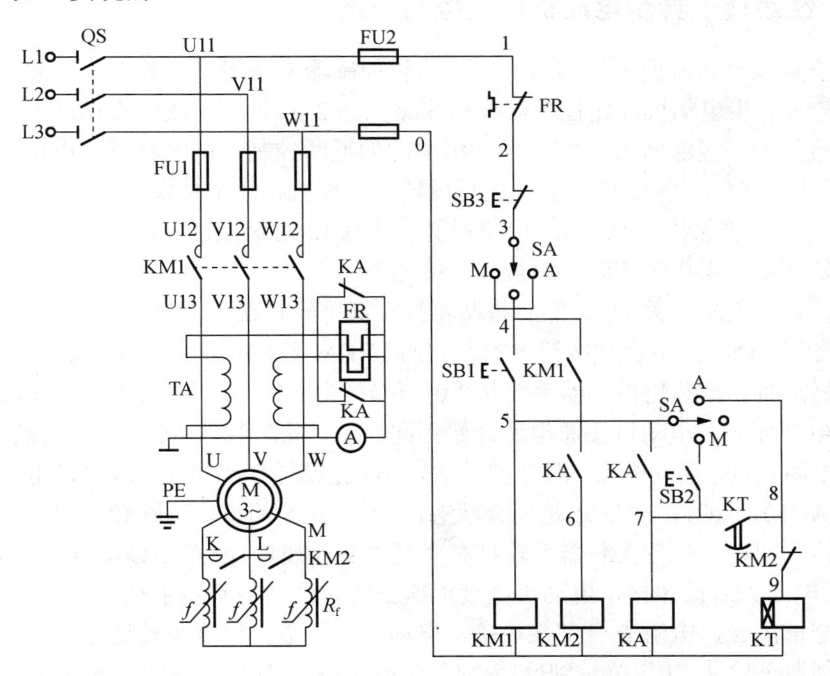

图 2-93　手动加自动转子串频敏变阻器启动控制线路

采用自动控制时，将 SA 打到“A”位置，线路工作原理如下。

合上电源开关 QS。

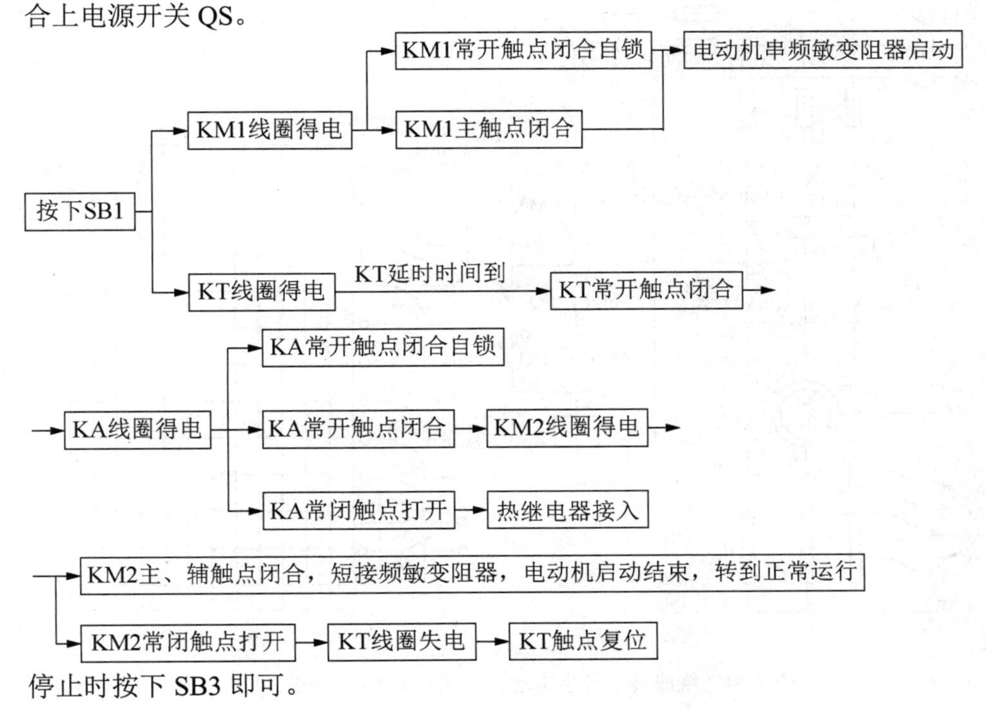

停止时按下 SB3 即可。

2.7.2 绕线转子异步电动机调速控制线路

绕线转子异步电动机调速控制常常采用凸轮控制器来实现，尤其在一些起重设备中用的较多。绕线转子异步电动机凸轮控制器控制线路如图 2-94 所示。线路中熔断器 FU1、FU2 实现电路的短路保护；接触器 KM 实现电动机电源的通断控制，同时具有欠电压和失电压保护的功能；行程开关 SQ1、SQ2 作为电动机正反转时工作机构的限位保护；过电流继电器 KA1、KA2 作为电动机过载保护；AC 为凸轮控制器，共有 12 对触点，表格里通过“×”表示凸轮控制器手轮处于某个操作位置时，该触点是接通的。

工作时，合上电源开关 QS，然后将凸轮控制器手轮打在“0”位，这时 AC10、AC11、AC12 三对触点闭合。按下启动按钮 SB1，接触器 KM 线圈得电，其主、辅触点闭合，为电动机启动做好准备。把凸轮控制器手轮从“0”位转到正转“1”位，触点 AC10 仍保持闭合，触点 AC1、AC3 闭合，电动机接通电源开始正向启动，此时触点 AC5～AC9 全部断开，所以转子串全部电阻启动，启动电流、启动转矩均较小。把凸轮控制器手轮从“1”位转到正转“2”位时，触点 AC10、AC1、AC3 还是闭合状态，触点 AC5 闭合，切除转子中的一级电阻，电动机加速正转。同理，凸轮控制器手轮打在“3”“4”位时，触点 AC6、AC7 依次闭合，电阻 *R* 的两极电阻先后被短接，电动机继续加速正转。凸轮控制器手轮打在“5”位时，触点 AC5～AC9 全部闭合，电阻 *R* 全部被短接，电动机处于最大速度正转运行。

凸轮控制器手轮从“0”位转到反转“1”位时，触点 AC11、AC2、AC4 闭合，电动机反向电源接通，开始反转启动运行，电阻 *R* 依次被切除的过程与正转相似，读者可以自行分析。

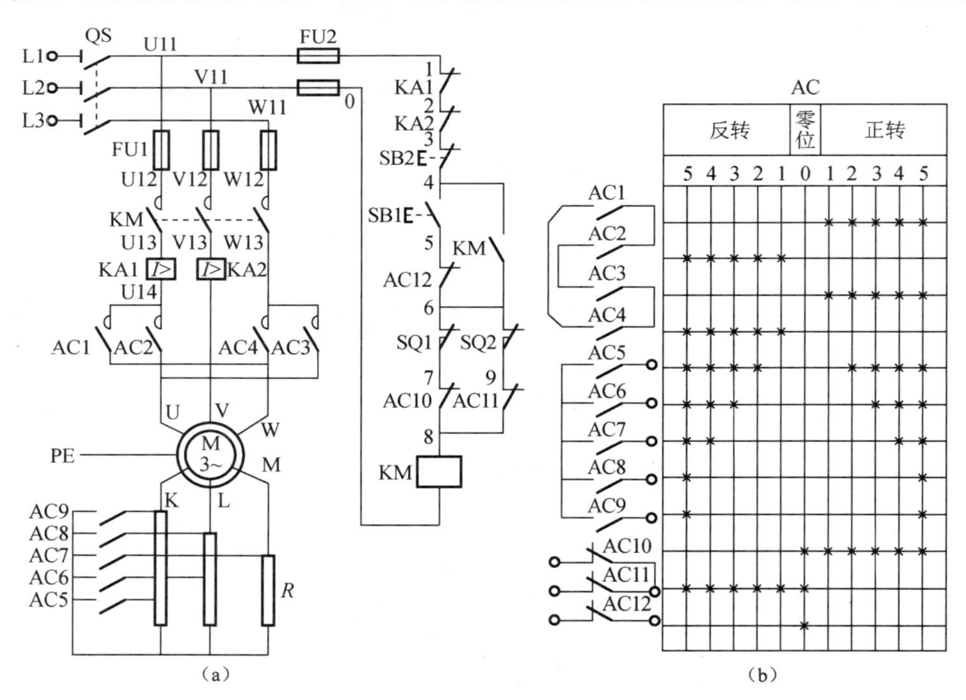

图 2-94 绕线转子异步电动机凸轮控制器控制线路

（a）控制线路；（b）触点分合表

2.7.3　绕线转子异步电动机制动控制线路

绕线转子异步电动机的制动一般有能耗制动和反接制动，能耗制动适用于单向运行的绕线转子异步电动机，反接制动适用于可逆运行的绕线转子异步电动机，本书中只介绍绕线转子异步电动机的能耗制动，其反接制动控制线路读者可以参考其他资料进行学习。绕线转子异步电动机能耗制动线路如图 2-95 所示，线路工作过程如下。

1. 启动准备

将主令控制器 SA 的手柄打到“0”位，再合上电源开关 QS1、QS2，零压继电器 KV 线圈得电并自锁；断电延时时间继电器 KT1、KT2 线圈得电，其延时闭合的常闭触点瞬时打开，确保接触器 KM1、KM2 线圈断电。

2. 启动控制

将 SA 的手柄推向“3”位，SA 的触点 SA1、SA2、SA3 均接通，接触器 KM 线圈得电，其主触点闭合，电动机电源接通，转子串两段电阻启动。同时，KT 线圈得电，KT 延时断开的常开触点闭合。接触器 KM 的常闭触点打开，KT1 线圈断电开始延时，当延时结束时，KT1 延时闭合的常闭触点闭合，接触器 KM1 线圈得电，KM1 的常开触点闭合，切除电阻 R_1，同时 KM1 的常闭触点断开，KT2 线圈断电开始延时，当延时结束时，KT2 延时闭合的常闭触点闭合，接触器 KM2 线圈得电，切除电阻 R_2，两段电阻全部切除，电动机启动结束。

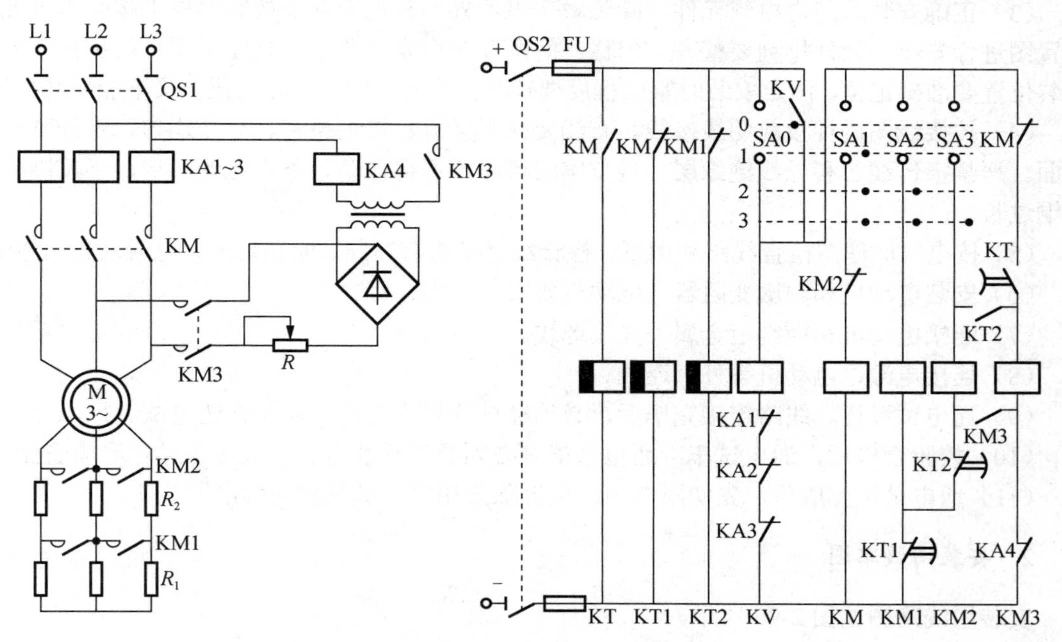

图 2-95　绕线转子异步电动机能耗制动控制线路

3. 制动控制

电动机停车时，将主令控制器 SA 的手柄扳回“0”位，接触器 KM、KM1、KM2 线圈均断电，电动机切除交流电源。同时，时间继电器 KT1、KT2 线圈得电。

（1）KM 的动断触点闭合，KM3 线圈得电，电动机接入直流电源进行能耗制动；同时，KM2 线圈得电，电动机在转子短接全部电阻的情况下进行能耗制动。

（2）KM 的动合辅助触点断开，KT 线圈断电开始延时，当延时结束时，KT 延时断开的常开触点断开，接触器 KM2、KM3 线圈均断电，制动结束。

4. 调速控制过程

当需要电动机在低速下运行时，可将主令控制器 SA 手柄推向“1”位或“2”位，则电动机的转子在串入一段电阻或不串入电阻的情况下以较高速度运转。

技能训练——绕线转子异步电动机串频敏变阻器控制线路的安装

1. 安装步骤及工艺

（1）绘制电气原理图、接线图及电气元件布置图，并能正确识读，按照图中所需元件进行正确选择，包括连接导线。

（2）正确检测所需元件是否完好，主要包括元件的外观检查，元件的常开、常闭触点是否能正常分断，元件触点动作是否顺畅，元件操作电压与电源电压是否相符等。

（3）正确安装、固定电气元件，除频敏变阻器外，其他元件在控制面板上按照电气元件布置图进行安装。元件排列要整齐、匀称，间距要符合安装要求，且便于元件的更换。元件安装位置要准确定位，固定安装时紧固程度要适当，既能使元件固定牢固，又不能使其损坏。

（4）按接线图进行板前明线接线。布线要横平竖直、排列整齐、分布均匀，走线紧贴安装面。严禁损伤线芯和导线绝缘层，接点牢固可靠，不得松动，不得压绝缘层，不反圈、不露铜过长。

（5）按电气原理图检查线路和调试，检查线路是否有短路、断路现象，是否能正常接通。

（6）安装电动机和频敏变阻器。电动机要安装牢固、可靠。

（7）连接电动机和控制柜金属外壳接地线。

（8）连接电源、电动机等外部连线。

（9）通电试运行。线路连接完毕后，必须经过认真检查后，才允许通电试运行。

（10）校验合格后，通电试车。通电试车时必须经指导教师同意且在旁进行现场监控。

（11）通电试车完成后，先切断电源，再拆除三相电动机及相应的电源线等。

2. 安装用线路图

安装用线路图如图 2-96 所示。

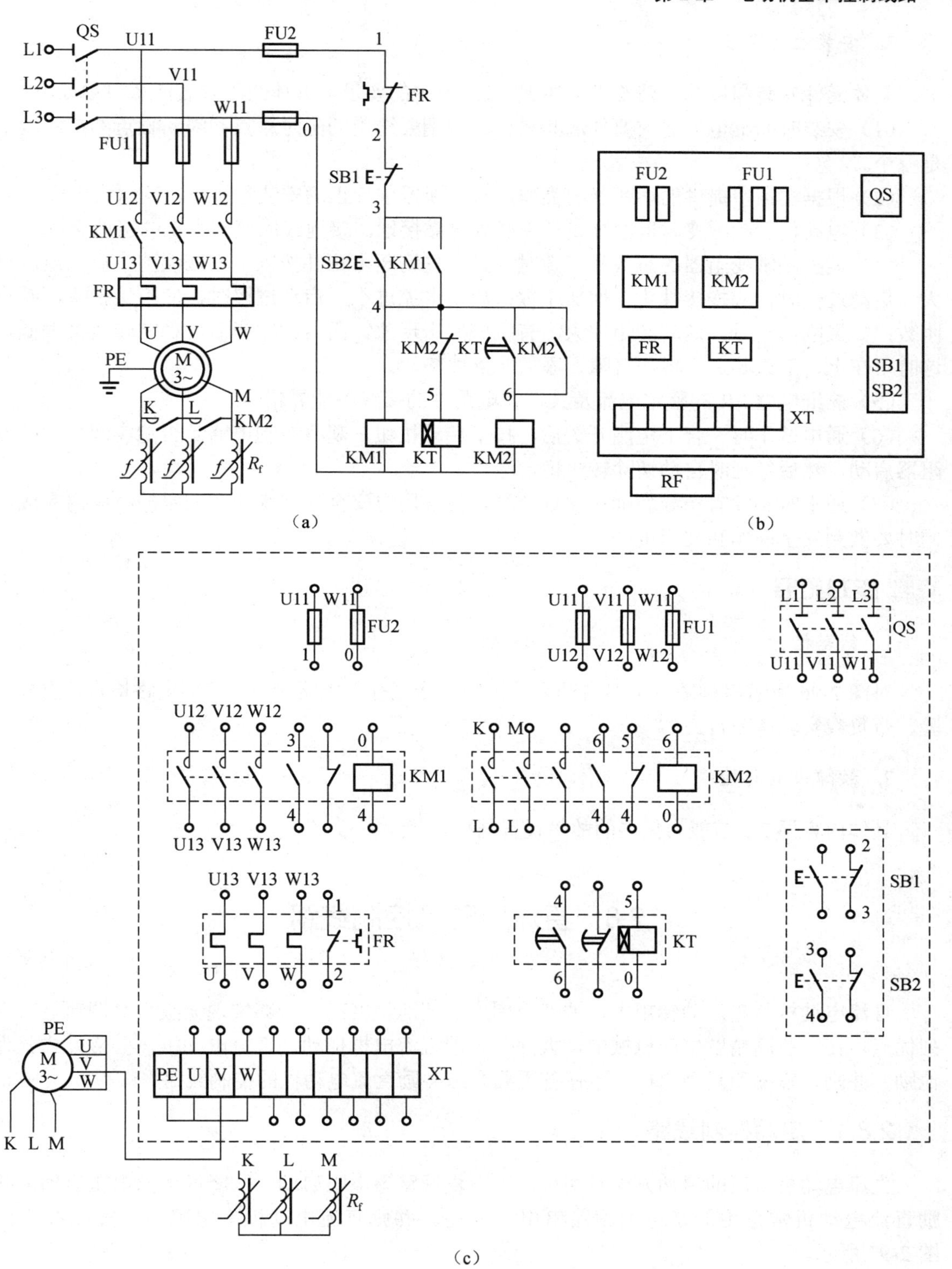

图 2-96　串频敏变阻器自动启动控制线路

(a) 原理图；(b) 布置图；(c) 接线图

3. 安装注意事项

具体元件安装和接线工艺要求可参见 2.1.3 节中的要求。具体线路安装注意事项如下：

（1）安装时间继电器之前要弄清其结构，辨别要选用的延时触点和瞬动触点的接线端子是哪个。

（2）根据实训室提供的熔断器的类型，对熔断器进行正确安装和接线，确保用电安全。

（3）电动机和频敏变阻器的金属外壳必须可靠接地，接地线应接到指定的接地螺钉上。

（4）调整频敏变阻器的匝数和气隙时，必须先切断电源并按以下方法调整：启动电流过大、启动过快时，应换接抽头，增加匝数；启动电流过小，启动过慢时，应换接抽头，减小匝数；如果刚启动时，启动转矩偏大，有机械冲击现象，而启动完毕后，稳定转速又偏低，这时可在上、下铁芯之间增加气隙，添加非磁性垫片。

（5）热继电器 FR 的整定电流及其在主电路中的接线不能弄错。

（6）通电试车时，合上电源开关后，按下启动按钮，观察控制电路是否能实现串频敏变阻器启动，然后经延时自动切除转成稳定运行。

（7）通电时必须有指导教师在现场监护，确保用电安全。训练应在规定的时间内完成，同时要做到安全操作和文明生产。

能力拓展

1. 线路检修

对图 2-96 所示串频敏变阻器自动启动控制线路进行主电路检查、控制电路检查、空载实验、带负载实验等项目。

2. 故障设置与检修

具体内容同 2.2 节能力拓展的故障设置与检修。

2.8 直流电动机控制线路

直流电动机具有启动转矩大、调速范围广、调速精度高、能够实现无级平滑调速等一系列优点，在一些高精度生产机械中，大部分采用直流电机拖动。直流电动机按励磁方式分为他励、并励、串励和复励四种，本任务主要介绍并励直流电动机的控制线路。

2.8.1 启动控制线路

直流电动机常用的启动方法有两种：①电枢回路串电阻启动；②降低电源电压启动。并励直流电动机常采用的是电枢回路串电阻启动。并励直流电动机串电阻启动控制线路如图 2-97 所示。

启动前先合上断路器 QF，励磁绕组 WR 带电，时间继电器 KT1、KT2 线圈带电，其延时闭合的常闭触点瞬时断开，使接触器 KM2、KM3 线圈失电，保障电枢串两级电阻启动。

按下启动按钮 SB1，接触器 KM1 线圈得电，其主触点闭合，辅助常开触点闭合自锁，电动机串两级电阻启动。同时，接触器 KM1 的辅助常闭触点断开，时间继电器 KT1、KT2 线圈失电开始延时，KT1 延时时间到，KT1 常闭触点复位闭合，使接触器 KM2 线圈得电，KM2 触点闭合短接电阻 R_1。此时电动机串一级电阻继续启动，KT2 延时时间到，KT2 常闭触点复位闭合，使接触器 KM3 线圈得电，KM3 触点闭合短接电阻 R_2，电动机启动结束进入正常运行。停止时按下 SB2 即可。

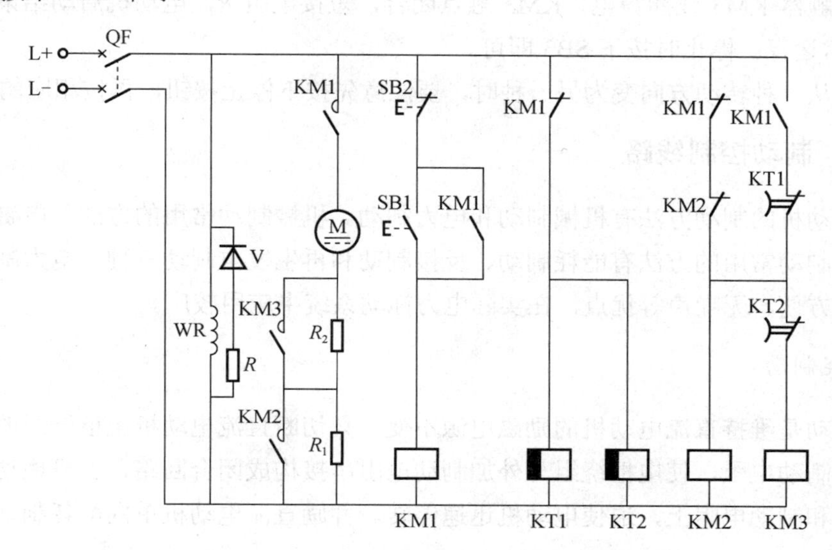

图 2-97　并励直流电动机串电阻启动控制线路

2.8.2　正反转控制线路

使直流电动机正反转的方法有两种：①保持励磁电流的方向不变，改变电动机电枢的电流方向；②保持电动机电枢的电流方向不变，改变励磁电流的方向。实际应用中大多采用第一种方法来实现电动机的正反转运行。并励直流电动机正反转控制线路如图 2-98 所示。

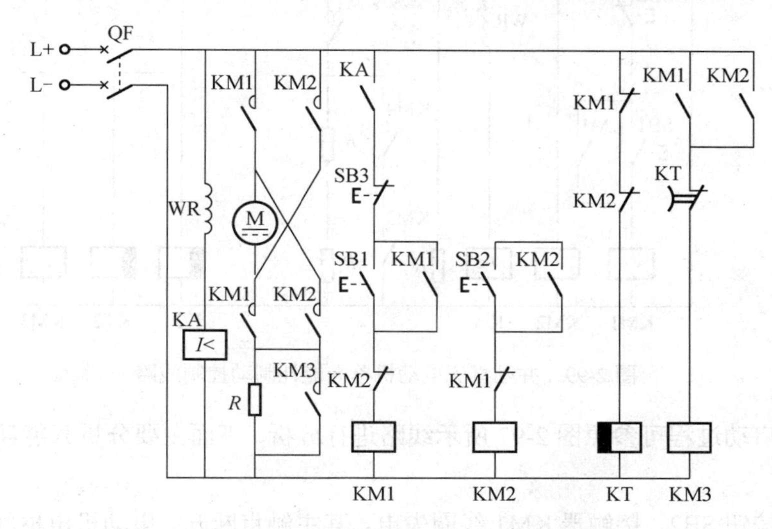

图 2-98　并励直流电动机正反转控制线路

启动前先合上断路器 QF，励磁绕组 WR 带电，时间继电器 KT 线圈得电，其延时闭合的常闭触点瞬时断开，使接触器 KM3 线圈失电，保障电枢串电阻启动。

按下正向启动按钮 SB1（或按下反向启动按钮 SB2），接触器 KM1（KM2）线圈得电，其主触点闭合，辅助常开触点闭合自锁，电动机串电阻启动。同时，接触器 KM1（KM2）的辅助常闭触点断开，时间继电器 KT 线圈失电开始延时，KT 延时时间到，KT 常闭触点复位闭合，使接触器 KM3 线圈得电，KM3 触点闭合，短接电阻 *R*，电动机启动结束，进入正转（反转）正常运行。停止时按下 SB3 即可。

电动机从一种转动方向变为另一种时，要注意先按下停止按钮，再按相应的启动按钮。

2.8.3 制动控制线路

直流电动机的制动方法有机械制动和电力制动。机械制动常用的方法是电磁抱闸制动器制动；电力制动常用的方法有能耗制动、反接制动和再生发电制动三种。电力制动具有制动力大、操作方便、无噪声等优点，在实际电力拖动系统中应用较广。

1. 能耗制动

能耗制动是维持直流电动机的励磁电源不变，只切断直流电动机电枢绕组的电源，再接入一个外加制动电阻，使电枢绕组与外加制动电阻串接构成闭合回路，将机械动能变为热能消耗在电枢和制动电阻上，迫使电动机迅速停转。并励直流电动机单向能耗制动控制线路如图 2-99 所示。

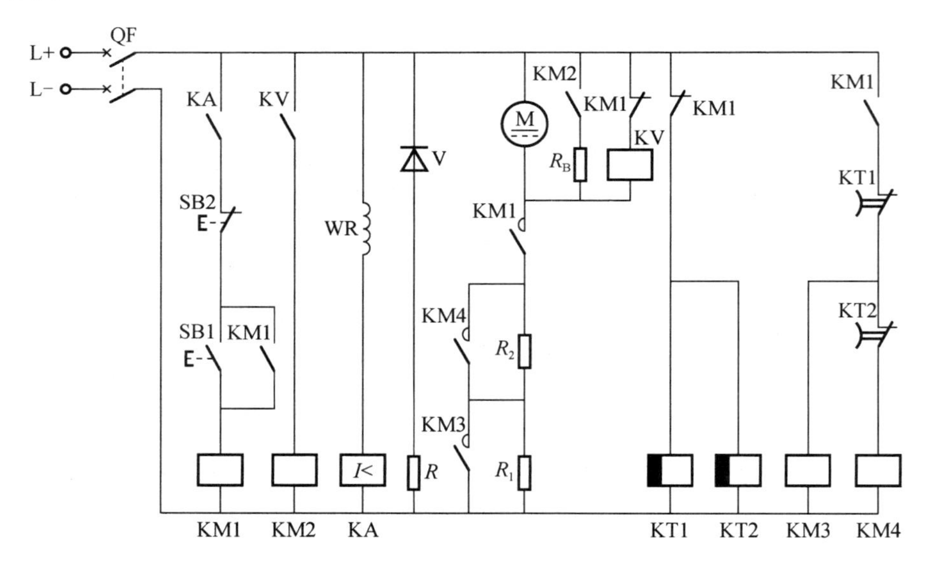

图 2-99 并励直流电动机单向能耗制动控制线路

电动机的启动过程可参照图 2-97 所示线路进行分析，下面主要分析其能耗制动过程的工作情况。

按下停止按钮 SB2，接触器 KM1 线圈失电，其主触点断开，电动机电枢回路断电；其辅助常开触点复位断开，接触器 KM3、KM4 线圈失电；其辅助常闭触点复位闭合，时间继电器 KT1、KT2 线圈得电，KT1、KT2 延时闭合的常闭触点瞬时断开。电动机电枢回路断电后，由于电动机的转动惯性，转子仍转动，从而在电动机电枢回路中仍有感应电动势，这一电动势使并联在电枢两端的欠电压继电器 KV 线圈带电，KV 的常开触点闭合，接触器 KM2 线圈带电，KM2 常开触点闭合，制动电阻接入电枢回路进行能耗制动，当电动机转速减小到一定值时，电枢产生的感应电动势随之减小，使欠电压继电器释放，接触器 KM2 线圈断电，其触点复位断开制动回路，能耗制动结束，电动机停止运转。

2. 反接制动

直流电动机反接制动是通过改变电枢电流方向或励磁电流的方向，来改变电磁转矩方向，形成制动力矩，迫使电动机迅速停转。并励直流电动机的反接制动通常是把正在运行的电动机的电枢电压突然反向，从而改变电枢电流的方向来实现的。但应注意的是，当电动机转速等于零时，应立即可靠地断开电枢回路的电源，防止电动机反向启动。并励直流电动机双向启动反接制动控制线路如图 2-100 所示，工作过程如下。

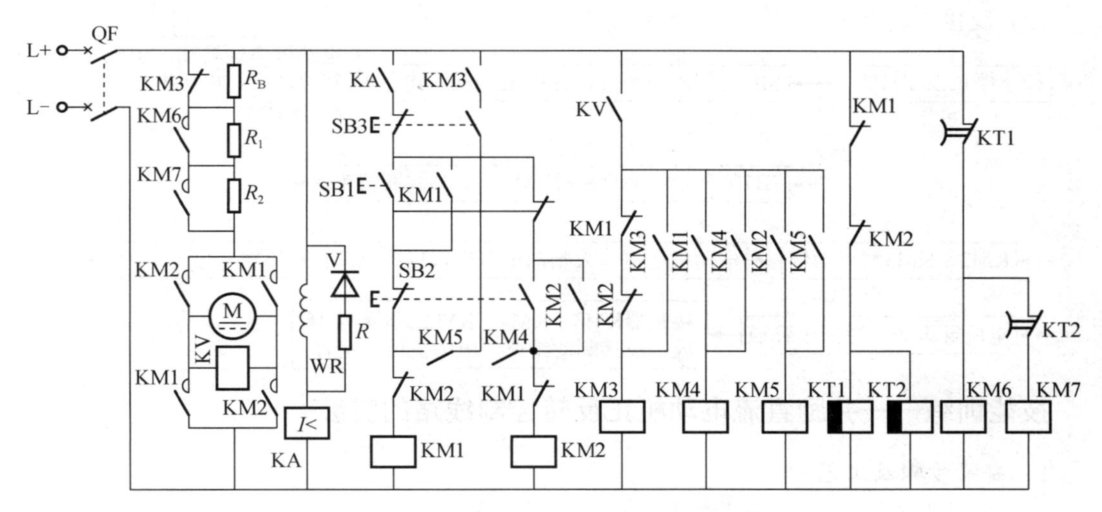

图 2-100　并励直流电动机双向启动反接制动控制线路

（1）正向启动：

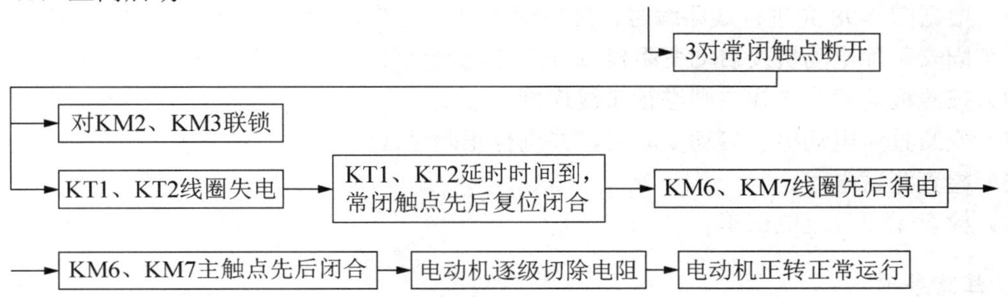

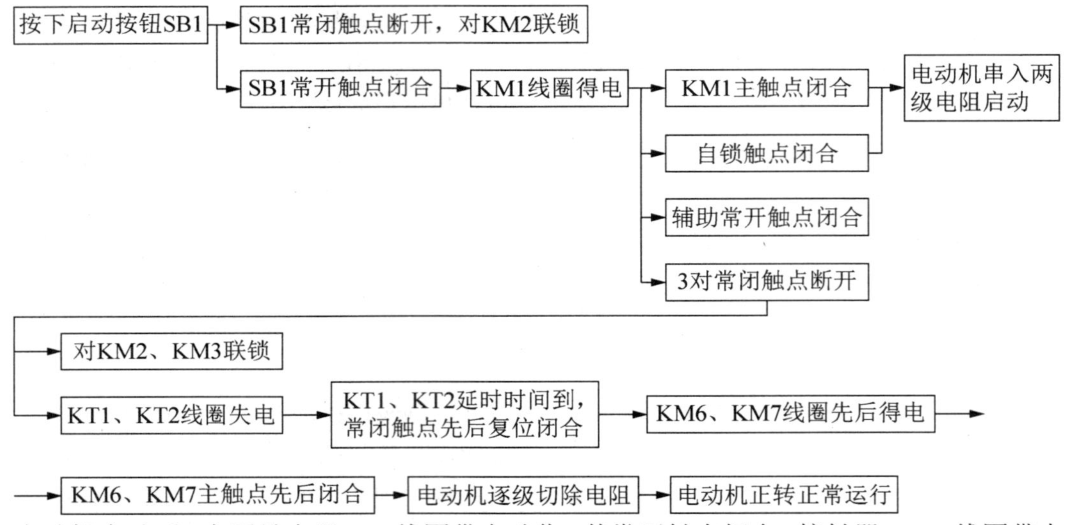

电动机启动后，电压继电器 KV 线圈带电动作，其常开触点闭合，接触器 KM4 线圈带电，其触点动作，为反接制动做准备。

（2）反接制动：

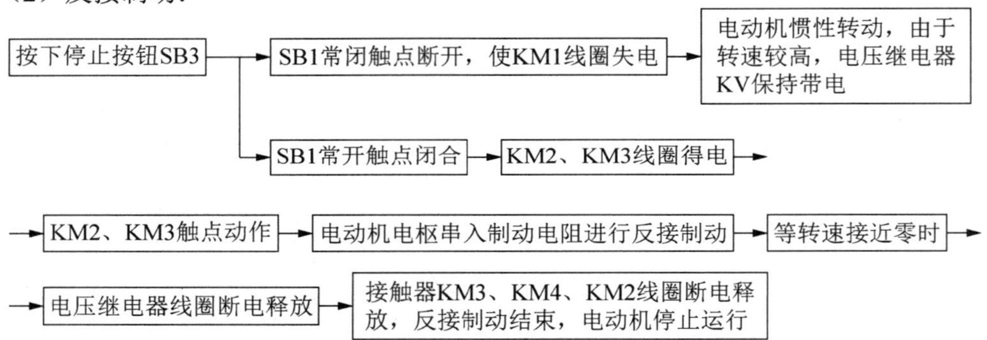

技能训练——并励直流电动机正反转控制线路的安装

1. 安装步骤及工艺

（1）根据图 2-98 选择相应的电气元件，根据实训室要求明确材料明细表并准备材料。

（2）检测安装元件的质量。

（3）根据图 2-98 先进行线路编号，然后根据电气元件的安装工艺要求，在控制板上合理布置并牢固安装除电动机及启动变阻器以外的各电气元件。

（4）按照板前明线布线原则进行布线连接。

（5）安装直流电动机、启动变阻器，并进行正确接线。

（6）检查测试电路。

（7）检查无误后通电试车。

2. 注意事项

（1）通电试车前要认真检查接线是否正确、牢固，特别是励磁绕组的接线；检查各元件动作是否正常，有无卡阻现象。

（2）将启动变阻器的阻值调到最大位置，合上低压断路器 QF，按下正转启动按钮 SB1，用钳形电流表测量电枢绕组和励磁绕组的电流，观察其大小的变化；同时观察并记下电动机的转向，待转速稳定后，用转速表测其转速。需要停车时按下 SB3，并记下自由停车所用的时间。

（3）按下反转启动按钮 SB2，用钳形电流表测量电枢绕组和励磁绕组的电流，观察其大小的变化；同时观察并记下电动机的转向，与（2）比较看是否两者相反。否则，应切断电源并检查接触器 KM1、KM2 主触点的接线是否正确，改正后重新通电试车。

（4）试车过程中有异常情况时应立即断开电源，检查时须有指导教师在现场监护。

（5）训练应在规定的时间内完成。

能力拓展

1. 线路检修

对图 2-98 所示并励直流电动机正反转控制线路进行主电路检查、控制电路检查、空载实验、带负载实验等项目。

2. 故障设置与检修

具体内容同 2.2 节能力拓展的故障设置与检修。

练　习　题

一、判断题（正确的打√，错误的打×）

1. 三相笼型异步电动机的电气控制线路，如果使用热继电器作过载保护，就不必要再装设熔断器作短路保护了。（　　）
2. 在反接制动的控制线路中，必须以时间为变化量进行控制。（　　）
3. 频敏变阻器的启动方式可以使启动平稳，克服不必要的机械冲击力。（　　）
4. 频敏变阻器只能用于三相笼型异步电动机的启动控制中。（　　）
5. 失电压保护的目的是防止电压恢复时电动机自启动。（　　）
6. 接触器不具有欠电压保护的功能。（　　）
7. 电动机采用制动措施是为了停车平稳。（　　）
8. 交流电动机的控制线路必须采用交流操作。（　　）
9. 现有四个按钮，欲使它们都能控制接触器 KM 通电，则它们的常开触点应串联到 KM 的线圈电路中。（　　）
10. 自耦变压器降压启动的方法适用于频繁启动的场合。（　　）

二、选择题（将正确答案的序号填入括号中）

1. 甲、乙两个接触器，欲实现互锁控制，则应（　　）。

   A. 在甲接触器的线圈电路中串入乙接触器的常闭触点

B．在乙接触器的线圈电路中串入甲接触器的常闭触点

C．在两接触器的线圈电路中互串对方的常闭触点

D．在两接触器的线圈电路中互串对方的常开触点

2．甲、乙两个接触器，若要求甲工作后才允许乙工作，则应（　　）。

A．在乙接触器的线圈电路中串入甲接触器的常闭触点

B．在乙接触器的线圈电路中串入甲接触器的常开触点

C．在甲接触器的线圈电路中串入乙接触器的常闭触点

D．在甲接触器的线圈电路中串入乙接触器的常开触点

3．下列电器中不能实现短路保护的是（　　）。

A．熔断器　　B．热继电器　　C．过电流继电器　　D．低压断路器

4．同一电器的各个部件在图中可以不画在一起的图是（　　）。

A．电气原理图　　B．电器布置图　　C．电气安装接线图　　D．电气系统图

三、改错题

分析题图 2-1 所示各控制电路能否实现联锁控制。若不能，说明原因，并加以改正，且指出联锁元件。

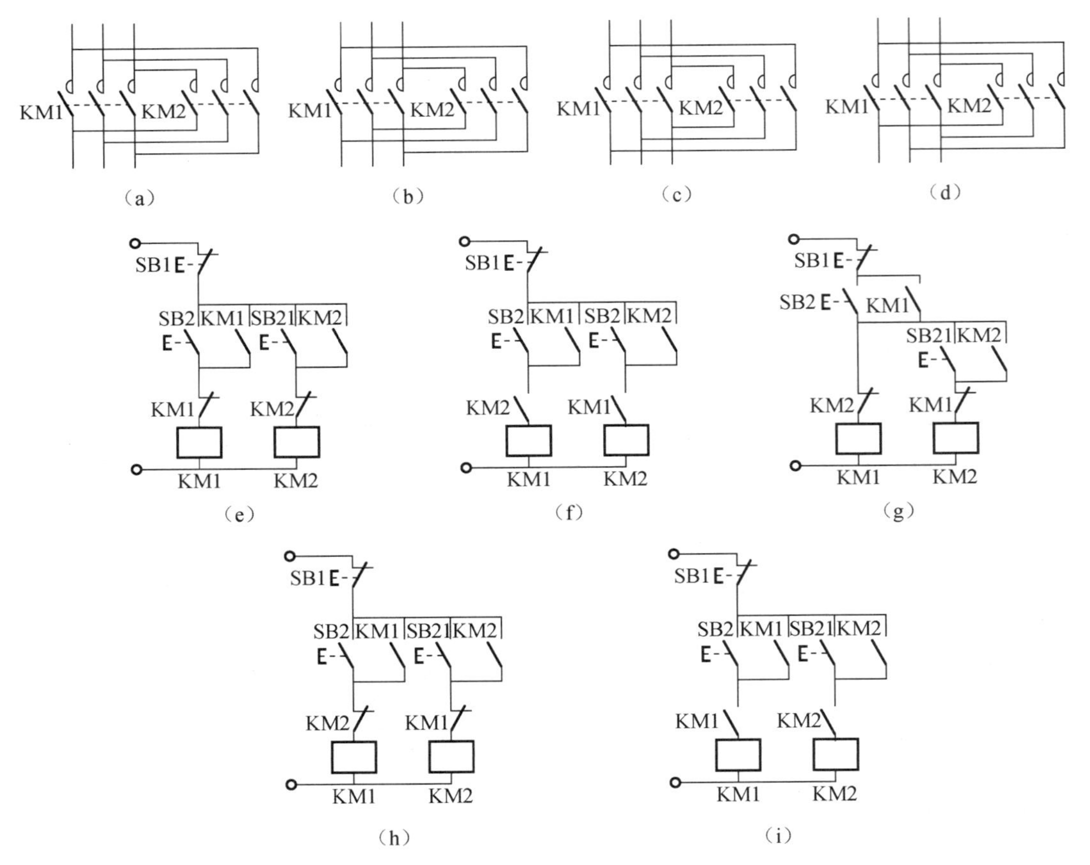

题图 2-1

四、问答题

1．电动机点动控制与连续运转控制的关键控制环节是什么？它们的主电路又有何区别？

2．什么是互锁控制？实现电动机正反转互锁控制的方法有哪两种？它们有何不同？

3．电动机可逆运行控制电路中什么是机械互锁？什么是电气互锁？

4．电动机常用的保护环节有哪些？通常它们各由哪些电器来实现其保护？

5．什么是电动机的欠电压与失电压保护，接触器和按钮控制线路是如何实现欠电压与失电压保护的？

6．笼型异步电动机在什么条件下可以直接启动？

7．某台三相笼型异步电动机，功率为 22kW，额定电流为 44.3A，电压为 380V。问各相应串联多大的启动电阻进行降压启动。

8．什么是制动？制动的方法有哪两类？

9．什么是电气制动？常用的电气制动方法有哪两种？比较说明两种制动方法的主要不同点。

10．什么是交流异步电动机的软启动和软制动？其作用是什么？

11．在电动机的控制线路中，短路保护和过载保护各由什么电器来实现？它们能否相互代替使用？为什么？

12．三相异步电动机的调速方法有哪三种？笼型异步电动机的变极调速是如何实现的？

13．双速电动机的定子绕组共有几个出线端？分别画出双速电动机在低、高速时定子绕组的接线图。

14．三速异步电动机有几套定子绕组？定子绕组共有几个出线端？分别画出三速电动机在低、中、高速时定子绕组的接线图。

15．绕线转子异步电动机有哪些主要特点，适用于什么场合？

16．说明图 2-89 中中间继电器 KA 的作用是什么？电路中如何实现零位保护？

17．在生产机械的电气控制线路中，对电动机常采用哪几种保护措施？各由什么电器来实现？

五、分析题

1．分析图 2-40 所示按钮接触器控制的自耦变压器降压启动控制线路的工作原理。

2．分析图 2-43 所示手动加自动自耦变压器降压启动控制线路的工作原理。

3．分析图 2-63 所示电动机可逆运行反接制动控制电路反方向启动、制动过程。

4．分析图 2-74 所示双速电动机按时间自动变速控制线路的工作原理。

5．分析图 2-78 所示时间继电器控制的自动三速异步电动机控制线路的工作原理。

6．分析图 2-89 所示时间继电器控制的转子串频敏变阻器启动控制线路的工作原理。

六、设计题

1．试画出点动的双重联锁正反转控制线路图。

2．某车床有两台电动机，一台是主轴电动机，要求能正反转控制；另一台是切削液泵电动机，只要求正转控制；两台电动机都要求具有短路、过载、欠电压和失电压保护，设计满足要求的控制线路图。

3．题图 2-2 所示是两条传送带运输机的示意图。请按下述要求画出两条传送带运输机的控制线路图。

（1）1 号启动后，2 号才能启动。

（2）1 号必须在 2 号停止后才能停止。

（3）具有短路、过载、欠电压及失电压保护。

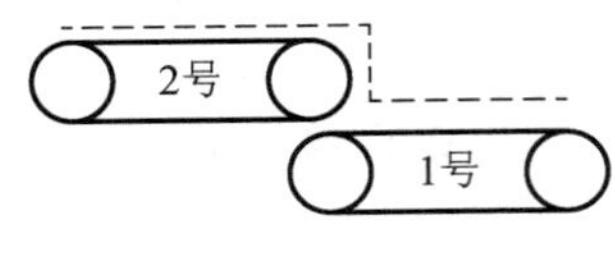

题图 2-2

4．现有一双速电动机，试按下述要求设计控制线路：

（1）分别用两个按钮操作电动机的高速启动与低速启动，用一个总停止按钮操作电动机停止。

（2）高速启动时，应先接成低速，然后经延时后再换接到高速。

（3）有短路保护和过载保护。

5．某机床主轴电动机 M，要求：

（1）可进行可逆运行。

（2）可正向点动、两处启动、停止。

（3）可进行反接制动。

（4）有短路和过载保护。

试画出其电气控制线路图。

6．有两台电动机 M0、M1，要求：

（1）按下控制按钮 SB0 后，两电动机正转，过 10s 后电动机自动停止，再过 15s 电动机自动反转。

（2）M0、M1 能同时或分别停止。

（3）控制电路应有短路、过载和零压保护环节。

试画出其电气控制线路图。

7．某台三相笼型异步电动机 M，要求：

（1）能正反转。

（2）采用能耗制动停转。

（3）有过载、短路、失电压及欠电压保护。

试画出其电气控制线路图。

8．利用断电延时型时间继电器设计三相交流异步电动机的Y-△启动控制线路。

9．用继电-接触器设计三台交流电动机相隔 3s 顺序启动同时停止的控制线路。

10．一台电动机启动后经过一段时间，另一台电动机就能自行启动，试设计控制电路。

11．两台电动机能同时启动和同时停止，并能分别启动和分别停止，试设计控制电路。

12．某生产机械要求由 M1、M2 两台电动机拖动，M2 在 M1 启动一段时间后自行启动，但 M2 可单独控制启动和停止。

13．设计一个小车运行的控制线路，小车由三相交流异步电动机拖动，其动作要求如下：

（1）小车由原位开始前进，到终端后自动停止。

（2）在终端停留 3s 后自动返回原位停止。

（3）要求能在前进或后退途中任意位置都能停止或启动。

14．题图 2-3 所示为一台四级传动带输送机，由 4 台笼型电动机 M1～M4 拖动，试按如下要求设计电路。

（1）启动时，要求按 M1—M2—M3—M4 顺序进行。

（2）正常停车时，要求按 M4—M3—M2—M1 顺序进行。

（3）事故停车时，若 M3 停车，则 M2、M1 顺序延时停车，M4 立即停车。

（4）上述所有动作均按时间原则控制。

（5）各电动机均可单独启停运行。

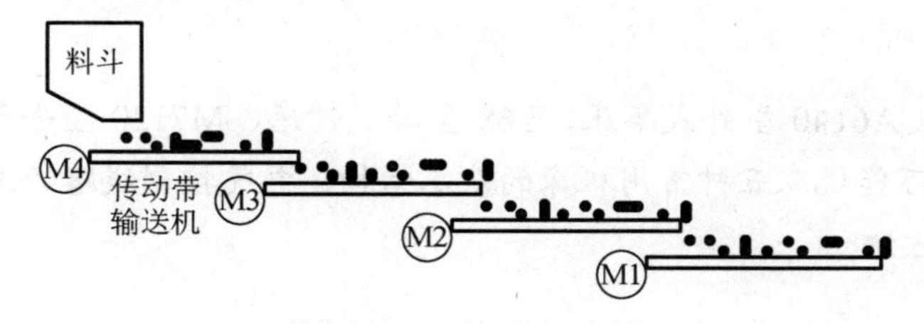

题图 2-3

第3章

常用机床电气控制线路分析

本章主要介绍CA6140型卧式车床、T68型卧式镗床、M7120型平面磨床、Z3040型摇臂钻床及X62W型万能铣床五种常用机床的基本结构、电气控制线路的工作原理、安装配线和常见故障及维修方法。

- 了解五种常用机床的基本结构。
- 掌握五种常用机床的电气控制线路的工作原理。
- 掌握五种常用机床中电气设备的安装配线。
- 掌握五种常用机床的常见故障及维修方法。

3.1 CA6140型卧式车床的分析

3.1.1 CA6140型卧式车床的基本结构

CA6140型卧式车床是一种应用极为广泛的金属切削机床，能够车削外圆、内圆、端面、螺纹和定型表面，并可以通过尾座进行钻孔、铰孔、攻螺纹等加工。该车床主要由床身、主轴箱、进给箱、溜板箱、刀架、光杠、丝杠和尾座等部件组成。CA6140型卧式车床的外形结构如图3-1所示。

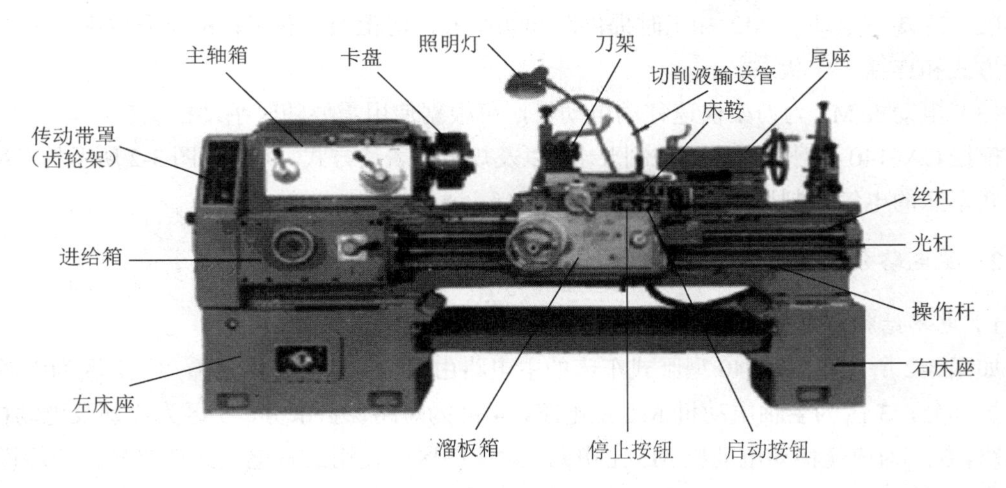

图 3-1　CA6140 型卧式车床的外形结构

主轴箱固定安装在床身的左端，其内装有主轴和变速传动机构；床身的右侧装有尾座，其上可装后顶尖以支承长工件的一端，也可安装钻头等孔加工刀具以进行钻、扩、铰孔等工序；工件通过卡盘等夹具装夹在主轴的前端，由电动机经变速机构传动旋转，实现主运动并获得所需转速；刀架的纵、横向进给运动由主轴箱经挂轮架、进给箱、光杠或丝杠、溜板箱传动。CA6140A 型卧式车床的主轴旋转、切削液供给、刀架快速移动分别由三台电动机拖动，电气控制在主轴转动箱的后方，主轴控制在溜板箱前面，刀架移动控制在拖板右侧的操作手柄上。

车削加工时，应根据工件材料、刀具种类、工件尺寸、工艺要求等来选择不同的切削速度，这就要求主轴能在相当大的范围内调速。目前，大多数中小型车床采用三相笼型异步电动机拖动，主轴的变速是靠齿轮箱的机械有级调速来实现的。车削加工时，一般不要求反转，但在加工螺纹时，为避免乱扣，要反转退刀；同时，加工螺纹时，要求工件的旋转速度与刀具的移动速度之间有严格的比例关系。为此，车床溜板箱与主轴箱之间通过齿轮传动来连接，而主运动与进给运动由一台电动机拖动。为了提高工作效率，有的车床刀架的快速移动由一台单独的进给电动机拖动。

刀具在进行车削加工时，温度较高，需用切削液来进行冷却。为此，车床备有一台冷却泵电动机，拖动冷却泵，实现刀具的冷却。有的车床还专门设有润滑泵电动机，对系统进行润滑。

3.1.2　CA6140 型卧式车床的电气控制线路

1. 电气控制要求及原理图

（1）主电动机 M1 完成主轴主运动和刀具的纵、横向进给运动的驱动，电动机为不可调速的笼型异步电动机，采用直接启动方式，主轴采用机械变速，正反转采用机械换向机构。

（2）冷却泵电动机 M2 加工时提供冷却切削液，防止刀具和工件的温升过高；采用直接启动方式和连续工作状态。

（3）电动机 M3 为刀架快速移动电动机，可根据使用需要随时手动控制启停。

根据 CA6140 型卧式车床的控制要求，以及规范的表达方式，可得到图 3-2 所示的 CA6140 型卧式车床的电气控制原理图。

2. 主电路分析

1）电路结构与电气元件

如图 3-2 所示，CA6140 型卧式车床的主电路由 1～6 区组成。其中，1、2 区为电源开关及保护部分，3 区为主轴电动机 M1 主电路，4 区为短路保护部分，5 区为冷却泵电动机 M2 主电路，6 区为快速移动电动机 M3 主电路。对应图区中使用的各电气元件符号及功能说明如表 3-1 所示。

表 3-1　CA6140 型卧式车床主电路电气元件符号及功能说明表

符号	名称及用途	符号	名称及用途
QF	电源引入断路器	KM2	冷却泵电动机启动接触器
M1	主电动机	KM3	快移电动机启动接触器
M2	冷却泵电动机	FU1、FU2	短路保护用熔断器
M3	快速移动电动机	FR1	主电动机过载保护热继电器
KM1	主电动机启动接触器	FR2	冷却泵电动机过载保护热继电器

2）工作原理分析

电路通以电源后，断路器 QF 将线电压 380V 的三相电源引入 CA6140 型卧式车床主电路。其中，主轴电动机 M1 工作状态由接触器 KM1 控制；KM1 主触点闭合，主轴电动机启动运行；其主触点断开，主轴电动机停止运行。热继电器 FR1 为主轴电动机 M1 主电路的过载保护元件，当主轴电动机过载或出现短路故障时，它能及时动作，切断接触器 KM1 线圈回路的电源，使 KM1 主触点断开，主轴电动机断电停止运行。

对冷却泵电动机和快速移动电动机的工作原理分析与主轴电动机 M1 的控制主电路相同。需要指出的是，由于快速移动电动机 M3 为短时点动工作，故而没有增设过载保护。

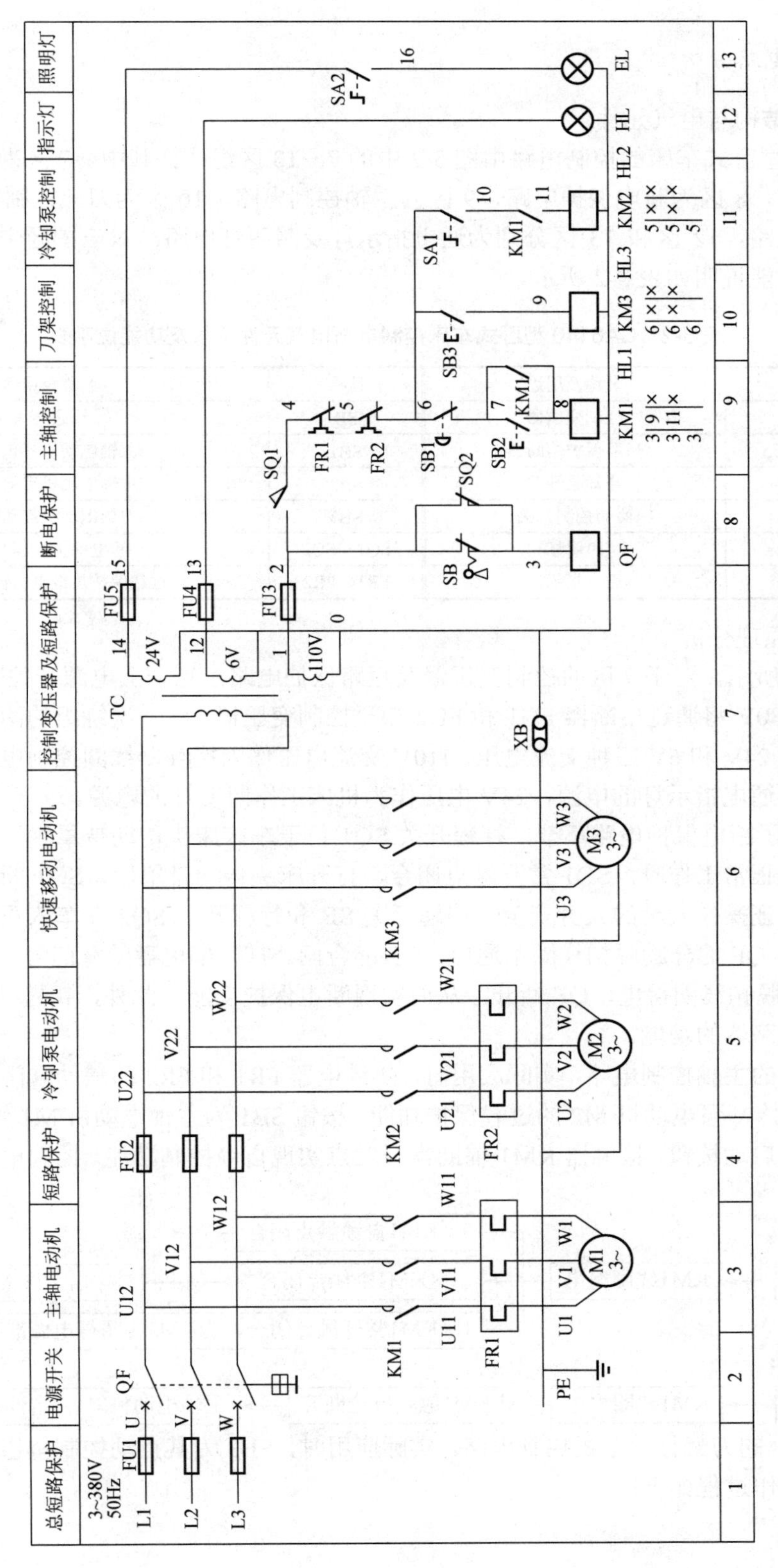

图 3-2　CA6140 型卧式车床的电气控制原理图

3．控制电路分析

1）电路结构与电气元件

CA6140 型卧式车床的控制电路由图 3-2 中的 7～13 区组成。其中，7 区为控制变压器及短路保护电路，8 区为断电保护电路，9 区为主轴控制电路，10 区为刀架控制电路，11 区为冷却泵控制电路，12 区和 13 区分别为通电指示灯及照明灯电路。对应图区中使用的各电气元件符号及功能说明如表 3-2 所示。

表 3-2　CA6140 型卧式车床控制电路电气元件符号及功能说明表

符号	名称及用途	符号	名称及用途
TC	控制变压器	SB	钥匙开关
FU3、FU4、FU5	短路保护熔断器	SB1	主轴电动机停止按钮
SA1	冷却泵开关	SB2	主轴电动机启动按钮
SA2	照明控制开关	SB3	刀架电动机点动按钮
EL	照明灯	SQ1、SQ2	断电保护行程开关
HL	通电指示灯	FR1、FR2	过载保护热继电器辅助触点

2）工作原理分析

如图 3-2 所示，对于 7 区的控制变压器及短路保护电路，当合上电源开关断路器 QF 后，交流线电压 380V 将通过熔断器 FU1 和 FU2 加至控制变压器 TC 一次绕组的两端，经过降压后输出 110V、24V 和 6V 三种交流电压，110V 交流电压作为接触器线圈控制电路的电源，6V 交流电压作为通电指示灯的电源，24V 电压作为机床工作照明灯的电源。

8 区设置了断电保护电路环节，行程开关 SQ1 位于车床床头传动带罩侧，SQ2 位于配电盘壁龛门侧。正常工作时，SQ1 常开触点闭合，打开床头传动带罩后，SQ1 断开，切断控制电路电源，保证操作人员的人身安全。钥匙开关 SB 和行程开关 SQ2 在车床正常工作时是断开的，断路器 QF 的分励脱扣线圈不通电，QF 能合闸。打开配电盘壁龛门时，SQ2 闭合，断路器 QF 分励脱扣线圈得电，QF 断开，从而实现断电保护功能。此外，钥匙开关 SB 具有远程切断电源断路器的功能。

对于 9 区的主轴控制电路，实际应用时，热继电器 FR1 和 FR2 的辅助常闭触点实现主轴电动机 M1 和冷却泵电动机 M2 的过载保护功能。按钮 SB1 为主轴电动机 M1 停止按钮，SB2 为主轴电动机启动按钮，接触器 KM1 辅助常开触点实现自锁控制功能。控制电路的工作过程如下：

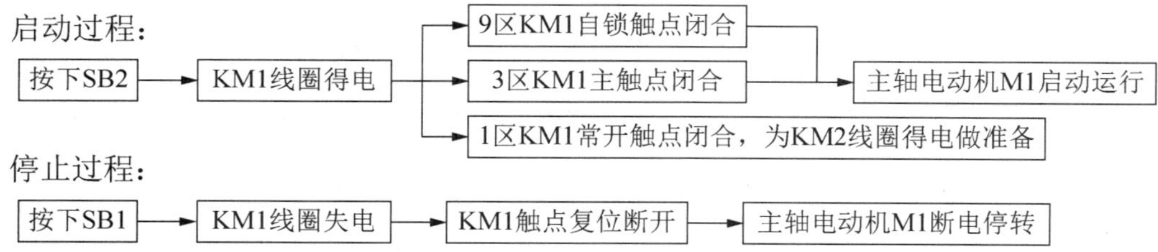

对于 10 区的刀架移动电机控制电路，实际应用时，SB3 为其点动控制按钮。刀架电动机控制电路的工作过程如下：

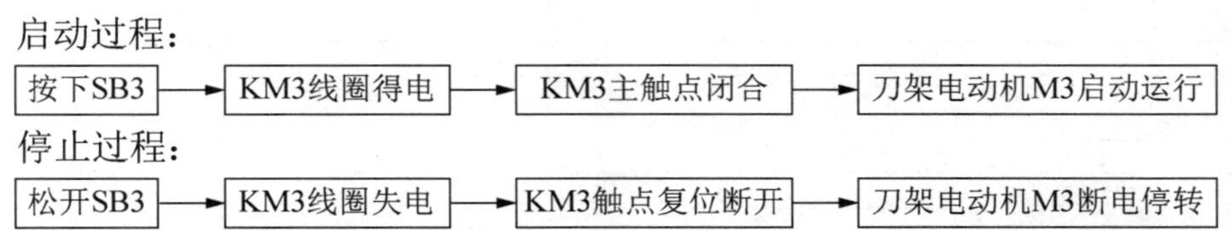

对于 11 区的冷却泵电动机控制电路，实际应用时，冷却泵电动机与主轴电动机实现顺序控制，其工作状态受主轴电动机控制接触器 KM1 的辅助常开触点控制，SA1 为冷却泵电动机的控制开关，采用旋钮式开关，串接于接触器 KM1 常开触点与 KM2 线圈的回路。只有在接触器 KM1 线圈得电，主轴电动机 M1 启动运行，KM1 的常开触点闭合，此时，将 QS2 旋转至启动位置，冷却泵电动机 M2 才能启动运行。冷却泵电动机控制电路的工作过程如下：

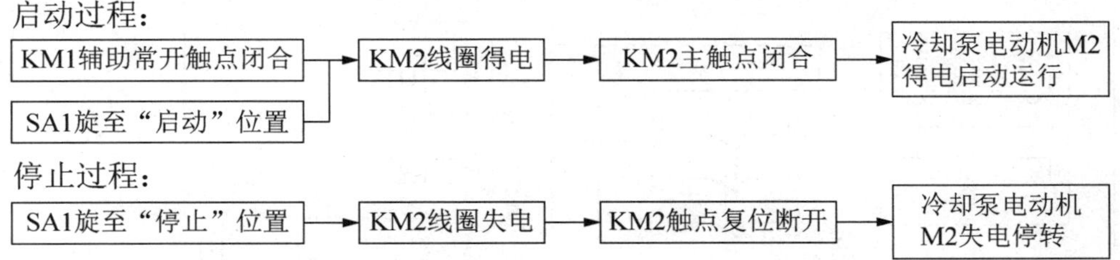

对于 12 区和 13 区的照明灯及信号指示灯电路，实际应用时，HL 为通电指示灯，由变压器 TC 二次侧 6V 电源供电，合上电源开关断路器 QF 后，将被直接点亮，用于指示车床电气系统已通电，可以准备下一操作步骤；EL 为车床低压照明灯，由开关 SA2 单独控制。

技能训练——CA6140 型卧式车床电气设备的安装接线与调试

1. CA6140 型卧式车床电气设备的安装接线

1）电气安装板的制作

电气安装板可采用 2.5～5mm 钢板制作，上面覆盖一张 1mm 左右的布质酚醛层压板，也可把钢板涂上防锈漆。钢板要求无毛刺并倒角，四边呈直角，表面平整。

电气元件准备齐全，元件布置要合理，电气设备、元件的布置应注意以下几方面。

（1）体积大和较重的电气设备、元件应安装在电气安装板的下方，而发热元件应安装在电气安装板的上面。

（2）强电、弱电应分开，弱电应加屏蔽，以防止外界干扰。

（3）需要经常维护、检修、调整的电气元件的安装位置不宜过高或过低。

（4）电气元件的布置应考虑整齐、美观、对称。外形尺寸与结构类似的电器安装在一起，以利于安装和配线。

（5）电气元件布置不宜过密，应留有一定间距。如用走线槽，应加大各排电器间距，以利于布线和故障维修。

布置好电气元件后，用划针在底板上画出元件的装配孔位置，然后拿开所有元件，核对每一个元件的安装孔尺寸，然后钻中心孔、攻螺纹，最后上漆。

2）电气元件的安装与接线

CA6140 型卧式车床电气安装接线图如图 3-3 所示。要求电气元件与底板保持横平竖直，所有元件在底板固定牢靠，不得有松动的现象。安装接触器时，要求散热孔朝上。

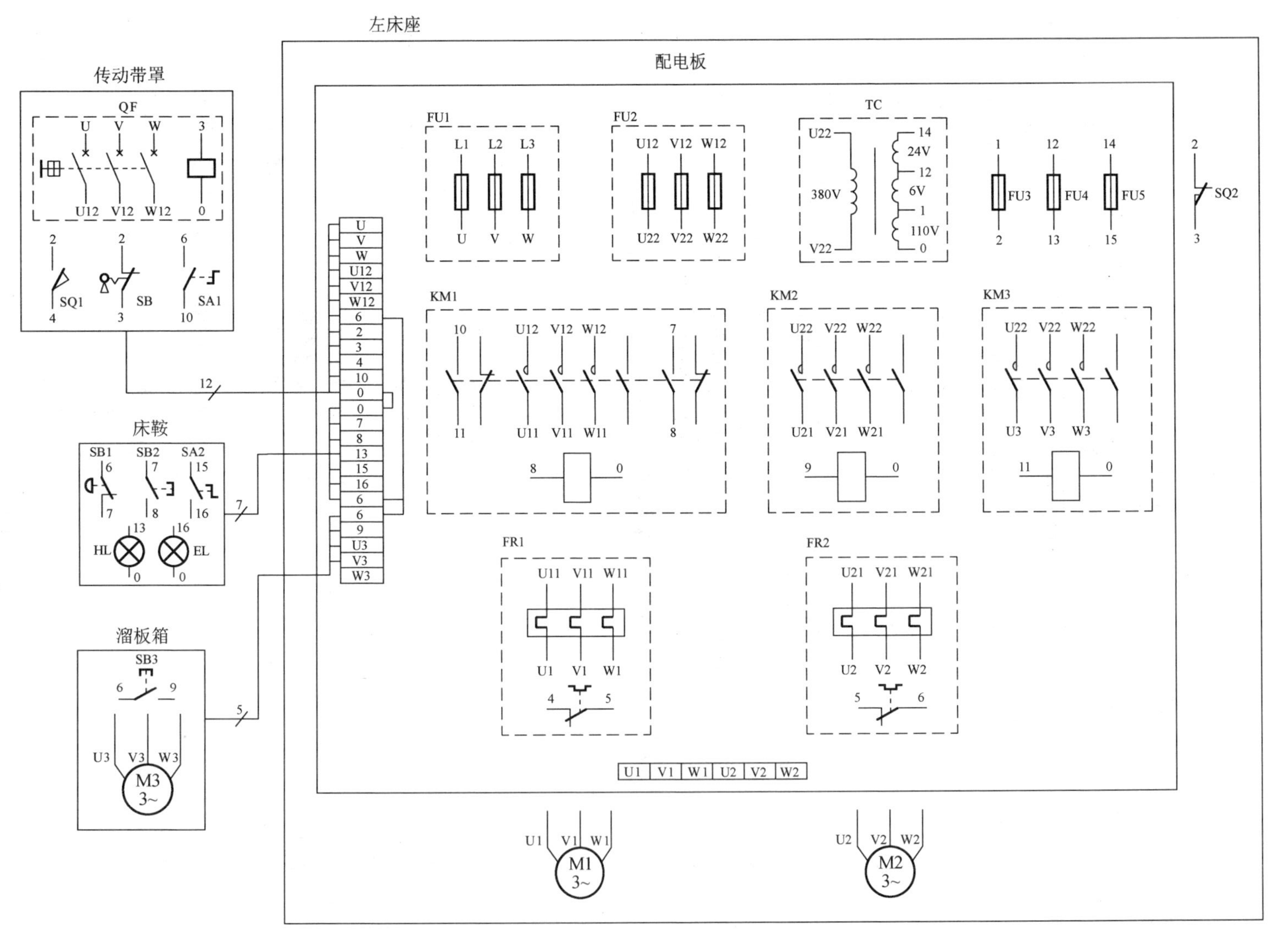

图 3-3　CA6140 型卧式车床电气安装接线图

（1）绘制接线图。接线图用来表明电气设备或装置之间的接线关系，清楚地表明电气设备外部元件的相对位置及它们之间的电气连接，是实际安装布线的依据。安装接线图主要用于电器的安装接线、线路检查、线路维修和故障处理，通常接线图与电气原理图和元件布置图一起使用。电气接线图的绘制原则如下。

① 各电气元件均按实际安装位置绘出，元件所占图面按实际尺寸以统一比例绘制，尽可能符合电器的实际情况。

② 一个元件中所有的带电部件均画在一起，并用线框起来，即采用集中表示法。

③ 各电气元件的图形符号和文字符号必须与电气原理图一致，并符合国家标准。

④ 各电气元件上凡是需接线的部件端子都应绘出，并予以编号，各接线端子的编号必须与电气原理图上的导线编号相一致。

⑤ 绘制安装接线图时，走向相同的相邻导线可以绘成一股线，需要时可标注导线数量。

（2）敷线工作。敷设方法可采用走线槽敷设法或沿板面敷设法两种，前者采用塑料绝缘软铜导线，后者采用塑料绝缘单芯硬铜导线。下面主要介绍采用硬铜导线的敷设操作方法。

① 确定敷设位置时要根据原理图并结合安装接线图，明确走线连接方向，在电气安装板上量出元件间实际要连接导线的长度，包括连接长度及弯曲余度，剪切导线进行敷设。敷设时，在平行于板面方向上的导线应平直；在垂直于板面方向上的导线，其高度应相同，以保证工整、美观，尽量减少线路交叉。

② 敷设完毕后要进行修整，固定并绑扎导线。

③ 对于导线与端子的连接，当导线根数不多且位置宽松时，采用单层分列；若导线较多，位置狭窄，不能很好地布置成束，则采用多层分列，即在端子排附近分层之后，再接入端子。导线接入端子前先要根据实际需要剥切出连接长度（不宜过长或过短，一般在 1cm 左右），除锈和清污，然后套上编码套管，再与接线端子可靠地连接。连接导线一般不走架空线，不跨越元件，不交叉，使板面整齐、美观。

3）连接主电路

主电路的连线一般采用较粗的 2.5mm^2 单股 BV 铜导线，配线方法及步骤如下。

（1）连接电源开关断路器 QF 与熔断器 FU1 和接触器 KM1 之间的导线。

（2）连接热继电器 FR1 与接触器 KM1。

（3）连接热继电器 FR1 与端子 U1、V1、W1 之间的导线。

（4）连接熔断器 FU2 与接触器 KM2、KM3 之间的导线。

（5）连接热继电器 FR2 与接触器 KM2 和端子 U2、V2、W2 之间的导线，同样连接好接触器 KM3 和端子 U3、V3、W3 之间的导线。

（6）全部连接好后检查有无漏线或接错。

4）连接控制电路

控制电路一般采用 1.5mm^2 单股 BV 铜导线，配线方法及步骤如下。

（1）连接控制电源变压器 TC 与熔断器 FU3、FU4、FU5 之间的导线。

（2）连接热继电器辅助触点 FR1 与 FR2 及接线端子排之间的导线。

（3）连接接触器 KM1 线圈与辅助常开触点及接线端子排之间的导线。

（4）连接接触器 KM2 线圈与 KM1 辅助常开触点及接线端子排之间的导线。

（5）连接接触器 KM3 线圈与接线端子排之间的导线。

（6）分别连接控制熔断器 FU3、FU4、FU5 与接线端子排之间的导线。

（7）分别连接 KM1、KM2、KM3、QF、HL、EL 的工作地线，并与变压器 TC 和端子排连接好。

5）检查线路

连接结束后，要对照原理图、接线图，检查主电路和控制电路，检查布线是否合理、正确，所有接线螺钉是否拧紧、牢固，导线是否平直、整齐。

2. CA6140 型卧式车床的调试

1）电气系统的检查

（1）测量电动机 M1、M2、M3 绕组间、对地绝缘电阻是否大于 0.5MΩ，否则要浸漆烘干处理；测量线路对地电阻是否大于 3MΩ；检查电动机是否转动灵活，轴承有无缺油等异常现象。

（2）检查低压断路器、熔断器是否和元件明细一致，热继电器调整是否合理。

（3）检查主电路、控制电路所有电气元件是否完好、动作是否灵活，有无掉线漏接和螺钉松动等现象；接地系统是否可靠。

（4）检查主电路是否短路。断开控制变压器 TC 的一次回路，用绝缘表测量相间、相对地间是否有短路或绝缘损坏现象。

（5）检查控制电路是否短路。断开控制变压器 TC 的二次回路，用万用表 $R\times1$ 挡测量电源线与中性线或保护地线之间是否短路。

（6）检查电源。首先接通电源，用万用表检查三相电源电压是否正常，然后拔取控制电路的熔断器，接通机床电源开关，观察有无异象，如打火、冒烟，熔丝熔断、有异味，检测控制变压器 TC 输出电压是否正常。如有异常，应立即关断机床电源，然后进行检查处理。

2）机床电气的调试

（1）控制电路通电试车。先将电动机 M1、M2、M3 接线端的导线拆开，用绝缘胶布包好线头，然后按以下试车调试方法和步骤进行操作。

① 合上断路器 QF，检查熔断器 FU1、FU2 前后有无 380V 电压。

② 检查控制变压器 TC 一次绕组和二次绕组的电压是否分别为 380V、24V、6V 及 110V，再检查 FU3、FU4、FU5 后面的电压是否正常。电源指示灯 HL 是否点亮。

③ 按下启动按钮 SB2，接触器 KM1 是否吸合，按下停止按钮 SB1，KM1 应释放。

④ 用同样的方法按下 SB3 观察 KM3 动作是否正常。

⑤ 按下 SB2 后接通冷却泵电动机开关 SA1 观察 KM2 的工作情况。

⑥ 旋转照明控制开关 SA2，照明灯 EL 应点亮。

（2）主电路通电试车。注意，必须在控制电路调试正常的情况下方可对主电路通电试车。首先断开机械负载，分别连接电动机与接线端子 U1、V1、W1、U2、V2、W2、U3、V3、W3 之间的连线；然后按照控制电路试车步骤中的（3）～（6）项进行测试，检查主轴电动机 M1、冷却泵电动机 M2 和快速移动电动机 M3 运转是否正常，电动机转向是否与工艺要求相同。经过一段时间后，观察电动机有无异常响声、异味、冒烟、振动和温升过高等异常现象。

让电动机带载运行，按照控制电路试车步骤中的（3）～（6）项进行测试，检查是否满足工艺要求，观察电动机有无异常响声、异味、冒烟、振动和温升过高等异常现象。

能力拓展

1. CA6140 型卧式车床常见电气故障的检查与分析

CA6140 型卧式车床常见电气故障如表 3-3 所示。

表 3-3 CA6140 型卧式车床常见电气故障表

序号	故障现象	故障原因	处理方法
1	合上电源开关 QF，电源指示灯 HL 不亮	合上照明灯开关 SA1，观察照明灯是否亮。 1. 若照明灯亮，则说明控制变压器 TC 之前的线路没有问题。 2. 若照明灯不亮，则故障可能发生在控制变压器之前，也可以考虑电源指示灯和照明灯线路同时出问题，一般应先从控制变压器前查起	1. 检查熔断器 FU4 是否熔断；指示灯泡是否烧坏；灯泡与灯座之间接触是否良好。以上都没有问题，则需要检查有无 6V 电压。可用万用表的交流 10V 挡或用 6V 试灯，从指示灯 HL 的灯座倒着往前测量到控制变压器 TC 的 6V 绕组输出接线端，也可顺着从变压器测量到灯座，通过测量即可确定是连线问题，还是控制变压器的 6V 绕组问题或是某处有接触不良的问题。 2. 检查熔断器 FU2 是否熔断，若没有问题，则可用万用表的交流 500V 挡测量电源开关 QF 输出端 U11、V11 之间电压是否正常。若不正常，再检查电源开关输入电源进线端，从而可判断出是电源进线无电压，还是电源开关接触不良或损坏；若 U11、V11 之间电压正常，可再检查控制变压器 TC 输入接线端电压是否正常。若不正常，应检查电源开关输出到控制变压器输入之间的线路，即连线是否有问题、熔断器接触是否良好等。若变压器输入电压正常，可再测量变压器 6V 绕组输出端的电压是否正常。若不正常，则说明控制变压器有问题；若 6V 电压正常，则说明电压指示灯和照明灯线路同时出问题，可按前面的步骤进行检查，直到查出故障点
2	合上电源开关 QF，电源指示灯 HL 亮，合上照明灯开关 SA2，照明灯 EL 不亮	照明灯泡是否烧坏	若是，检修并更换
		熔断器 FU5 是否熔断	若是，查明熔断原因检修并更换
		若以上都没有问题，可能是熔断器 FU5 对公共端无电压	用万用表交流 50V 挡或用 24V 试灯检查电压 1. 若熔断器一端有电压一端无电压，说明熔断器熔丝与熔断器底座之间接触不良。 2. 若熔断器两端均无电压，应检查控制变压器 TC 的 24V 绕组输出端。若有电压，则是变压器输出到熔断器之间的连线有问题；若无电压，则是控制变压器 24V 绕组有问题。 3. 若熔断器两端均有电压，再检查照明灯两端有无电压。若有电压，说明照明灯泡与灯座之间接触不好；若无电压，可继续检查照明灯开关两端的电压，从而判断出是连线问题还是灯开关的问题
3	启动主轴，电动机 M1 不转动	在电源指示灯亮的情况下： 1. 接触器 KM1 线圈不能得电吸合。 2. 若接触器 KM1 线圈能够吸合，电动机 M1 还是不转动	1. 检查热继电器触点 FR1、FR2 是否动作了未复位，熔断器 FU3 是否熔断。若没有问题，可用万用表交流 250V 挡逐级检查接触器 KM1 线圈回路的 110V 电压是否正常，从而判断出是控制变压器 110V 绕组的问题，还是接触器 KM1 线圈烧坏，或是回路中的连线有问题。 2. 用万用表交流 500V 挡检查接触器主触点的输出端有无电压。若无电压，可再测量 KM1 主触点的输入端，若还没有电压，则只能是 U12、V12、W12 到接触器 KM1 输入端的连线有问题；若 KM1 输入端有电压，则是 KM1 的主触点接触不良；若 KM1 输出端有电压，则应检查电动机 M1 有无进线电压。若无电压，说明接触器 KM1 输出端到电动机 M1 进线端之间有问题（包括热继电器 FR1 和相应的连线）；若电动机 M1 进线电压正常，则只能是电动机本身的问题。另外，若电动机 M1 断相，或者因为负载过重，也可能引起电动机不转，应进一步检查判断

续表

序号	故障现象	故障原因	处理方法
4	启动主轴，电动机 M1 转得很慢，并发出“嗡嗡”声	典型的电动机断相运行	发现电动机断相运行时，应立即按下按钮 SB1 使接触器 KM1 主触点处于断开状态，分别用电压测量法和电阻测量法进行故障检测，具体如下。 1．以接触器 KM1 主触点为分界点，在主触点上方采用电压测量法，即用万用表交流 500V 挡检测主触点输入端的三相电压，若电压正常，就切断低压断路器 QF 的电源。在主触点下方采用电阻测量法，用万用表 $R\times100$（或 $R\times1k$）挡分别测量输出端的三相回路（U11 与 V11 之间、U11 与 W11 之间、V11 与 W11 之间）是否导通，若导通则故障在主触点上。 2．当判断出故障在 KM1 主触点上时，应先断开 QF，然后按下 KM1 动作试验按钮，分别检测三对主触点接触是否良好。若电阻值很大，则说明接触不良；若电阻很小近为零，则说明无故障，进入下步检修。 3．若检测出接触器 KM1 输入端电压不正常，则说明故障范围在主触点上方；若检测出其输出端三相回路导通不正常，则说明故障在主触点下方
5	主轴电动机能启动，但不能自锁或工作中突然停转	接触器 KM1 的自锁触点接触是否良好	若接触不良好，按下主轴启动按钮 SB2 后，接触器线圈 KM1 得电吸合，主轴电动机转动，但松开启动按钮 SB2，由于 KM1 的自锁回路问题无法自锁，KM1 线圈不能正常得电，主轴电动机停转；也可能主轴启动时，KM1 的自锁回路起作用，但由于接触不良的现象存在，在工作中瞬间断开一下，就会使 KM1 线圈不能正常得电而使主轴停转。另外，当接触器线圈 KM1 的控制电路（启动按钮 SB2 除外）的任何地方有接触不良的现象，都可能出现主轴电动机工作中突然停转的现象
6	按停止按钮 SB1，主轴不停转	断开电源开关 QF，观察接触器线圈 KM1 是否能失电释放	若 KM1 能释放，说明 KM1 的控制线路有短路现象，应进一步排查；若 KM1 不能释放，说明接触器内部有机械卡死现象或接触器主触点因“熔焊”而黏合，需要修理
7	合上冷却泵开关，冷却泵电动机 M2 不转动	冷却泵必须在主轴运转时才能运转，启动主轴电动机，在主轴正常运转的情况下，检查接触器线圈 KM2 是否得电吸合： 1．不吸合。 2．吸合	1．检查接触器线圈 KA1 两端有无电压。若有电压，说明 KM2 的线圈损坏；若无电压，应检查 KM1 的辅助触点，冷却泵开关 SA1 是否接触良好，相关连线是否接好。 2．检查电动机 M2 的进线电压有无断相，电压是否正常。若正常，说明冷却泵电动机或冷却泵有问题；若电压不正常，应进一步检查热继电器 FR2 是否烧坏、接触器线圈 KM2 的主触点是否接触不良、熔断器 FU2 是否熔断，以及相关的连线是否连接好
8	按下 SB3，刀架不移动	主轴和冷却泵电动机都运转正常的情况下： 1．接触器线圈 KM3 能够得电吸合。 2．接触器线圈 KM3 不能得电吸合	1．检查线圈 KM3 的主触点是否接触不良、相关连线是否连接好、快速移动电动机 M3 是否有问题、机械负载是否有卡死现象。 2．应检查 KM3 的线圈是否烧坏、SB3 是否接触不上，以及相关连线是否连接好
9	冷却泵或快速移动电动机转得很慢，并发出“嗡嗡”声	冷却泵或快速移动电动机发生了断相运行	处理方法同主轴电动机

另外，常见故障排除时的注意事项如下。

（1）发现熔断器熔断故障后，不要急于更换熔断器的熔丝，而应仔细分析熔断的原因。若是负载电流过大或有短路现象，应进一步查出故障并排除后，再更换熔断器熔丝；若是容量选小了，应根据所接负载重新核算，选用合适的熔丝；若是接触不良，应对熔断器座进行修理或更换。

（2）对于电动机、变压器、接触器或按钮、开关的故障，可对设备进行维修，如果设备损坏严重而无法修理，则应更换新的。为了减少设备的停机时间，亦可先用新的电气元件将故障元件替换下来再修理。

（3）接触器主触点“熔焊”的故障现象，很可能是由负载短路造成的，一定要将负载的问题解决后再试车。

（4）由于故障的诊断或修理，许多情况下需要带电操作，所以一定要严格遵守电工操作规则，注意安全。

2. CA6140 型卧式车床的故障设置与检修

1）故障设置

在控制电路或主电路中人为设置两处或以上故障点。

2）检修方法

（1）用实验法观察故障现象，给电动机通电，按下启动按钮后观察电动机的运行状态，如有异常情况立即断电检查。

（2）用逻辑分析法判断故障范围，并尽量在电路图中判断出大概出现故障的地点。

（3）用测量法准确找出故障点。

（4）根据故障情况迅速做出处理，检修、排除故障。

（5）检修完成后通电试车。

3.2　T68 型卧式镗床的分析

3.2.1　T68 型卧式镗床的基本结构

T68 型卧式镗床是一种精密加工机床，主要用于加工精度高的孔，以及各孔间距离要求较为精确的零件，如一些箱体零件（如机床变速箱、主轴箱）等，往往需要加工数个尺寸不同的孔，这些孔尺寸大，精度要求高，且孔的轴心线之间有严格的同轴度、垂直度、平行度与距离的精确性等要求，这些都是钻床难以胜任的。

卧式镗床主要由床身、主轴箱、前立柱、后立柱、上溜板、下溜板和工作台等部分组成，其外形结构示意图如图 3-4 所示。

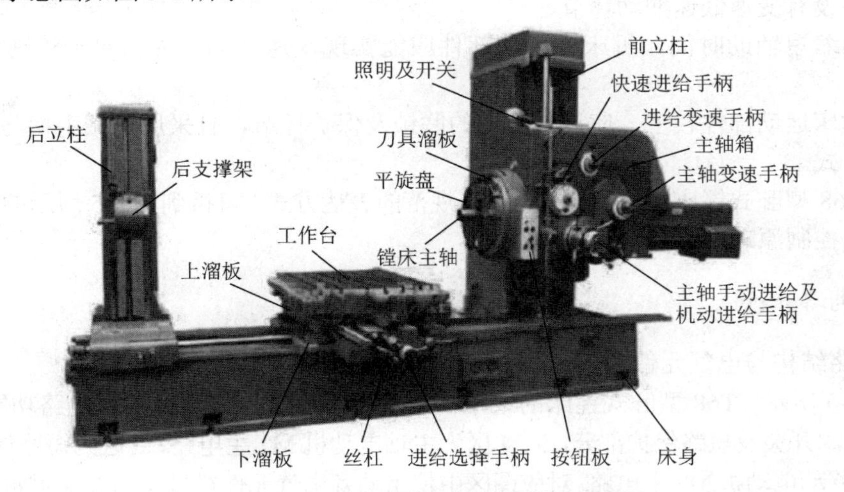

图 3-4　T68 型卧式镗床的外形结构示意图

床身是一个整体的铸件，在它的一端固定有前立柱，在前立柱的垂直导轨上装有主轴箱，并由悬挂在前立柱空心部分内的对重来平衡，可沿导轨垂直移动。主轴箱内装有主轴部分、主轴变速箱、进给箱与操纵机构等部件。切削刀具装在平旋盘上的刀具溜板上。在工作过程中，镗轴一面旋转，一面沿轴向做进给运动。平旋盘只能旋转，装在其上的刀具溜板做径向进给运动。平旋盘主轴为空心轴，镗轴穿过其中空部分，经由各自的传动链传动。因此，镗轴与平旋盘可独自旋转，也可以不同转速同时旋转，但一般情况下大多使用镗轴，只有用车刀切削端面时才使用平旋盘。

在床身的另一端装有后立柱，后立柱可沿床身导轨在镗轴轴线方向调整位置。在后立柱导轨上安放有尾座，用来支撑镗杆的末端，它随镗头架同时升降，保证两者的轴心在同一直线上。

安装工件的工作台安放在床身中部的导轨上，它由下溜板、上溜板与可转动的工作台组成。下溜板可沿床身导轨做纵向运动，上溜板可沿下溜板上的导轨做横向运动，工作台相对于上溜板可做回转运动。

T68 型卧式镗床的主要运动形式包括主运动、进给运动和辅助运动。

（1）主运动包括镗轴与平旋盘的旋转运动。

（2）进给运动包括镗轴的轴向进给、平旋盘刀具溜板的径向进给、主轴箱沿前立柱导轨的垂直进给、工作台的纵向进给与横向进给。

（3）辅助运动包括工作台的回转、后立柱的轴向水平运动及后支撑架的垂直移动。

3.2.2 T68 型卧式镗床的电气控制线路

1. 电气控制要求及原理图

（1）卧式镗床的主运动与进给运动由一台电动机拖动。主轴拖动要求恒功率调速，且要求正、反转，一般采用单速或多速笼型异步电动机拖动。为扩大调速范围，简化机械变速机构，可采用晶体管控制的直流电动机调速系统。

（2）为满足加工过程调整工作的需要，主轴电动机应能实现正、反转点动控制。

（3）要求主轴制动迅速、准确，为此设有电气制动环节。

（4）主轴及进给变速可在开车前预选，也可在工作过程中进行，为便于变速时齿轮的顺利啮合，应设有变速低速冲动环节。

（5）为缩短辅助时间，机床各运动部件应能实现快速移动，并由单独快速移动电动机拖动。

（6）镗床运动部件较多，应设置必要的联锁及保护环节，且采用机械手柄与电气开关联动的控制方式。

根据 T68 型卧式镗床的控制要求，以及规范的表达方式，可得到图 3-5 所示的 T68 型卧式镗床的电气控制原理图。

2. 主电路分析

1）电路结构与电气元件

如图 3-5 所示，T68 型卧式镗床的电路由 1～32 区组成。1～7 区为主电路功能区，其中，1、2 区为电源开关及短路保护部分，3、4 区为主轴电动机 M1 主电路，5 区为短路保护部分，6、7 区为快速移动电动机 M2 主电路。对应图区中使用的各电气元件符号及功能说明如表 3-4 所示。

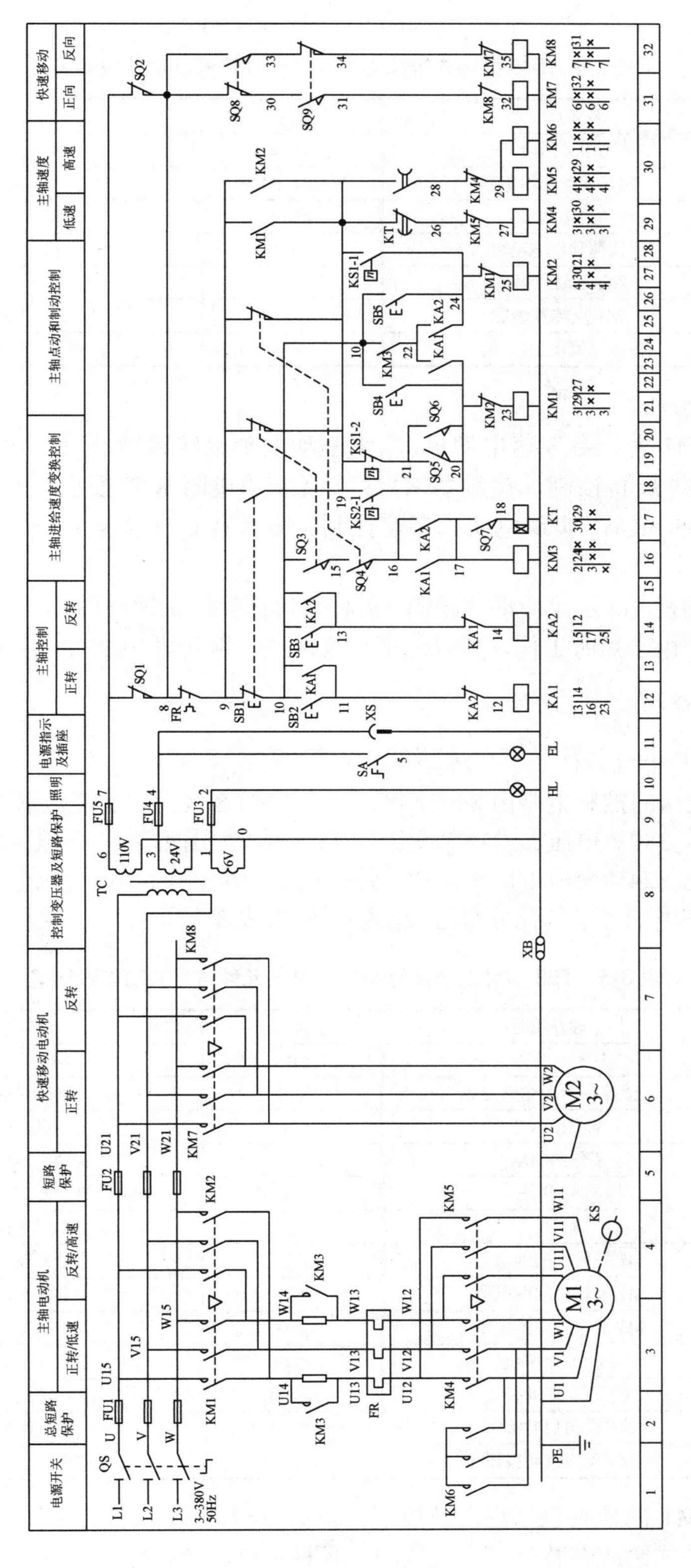

图 3-5　T68 型卧式镗床的电气控制原理图

表 3-4 T68 型卧式镗床电路电气元件符号及功能说明表

符号	名称及用途	符号	名称及用途
QS	电源引入组合开关	KM4	M1 低速接触器
FU1、FU2	短路保护用熔断器	KM5、KM6	M1 高速接触器
M1	主电动机	KM7	M2 正转接触器
M2	快速移动电动机	KM8	M2 反转接触器
KM1	M1 正转接触器	R	限流电阻
KM2	M1 反转接触器	FR	M1 过载热继电器
KM3	短接限流电阻接触器	KS	反接制动速度继电器

2）工作原理分析

主轴电动机 M1 为一台双速电动机，用来驱动主轴旋转运动及进给运动。接触器 KM1、KM2 分别实现正、反转控制，接触器 KM3 实现制动电阻 R 的投切，KM4 实现低速控制和制动控制，KM5、KM6 实现电动机高速控制。熔断器 FU1 实现短路保护，FR 作为过载保护。

快速移动电动机 M2 用来驱动主轴箱、工作台等部件的快速移动，由 KM7、KM8 分别实现正、反转控制，由于短时工作，所以无须过载保护，熔断器 FU2 作为短路保护。

3. 控制电路分析

1）电路结构与电气元件

T68 型卧式镗床的控制电路由 8～32 区组成。其中，8 区为控制变压器部分，实际应用时，闭合组合开关 QS，380V 电压加给控制变压器 TC 一次绕组两端，经降压后输出 110V 交流电压为控制电路供电；24V 交流电用于照明，并提供了一个插座；6V 交流电用于通电的信号指示。对应图区中使用的各电气元件符号及功能说明如表 3-5 所示。

表 3-5 T68 型卧式镗床控制电路电气元件符号及功能说明表

符号	名称及用途	符号	名称及用途
TC	控制变压器	SB5	M1 反向点动按钮
FU3～FU5	短路保护用熔断器	SQ1	主轴联锁保护行程开关
HL	电源指示灯	SQ2	主轴联锁保护行程开关
EL	工作照明灯	SQ3	主轴变速控制行程开关
SA	照明开关	SQ4	进给变速控制行程开关
XS	插座	SQ5	主轴变速控制行程开关
KA1	M1 正转中间继电器	SQ6	进给变速控制行程开关
KA2	M1 反转中间继电器	SQ7	高速控制行程开关
KT	M1 变速时间继电器	SQ8	反向快速进给行程开关
SB1	M1 停止按钮	SQ9	正向快速进给行程开关
SB2	M1 正向启动按钮	KS1-1	正转制动常开触点
SB3	M1 反向启动按钮	KS1-2	速度限制常闭触点
SB4	M1 正向点动按钮	KS2-1	反转制动常开触点

主轴电动机 M1 的控制包括正反转控制、制动控制、高低变速控制、点动控制及变速冲动控制。T68 型卧式镗床在整个工作过程中，各种手柄的运动操作会使得各个行程开关处于

相应的通断状态。各行程开关的功能及工作状态如表 3-6 所示。

表 3-6 T68 型卧式镗床各行程开关的作用及工作状态

行程开关	功能	状态
SQ1	主轴箱、工作台进给联锁保护	主轴箱、工作台进给时触点断开
SQ2	主轴进给联锁保护	主轴进给时触点断开
SQ3	主轴变速控制	主轴变速前，手柄未拉出，常开触点被压合，常闭触点断开
SQ4	进给变速控制	进给变速前，手柄未拉出，常开触点被压合，常闭触点断开
SQ5	主轴变速冲动	主轴变速后，手柄拉出但推不上时触点被压合
SQ6	进给变速冲动	进给变速后，手柄拉出但推不上时触点被压合
SQ7	高低速转换控制	高速时触点被压合，低速时触点断开
SQ8	反向快速进给	反向快速进给时，常开触点被压合，常闭触点断开
SQ9	正向快速进给	正向快速进给时，常开触点被压合，常闭触点断开

主轴电动机 M1 在反接制动及变速冲动控制时，需要速度继电器的辅助触点进行配合。速度继电器的作用及工作状态如表 3-7 所示。

表 3-7 T68 型卧式镗床速度继电器的作用及工作状态

速度继电器	功能	状态
KS1-1	主轴电动机正转制动	主轴电动机正向转动时达到 120r/min 时触点被压合
KS1-2	主轴电动机速度限制	主轴电动机正向转速低至 100r/min 时触点复位
KS2-1	主轴电动机反转制动	主轴电动机反向转动时达到 120r/min 时触点被压合

2）工作原理分析

（1）主轴电动机点动控制。主轴电动机点动控制时低速运行，即双速电动机成三角形接法，由 SB4、SB5、KM1、KM2 及 KM4 进行控制，工作原理如图 3-6 所示。

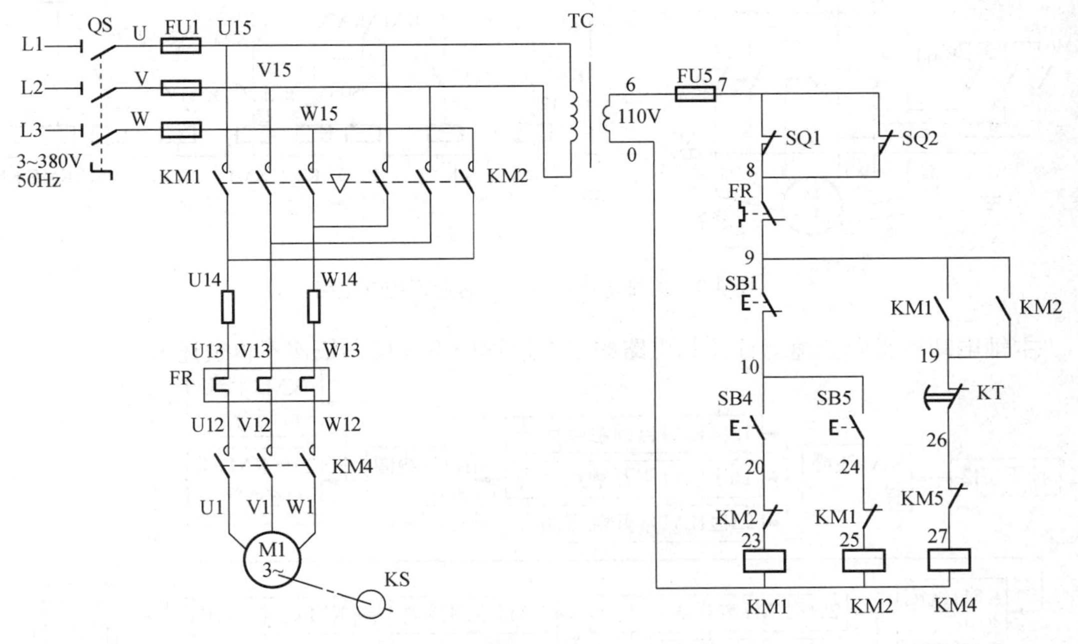

图 3-6 主轴电动机点动控制电路

正向点动控制电路的工作过程如下（反向点动不再赘述）：

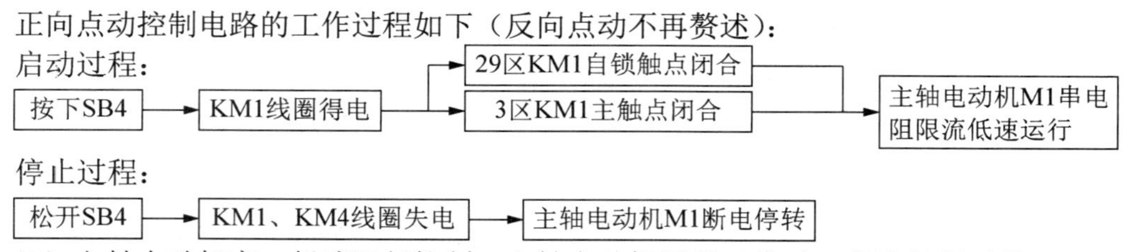

（2）主轴电动机高、低速运行控制。主轴电动机正常工作时，变速行程开关 SQ1～SQ4 都被压下，使得它们的常开触点闭合，常闭触点断开，而变速冲动开关 SQ5、SQ6 保持不动作的断开状态。低速运行时，高、低速转换控制行程开关 SQ7 不动作，正、反转启动按钮 SB2、SB3，正、反转中间继电器 KA1、KA2，正、反转控制接触器 KM1、KM2 及低速接触器 KM4 组成主轴的低速启动控制电路。高速运行时，操作变速盘至“高速”位置，压下行程开关 SQ7，使其常开触点闭合，经时间继电器 KT 延时动作，将 KM4 断开并接通 KM5、KM6 使双速电动机YY高速运行。主轴电动机高、低速运行控制电路如图 3-7 所示。

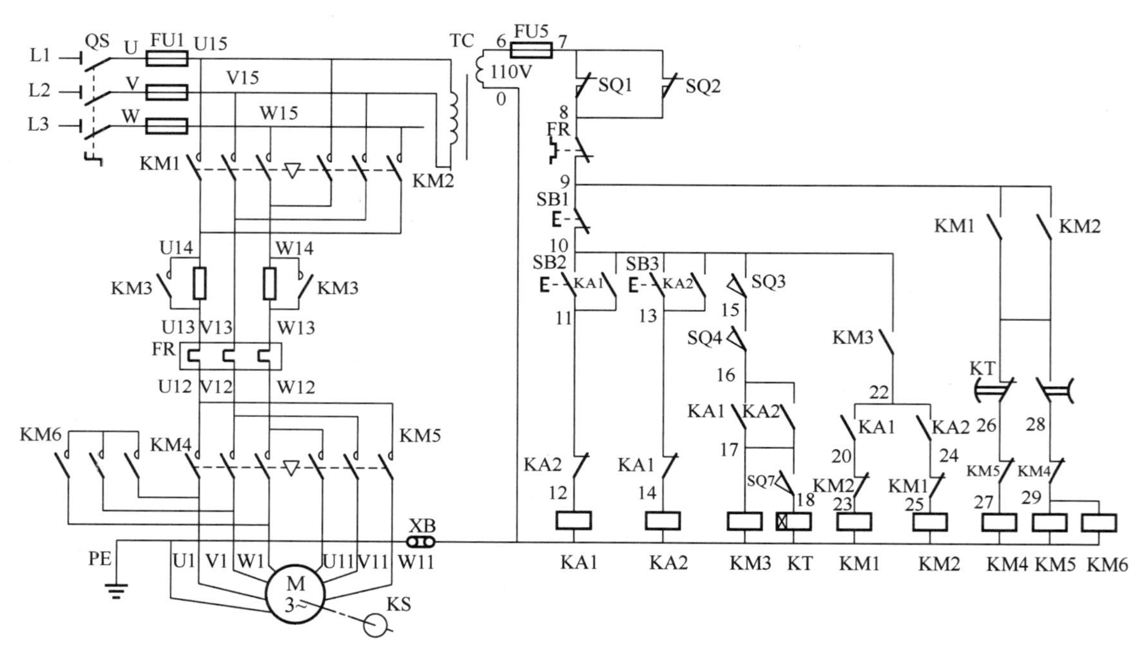

图 3-7　主轴电动机高、低速运行控制电路

主轴电动机正向低速运行控制电路的工作过程如下（反向低速不再赘述）：

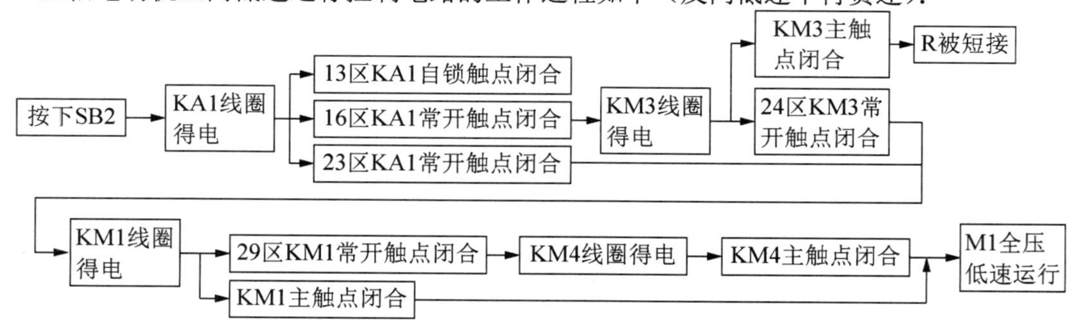

主轴电动机正向高速运行控制电路的工作过程如下（反向高速不再赘述）：

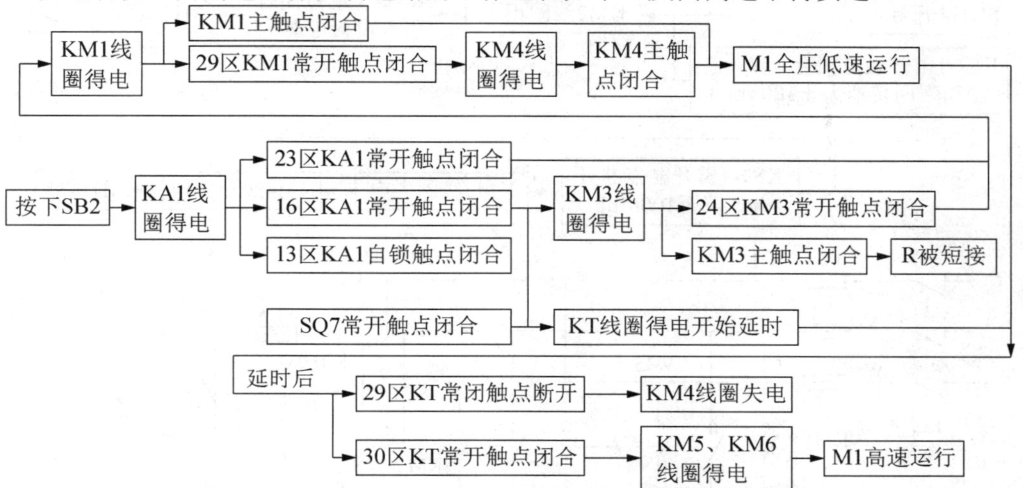

（3）主轴电动机反接制动控制。主轴电动机停车时采用由速度继电器 KS、电阻器 R 组成的双向低速反接制动，即使主轴电动机在高速运行中，停车时先转为低速后再制动。主轴电动机反接制动控制电路如图 3-8 所示。

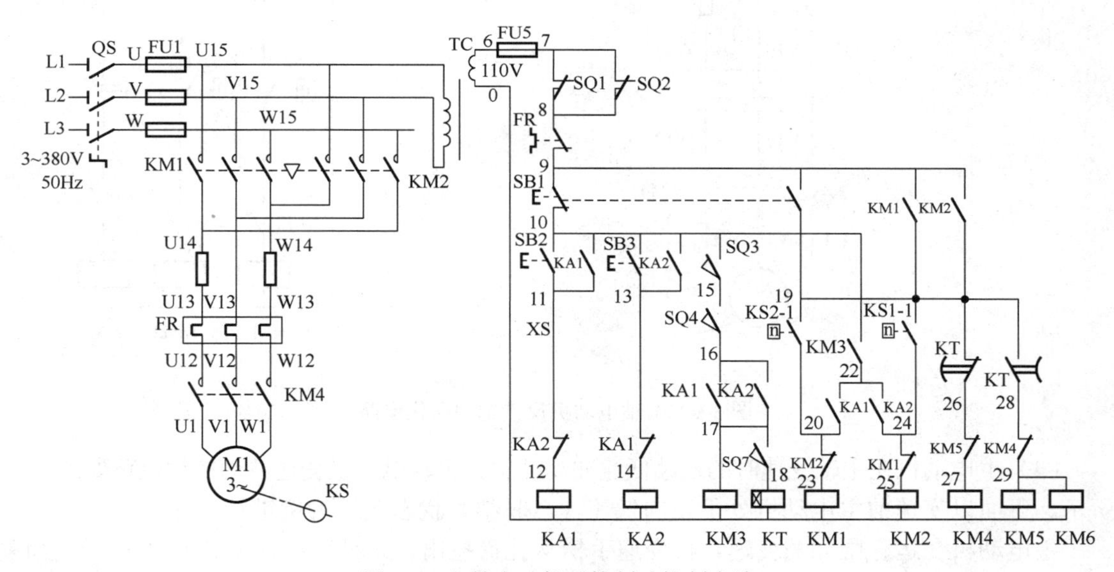

图 3-8　主轴电动机反接制动控制电路

主轴电动机正向运行反接制动控制电路的工作过程如下（反向运行不再赘述）：

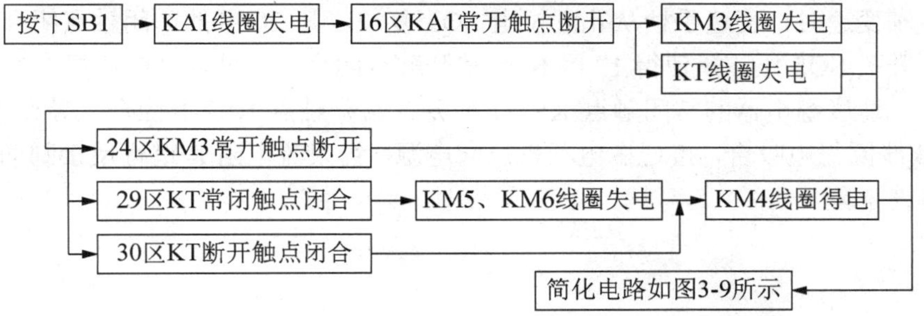

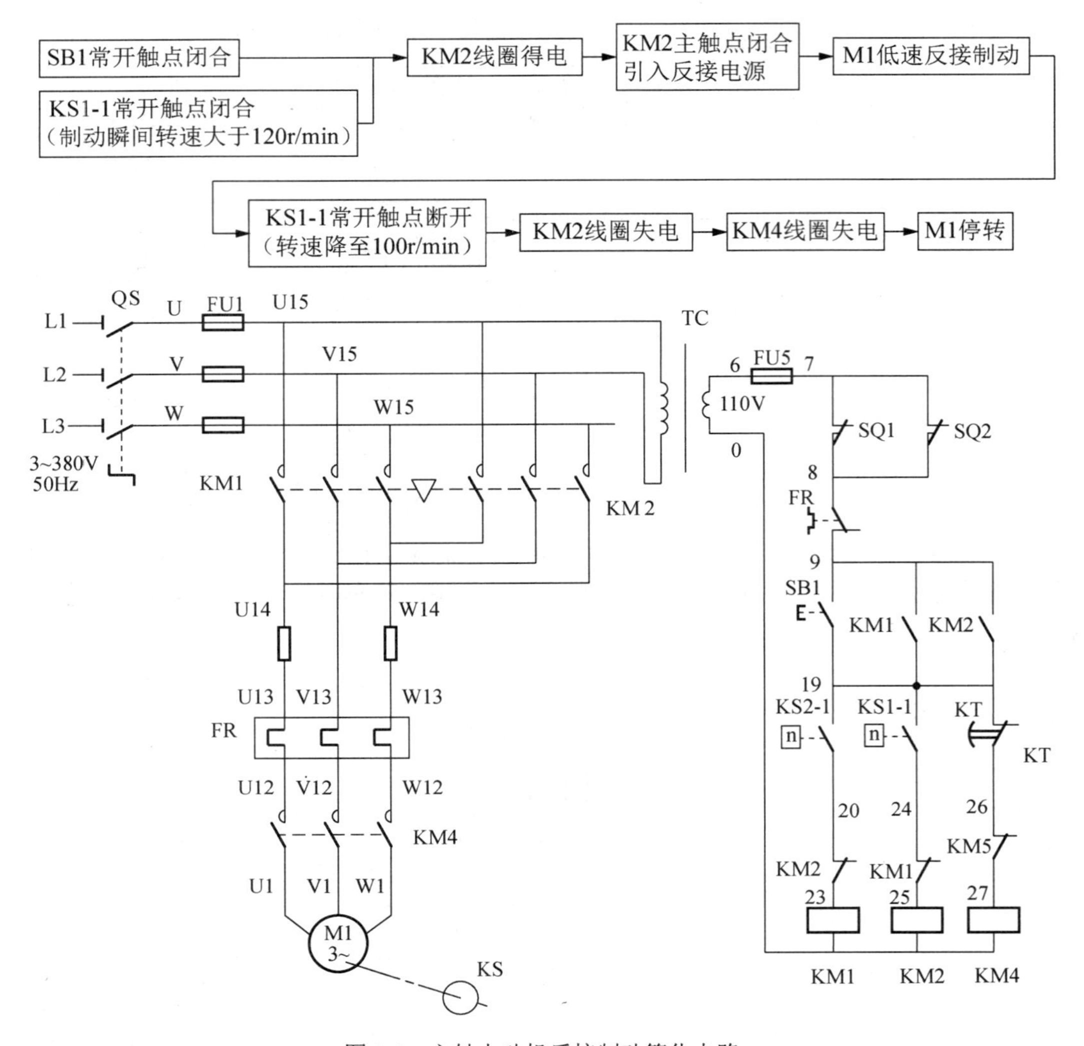

图 3-9　主轴电动机反接制动简化电路

（4）主电动机在主轴变速时的连续低速冲动控制。主轴电动机变速冲动控制电路如图 3-10 所示。下面以变速前主电动机处于正向低速（△联结）状态运转为例进行阐述。

主电动机在运行中如需变速，将变速手柄从孔盘拉出，此时行程开关 SQ3 不再受压而复位，16 区 SQ3 的常开触点断开，使接触器 KM3 失电释放，其主触点断开，将限流电阻 R 串入定子电路，而 24 区 KM3 的常开触点断开，KM1 失电释放，电动机将会停转。

但是，由于主轴变速时，变速手柄从孔盘拉出 SQ3 复位，其 20 区的常闭触点闭合，同时将变速冲动行程开关 SQ5 压下，使得 19 区 SQ5 常开触点闭合。另外，主电动机在惯性作用下继续正向转动，速度继电器的常闭触点 KS1-2 断开，常开触点 KS1-1 闭合，导致 KM1 失电，KM2、KM4 线圈得电吸合，接通主电动机反向电源，经限流电阻 R 进行反接制动，使主轴电动机转速迅速下降。

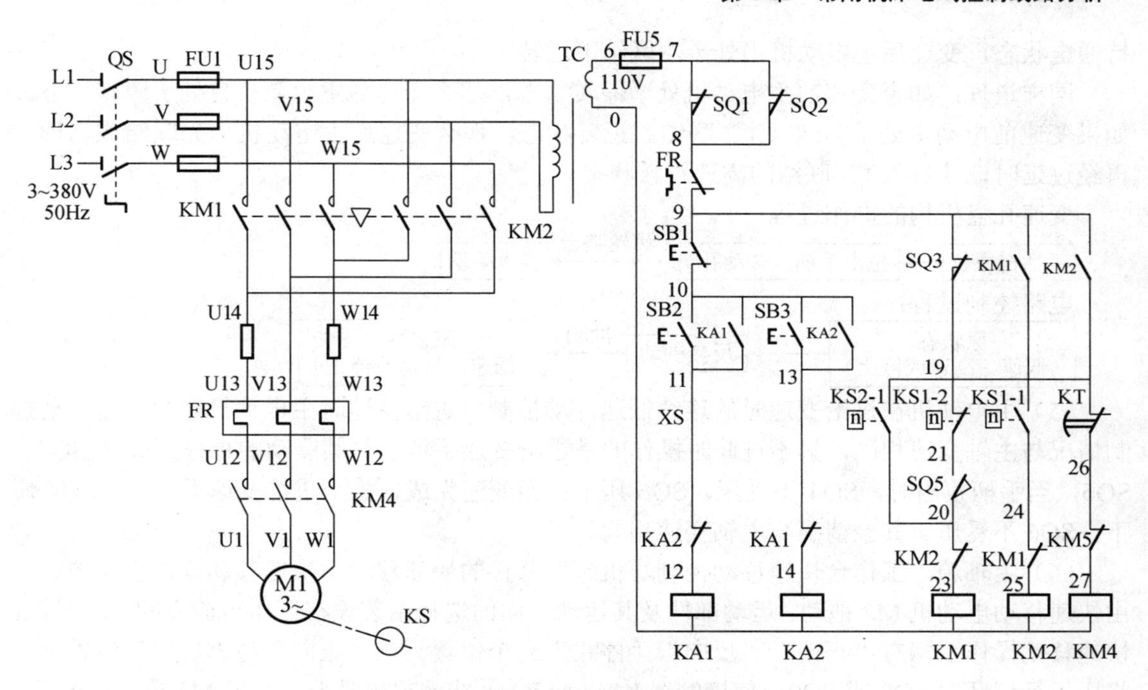

图 3-10　主轴电动机变速冲动控制电路

当主电动机转速下降到速度继电器的释放值时，触点 KS1-1 断开，KM2 断电释放；同时，触点 KS1-2 闭合，KM1 又得电吸合。于是，主电动机又接通正向电源，经限流电阻 R 进行正向启动。这样间隙地启动和反接制动，使主电动机处于低速运转状态，有利于变速齿轮的啮合。主轴变速冲动的过程如下：

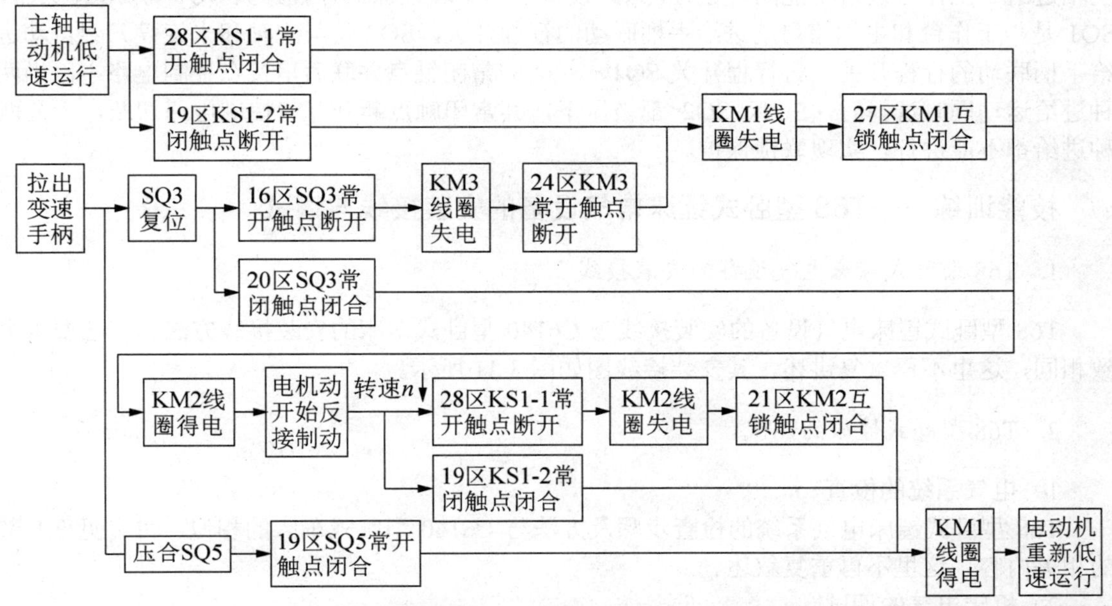

一旦齿轮啮合后，变速手柄推回原位，行程开关 SQ3 压下，SQ5 不受压，电路恢复成变速前的状态。若变速前主电动机以正向低速（△联结）状态运转，由于中间继电器 KA1 仍保

持通电状态，变速后主电动机仍处于△联结下运转。

同样道理，如果变速前主电动机处于停转状态，那么变速后主电动机也处于停转状态。如果变速前电动机处于高速（YY联结）正转状态，那么变速后主电动机仍先联结成△形，再经过延时，才进入YY联结的高速正转状态。

变速孔盘机构的操作过程：

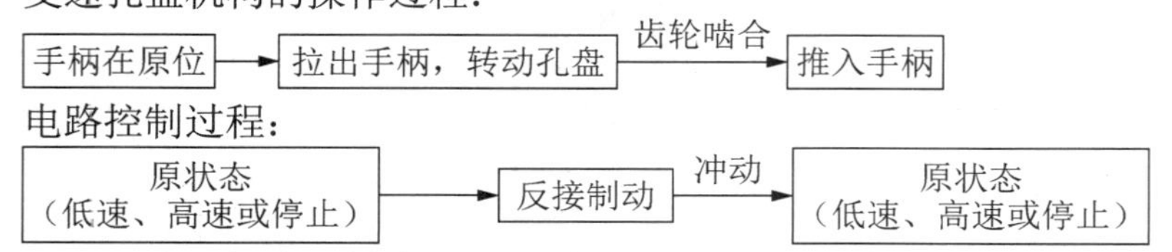

（5）主电动机在进给变速时的连续低速冲动控制。进给变速时主电动机连续低速冲动控制情况与主轴变速相同，只不过此时操作的是进给变速手柄，与其联动的行程开关是 SQ4、SQ6，当手柄拉出时，SQ4 不受压，SQ6 压下；当变速完成，推上进给变速手柄时，SQ4 压下，SQ6 不受压。其余情况与主轴变速相同。

（6）主轴箱、工作台快速移动控制。机床各部件的快速移动由快速移动操作手柄控制，由快速移动电动机 M2 拖动。运动部件及其运动方向的选择由装设在工作台前方的手柄操纵。快速移动操作手柄有“正向”、“反向”、“停止”3 个位置。在“正向”与“反向”位置时，将压下行程开关 SQ8 或 SQ9，使接触器 KM7 或 KM8 线圈得电吸合，实现 M2 电动机的正、反转，再通过相应的传动机构使预选的运动部件按选定方向快速移动。当快速移动操作手柄置于“停止”位置时，行程开关 SQ8、SQ9 均不受压，接触器 KM7 或 KM8 处于失电释放状态，M2 电动机停止旋转，快速移动结束。

（7）机床的联锁保护。由于 T68 型镗床的运动部件较多，为防止机床或刀具损坏，保证主轴进给和工作台进给不能同时进行，为此设置了两个联锁保护行程开关 SQ1 与 SQ2。其中，SQ1 是与工作台和主轴箱自动进给手柄联动的行程开关，SQ2 是与主轴和平旋盘刀架自动进给手柄联动的行程开关。将行程开关 SQ1、SQ2 的常闭触点并联后串接在控制电路中，当两种进给运动同时选择时，SQ1、SQ2 都被压下，其常闭触点断开，将控制电路切断，于是两种进给都不能进行，实现联锁保护。

技能训练——T68 型卧式镗床电气设备的安装接线与调试

1. T68 型卧式镗床电气设备的安装接线

T68 型卧式镗床电气设备的安装接线与 C6140 型卧式车床的安装接线方法和工艺要求大致相同，这里不再重复讲述，其安装接线图如图 3-11 所示。

2. T68 型卧式镗床的调试

1）电气系统的检查

T68 型卧式镗床电气系统的检查步骤及方法与 C6140 型卧式车床的相似，可参见 3.1 节的相关内容，这里不再重复叙述。

2）机床电气的调试

接通电源，合上机床总开关 QS，电源指示灯 HL 应被点亮，接通照明开关 SA，照明灯 EL 被点亮，然后按以下试车调试方法和步骤进行操作。

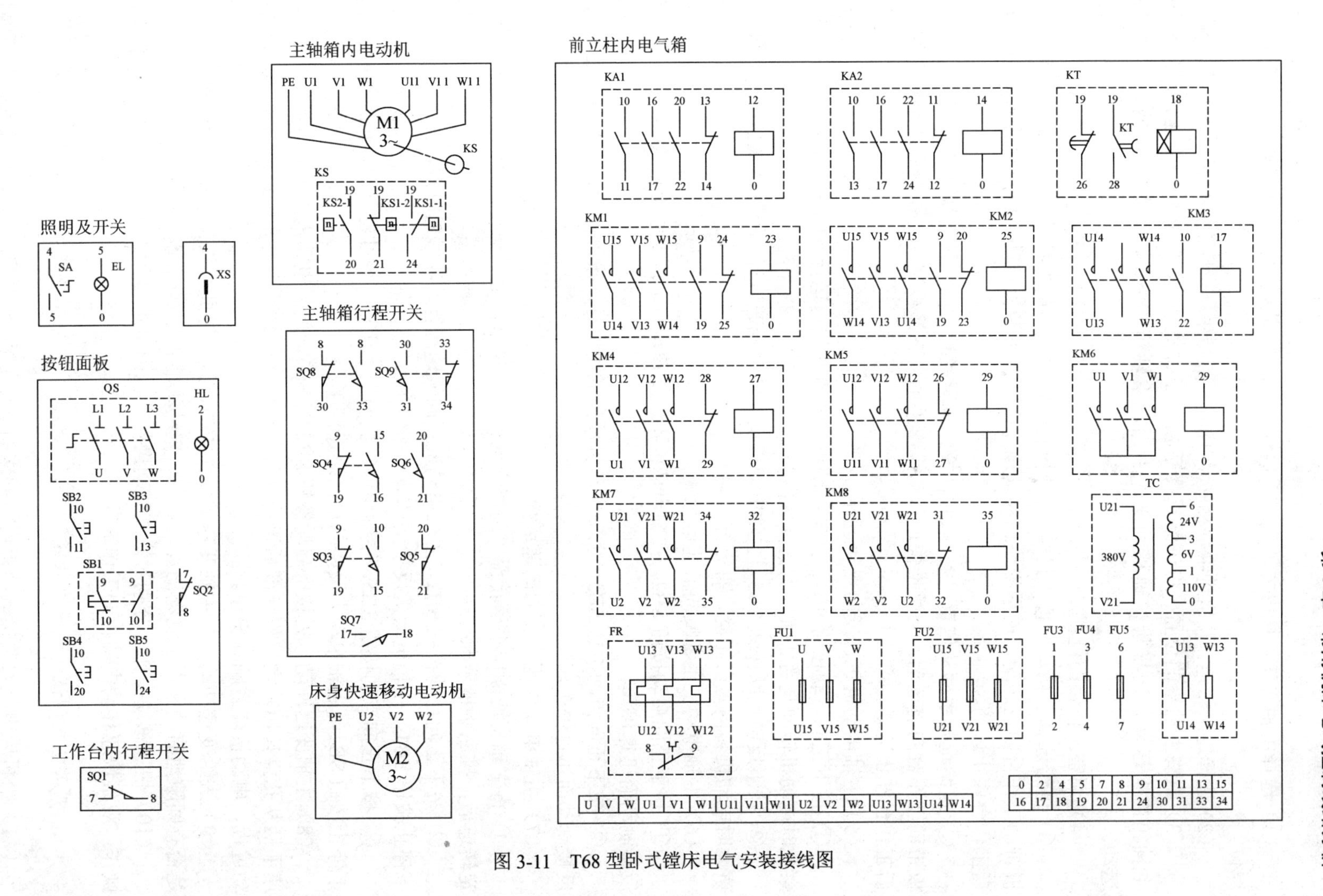

图 3-11　T68 型卧式镗床电气安装接线图

（1）选择主轴转速。拉出主轴变速手柄转动 180°，旋转手柄，选定转速后，推回手柄至原位。

（2）选择进给转速。拉出进给手柄转动 180°，旋转手柄，选定转速后，推回手柄至原位。

（3）调整主轴箱的位置。将进给选择手柄置于位置“1”，向外拉动快速移动操作手柄，主轴箱向上运动，向里推快速移动操作手柄，主轴箱向下运动，松开手柄后主轴箱停止运动。

（4）调整工作台的位置。

① 进给选择手柄从位置“1”顺时针扳到位置“2”，向外拉动快速移动操作手柄，上溜板带动工作台向左运动，向里推快速移动操作手柄，下溜板带动工作台向后运动，松开手柄后工作台停止运动。

② 进给选择手柄从位置“2”顺时针扳到位置“3”，向外拉动快速移动操作手柄，下溜板带动工作台向前运动，向里推快速移动操作手柄，下溜板带动工作台向右运动，松开手柄后工作台停止运动。

（5）主轴电动机正、反向点动运行。

① 按下正向点动按钮 SB4，主轴电动机正向点动低速运行，松开按钮后电动机停转。观察此时电动机转向是否正确，有无异常现象。

② 按下反向点动按钮 SB5，主轴电动机反向点动低速运行，松开按钮后电动机停转。观察此时电动机转向是否正确，有无异常现象。

（6）主轴电动机正、反向低速运行。

① 按下正向启动按钮 SB2，主轴电动机正向低速运行，按下停止按钮 SB1，主轴电动机反接制动而迅速停车。

② 按下正向点动按钮 SB5，主轴电动机反向低速运行，按下停止按钮 SB1，主轴电动机反接制动而迅速停车。

（7）主轴电动机正、反向高速运行。

① 将主轴变速操作手柄转至“高速”位置，即拉出进给手柄转动 180°，旋转手柄，选定转速后，推回手柄至原位。

② 按下正向启动按钮 SB2，主轴电动机正向低速运行，经过延时后，转为高速运行，按下停止按钮 SB1，主轴电动机反接制动而迅速停车。

③ 按下正向点动按钮 SB5，主轴电动机反向低速运行，经过延时后，转为高速运行，按下停止按钮 SB1，主轴电动机反接制动而迅速停车。

（8）主轴变速冲动。先按下启动按钮 SB2 或 SB3，使主电动机处于低速运行状态，将变速手柄从孔盘拉出，调整好速度后再将其推回原位，观察是否有间隙地启动和反接制动的冲动过程，电动机能否顺利变速。

（9）进给变速冲动。与主轴变速的操作类似，只不过此时操作的是进给变速手柄，观察是否有间隙地启动和反接制动的冲动过程，电动机能否顺利变速。

（10）快速移动操作。分别对快速移动操作手柄的“正向”“反向”“停止”3 个位置进行操作，观察快速移动电动机的工作情况。

3. 机床电气调试的注意事项

（1）当机床电气安装接线结束后，操作的重点是各个行程开关的动作及安装的可靠性。

操作前应反复校验和调整各开关的位置，以保证其动作准确可靠，从而使得工作台在安全情况下运行。

（2）试车结束后要断开 QS，切断操作电源。

能力拓展

1. T68 型卧式镗床常见电气故障的检查与分析

T68 型卧式镗床常见电气故障如表 3-8 所示。

表 3-8　T68 型卧式镗床常见电气故障表

序号	故障现象	故障原因	处理方法
1	合上电源开关 QS 后，电源指示灯 HL 不亮	熔断器 FU1、FU3 的熔体是否熔断	如果熔体发生熔断现象，要进一步明确熔断原因，排除故障后再换新熔体
		电源开关 QS 是否有问题	检查电源开关 QS 的出线侧电压是否正常，若输入电压消失，可检查 QS 是否工作良好，接线是否可靠
		变压器 TC 是否有问题	分别检查变压器 TC 一次电压和二次电压是否正常
2	合上电源开关 QS，所有电动机不能运行	熔断器 FU1～FU5 的熔体是否熔断	如果熔体发生熔断现象，要进一步明确熔断原因，排除故障后再换新熔体
		控制变压器 TC 的输出电压是否正常	检查变压器的输入电压是否正常，如果有输入电压而输出电压不正常或无输出电压，则表明控制变压器有问题，应进行修理或更换；如果输入电压消失，可检查电源开关 QS 是否工作良好，接线是否可靠
3	主轴电动机不转或转动时发生振动，并发出异常声响	接触器 KM1 线圈不能得电吸合	检查热继电器触点 FR 是否动作未复位，熔断器 FU1 是否熔断。若没有问题，可用万用表交流 250V 挡逐级检查接触器 KM1 线圈回路的 110V 电压是否正常，从而判断出是控制变压器 110V 绕组的问题还是接触器 KM1 线圈烧坏，或是回路中连线有问题
		双速电动机主接线问题	需要检查接触器 KM4、KM5、KM6 主触点接线是否牢固，是否按照低速时定子绕组呈△联结、高速时呈YY联结的变换方式接线
4	主轴电机只有低速挡，没有高速挡	时间继电器 KT 或行程开关 SQ7 的问题	若时间继电器 KT 失灵，延时部分不动作，或触点接触不良，则需要进行更换；若行程开关 SQ7 安装位置移动，造成 SQ7 总是处于断开状态，则需要重新进行调整，直至其正常工作
5	主轴变速时无冲动	行程开关 SQ3、SQ5 出现问题	行程开关 SQ3 和 SQ5 装在主轴箱下部，如果其因为位置偏移、触点接触不良等原因而不能完成低速冲动控制，则需要对其进行相应的调整，直至可靠工作；如果因为胶木塑压成形的行程开关出现了质量问题，导致绝缘击穿，造成手柄拉出后，SQ3 尽管动作，但由于短路接通，使主轴仍以原速旋转，此时变速无法进行，那么需要对其进行更换
6	主轴停车不制动	主要是速度继电器的问题	速度继电器的损坏使其正转常开触点 KS1-1 和反转常开触点 KS2-1 不能可靠闭合，需要对其进行检修或更换
7	主轴进给变速时无冲动	行程开关 SQ4、SQ6 出现问题	参照主轴变速无冲动时所要采取的相应措施
8	工作台不能快速进给	相应行程开关或接触器的问题	检查行程开关 SQ8 及 SQ9 和接触器 KM7 或 KM7 的触点和线圈是否完好，有时还需要检查机构是否正确地压动行程开关

2. 故障设置与检修

1）故障设置

在控制电路或主电路中人为设置两处或以上故障点。

2）检修方法

（1）用实验法观察故障现象，给电动机通电，按下启动按钮后观察电动机的运行状态，如有异常情况立即断电检查。

（2）用逻辑分析法判断故障范围，并尽量在电路图中判断出大概出现故障的地点。

（3）用测量法准确找出故障点。

（4）根据故障情况迅速做出处理，检修、排除故障。

（5）检修完成后通电试车。

3.3 M7120 型平面磨床的分析

3.3.1 M7120 型平面磨床的基本结构

磨床是用砂轮的周边或端面进行机械加工的精密机床。磨床的种类很多，按其工作性质可分为外圆磨床、内圆磨床、平面磨床、工具磨床及一些专用磨床，如螺纹磨床、齿轮磨床、球面磨床、花键磨床、导轨磨床与无心磨床等。其中尤以平面磨床应用最为普遍。平面磨床可分为下列几种基本类型：立轴矩台平面磨床、卧轴矩台平面磨床、立轴圆台平面磨床、卧轴圆台平面磨床，常用的有 M7120 型卧轴矩台式平面磨床（图 3-12）。其中，型号 M7120 的含义如下：M—磨床类机床；71—卧轴矩台式平面磨床；20—工作台面宽度为 200mm。

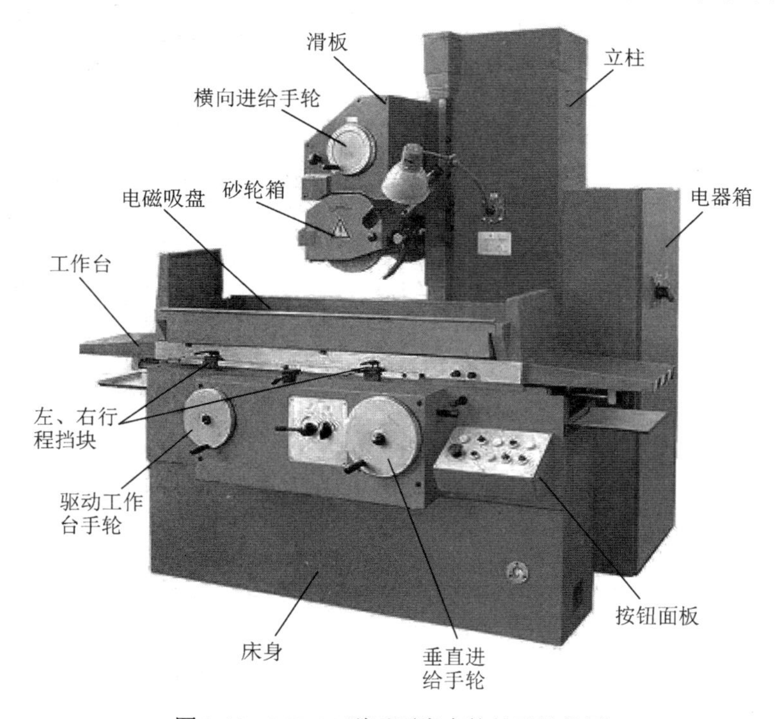

图 3-12　M7120 型平面磨床的外形结构图

如图 3-12 所示，砂轮箱安装砂轮并带动砂轮做高速旋转，砂轮箱可沿滑座的燕尾导轨做手动或液动的横向间隙运动；滑板安装砂轮箱并带动砂轮箱沿立柱导轨做上下垂直运动；工作台用于安装工件并由液压系统带动做往复直线运动，有效工作面积为 630mm×200mm（工作台工作面宽），工作面及中央 T 形槽侧面经过精细的磨削，其精度较高，表面粗糙度较低，是安装工件或夹具的重要基面，应小心使用和加以保护；床身用于支承工作台、安装其他结构部件，用以安装立柱、工作台、液压系统、电气元件和其他操作结构；切削液系统向磨削区提供切削液（皂化油）。

液压传动系统包括动力元件、执行元件、控制元件和辅助元件。

（1）动力元件——油泵，供给液压传动系统压力油。

（2）执行元件——油缸，带动工作台等部件运动。

（3）控制元件——各种阀，控制压力、速度、方向等。

（4）辅助元件——如油箱、压力表等。

液压传动与机械传动相比具有传动平稳、拥有过载保护、可以在较大范围实现无级调速等优点。

M7120 型平面磨床主要用于磨削工件上的平面。平面磨床与其他磨床不同的是工作台上装有电磁吸盘，用于吸持工件。磨床共有四台电动机，分别为砂轮电动机、砂轮升降电动机、液压泵电动机和冷却泵电动机。砂轮电动机（提供砂轮动力）用来直接带动砂轮旋转，对工件进行磨削加工，在 M7120 型平面磨床中，砂轮一般不要求调速，所以通常采用笼型异步电动机来实现带动，这是平面磨床的主运动；砂轮升降电动机使砂轮在立柱导轨上做垂直运动，用以调整砂轮与工件的位置间距。M7120 型平面磨床工作台的往返运动和砂轮箱的横向进给运动均采用液压传动，液压传动相对比较平稳，能保证加工精度。由液压电动机带动液压泵，经液压传动装置实现工作台的往复运动（换向是通过工作台上的撞块碰撞床身上的液压转换开关来实现的）和砂轮箱的横向进给运动。冷却泵电动机带动冷却泵供给砂轮和磨削工件切削液，同时利用切削液带走磨削下来的铁屑，防止磨削污染，保证磨削环境。

M7120 型平面磨床的主要运动形式包括主运动和辅助运动。

（1）主运动是砂轮的旋转运动。

（2）辅助运动包括工作台的左右往返运动和砂轮的横向、垂直进给运动。

3.3.2　M7120 型平面磨床的电气控制线路

1. 电气控制要求及原理图

（1）砂轮的旋转用一台三相异步电动机驱动，要求单向连续运行。

（2）砂轮电动机、液压泵电动机和冷却泵电动机都只要求单向运行。

（3）砂轮升降电动机要求能正、反转控制。

（4）冷却泵电动机只有在砂轮电动机启动后才能运行。

（5）电磁吸盘应有充磁和去磁控制环节。

（6）当电源电压不足时，电磁吸盘的吸力不足，这样在加工过程中，会使工件高速飞离而造成事故。为防止这种情况，在线路中设置了欠电压继电器 KV，确保安全生产。

（7）机床设有完善的保护环节，包括主电路、控制电路的短路保护及电动机的过载保护等。

根据 M7120 型平面磨床的控制要求，以及规范的表达方式，可得到图 3-13 所示的电气控制原理图。

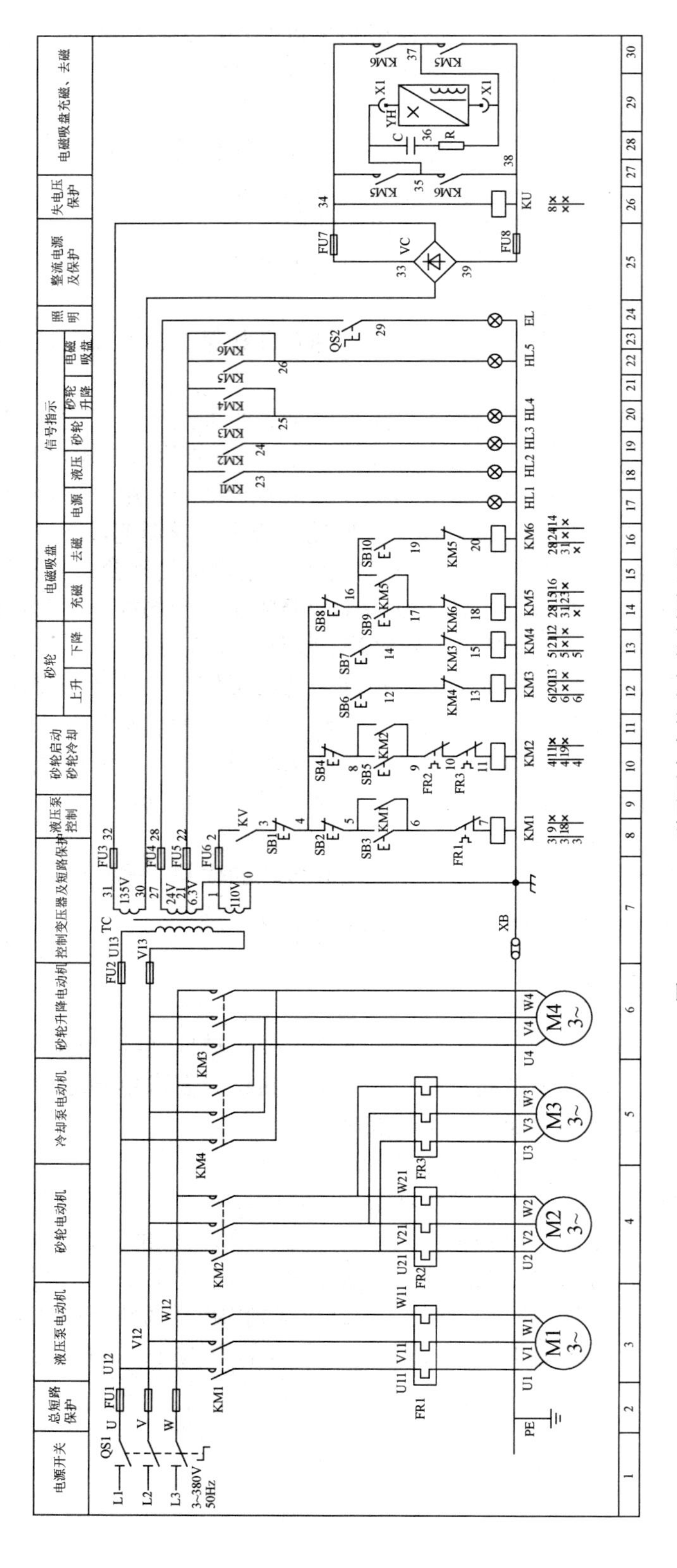

图 3-13 M7120 型平面磨床的电气控制原理图

2. 主电路分析

1）电路结构与电气元件

如图 3-13 所示，M7120 型平面磨床的电路由 1～31 区组成。1～7 区为主电路功能区，其中，1、2 区为电源开关及短路保护部分，3 区为液压泵电动机 M1 主电路，4 区为砂轮电动机 M2 主电路，5 区为冷却泵电动机 M3 主电路，6 区为砂轮升降电动机 M4 主电路；25～30 区为电磁吸盘主电路。对应图区中使用的各电气元件符号及功能说明如表 3-9 所示。

表 3-9　电气元件符号及功能说明表

符号	名称及用途	符号	名称及用途
QS1	电源引入组合开关	KM4	砂轮下降控制接触器
FU1、FU2	电源短路保护用熔断器	KM5、KM6	电磁吸盘控制接触器
FU7、FU8	整流器短路保护用熔断器	KV	欠电压继电器
M1	液压泵电动机	FR1	液压泵电动机过载保护继电器
M2	砂轮电动机	FR2	砂轮过载保护继电器
M3	冷却泵电动机	FR3	冷却泵电动机过载保护继电器
M4	砂轮升降电动机	VC	桥式整流器
KM1	液压泵电动机控制接触器	R、C	阻容吸收保护电路
KM2	砂轮及冷却泵电动机控制接触器	YH	电磁吸盘
KM3	砂轮上升控制接触器		

2）工作原理分析

主电路中共有 4 台电动机。M1 为液压泵电动机，用来拖动工作台和砂轮的往复运动，由 KM1 主触点控制；M2 为砂轮电动机，用来带动砂轮做高速旋转，由 KM2 主触点控制；M3 为冷却泵电动机，用以供给砂轮和磨削工件切削液，同时带走磨削屑，保证磨削环境，由 KM2 主触点控制；M4 为砂轮升降电动机，控制砂轮做上下垂直运动，属于正、反转单元主电路结构，由 KM3、KM4 主触点分别控制，KM3 主触点闭合，M4 正向启动（砂轮上升），KM4 主触点闭合，M4 反向启动（砂轮下降）。FU1 对四台电动机和控制电路进行短路保护，FR1、FR2、FR3 分别对 M1、M2、M3 进行过载保护。砂轮升降电动机因运转时间很短，所以不设置过载保护。

电磁吸盘主电路也属于正、反转单元结构。实际应用时，接触器 KM5 主触点闭合，电磁吸盘充磁，使电磁吸盘产生磁力将工件牢靠吸持，防止砂轮对工件磨削时，其离心力使工件抛出而造成事故。相反，当接触器 KM6 主触点闭合时，电磁吸盘去磁，此时可将工件移动或取出。

需要注意的是，电磁吸盘是一个比较大的电感元件，当线圈断电瞬间，线圈中会产生较大的自感电动势。为防止自感电动势太高而破坏线圈的绝缘，在线圈两端接有 RC 组成的放电回路，用来吸收线圈断电瞬间释放的磁场能量。

另外，当电源电压不足或整流变压器发生故障时，吸盘的吸力不足，这样在加工过程中，会使工件高速飞离而造成事故。为防止这种情况，在线路中设置了欠电压继电器 KV，其线圈并联在电磁吸盘电路中，其常开触点串联在控制线路中。

3. 控制电路分析

1）电路结构与电气元件

M7120 型平面磨床的控制电路由 8～24 区组成。其中，8 区为控制变压器部分，实际应用时，闭合组合开关 QS1，380V 电压经熔断器 FU2 加给控制变压器 TC 一次绕组两端，经降压后输出 135V 左右交流电压给电磁吸盘的整流电路供电，110V 交流电压给控制电路供电，24V 交流电用于照明，6.3V 交流电用于电路运行的信号指示。对应图区中使用的各电气元件符号及功能说明如表 3-10 所示。

表 3-10　电气元件符号及功能说明

符号	名称及用途	符号	名称及用途
TC	控制变压器	SB3	M1 启动按钮
FU3～FU6	短路保护用熔断器	SB4	M2 停止按钮
HL1	电源指示灯	SB5	M2 启动按钮
HL2	液压泵运行指示灯	SB6	M4 上升点动按钮
HL3	砂轮运行指示灯	SB7	M4 下降点动按钮
HL4	砂轮升降指示灯	SB8	电磁吸盘充磁启动按钮
EL	工作照明	SB9	电磁吸盘充磁停止按钮
SB1	机床停止按钮	SB10	电磁吸盘去磁启动按钮
SB2	M1 停止按钮	QS2	照明开关

2）工作原理分析

（1）液压泵电动机 M1 的控制。合上总开关 QS1 后，整流变压器一个二次侧输出 135V 交流电压，经桥式整流器 VC 整流后得到直流电压，使电压继电器 KV 得电动作，其常开触点（8 区）闭合，为启动电动机做好准备。如果 KV 不能可靠动作，各电动机均无法运行。因为平面磨床的工件靠直流电磁吸盘的吸力将工件吸牢在工作台上，只有具备可靠的直流电压后，才允许启动砂轮和液压系统，以保证安全。

当 KV 吸合后，按下启动按钮 SB3，接触器 KM1 得电吸合并自锁，工作台电动机 M1 启动运转，HL2 灯亮。按下停止按钮 SB2，接触器 KM1 线圈失电释放，电动机 M1 断电停转。

（2）砂轮电动机 M2 及冷却泵电动机 M3 的控制。按下启动按钮 SB5，接触器 KM2 线圈得电动作，砂轮电动机 M2 启动运转。由于冷却泵电动机 M3 与 M2 联动控制，所以 M3 与 M2 同时启动运转。按下停止按钮 SB4 时，接触器 KM3 线圈失电释放，M2 与 M3 同时断电停转。

两台电动机的热断电器 FR2 和 FR3 的常闭触点都串联在 KM2 中，只要有一台电动机过载，KM2 就会失电。因切削液循环使用，经常混有污垢、杂质，很容易引起电动机 M3 过载，故用热继电器 FR3 进行过载保护。

（3）砂轮升降电动机 M4 的控制。砂轮升降电动机只在调整工件和砂轮之间位置时使用，所以用点动控制。当按下点动按钮 SB6 时，接触器 KM3 线圈得电吸合，电动机 M4 启动正转，砂轮上升。到达所需位置时，松开 SB6，KM3 线圈失电释放，电动机 M4 停转，砂轮停止上升。

按下点动按钮 SB7，接触器 KM4 线圈得电吸合，电动机 M4 启动反转，砂轮下降。到达所需位置时，松开 SB7，KM4 线圈失电释放，电动机 M4 停转，砂轮停止下降。

为了防止电动机 M4 的正、反转线路同时接通，故在对方线路中串入接触器 KM4 和 KM3 的常闭触点进行联锁控制。

（4）电磁吸盘 YH 的控制。如图 3-14 所示，电磁吸盘是一种固定加工工件的夹具。其利用通电导体在铁芯中产生的磁场吸牢铁磁材料的工件，以便加工。电磁吸盘的内部装有凸起的磁极，磁极上绕有线圈。吸盘的面板采用钢板制成，面板和磁极之间填有绝磁材料。当吸盘内的磁极线圈通以直流电时，磁极和面板之间形成两个磁极，即 N 极和 S 极，当工件放在两个磁极中间时，磁路构成闭合回路，因此就将工件牢固地吸住。与机械夹具比较，电磁吸盘具有夹紧迅速、不损伤工件、一次能吸牢若干个小工件，以及工件发热可以自由伸缩等优点，因而电磁吸盘在平面磨床上用得十分广泛。

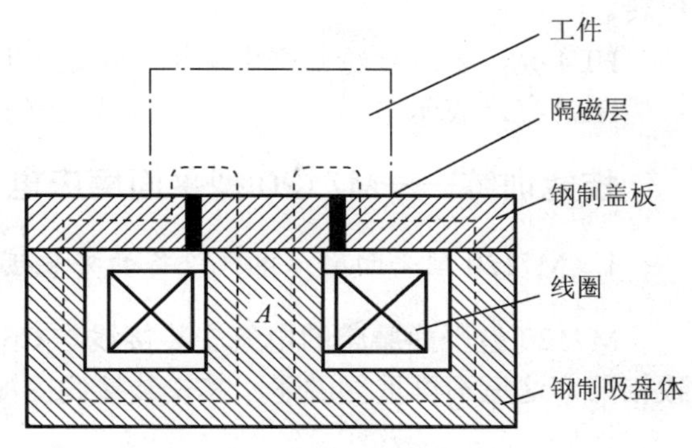

图 3-14　电磁吸盘的结构

电磁吸盘的主电路及控制电路包括整流装置、控制装置和保护装置三个部分。其中，整流装置由变压器 TC 和单相桥式全波整流器 VC 组成，供给 120V 左右直流电源；控制装置由按钮 SB8、SB9、SB10 和接触器 KM5、KM6 等组成。

充磁过程如下：按下 SB8，接触器 KM5 线圈得电吸合，KM5 主触点（27、30 区）闭合，电磁吸盘线圈得电，工作台充磁吸住工件。同时其自锁触点闭合，联锁触点断开。

磨削加工完毕，在取下加工好的工件时，先按 SB9，切断电磁吸盘的直流电源，由于吸盘和工件都有剩磁，所以需要对吸盘和工件进行去磁。

去磁过程如下：按下 SB10，接触器 KM6 线圈得电吸合，KM6 的两个主触点（27、30 区）闭合，电磁吸盘通入反相直流电，使工作台和工件去磁。去磁时，为防止因时间过长使工作台反向磁化而再次吸住工件，接触器 KM6 采用点动控制。

保护装置由放电电阻 R、电容 C 及零压继电器 KV 组成。由于电磁吸盘是一个大电感元件，电阻 R 和电容 C 的作用是在充磁吸工件时，存储大量磁场能量。在它脱离电源的一瞬间，电磁吸盘的两端产生较大的自感电动势，会使线圈和其他电器损坏，故用电阻和电容组成放电回路。利用电容 C 两端的电压不能突变的特点，使电磁吸盘线圈两端电压变化趋于缓慢，利用电阻 R 消耗电磁能量，如果参数选配得当，此时 R-L-C 电路可以组成一个衰减振荡电路，对去磁将是十分有利的。在加工工件过程中，若电源电压不足，则电磁吸盘将吸不牢工件，会导致工件被砂轮打出，造成严重事故，因此，在电路中设置了零压继电器 KV，将其线圈并联在直流电源上，其常开触点（8 区）串联在液压泵电动机和砂轮电动机的控制电路中，若电磁吸盘吸不牢工件，KV 就会释放，使液压泵电动机和砂轮电动机停转，保证了安全。

（5）照明和指示灯电路分析。EL 为照明灯，其工作电压为 24V，由变压器 TC 供给。QS2 为照明开关。

HL1、HL2、HL3、HL4 和 HL5 为指示灯，其工作电压为 6.3V，也由变压器 TC 供给，五个指示灯的作用如下：

HL1 亮，表示控制电路的电源正常；不亮，表示电源有故障。

HL2 亮，表示工作台电动机 M1 处于运转状态，工作台正在进行往复运动；不亮，表示

M1 停转。

HL3 亮，表示砂轮电动机 M2 及冷却泵电动机 M3 处于运转状态；不亮，表示 M2、M3 停转。

HL4 亮，表示砂轮升降电动机 M4 处于升降工作状态；不亮，表示 M4 停转。

HL5 亮，表示电磁吸盘处于工作状态（充磁和去磁）；不亮，表示电磁吸盘未工作。

技能训练——M7120 型平面磨床电气设备的安装接线与调试

1. M7120 型平面磨床电气设备的安装接线

M7120 型平面磨床的电气安装接线与 C6140 型卧式车床安装、接线的方法和工艺要求大致相同，这里不再重复讲述，其安装接线图如图 3-15 所示。

2. M7120 型平面磨床的调试

1）电气系统检查

M7120 型平面磨床电气系统的检查步骤及方法与 C6140 型卧式车床的相似，可参见 3.1 节的相关内容，这里不再重复叙述。

2）机床电气的调试

接通电源，合上机床总开关 QS1，电源指示灯 HL1 应点亮，接通照明开关 QS2，照明灯 EL 点亮，然后按以下试车调试方法和步骤进行操作。

（1）按下按钮 SB3，启动液压泵电动机 M1，观察电动机有无异常现象，指示灯 HL2 是否点亮。

（2）操作工作台手轮，使工作台运动至床身两端换向挡铁位置，观察工作台能否停下。

（3）分别操作横向进给手轮和垂直进给手轮，观察砂轮架的横向进给和垂直进给情况。

（4）将工件放在电磁吸盘上，按下按钮 SB9，使电磁吸盘充磁，同时指示灯 HL5 点亮，检查工件的固定情况。

（5）工件固定牢固后，按下按钮 SB5，启动砂轮电动机，指示灯 HL3 点亮，同时冷却泵电动机启动，为加工表面提供切削液，待砂轮电动机工作稳定后，进行加工。

（6）分别按下按钮 SB6、SB7，观察砂轮架的升降情况，指示灯 HL4 点亮。

（7）加工完毕后，按下按钮 SB4，砂轮电动机和冷却泵电动机停止。

（8）按下按钮 SB2，停止液压泵电机。

（9）按下按钮 SB10，为工件点动退磁，退磁结束后，松开 SB10，将工件取下。

3）机床电气调试的注意事项

（1）当机床电气安装接线结束后，操作的重点是各个行程开关的动作及安装的可靠性。操作前应反复校验和调整各开关的位置，以保证其动作准确可靠，从而使得工作台在安全情况下运行。

（2）试车结束后要断开 QS1，切断操作电源。

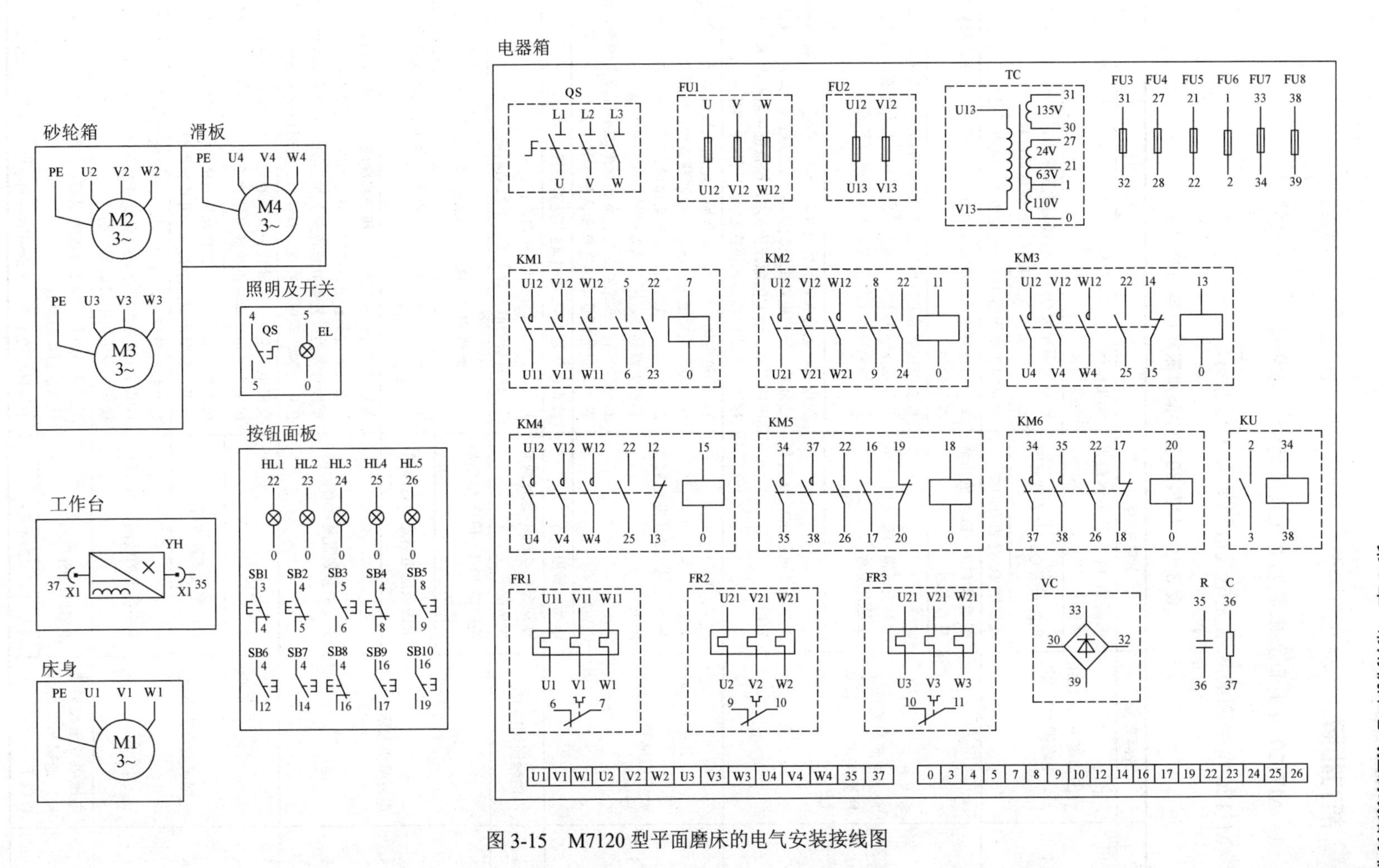

图 3-15　M7120 型平面磨床的电气安装接线图

能力拓展

1. M7120 型平面磨床常见电气故障的检查与分析

M7120 型平面磨床常见电气故障如表 3-11 所示。

表 3-11　M7120 型平面磨床常见电气故障表

序号	故障现象	故障原因	处理方法
1	合上电源开关 QS1 后，电源指示灯 HL 不亮	熔断器 FU5 的熔体是否熔断	如果熔体发生熔断现象，要进一步明确熔断原因，排除故障后再换新熔体
		电源开关 QS1 是否有问题	检查电源开关 QS1 的出线侧电压是否正常，若输入电压消失，可检查 QS1 是否工作良好，接线是否可靠
		变压器 TC 是否有问题	分别检查变压器 TC 一次电压和二次电压是否正常
2	合上电源开关 QS，所有电动机不能运行	熔断器 FU6～FU8 的熔体是否熔断	如果熔体发生熔断现象，要进一步明确熔断原因，排除故障后再换新熔体
		控制变压器 TC 的输出电压是否正常	检查变压器的输入电压是否正常，如果有输入电压而输出电压不正常或无输出电压，则表明控制变压器有问题，应进行修理或更换；如果输入电压消失，可检查电源开关 QS 是否工作良好，接线是否可靠
		欠电压继电器 KV 是否有问题	欠电压继电器 KV 的触点 KV（2-3）接触不良，接线松动脱落或有油垢，导致电动机控制线路中的接触器不能通电吸合，电动机不能启动。合上电源开关 QS，检查继电器触点 KV（2-3）是否接通，不通则修理或更换触点，可排除故障
3	砂轮电动机不能正常启动	热继电器 FR2 发生脱扣现象	1．砂轮电动机的前轴瓦磨损，电动机发生堵转，产生很大的堵转电流，使热继电器脱扣。应修理或更换轴瓦。 2．砂轮进刀量太大，电动机堵转，产生很大的堵转电流，使得热继电器动作，因此需要选择合适的进刀量。 3．更换后的热继电器的规格和原来的不符或未调整，应根据砂轮电动机的额定电流选择和调整热继电器
		电动机断相运行	检查接触器 KM2 的主触点是否接线牢靠
4	不能输送切削液	冷却泵电动机不运行或缺少切削液	1．检查热继电器 FR3 是否脱扣； 2．检查切削液是否不足，不足则需填补
5	电磁吸盘没吸力	熔断器 FU1～FU3 熔丝是否熔断	检查熔断器 FU1～FU3 熔丝是否熔断，若熔断应更换熔丝
		电磁吸盘电路是否有问题	检查欠电压继电器 KV 的线圈是否断开，电磁吸盘的线圈是否断开，若断开应进行修理
		桥式整流装置是否有问题	若桥式整流装置相邻的二极管都烧成短路，短路的管子和整流变压器的温度都较高，则输出电压为零，致使电磁吸盘吸力很小甚至没有吸力；若整流装置两个相邻的二极管发生断路，则输出电压也为零，则电磁吸盘没有吸力。此时应更换整流二极管
6	电磁吸盘吸力不足	交流电源电压低	交流电源电压低，导致整流后的直流电压相应下降，致使电磁吸盘吸力不足。需要查明低电压的原因，并进行电压调整
		桥式整流装置故障	桥式整流桥的一个二极管发生断路，使直流输出电压为正常值的一半。需要检查出断路点，并进行维修
		电磁吸盘的线圈局部短路	若空载时整流电压较高而接上电磁吸盘时电压下降很多（低于110V），这是由于电磁吸盘没有密封好，切削液流入，引起绝缘损坏。应更换电磁吸盘线圈
7	电磁吸盘退磁效果差，退磁后工件难以取下	退磁回路断开	退磁回路断开，使工件没有退磁，此时应检查转换开关 KM6 主触点是否接触良好
		退磁时间掌握不好	不同材料的工件，所需退磁时间不同，应掌握好退磁时间

2. 故障设置与检修

1）故障设置

在控制电路或主电路中人为设置两处或以上故障点。

2）检修方法

（1）用实验法观察故障现象，给电动机通电，按下启动按钮后观察电动机的运行状态，如有异常情况立即断电检查。

（2）用逻辑分析法判断故障范围，并尽量在电路图中判断出大概出现故障的地点。

（3）用测量法准确找出故障点。

（4）根据故障情况迅速做出处理，检修、排除故障。

（5）检修完成后通电试车。

3.4　Z3050 型摇臂钻床的分析

3.4.1　Z3050 型摇臂钻床的基本结构

钻床是一种孔加工机床，可用来钻孔、扩孔、铰孔、攻螺纹及修刮端面等多种形式的加工。钻床的结构形式很多，有立式钻床、卧式钻床、深孔钻床及多轴钻床等。摇臂钻床是一种立式钻床，它适用于单件或批量生产中带有多孔大型零件的孔加工，是一般机械加工车间常用的机床。

Z3050 型摇臂钻床主要由底座、内立柱、外立柱、摇臂、主轴箱、工作台等组成，如图 3-16 所示。内立柱固定在底座上，在它外面套着外立柱，外立柱可绕着不动的内立柱回转一周。摇臂一端的套筒部分与外立柱滑动配合，借助于丝杠，摇臂可沿外立柱上下移动，摇臂也可与外立柱一起相对内立柱回转。主轴箱是一个复合部件，它由主电动机、主轴和主轴传动机构、进给和进给变速机构及机床的操作机构等部分组成。主轴箱安装在摇臂水平导轨上，它可借助手轮操作使其在水平导轨上沿摇臂做径向运动。当进行加工时，由特殊的夹紧装置将主轴箱紧固在摇臂导轨上，外立柱紧固在内立柱上，摇臂紧固在外立柱上，然后进行钻削加工。钻削加工时，钻头一面旋转进行切削，同时进行纵向进给。可见，摇臂钻床的主运动为主轴带着钻头的旋转运动；辅助运动有摇臂连同外立柱围绕着内立柱的回转运动，摇臂在外立柱上的上升、下降运动，主轴箱在摇臂上的左右运动等；而主轴的前进移动是机床的进给运动。

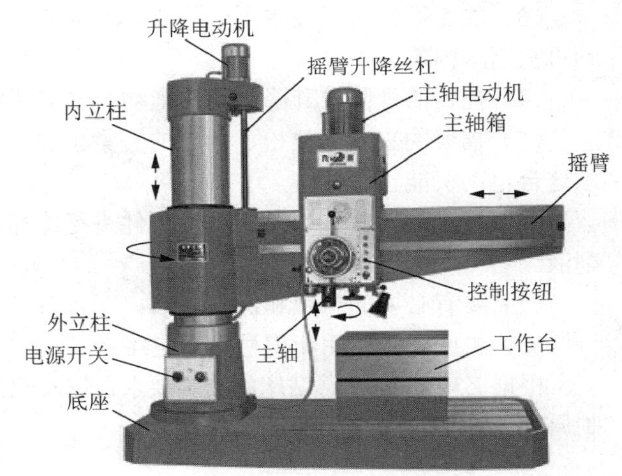

图 3-16　M7120 型平面磨床的外形结构图

由于摇臂钻床的运动部件较多，为简化传动装置，常采用多电动机拖动，通常设有主轴电动机、摇臂升降电动机、液压松紧电动机及冷却泵电动机。

Z3050 型摇臂钻床的主要运动形式包括主轴的旋转和进给运动、各部件的移位运动、移位部件的夹紧与放松。

（1）主轴的旋转和进给运动。主轴的旋转与进给由一台三相异步电动机控制，主轴的转动方向由机械及液压装置控制。

（2）各部件的移位运动。主轴的空间移位运动有主轴箱沿摇臂方向的水平移动、摇臂沿外立柱的升降运动、外立柱带动摇臂沿内立柱的回转运动。其中，摇臂的升降运动由一台三相异步电动机驱动，各运动部件的移位运动用于主轴的对刀。

（3）移位部件的夹紧与放松。摇臂钻床在对刀移动时需要将装置放松，在机械加工过程中，又需要将装置夹紧。夹紧装置包括摇臂与外立柱间的夹紧装置、主轴箱与摇臂导轨间的夹紧装置及外立柱与内立柱间的夹紧装置。摇臂的夹紧与放松要与摇臂升降运动结合进行，而主轴箱与立柱的夹紧、放松一般要同时进行。

3.4.2 Z3050 型摇臂钻床的电气控制线路

1. 电气控制要求及原理图

（1）主拖动电动机承担主钻削及进给任务，摇臂的升降、夹紧/放松和冷却泵各用一台电动机拖动。

（2）为了适应多种加工方式的要求，主轴旋转及进给运动均有较大的调速范围，一般情况下由机械变速机构实现，主轴变速机构和进给变速机构都装在主轴箱中。

（3）加工螺纹时，要求主轴能正、反向旋转，采用机械方法实现，因此，拖动主轴的电动机只需单向旋转。

（4）摇臂的升降由升降电动机拖动，要求能实现正、反向旋转，采用笼型异步电动机。

（5）摇臂的夹紧与放松、立柱的夹紧与放松由一台异步电动机配合液压装置来完成，要求这台电动机能正、反转。

（6）钻削加工时，为对刀具及工件进行冷却，需要一台冷却泵电动机拖动冷却泵输送切削液。

（7）要有必要的联锁和保护环节。

（8）机床安全照明和信号指示电路。

根据 Z3050 型摇臂钻床的控制要求，以及规范的表达方式，可得到图 3-17 所示的电气控制原理图。

2. 主电路分析

1）电路结构与电气元件

如图 3-17 所示，Z3050 型摇臂钻床的电路由 1～27 区组成。1～8 区为主电路功能区，其中，1、2 区为电源开关及保护部分，3 区为冷却泵电动机 M4 主电路，4 区为主轴电动机 M1 主电路，5、6 区为摇臂升降电动机 M2 主电路，7、8 区为液压松紧电动机 M3 主电路。对应图区中使用的各电气元件符号及功能说明如表 3-12 所示。

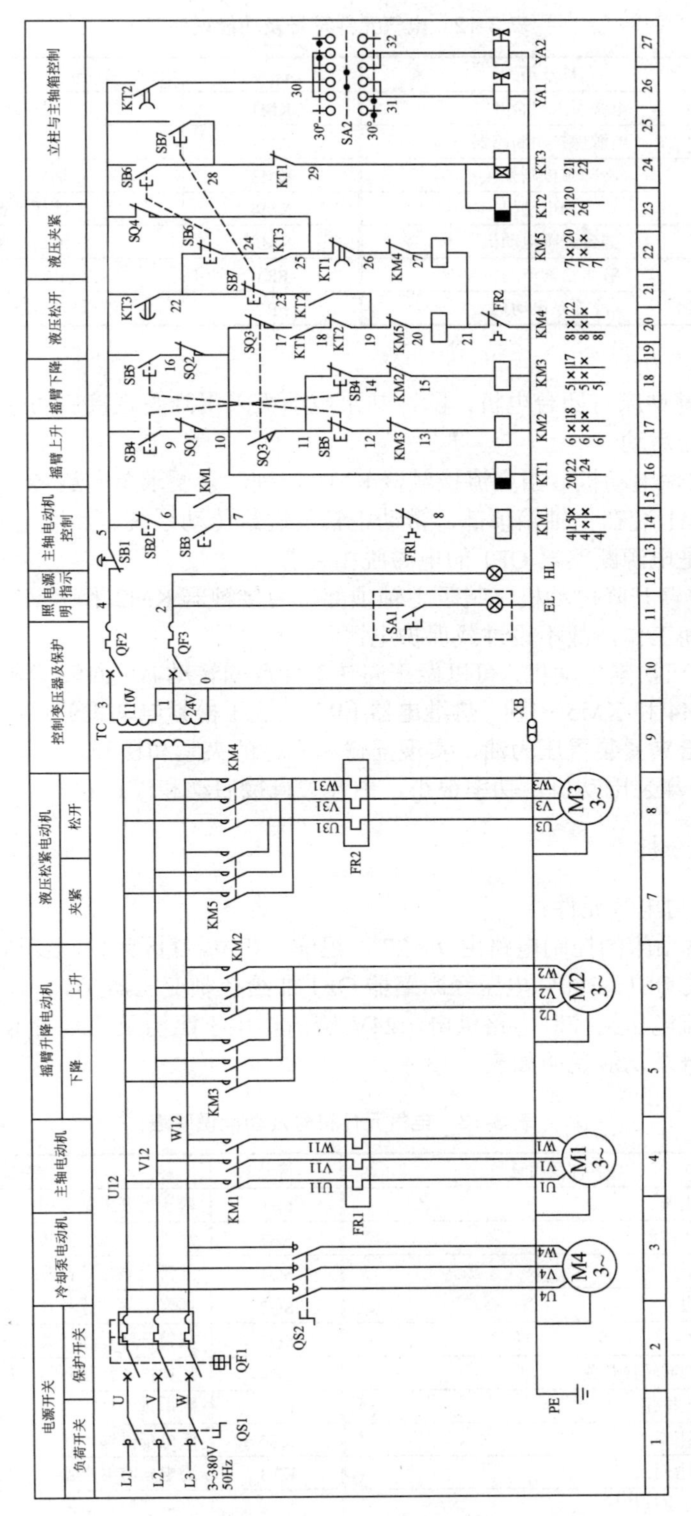

图 3-17　Z3050 型摇臂钻床的电气控制原理图

表 3-12　电气元件符号及功能说明表

符号	名称及用途	符号	名称及用途
QS1	电源引入组合开关	KM1	主轴电动机控制接触器
QF1	电源保护用断路器	KM2	摇臂上升控制接触器
QS2	冷却泵控制开关	KM3	摇臂下降控制接触器
M1	主轴电动机	KM4	液压放松控制接触器
M2	摇臂升降电动机	KM5	液压夹紧控制接触器
M3	液压松紧电动机	FR1	主轴电动机过载保护继电器
M4	冷却泵电动机	FR2	液压松紧电动机过载保护继电器

2）工作原理分析

Z3050 型摇臂钻床有四台电机，除冷却泵电动机采用开关直接启动外，其余三台异步电动机均采用接触器启动。

（1）M1 是主轴电动机，由交流接触器 KM1 控制，只要求单向旋转，主轴的正、反转由机械手柄操作，M1 装在主轴箱顶部，带动主轴及进给传动系统，热继电器 FR1 是过载保护元件，短路保护是电源断路器 QF1 的电磁脱扣装置。

（2）M2 是摇臂升降电动机，装于主轴顶部，用接触器 KM2 和 KM3 控制正、反转。因为该电动机短时间工作，故不设过载保护电器。

（3）M3 是液压松紧电动机，可以做正向转动和反向转动。正向转动和反向转动的启动与停止由接触器 KM4 和 KM5 控制。热继电器 FR2 是液压松紧电动机的过载保护电器。该电动的主要作用是供给夹紧装置压力油，实现摇臂和立柱的夹紧和松开。

（4）M4 是冷却泵电动机，功率很小，由开关直接启动和停止。

3. 控制电路分析

1）电路结构与电气元件

Z3050 型摇臂钻床的控制电路由 9～27 区组成。其中，9 区为控制变压器部分，实际应用时，闭合组合开关 QS1，380V 电压经断路器 QF1 加给控制变压器 TC 一次绕组两端，经降压后输出 110V 交流电压给控制电路供电，24V 交流电用于照明及信号指示。对应图区中使用的各电气元件符号及功能说明如表 3-13 所示。

表 3-13　电气元件符号及功能说明表

符号	名称及用途	符号	名称及用途
TC	控制变压器	SB6	液压松开控制按钮
QF2～QF3	保护用断路器	SB7	液压夹紧控制按钮
HL	电源指示灯	SQ1	摇臂上限位行程开关
EL	工作照明	SQ2	摇臂下限位行程开关
SA1	照明开关	SQ3	摇臂升降行程开关（松开时动作，夹紧时复位）
SA2	电磁铁接通转换开关	SQ4	摇臂松紧行程开关（夹紧时动作，松开时复位）
SB1	机床停止按钮	KT1	断电延时继电器
SB2	M1 停止按钮	KT2	断电延时继电器
SB3	M1 启动按钮	KT3	通电延时继电器
SB4	摇臂上升点动按钮	YA1	主轴箱松紧电磁铁
SB5	摇臂下降点动按钮	YA2	立柱松紧电磁铁

2）工作原理分析

（1）主轴电动机 M1 的控制。合上总开关 QS1 及保护断路器 QF1 后，按下启动按钮 SB3，接触器 KM1 得电吸合并自锁，工作台电动机 M1 启动运转。按下停止按钮 SB2，接触器 KM1 线圈失电释放，电动机 M1 断电停转。

（2）摇臂升降电动机 M2 的控制。摇臂的移动必须先将摇臂松开，再移动，移动到位后，摇臂自动夹紧。因此，摇臂移动过程是对液压松紧电动机 M3 和摇臂升降电动机 M2 按一定程序进行控制的过程。下面以摇臂上升为例进行说明，摇臂上升控制电路如图 3-18 所示。

按下摇臂上升点动按钮 SB4，继电器 KT1 线圈得电吸合，其 20 区常开瞬动触点 KT1 闭合，使接触器 KM4 得电吸合，其主触点闭合，接通电源使液压松紧电动机 M3 正向旋转，供出压力油。压力油经分配阀进入摇臂的松开油腔，推动活塞移动，活塞推动菱形块，将摇臂松开。同时，活塞杆通过弹簧片压动行程开关 SQ3，使其 20 区常闭触点 SQ3 断开，使 KM4 线圈失电释放；SQ3 的 17 区另一常开触点闭合，使 KM2 线圈得电吸合。前者使液压松紧电动机 M3 停止转动，后者使摇臂升降电动机 M2 启动正向旋转，带动摇臂上升移动。

当摇臂上升到所需位置时，松开摇臂上升点动按钮 SB4，接触器 KM2 和继电器 KT1 线圈同时失电释放，摇臂升降电动机 M2 停止，摇臂停止上升。但继电器 KT1 为断电延时型，所以在摇臂停止上升后 1～3s，其 22 区的延时闭合触点 KT1 闭合，接触器 KM5 线圈得电吸合，使液压松紧电动机 M3 通电反向旋转，供出的压力油经分配阀进入摇臂的夹紧油腔，经夹紧机构将摇臂夹紧。在摇臂夹紧的同时，活塞杆通过弹簧片使行程开关 SQ4 压下，其 23 区常闭触点 SQ4 断开，切断接触器 KM5 的线圈电路，KM5 失电释放，液压松紧电动机停止转动，完成了摇臂先松开、后移动、再夹紧的一系列动作。

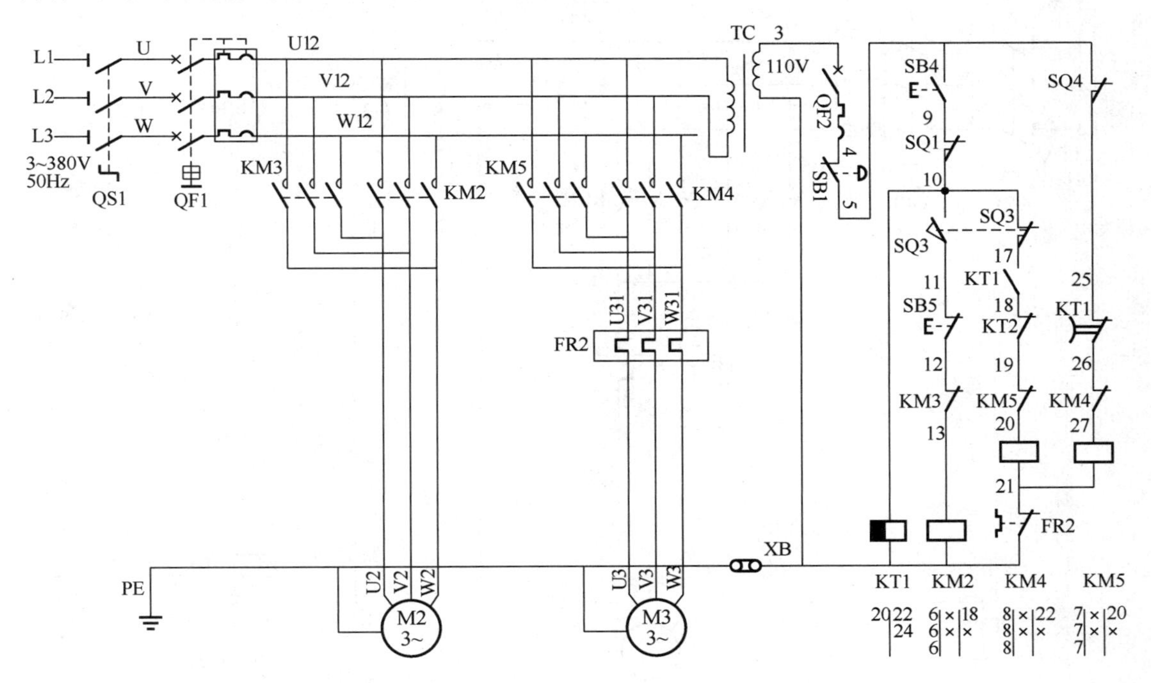

图 3-18　摇臂上升控制电路

摇臂上升控制电路的工作过程如下：

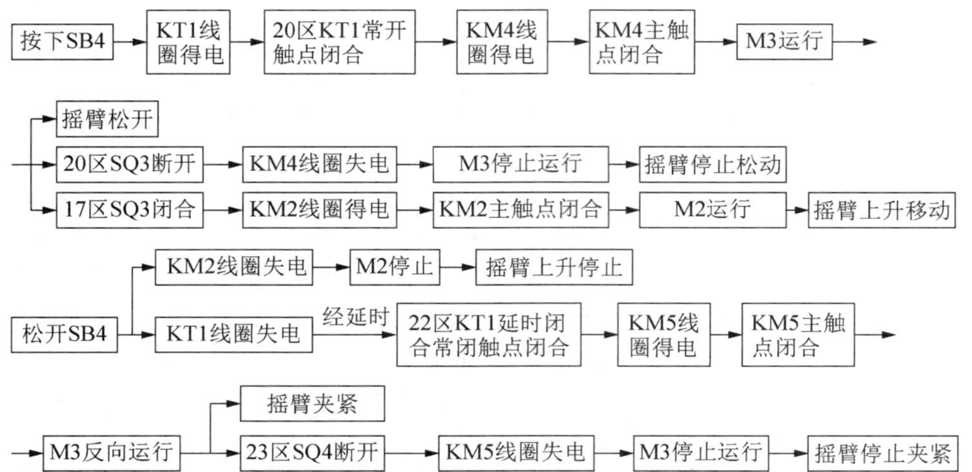

摇臂下降控制与上升控制相似，在这里就不再赘述了。摇臂升降电动机的正反转接触器KM2、KM3采用电气与机械的双重互锁，确保电路的安全工作。由于摇臂的上升与下降是短时间的调整工作，所以采用点动控制方式。行程开关SQ1与SQ2常闭触点分别串接在按钮SB4、SB5常开按钮之后，起摇臂上升与下降的限位保护作用。

（3）立柱与主轴箱松开与夹紧的控制。立柱和主轴箱的松开与夹紧既可以同时进行又可以单独进行，由转换开关SA2与按钮SB6或SB7控制。转换开关SA2有三个位置，扳到中间位置时，立柱和主轴箱的松开与夹紧同时进行；扳到上边位置时，立柱被夹紧与放松；扳到下边位置时，主轴箱单独夹紧与放松。SB6为松开按钮，SB7为夹紧按钮。下面以立柱和主轴箱的同时松开为例进行说明，立柱和主轴箱的同时松开控制电路如图3-19所示。

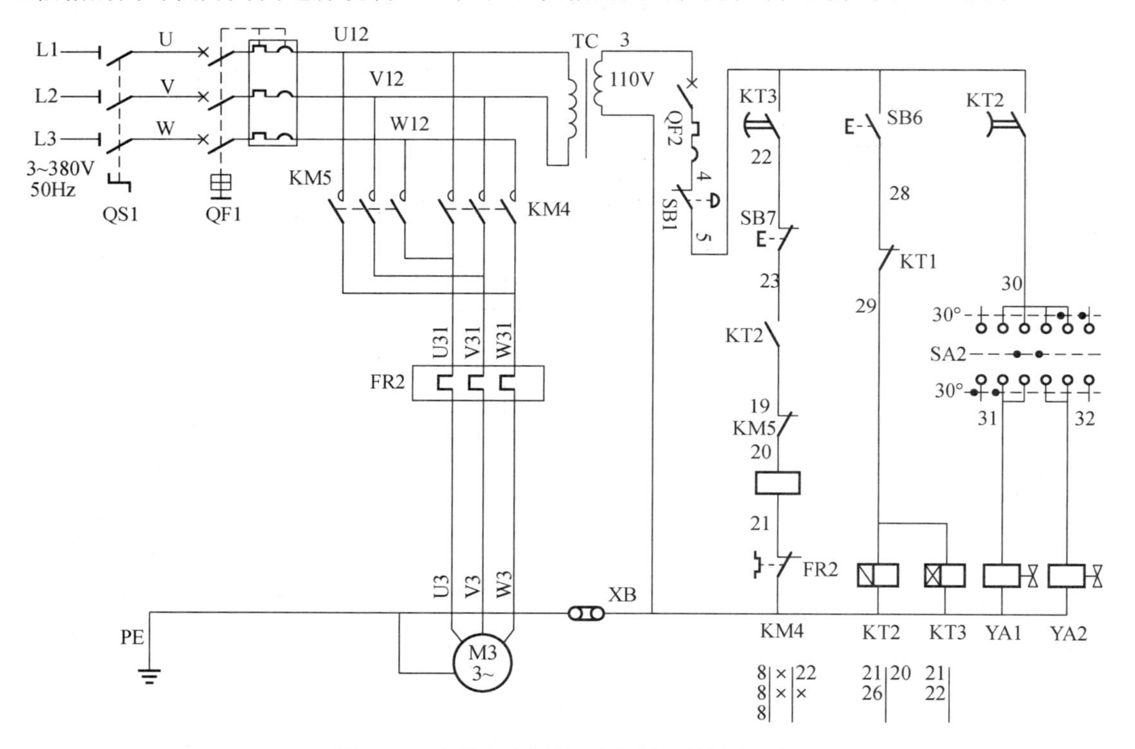

图3-19　立柱和主轴箱的同时松开控制电路

当转换开关 SA2 置于中间位置时，触点 SA2（30-31）与触点 SA2（30-32）闭合，若使立柱与主轴箱同时松开，则按下 SB6，时间继电器 KT2、KT3 线圈同时得电并吸合。KT2 是断电延时型，KT3 是通电延时型。触点 KT2（5-30）及 KT2（19-23）在得电瞬间闭合，主轴箱松紧电磁铁 YA1 和立柱松紧电磁铁 YA2 同时得电吸合，为主轴箱与立柱同时松开做准备。而另一时间继电器 KT3 的触点 KT3（5-22）经 1～3s 延时闭合，使接触器 KM4 线圈得电吸合，液压泵电动机 M3 通电正向旋转，压力油经分配阀进入立柱和主轴箱的松开油缸，推动活塞使立柱和主轴箱松开。

立柱和主轴箱的同时松开控制电路的工作过程如下：

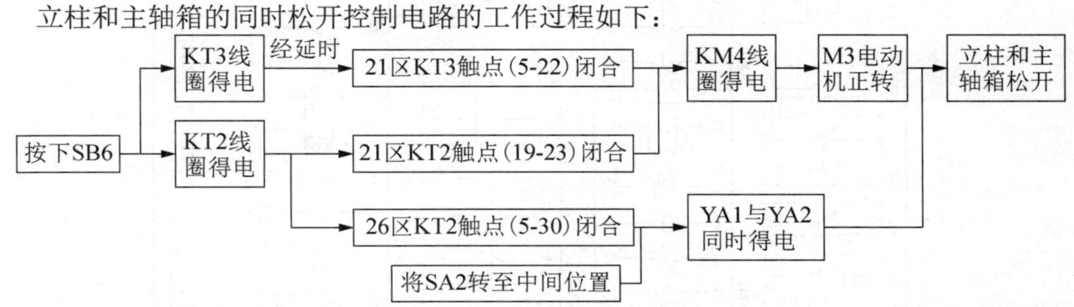

当立柱与主轴箱松开后，可在手动下使立柱回转或主轴箱做径向移动。当移动到位后，可按下夹紧按钮 SB7，电路工作情况与松开时相似，故不再赘述。

对于主轴箱与立柱的单独松开与夹紧，只要将转换开关 SA2 扳到相应的位置，再控制 SB5 与 SB6 即可实现。

放松与夹紧均系短时的调整工作，均采用点动控制。

机床安装后，接通电源，可利用立柱和主轴箱的夹紧、放松来检查电源相序。当电源相序正确后，再调整摇臂升降电动机的接线。

技能训练——Z3050 型摇臂钻床电气设备的安装接线与调试

1. Z3050 型摇臂钻床电气设备的安装接线

Z3050 型摇臂钻床电气设备的安装接线与 C6140 型卧式车床的安装接线方法和工艺要求大致相同，这里不再重复讲述，其安装接线图如图 3-20 所示。

2. Z3050 型摇臂钻床的调试

1）电气系统的检查

Z3050 型摇臂钻床电气系统的检查步骤及方法与 C6140 型卧式车床的相似，可参见 3.1 节的相关内容，这里不再重复叙述。

2）机床电气的调试

接通电源，合上机床总开关 QS1 及保护断路器 QF1～ QF3，则电源指示灯 HL 点亮，接通照明开关 SA4，照明灯 EL 点亮，然后按以下试车调试方法和步骤进行操作。

（1）主轴电动机启/停。按下启动按钮 SB3，主轴电动机 M1 启动运行，转向应该正确，按下停止按钮 SB2，主轴电动机停止运行。

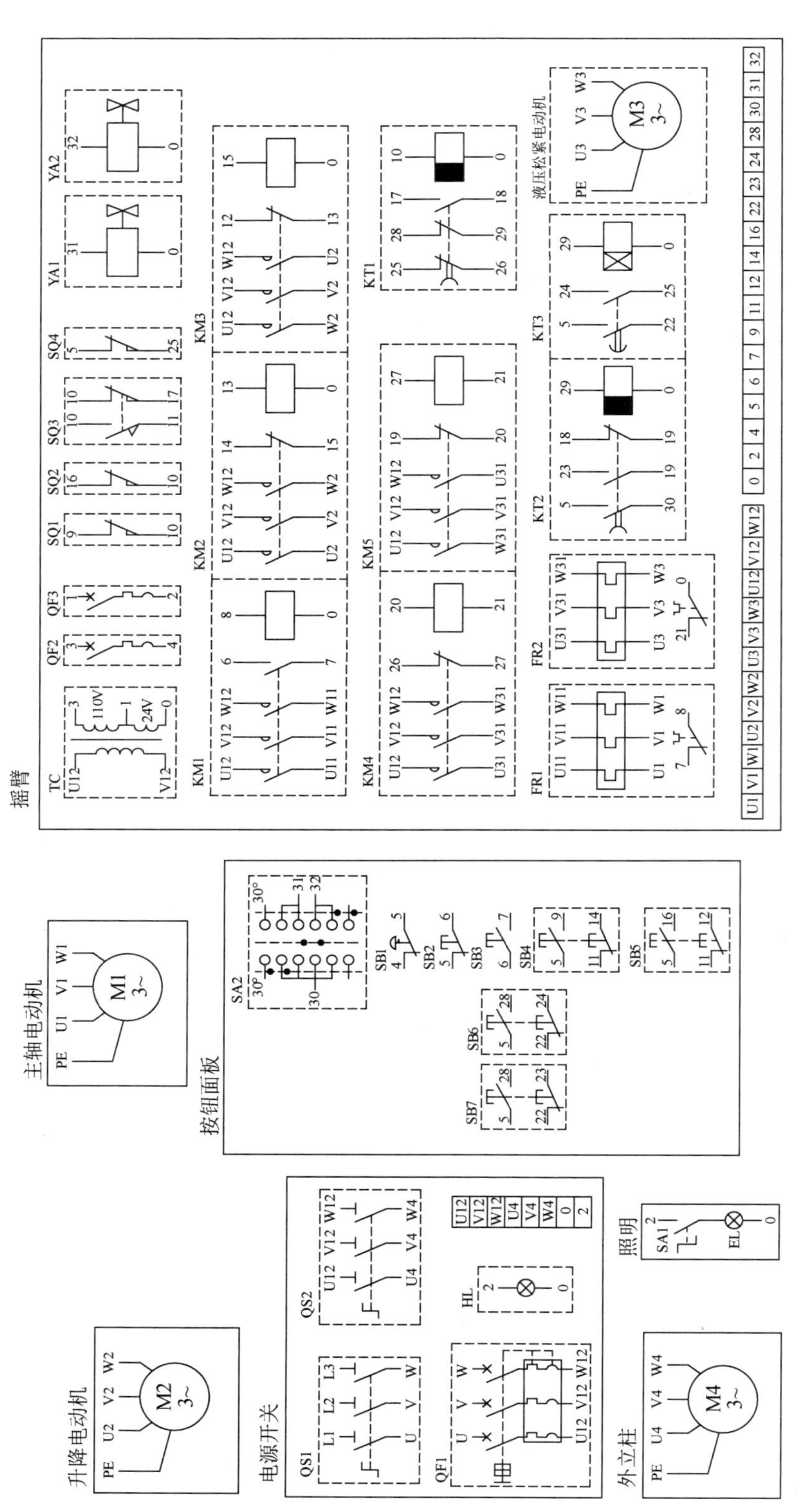

图 3-20　Z3050 型摇臂钻床的电气安装接线图

（2）摇臂升降电动机控制。

① 摇臂上升操作。按下上升启动按钮 SB4，摇臂的上升过程要经过放松、上升、夹紧三个过程。

② 摇臂下降操作。按下上升启动按钮 SB5，摇臂的下降过程要经过放松、下降、夹紧三个过程。

分别观察摇臂上升和下降的三个动作过程是否准确，有无异常情况的发生。

（3）立柱与主轴箱松开与夹紧的控制。立柱和主轴箱的松开与夹紧既可以同时进行又可以单独进行，由转换开关 SA2 与按钮 SB6 或 SB7 控制。转换开关 SA2 有三个位置，扳到中间位置时，立柱和主轴箱的松开与夹紧同时进行；扳到上边位置时，立柱被夹紧与放松；扳到下边位置时，主轴箱单独夹紧与放松。SB6 为松开按钮，SB7 为夹紧按钮。

3）机床电气调试的注意事项

（1）当机床电气安装接线结束后，操作的重点是各个行程开关的动作及安装的可靠性。操作前应反复校验和调整各开关的位置，以保证其动作准确可靠，从而使得工作台在安全情况下运行。

（2）试车结束后要断开 QS1 及保护断路器 QF1～QF3，切断操作电源。

能力拓展

1．Z3050 型摇臂钻床常见电气故障的检查与分析

摇臂钻床电气控制的特殊环节是摇臂的升降。Z3050 型摇臂钻床的工作过程是由电气、机械及液压系统三者密切结合实现的。所以，维修过程中不仅要注意电气部分能否正常工作，而且要注意与机械及液压部分的协调关系。Z3050 型摇臂钻床常见电气故障如表 3-14 所示。

表 3-14　Z3050 型摇臂钻床常见电气故障表

序号	故障现象	故障原因	处理方法
1	摇臂不能升降	行程开关 SQ3 不动作	由摇臂的升降过程可知，升降电动机 M2 运行，带动摇臂升降，其前提是摇臂完全松开，活塞杆通过弹簧片压动行程开关 SQ3。如果 SQ3 不动作，常见故障是 SQ3 安装位置移动。这样，摇臂虽已放松，但活塞杆压不上 SQ3，摇臂就不能升降。 维修时需要配合机械、液压调整好 SQ3 的安装位置后加以紧固
		液压系统发生故障	有时液压系统发生故障使摇臂放松不够，也会压不上 SQ3，使摇臂不能移动。此时要检查液压电机及其系统是否正常工作
		电动机 M3 电源相序接反	液压电动机 M3 电源相序接反时，按上升按钮 SB4（或下降按钮 SB5），M3 反转，使摇臂夹紧，SQ3 应不动作，摇臂也就不能升降。所以，在机床大修或新安装后，要检查电源相序
2	摇臂升降后，摇臂夹不紧	行程开关 SQ4 不动作	由摇臂夹紧的动作过程可知，夹紧动作的结束是由位置开关 SQ4 来完成的，SQ4 动作过早，将导致 M3 尚未充分夹紧就停转。常见的故障原因是 SQ4 安装位置不合适、固定螺钉松动造成 SQ4 移位，使 SQ4 在摇臂夹紧动作未完成时就被压上，切断了 KM5 回路，使 M3 停转。 维修时需调整 SQ4 的动作距离，固定好螺钉
		液压系统发生故障	液压系统发生故障，如活塞杆阀芯卡死或油路堵塞，造成夹紧力不够，需要检查排除故障

续表

序号	故障现象	故障原因	处理方法
3	立柱、主轴箱不能夹紧或松开	接触器 KM4 或 KM5 不能吸合	检查接触器 KM4 或 KM5 的回路元件及接线情况，排除电气故障
		按钮 SB6、SB7 接触不良	若接触器 KM4 或 KM5 能够得电吸合，可能是按钮 SB6、SB7 接触不良，需要检查按钮 SB6、SB7 接线情况是否良好
		可能是油路堵塞	若接触器 KM4 或 KM5 能吸合，M3 能运转，可排除电气方面的故障，则应请液压、机械修理人员检修油路，以确定是否是油路故障
4	摇臂上升或下降限位保护开关失灵	行程开关 SQ1、SQ2 失灵	行程开关 SQ1、SQ2 失灵分两种情况：一是行程开关损坏，其触点不能因开关动作而闭合或接触不良使线路断开，由此使摇臂不能上升或下降；二是行程开关不能动作，触点熔焊，使线路始终处于接通状态，当摇臂上升或下降到极限位置后，摇臂升降电动机 M2 发生堵转，这时应立即松开 SB4 或 SB5。 根据上述情况进行分析，找出故障原因，更换或修理失灵的行程开关 SQ1 或 SQ2 即可
5	按下 SQ6，立柱、主轴箱能夹紧，但释放后就松开	可能是菱形块和承压块的角度和方向有错，或者距离不合适，也可能因夹紧力调得太大或夹紧液压系统压力不够导致菱形块立不起来	需要找机械修理工检修

2. 故障设置与检修

1）故障设置

在控制电路或主电路中人为设置两处或以上故障点。

2）检修方法

（1）用实验法观察故障现象，给电动机通电，按下启动按钮后观察电动机的运行状态，如有异常情况立即断电检查。

（2）用逻辑分析法判断故障范围，并尽量在电路图中判断出大概出现故障的地点。

（3）用测量法准确找出故障点。

（4）根据故障情况迅速做出处理，检修排故。

（5）检修完成后通电试车。

3.5 X62W 型万能铣床的分析

3.5.1 X62W 型万能铣床的基本结构

铣床可用来加工平面、斜面、沟槽，装上分度头可以铣切直齿齿轮和螺旋面，装上圆工作台还可铣切凸轮和弧形槽，所以铣床在机械行业的机床设备中占有相当大的比例。铣床按结构形式和加工性能不同，可分为卧式铣床、立式铣床、龙门铣床、仿形铣床和各种专用铣床。X62W 型万能铣床是一种多用途卧式铣床，其外形结构如图 3-21 所示。

X62W 型万能铣床主要由床身、主轴、刀杆架、悬架、工作台、横溜板、升降台、底座及手动操作部件等部分构成。床身固定在底座上，在床身内装有主轴的传动机构和主轴变速操纵机构。在床身的顶部有水平导轨，其上装有悬架，悬架上安装铣刀心轴。在床身的前方有垂直导轨，升降台可沿导轨上下移动；在升降台上有水平导轨，其上装有可前后运动的横溜板，横溜板上设有回转盘，工作台在横溜板上部回转盘的导轨上做左右运动。工作台上有燕尾槽来固定工件，这样，安装在工作台上的工件就可实现上下、前后、左右三个维度六个方向的进给与移动。主轴及进给的变速通过变速盘实现，在操作变速盘手柄时，瞬时压合变速冲动行程开关，使电动机做低速冲动，以利于齿轮的啮合。X62W 型万能铣床主要电气元件的位置如图 3-22 所示。

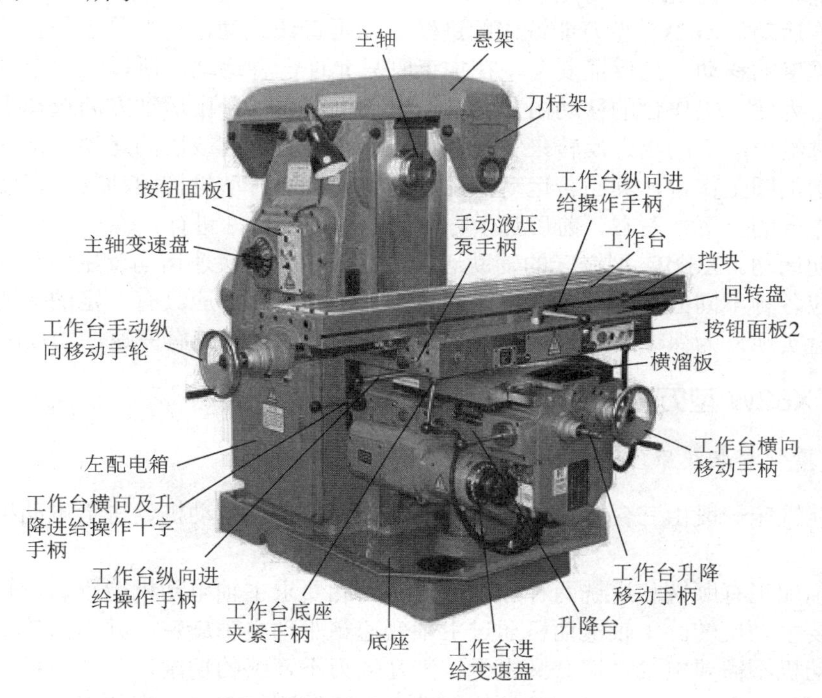

图 3-21　X62W 型万能铣床的外形结构

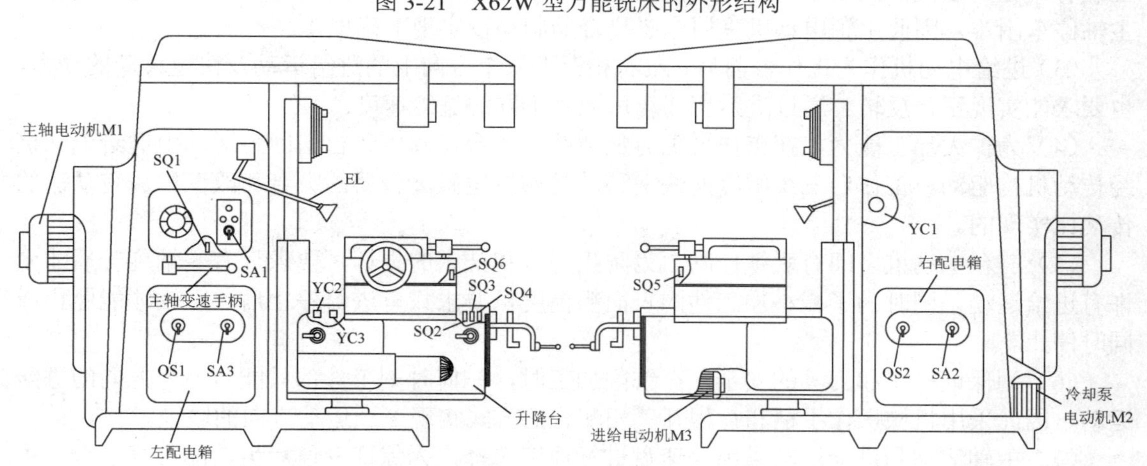

图 3-22　X62W 型万能铣床主要电气元件的位置

X62W 型万能铣床的主要运动形式包括主运动、进给运动和辅助运动。

（1）主运动。铣床所用的切削刀具为铣刀，铣削加工一般有顺铣和逆铣两种形式，分别使用刃口方向不同的顺铣刀与逆铣刀。铣刀的旋转运动为铣床主运动，由主电动机拖动。为适应顺铣与逆铣的需要，主电动机应能正向或反向工作，一旦铣刀选定，铣削方向就确定了，所以工作过程不需要变换主电动机的旋转方向。为此，常在主电动机电路内接入换向开关来预选正、反向。又因铣削加工是多刀多刃不连续切削，负载波动，故为减轻负载波动的影响，往往在主轴传动系统中加入飞轮，但随之又将引起主轴停车惯性大，停车时间长。为实现快速停车，主电动机往往采用制动停车方式。

（2）进给运动。X62W 型万能铣床的进给运动是直线运动，一般是工作台的垂直、纵向和横向三个维度的移动，为保证安全，在加工时只允许一种运动，所以这三个方向的运动应该设有互锁。为此，工作台的移动由一台进给电动机拖动，并由运动方向选择手柄来选择运动方向，由进给电动机的正、反转来实现上或下、左或右、前或后的运动。某些铣床为扩大加工能力而增加圆工作台，其回转运动是由进给电动机经传动机构驱动的。在使用圆工作台时，原有工作台的上下、左右、前后几个方向的运动都不允许进行。

（3）辅助运动。X62W 型铣床的辅助运动是指工作台的快速运动及主轴和进给的变速冲动。为了适应各种不同的切削要求，铣床的主轴与进给运动都应具有一定的调速范围，调速均通过变速盘实现，为保证变速时齿轮的啮合，调整变速盘时应有变速冲动控制。

3.5.2 X62W 型万能铣床的电气控制线路

1. 电气控制要求及原理图

（1）万能铣床一般由三台异步电动机拖动，分别是主轴电动机、进给电动机和冷却泵电动机。

（2）铣削加工有顺铣和逆铣两种加工方式，因此要求主轴电动机能正、反转，但在加工过程中不需要主轴反转。主轴电动机通过主轴变速箱驱动主轴旋转，并由齿轮变速箱变速，因此主轴电动机不需要电气调速。又由于铣削是多刃不连续的切削，负载不稳定，所以主轴上装有飞轮，以提高主轴电动机旋转的均匀性，消除铣削加工时产生的振动。但这样会造成主轴停车困难，因此主轴电动机采用电磁离合器制动以实现准确停车。

（3）进给电动机作为工作台前后、左右和上下三个方向上的进给运动及快速移动的动力，也要求能实现正、反转。通过进给变速箱可调整不同的进给速度。

（4）为扩大加工能力，在工作台上可加装圆工作台，圆工作台的回转运动由进给电动机经传动机构驱动。工作台三个维度的快速移动是通过电磁离合器的吸合和改变机械转动链的传动比实现的。

（5）三台电动机之间有联锁控制。为防止刀具和铣床的损坏，要求只有主轴旋转后才允许有进给运动，同时为了减小加工件的表面粗糙度，要求只有进给停止后，主轴才能停止或同时停止。

（6）为保证机床和刀具的安全，在铣削加工时，任何时刻工件都只能做一个方向的进给运动，因此采用机械操作手柄和行程开关相配合的方式实现三个运动方向的联锁。

（7）主轴运动和进给运动采用变速盘进行速度选择，为保证变速后齿轮能良好啮合，主轴和进给变速后，都要求电动机做瞬时点动的变速冲动控制。

（8）要求有安全照明设备及各种保护措施。

根据 X62W 型万能铣床的控制要求，以及规范的表达方式，可得到图 3-23 所示的电气控制原理图。

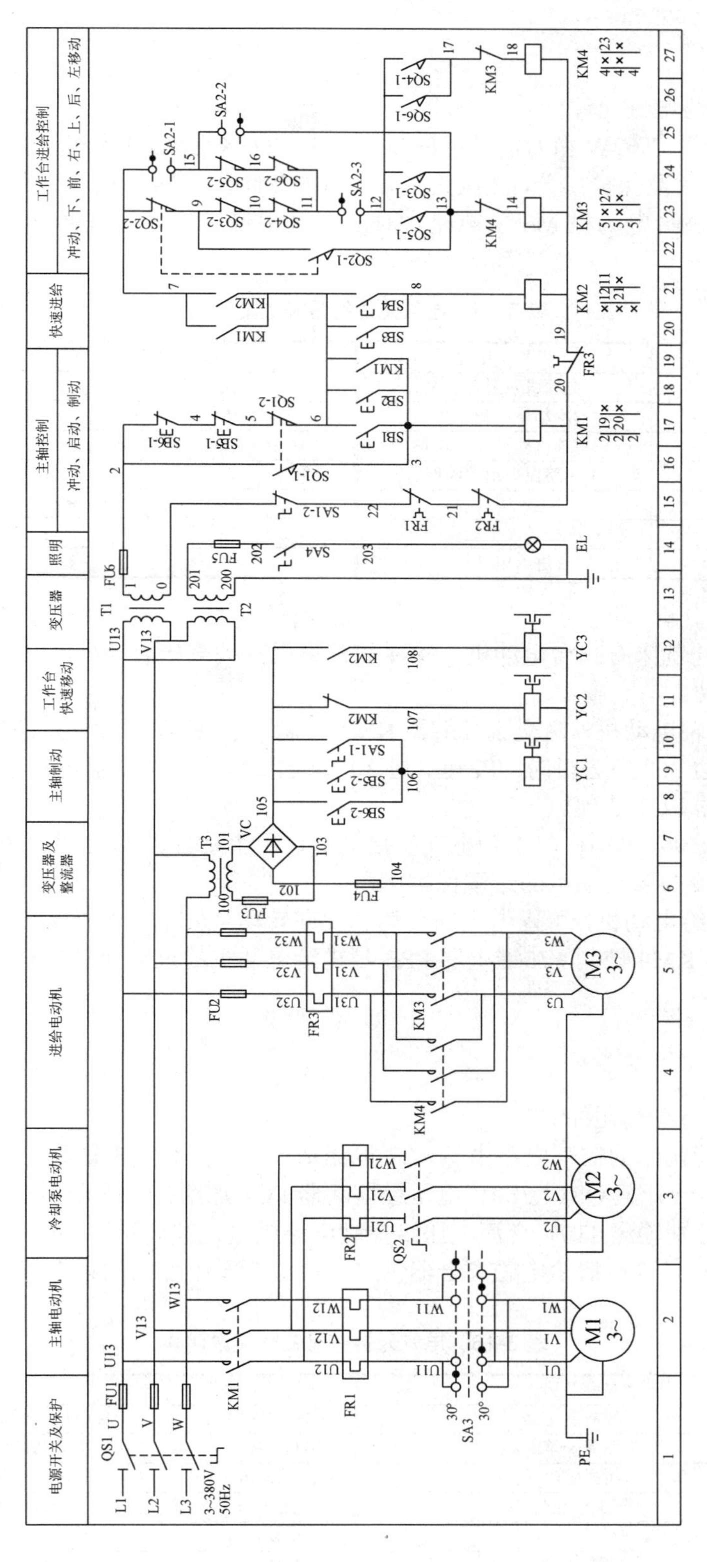

图 3-23　X62W 型万能铣床的电气控制原理图

2. 主电路分析

1）电路结构与电气元件

如图 3-23 所示，X62W 型万能铣床的电路由 1～27 区组成。1～5 区为主电路功能区，其中，1 区为电源开关及保护部分，2 区为主轴电动机 M1 主电路，3 区为冷却泵电动机 M2 主电路，4、5 区为进给电动机 M3 主电路。对应图区中使用的各电气元件符号及功能说明如表 3-15 所示。

表 3-15　电气元件符号及功能说明表

符号	名称及用途	符号	名称及用途
QS1	电源引入组合开关	KM1	主轴电动机控制接触器
QS2	冷却泵控制开关	KM3	进给电动机正转接触器
SA3	主轴电动机换向开关	KM4	进给电动机反转接触器
FU1、FU2	短路保护用熔断器	FR1	主轴电动机过载保护继电器
M1	主轴电动机	FR2	冷却泵电动机过载保护继电器
M2	冷却泵电动机	FR3	进给电动机过载保护继电器
M3	进给电动机		

2）工作原理分析

X62W 型万能铣床有三台电动机，除冷却泵采用开关直接启动外，其余两台异步电动机均采用接触器启动。

（1）M1 是主轴电动机，由交流接触器 KM1 控制。主轴电动机预选转向由开关 SA3 来实现，SA3 转到下边 30° 预选正向，转到上边 30° 预选反向。热继电器 FR1 是过载保护元件，短路保护由熔断器 FU1 实现。

（2）M2 是冷却泵电动机，主轴电动机启动后，用手动开关 QS2 来进行直接启动控制。热继电器 FR2 是冷却泵电动机的过载保护电器。

（3）M3 是进给电动机，可以做正向转动和反向转动。正向转动和反向转动的启动与停止由接触器 KM3 和 KM4 控制。热继电器 FR3 是进给电动机的过载保护电器，短路保护由熔断器 FU2 实现。

3. 控制电路分析

1）电路结构与电气元件

X62W 型万能铣床的控制电路由 6～27 区组成。其中，6、13 区为控制变压器部分，实际应用时，闭合组合开关 QS1，380V 电压经熔断器 FU1 加给控制变压器 T1～T3 的一次绕组两端，经降压后分别输出 110V 交流电压给控制电路供电，24V 交流电用于照明及信号指示，36V 交流电再经桥式整流后给电磁离合器供电。对应图区中使用的各电气元件符号及功能说明如表 3-16 所示。

表 3-16　电气元件符号及功能说明表

符号	名称及用途	符号	名称及用途
T1～T3	控制变压器	SB1、SB2	主轴电动机两地启动按钮
FU3～FU6	短路保护熔断器	SB3、SB4	进给电动机两地点动按钮
VC	桥式整流器	SB5、SB6	主轴电动机两地停止按钮
EL	工作照明	KM2	工作台控制接触器
SA1	换刀制动开关	SQ1	主轴冲动行程开关
SA2	圆工作台控制开关	SQ2	进给冲动行程开关

续表

符号	名称及用途	符号	名称及用途
SA4	照明开关	SQ3	前、下方向进给行程开关
YC1	主轴制动电磁离合器	SQ4	后、上方向进给行程开关
YC2	进给运动电磁离合器	SQ5	右方向进给行程开关
YC3	快速移动电磁离合器	SQ6	左方向进给行程开关

2）工作原理分析

（1）主轴电动机 M1 的控制。如图 3-24 所示，控制线路的启动按钮 SB1 和 SB2 是异地控制按钮，分别装在机床两处，方便操作。SB5 和 SB6 是停止按钮。KM1 是主轴电动机 M1 的启动接触器，YC1 则是主轴制动用的电磁离合器，SQ1 是主轴变速冲动的行程开关。主轴电动机是经过弹性联轴器和变速机构的齿轮传动链来实现传动的，可使主轴获得十八级不同的转速。

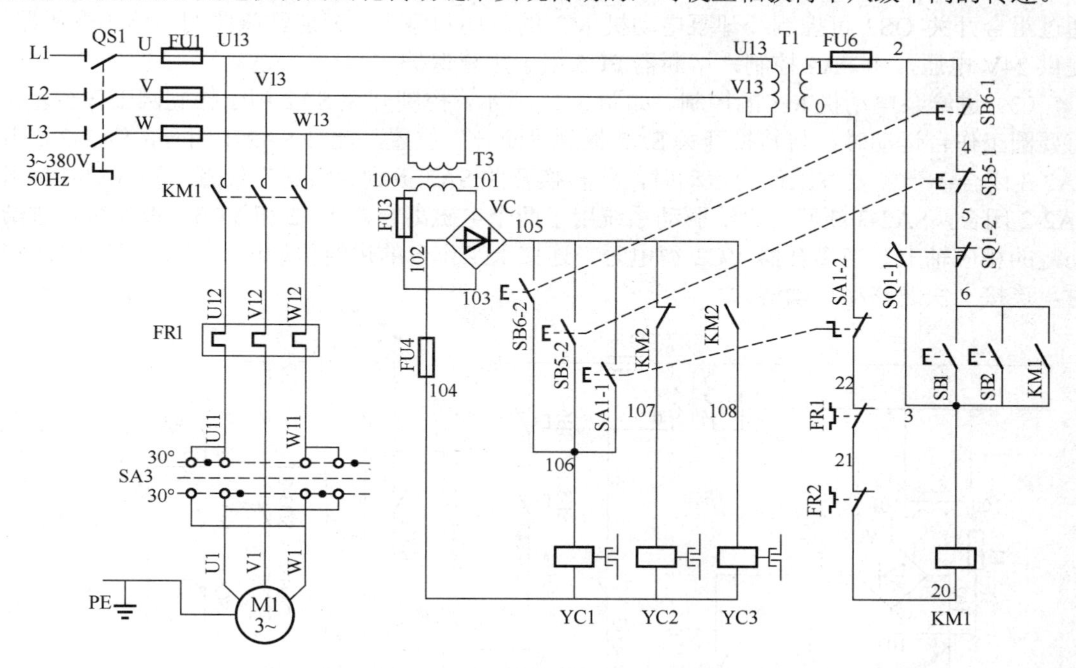

图 3-24　主轴电动机 M1 的控制电路原理图

① 主轴电动机的启动。启动前先合上电源开关 QS1，再把主轴电动机转向开关 SA3 扳到所需要的旋转方向，然后按启动按钮 SB1（或 SB2），接触器 KM1 得电动作并自锁，其主触点闭合，主轴电动机 M1 启动。

② 主轴电动机的停车制动。当铣削完毕，需要主轴电动机 M1 停车时，按停止按钮 SB5（或 SB6），接触器 KM1 线圈失电释放，电动机 M1 停电，同时由于 SB5-2 或 SB6-2 接通电磁离合器 YC1，对主轴电动机进行制动。当主轴停车后方可松开停止按钮。

③ 主轴换铣刀控制。主轴上更换铣刀时，为避免主轴转动，造成更换困难，应将主轴制动。方法是将转换开关 SA1 扳到换刀位置，常开触点 SA1-1 闭合，电磁离合器 YC1 得电，将电动机轴抱住；同时常闭触点 SA1-2 断开，切断控制电路，机床无法运行，保证人身安全。

④ 主轴变速时的冲动控制。主轴变速时的冲动控制是利用变速手柄与冲动行程开关 SQ1，通过机械上的联动机构进行控制的。将变速手柄拉开，啮合好的齿轮脱离，可以用变速盘调整所需要的转速（实质是改变齿轮传动比），然后将变速手柄推回原位，使变了传动比

的齿轮组重新啮合。由于齿与齿之间的位置不能刚好对上，因而啮合困难。如果在啮合时齿轮系统冲动一下，啮合将十分方便。当手柄推进时，手柄上装的凸轮将弹簧杆推动一下又返回。而弹簧又推动一下位置开关 SQ1，SQ1 的常闭触点 SQ1-2 先断开，而后常开触点 SQ1-1 闭合，使接触器 KM1 得电吸合，电动机 M1 启动，但紧接着凸轮放开弹簧杆，SQ1 复位，常开触点 SQ1-1 先断开，常闭触点 SQ1-2 后闭合，电动机 M1 断电。此时并未采取制动措施，所以电动机 M1 将会产生一个冲动齿轮系统的力，足以使齿轮系统抖动，保证了齿轮的顺利啮合。注意，操作时应以连续较快的速度推回变速手柄，以免电动机转速过高而打坏齿轮。另外，由于变速冲动时电动机是瞬时点动，所以主轴在正常运转情况下不宜直接做变速操作，必须先将主轴停车，再进行变速操作，以确保变速机构的安全。

（2）冷却泵电动机 M2 及照明电路的控制。主轴电动机启动后，接触器 KM1 主触点闭合，通过组合开关 QS2 可控制冷却泵电动机 M2 的启动和停止。万能铣床照明电路由变压器 T1 提供 24V 电压，由 SA4 控制，熔断器 FU5 用于短路保护。

（3）进给泵电动机 M3 的控制。如图 3-25 所示，控制开关 SA2 用于控制圆工作台，在不需要圆工作台运动时，将转换开关 SA2 扳到“断开”位置，此时 SA2-1 闭合，SA2-2 断开，SA2-3 闭合；当需要圆工作台运动时，将转换开关 SA2 扳到“接通”位置，则 SA1-1 断开，SA2-2 闭合，SA2-3 断开。进给驱动系统用了两个电磁离合器 YC2 和 YC3，都安装在进给传动链的相应轴上。当离合器 YC2 得电时，连接上工作台的进给传动链；当离合器 YC3 得电时，连接上快速移动传动链。

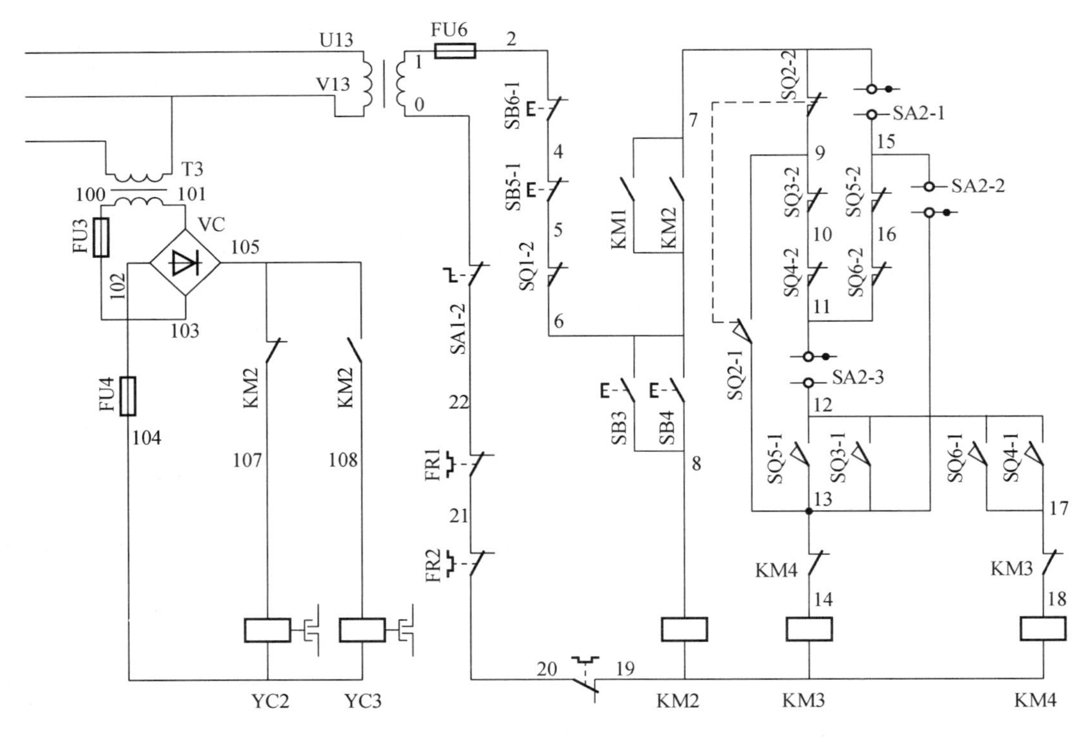

图 3-25 进给电动机 M3 的控制电路原理图

① 工作台的左右（纵向）运动是由工作台纵向操纵手柄和行程开关进行组合控制的。其控制关系如表 3-17 所示。

表 3-17　工作台纵向进给操作手柄位置及其控制关系

手柄位置	行程开关	接触器动作	传动链搭合丝杠	工作台运动方向
右	SQ5	KM3	左右进给丝杠	向右
中间	—	—	—	停止
左	SQ6	KM4	左右进给丝杠	向左

手柄有三个位置：左、右、中间（停止）。当手柄扳到左或右位置时，手柄有两个功能，一是压下位置开关 SQ5 或 SQ6，二是通过机械机构将电动机的传动链拨向工作台下面的丝杠上，使电动机的动力唯一地传到该丝杠上，工作台在丝杠带动下做左右进给。在工作台两端各设置一块挡铁，当工作台纵向运动到极限位置时，挡铁撞动纵向操作手柄，使它回到中间位置，工作台停止运动，从而实现纵向运动的终端保护。

a．工作台向右进给。主轴电动机 M1 启动后，KM1 常开触点闭合，将操纵手柄向右扳，其联动机构压动位置开关 SQ5，常开触点 SQ5-1 闭合，常闭触点 SQ5-2 断开，电源经过 SB6-1 常闭→SB5-1 常闭→SQ1-2 常闭→KM1 闭合→SQ2-2 常闭→SQ3-2 常闭→SQ4-2 常闭→SA2-3 闭合→SQ5-1 闭合→KM4 常闭使接触器 KM3 得电吸合，电动机 M2 正转启动，带动工作台向右进给。

b．工作台向左进给。其控制过程与向右进给相似，只是将纵向操作手柄拨向左，这时位置开关 SQ6 被压着，SQ6-1 闭合，SQ6-2 断开，接触器 KM4 得电吸合，电动机反转，工作台向左进给。

② 工作台升降和横向（前后）进给。工作台的上下运动和前后运动是用一个进给十字手柄完成的，其控制关系如表 3-18 所示。

表 3-18　工作台升降和横向（前后）进给操作手柄位置及其控制关系

手柄位置	行程开关	接触器动作	传动链搭合丝杠	工作台运动方向
上	SQ4	KM4	上下进给丝杠	向上
下	SQ3	KM3	上下进给丝杠	向下
中间	—	—	—	居中
前	SQ3	KM3	前后进给丝杠	向前
后	SQ4	KM4	前后进给丝杠	向后

该手柄有五个位置，即上、下、前、后和中间位置。当手柄向上或向下扳动时，传动机构将电动机传动链和升降台上下进给丝杠相连；当手柄向前或向后扳动时，传动机构将电动机传动链和溜板下面的丝杠相连；手柄在中间位置时，传动链脱开，电动机停转。

主轴电动机 M1 启动后，KM1 常开触点闭合，在手柄扳到下或前位置时，手柄通过机械联动机构使位置开关 SQ3 被压动，常开触点 SQ3-1 闭合，常闭触点 SQ3-2 断开，电源经过 SB6-1 常闭→SB5-1 常闭→SQ1-2 常闭→KM1 闭合→SA2-1 闭合→SQ5-2 常闭→SQ6-2 常闭→SA2-3 闭合→SQ3-1 闭合→KM4 常闭使得接触器 KM3 得电吸合，电动机 M3 正转启动，接触器 KM3 得电吸合，电动机正转，带动工作台向下或向前运动。

在手柄扳到上或后位置时，控制过程与向下或向前进给相似，位置开关 SQ4 被压动，接触器 KM4 得电吸合，电动机反转，带动工作台向上或向后运动。

这五个位置是联锁的，各方向的进给不能同时接通。单独对升降和横向操作手柄而言，上、下、前、后四个方向只能选择其一，绝不会出现两个方向的可能性。在操作这个手柄时，纵向操作手柄应扳到中间位置。如果违背这一要求，如在上、下、前、后四个方向中的某个方向进给时，又将控制纵向的手柄拨动了，这时有两个方向进给，将造成机床重大事故，所以必须联锁保护。若纵向手柄扳到任一方向，SQ5-2 或 SQ6-2 两个位置开关中的一个被压开，接触器 KM3 或 KM4 立刻失电，电动机 M2 停转，从而得到保护。

同理，当纵向操作手柄扳到某一方向而选择了向左或向右进给时，SQ5 或 SQ6 被压着，它们的常闭触点 SQ5-2 或 SQ6-2 是断开的，接触器 KM3 或 KM4 都由 SQ3-2 或 SQ4-2 接通。若发生误操作，使升降和横向操作手柄扳离了中间位置，而选择上、下、前、后某一方向的进给，就一定使 SQ3-2 或 SQ4-2 断开，使 KM3 或 KM4 失电释放，电动机 M2 停止运转，避免了机床事故。

进给变速冲动和主轴变速一样，进给变速时，为使齿轮进入良好的啮合状态，也要做变速后的瞬时点动。在进给变速时，只需将变速盘（在升降后前面）往外拉，使进给齿轮松开，待转动变速盘选择好速度以后，将变速盘向里推。在推进时，挡块压动位置开关 SQ2，首先使常闭触点 SQ2-2 断开，然后常开触点 SQ2-1 闭合，接触器 KM3 得电吸合，电动机 M2 启动。但它并未转起来，位置开关 SQ2 已复位，首先断开 SQ2-1，而后闭合 SQ2-2。接触器 KM3 失电，电动机断电停转。这样一来，电动机接通一下电源，齿轮系统产生一次抖动，使齿轮啮合顺利进行。

a．工作台的快速移动。为了提高劳动生产率，减少生产辅助时间，X62W 型万能铣床在加工过程中，不作铣削加工时，要求工作台快速移动，当进入铣切区时，要求工作台以原进给速度移动。安装好工件后，按下按钮 SB3 或 SB4（两地控制），接触器 KM2 得电吸合，它的一个常开触点接通进给控制电路，另一个常开触点接通电磁离合器 YC3，常闭触点切断电磁离合器 YC2。离合器 YC2 用于连接齿轮系统和变速进给系统，而离合器 YC3 用于快速进给变换，其得电后使进给传动系统跳出齿轮变速链，电动机可直接拖动丝杠套，让工作台快速进给。进给的方向仍由进给操作手柄来决定。当快速移动到预定位置时，松开按钮 SB3 或 SB4，接触器 KM2 失电释放，YC3 断开，YC2 吸合，工作台的快速移动停止，仍按原来方向做进给运动。

b．圆工作台的控制。为了扩大机床的加工能力，可在机床上安装圆工作台，这样可以进行圆弧或凸轮的铣削加工。在拖动时，所有进给系统均停止工作（手柄放置于中间位置），只让圆工作台绕轴心回转。当工件在圆工作台上安装好以后，用快速移动方法，将铣刀和工作之间的位置调整好，把圆工作台控制开关拨到“接通”位置。这个开关就是 SA2，此时 SA2-1 和 SA2-3 断开，SA2-2 闭合。当主电动机启动后，KM1 常开触点闭合，圆工作台即开始工作，其控制电路是：电源→SB6-1 常闭→SB5-1 常闭→SQ1-2 常闭→KM1 闭合→SQ2-2 常闭→SQ3-2 常闭→SQ4-2 常闭→SQ6-2 常闭→SQ5-常闭 2→SA2-2 闭合→KM4 常闭→KM3 线圈→电源。接触器 KM3 得电吸合，电动机 M2 正转。该电动机带动一根专用轴，使圆工作台绕轴心回转，铣刀铣出圆弧。在圆工作台开动时，其余进给一律不准运动，若有误操作，拨动了两个进给手柄中的任意一个，则必须会使位置开关 SQ3～SQ6 中的某一个被压动，则其常闭触点将断开，使电动机停转，从而避免了机床事故。圆工作台在运转过程中不要求调速，也不要求反转。按下主轴停止按钮 SB5 或 SB6，主轴停转，圆工作台也停转。

技能训练——X62W 型万能铣床电气设备的安装接线与调试

1．X62W 型万能铣床电气设备的安装接线

X62W 型万能铣床电气设备的安装接线与 C6140 型卧式车床的安装接线方法和工艺要求大致相同，这里不再重复讲述，其安装接线图如图 3-26 所示。

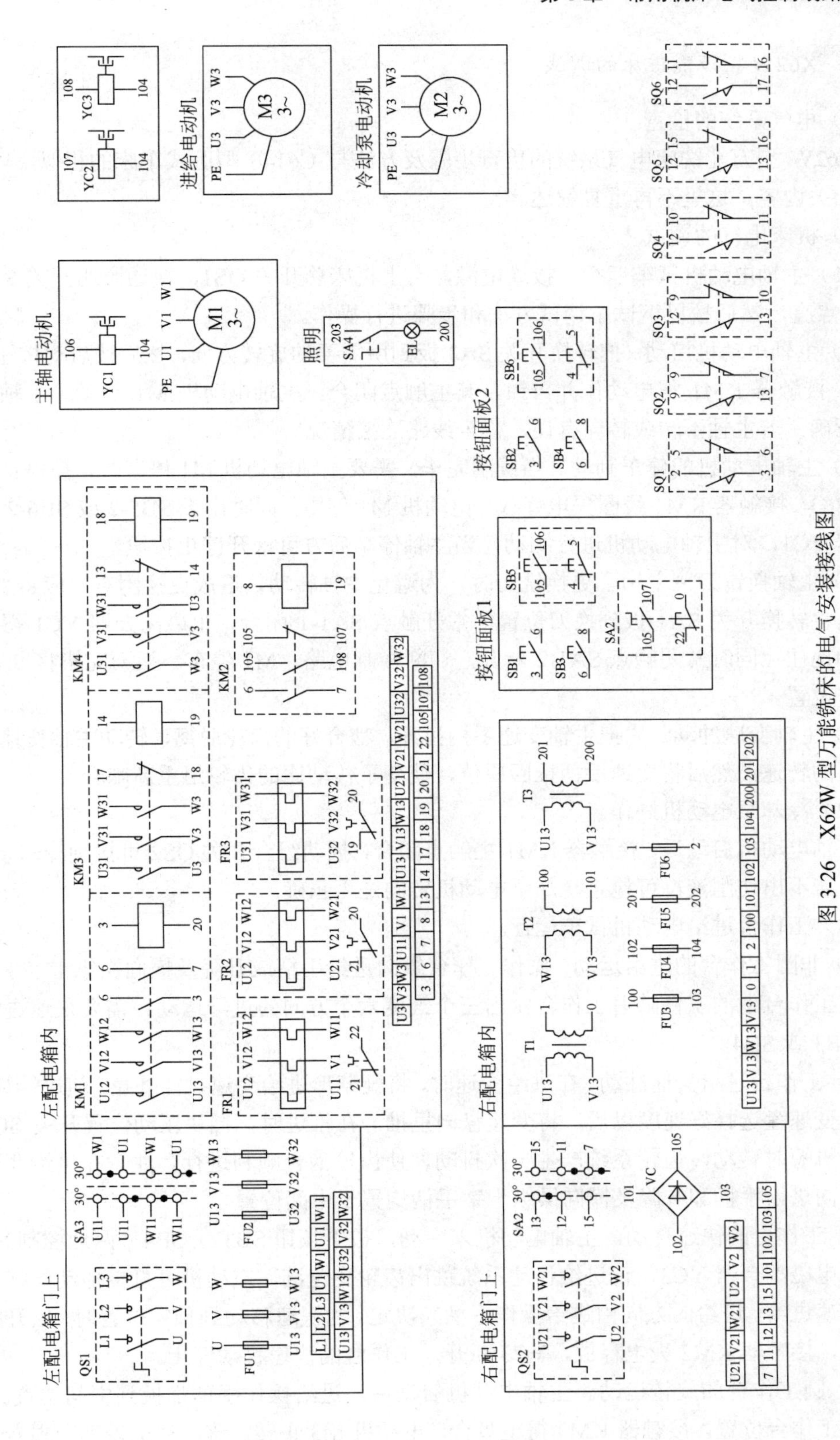

图 3-26　X62W 型万能铣床的电气安装接线图

2. X62W 型万能铣床的调试

1）电气系统的检查

X62W 型万能铣床电气系统的检查步骤及方法与 C6140 型卧式车床的相似，可参见 3.1 节的相关内容，这里不再重复叙述。

2）机床电气的调试

（1）主轴电动机试车运行。接通电源，合上机床总开关 QS1，接通照明开关 SA4，照明灯 EL 点亮，然后按以下试车调试方法和步骤进行操作。

① 主轴电动机启动。把转换开关 SA3 扳到所需要的旋转方向，然后按启动按钮 SB1（或 SB2），接触器 KM1 得电动作并自锁，其主触点闭合，主轴电动机 M1 启动。主轴旋转的方向要正确，若主轴不转或转向有误，检查线路连接情况。

② 主轴电动机的停车制动。当铣削完毕，需要主轴电动机 M1 停车时，按停止按钮 SB5（或 SB6），接触器 KM1 线圈失电释放，电动机 M1 停电，同时由于 SB5-2 或 SB6-2 接通电磁离合器 YC1，对主轴电动机进行制动，当主轴停车后方可松开停止按钮。

③ 主轴换铣刀。主轴上更换铣刀时，为避免主轴转动，造成更换困难，应将主轴制动。方法是将转换开关 SA1 扳到换刀位置，常开触点 SA1-1 闭合，电磁离合器 YC1 得电，将电动机轴抱住；同时常闭触点 SA1-2 断开，切断控制电路，M1 停车。换刀完毕将 SA1 扳回正常操作位置。

④ 主轴变速冲动。先把主轴变速手柄拉开，啮合好的齿轮脱离，转动主轴变速盘，调整所需要的转速，然后将变速手柄推回原位，使变了传动比的齿轮组重新啮合。

（2）冷却泵电动机操作。

主轴电动机启动后，接触器 KM1 主触点闭合，扳动组合开关 QS2 可控制冷却泵电机 M2 启动。若不出切削液，可检查冷却泵电动机转向是否正确。

（3）工作台进给电动机试车运行。

① 非圆工作台的进给运动。操作工作台纵向进给手柄或升降及横向操纵十字手柄，可使固定在工作台上的工件随着工作台做出三个维度六个方向的进给运动；需要快速进给时，再按下 SB3 或 SB4。

② 工作台进给变速冲动。在进给变速时，将蘑菇形进给变速盘往外拉，使进给齿轮松开，待转动变速盘选择好速度以后，将变速盘向里推。在推进时，挡块压动位置开关 SQ2，使进给电动机短时转动，齿轮系统产生一次抖动，使齿轮啮合顺利进行。注意在进给变速时，工作台纵向进给手柄和升降及横向操纵十字手柄均置于中间位置。

③ 工作台的快速移动。主轴电动机未启动，按下按钮 SB3 或 SB4（两地控制），接通快速移动电磁离合器 YC3，使进给传动系统跳出齿轮变速链，电动机可直接拖动丝杠套，让工作台快速进给。进给的方向由进给操作手柄来决定。当快速移动到预定位置时，松开按钮 SB3 或 SB4，接触器 KM2 失电释放，YC3 断开，工作台的快速移动停止。

④ 圆工作台的旋转运动。主轴电动机启动后，进给操作手柄都扳到中间位置。将 SA2 扳到圆工作台位置，接触器 KM3 得电吸合，电动机 M3 正转。该电动机带动一根专用轴，使

圆工作台绕轴心回转，铣刀铣出圆弧。

3）机床电气调试的注意事项

（1）当机床电气安装接线结束后，操作的重点是各个行程开关的动作、挡块安装的可靠性。操作前应反复校验和调整各开关的位置，以保证其动作准确可靠，从而使得工作台在安全情况下运行。

（2）试车结束后要断开 QS1，切断操作电源。

能力拓展

1. X62W 型万能铣床常见电气故障的检查与分析

X62W 型万能铣床常见电气故障如表 3-19 所示。

表 3-19　X62W 型万能铣床常见电气故障表

序号	故障现象	故障原因	处理方法
1	合上电源开关 QS1，所有电动机不能运行	检查主轴电动机换刀制动开关 SA1 是否在正确位置	将 SA1 扳到正确位置
		检查熔断器 FU1、FU2 的熔体是否熔断	如果熔体发生熔断现象，要进一步明确熔断原因，排除故障后再换新熔体
		检查热继电器 FR1、FR2、FR3 是否动作	如果有热继电器动作，要进一步明确相应电动机的过载原因，排除故障后对热继电器进行复位操作
		检查控制变压器 TC 的输出电压是否正常	检查变压器的输入电压是否正常，如果有输入电压，而输出电压不正常或无输出电压，则表明控制变压器有问题，应进行修理或更换；如果输入电压消失，可检查电压开关 QS1 是否工作良好，接线是否可靠
		检查熔断器 FU6 的熔体是否熔断	如果熔体发生熔断现象，要进一步明确熔断原因，排除故障后再换新熔体
		检查控制回路开关是否接触良好，接线是否牢靠	此工作量较大，需要耐心寻找控制回路中的故障点，特别注意行程开关 SQ1 的连线及触点接触问题
2	主轴电动机不转或转动很慢，并发出“嗡嗡”声	接触器 KM1 线圈不能得电吸合	检查热继电器触点 FR1 是否动作了未复位。熔断器 FU1 是否熔断。若没有问题，可用万用表交流 250V 挡逐级检查接触器 KM1 线圈回路的 110V 电压是否正常，从而判断出是控制变压器 110V 绕组的问题，还是接触器 KM1 线圈烧坏，或是回路中的连线有问题
		电动机断相运行	需要检查换换开关 SA3 有无断线或接触不良问题；检查接触器 KM1 的主触点是否接线牢靠
3	主轴电动机运行不自锁	接触器 KM1 的自锁触点接线有误	与主轴电动机启动按钮相并联的辅助常开触点 KM1 没有接好
4	主轴电动机变速时无冲动	检查行程开关 SQ1 能否正常动作	1. 变速过程中，机械顶销是否动作，或者虽然动作了但不能撞击行程开关 SQ1。应检修机械顶销，使其动作正常，在变速手柄推回过程中，能够压下冲动行程开关 SQ1。 2. 若冲动行程开关 SQ1 能够动作，则要检查 SQ1 的触点是否接触良好或连线是否可靠
5	按停车按钮后主轴不停转	接触器主触点发生“熔焊”现象或有内部有机械卡死现象	先找出原因，是机械故障还是熔焊了，若为熔焊则表明发生过严重的短路故障，须将其排除，然后更换接触器

续表

序号	故障现象	故障原因	处理方法
6	主轴停车不制动	主轴电磁离合器YC1发生电气或机械故障	1．检查YC1两端电压是否有24V直流电压，若没有，检查FU4、FU5是否熔断；检查主轴停车按钮SB5、SB6的常开触点是否接触良好。 2．若YC1两端电压比较低，需要检查整流桥是否有桥臂断开而形成了半波整流；检查YC1线圈内部是否局部短路，引起电流过大而把电压拉下来；或是线路中有接触不良的地方，需将其排除。 3．若YC1两端电压正常，那么要检查YC1线圈是否断路，机械部分、离合器摩擦片等是否有卡阻现象或需要调整，可进行相应的检修或处理
7	进给电动机不能启动	若接触器KM3或KM4线圈未得电吸合，转换开关SA2或控制线路中的其他触点有问题	1．检查SA2是否接触不良，若是，需要对其进行检修或更换。 2．检查接触器KM3、KM4线圈是否损坏，若是，需要对其进行检修或更换。 3．检查KM3、KM4的电气互锁触点是否接触良好，KM1的常开触点是否完好，相应的行程开关/触点是否接触良好，热继电器是否因过载而动作，若有问题，应进行相应的修理
		若接触器KM3或KM4线圈可以得电吸合，进给电动机主电路有问题	1．检查进给电动机的进线端电压是否正常，若正常，则应检查进给电动机是否有问题或发生机械卡死现象。 2．若进给电动机的进线端电压不正常，要检查熔断器FU2是否熔断。 3．检查KM3或KM4主触点是否接触不良，热继电器是否烧断
8	工作台可以升降和横向进给，不能纵向进给	行程开关SQ2、SQ3、SQ4的常闭触点是否接触不良	这三个常闭触点只要有一个接触不良，纵向进给就不能进行，需要对其逐一排查、检修
		行程开关SQ5或SQ6的常开触点是否接触不良	纵向操作手柄扳到某一方向而选择了向左或向右进给时，SQ5或SQ6被压着，若其接触不良，可检修触点或更换开关
		纵向操作手柄联动机构机械磨损，不能压住行程开关SQ5或SQ6	检修纵向操作手柄
9	进给电动机没有冲动控制	冲动行程开关SQ2接触不良或其连线松脱	检修行程开关SQ2
10	工作台不能快速进给	接触器KM2线圈不能得电吸合	检查KM2线圈是否损坏，快速按钮SB3、SB4触点是否接触不良，相应连线是否接好
		若KM2线圈能够吸合，那么其主触点或是电磁离合器YC3可能有问题	1．检查KM2的主触点，若有问题，要维修或更换。 2．检查YC3是否断路，有无机械卡阻或动铁芯超程现象，检查离合器摩擦片是否存在调整不当问题

2．故障设置与检修

1）故障设置

在控制电路或主电路中人为设置两处或以上故障点。

2）检修方法

（1）用实验法观察故障现象，给电动机通电，按下启动按钮后观察电动机的运行状态，如有异常情况立即断电检查。

（2）用逻辑分析法判断故障范围，并尽量在电路图中判断出大概出现故障的地点。

（3）用测量法准确找出故障点。

（4）根据故障情况迅速做出处理，检修排故。

（5）检修完成后通电试车。

练　习　题

问答题

1．简述 C6140 型卧式车床电气控制线路中断路器 QF 的分励脱扣器的作用。

2．试分析 C6140 型卧式车床电气控制线路中行程开关 SQ1 和 SQ2 的位置及作用。

3．列写 T68 型卧式镗床电气控制线路中主轴电动机的点动按钮和常动按钮，并说明线路中 KA1 和 KA2 的作用。

4．简述 T68 型卧式镗床速度继电器的作用及工作状态。

5．T68 型卧式镗床主轴变速冲动时用到的行程开关有哪些？它们在变速过程中的状态有什么改变？

6．T68 型卧式镗床进给变速冲动时用到的行程开关有哪些？它们在变速过程中的状态有什么改变？

7．对于 T68 型卧式镗床，如果在变速前主轴电动机处于高速（丫丫联结）正转状态，那么变速后电动机将会进入什么状态？说明原因。

8．简述 T68 型卧式镗床的主电动机在进给变速时的连续低速冲动控制过程。

9．在 M7120 型平面磨床电气控制线路中，电磁吸盘为什么要设置失电压保护？如何实现失电压保护？

10．M7120 型平面磨床电气控制线路中的砂轮升降电动机控制电路为什么不设自锁？

11．M7120 型平面磨床电气控制线路中的电阻 R 和电容 C 的作用是什么？

12．Z3050 型摇臂钻床电气控制线路中的时间继电器 KT1～KT3 的作用分别是什么？

13．在 Z3050 型摇臂钻床电气控制线路中，各个行程开关 SQ1～SQ4 的作用分别是什么？

14．如果 Z3050 型摇臂钻床电气控制线路中的行程开关 SQ3 的安装位置出现位移，将会发生什么故障现象？为什么？

15．如果 Z3050 型摇臂钻床的液压电动机相序接反，将会发生什么故障现象？为什么？

16．简述 Z3050 型摇臂钻床的摇臂下降的控制过程。

17．在 X62W 型万能铣床电气控制线路中，电磁离合器 YC1～YC3 的作用分别是什么？

18．X62W 型万能铣床的主轴制动采用什么方式？有什么特点？

19．X62W 型万能铣床主轴和进给变速冲动的作用是什么？

20．在 X62W 型万能铣床电气控制线路中，各个行程开关 SQ1～SQ6 的作用分别是什么？

21．用箭头形式描述 X62W 型万能铣床主轴变速冲动控制的工作过程。

22．用箭头形式描述 X62W 型万能铣床进给变速冲动控制的工作过程。

第4章

桥式起重机控制线路分析

本章主要介绍桥式起重机的有关结构、运动形式和拖动要求，通过分析起重机的控制电路，理解起重机的控制方案、保护方法等，掌握起重机故障分析及检修方法。

- 了解起重机的基本结构。
- 了解起重机的基本工作原理。
- 了解起重机控制电路的分析方法。
- 掌握起重机的常见故障及维修方法。

4.1 起重机概述

本节介绍了起重机常用的控制设备、桥式起重机、起重机的主要技术参数、供电及电力拖动要求、起重机的工作状态。

4.1.1 起重机常用的控制设备

1. 凸轮控制器

凸轮控制器是一种大型手动控制电器。它主要用来直接控制起重设备的电动机，实现电动机的启动、制动、调速和反转的目的。其主要结构由机械结构（手柄、转轴、凸轮、杠杆、弹簧、定位棘轮等）、电气结构（触点、接线及联板等）、固定防护结构（上、下盖板和外罩及防止电弧的灭弧罩等）三部分组成。凸轮控制器的结构原理图如图 4-1 所示。

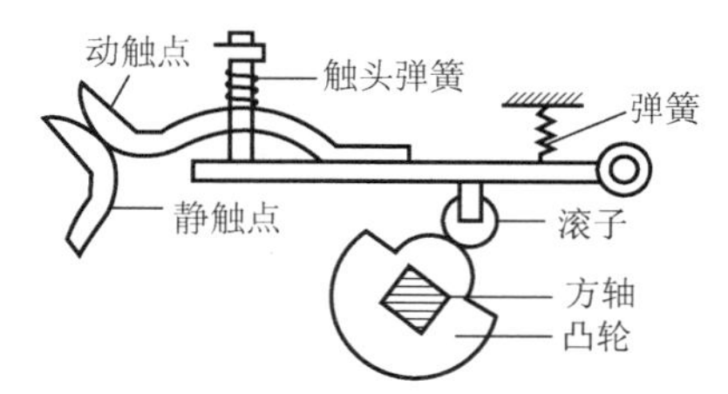

图 4-1 凸轮控制器的结构原理图

当转轴在手柄扳动下转动时，固定在轴上的凸轮同时转动，当凸轮的凸起部位顶住滚子时，由于杠杆作用，动触点和静触点分开；当凸轮凹处与滚子相接触时，在弹簧作用下，使动、静触点闭合，实现触点接通与断开的控制。若在方轴上安装不同形状的凸轮，可使一系列的触点组按预先规定的顺序来接通和分断电路，达到控制电动机启动、停止、正转、反转、变速等目的。

起重机常用的凸轮控制器有 KT10、KT14、KT15 等系列，其型号含义如下：

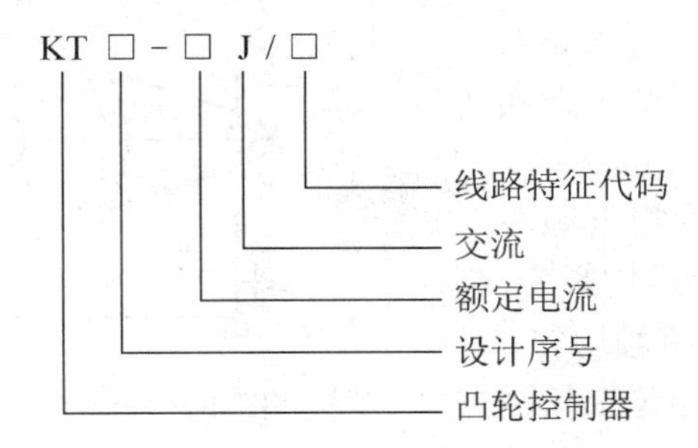

常用的 KT14 系列凸轮控制器的主要技术参数如表 4-1 所示。

表 4-1　KT14 系列凸轮控制器的主要技术数据

<table>
<tr><th rowspan="2">型号</th><th rowspan="2">额定电压/V</th><th rowspan="2">额定电流/A</th><th colspan="2">工作位置数</th><th colspan="2">在通电持续率为 25%时所能控制电动机</th><th rowspan="2">额定操作频率/（次/h）</th></tr>
<tr><th>向前（上升）</th><th>向下（下降）</th><th>转子最大电流/A</th><th>最大功率/kW</th></tr>
<tr><td>KT14-25J/1</td><td rowspan="6">380</td><td rowspan="3">25</td><td rowspan="2">5</td><td rowspan="2">5</td><td rowspan="3">32</td><td>11</td><td rowspan="6">600</td></tr>
<tr><td>KT14-25J/2</td><td>2×2.5</td></tr>
<tr><td>KT14-25J/3</td><td>1</td><td>1</td><td>5.5</td></tr>
<tr><td>KT14-60J/1</td><td rowspan="3">60</td><td rowspan="3">5</td><td rowspan="3">80</td><td rowspan="3">50</td><td>30</td></tr>
<tr><td>KT14-60J/2</td><td>2×11</td></tr>
<tr><td>KT14-60J/3</td><td>2×30</td></tr>
</table>

其符号及在电路中的表示方式与主令控制器相同。

2. 电磁制动器

制动器是起重设备、卷扬设备等升降机械设备中的重要装置。制动器平时抱紧制动轮，只有当起重设备电动机通电工作时才松开，因此在停电时制动器闸瓦都是抱紧制动轮的。常用的制动器为双闸瓦块式短行程和长行程两种。

电磁铁是利用电磁吸力来操纵牵引机械装置，以完成预期动作的，它是一种将电能转化为机械能的低压电器。其主要由铁芯、动铁芯、线圈和工作机构组成。按线圈中通过的电流类型分为交流电磁铁和直流电磁铁。交流电磁铁种类很多，可以按电流相数分（单相、二相、三相），也可按线圈额定电压分（220 V、380 V），还按功能分（牵引、制动、起重）。直流电磁铁线圈中通直流电。本节只讨论制动电磁铁，制动电磁铁可分为短行程（小于 5 mm）和长行程（大于 10 mm）两种。

制动器和电磁铁结合在一起就构成了电磁制动器。

1）短行程电磁制动器

短行程电磁制动器有交流 MZD1 系列和直流 MZZ1 系列。短行程电磁制动器的工作原理如图 4-2 所示。

当电磁铁线圈通电后，动铁芯吸合，将顶杆向右推动，制动臂带动制动瓦块同时离开制动轮，实现松闸。而当电磁铁线圈断电时，动铁芯释放，制动器是借助主弹簧，通过框形拉板使左右制动臂上的制动瓦块夹紧制动轮来实现制动的。

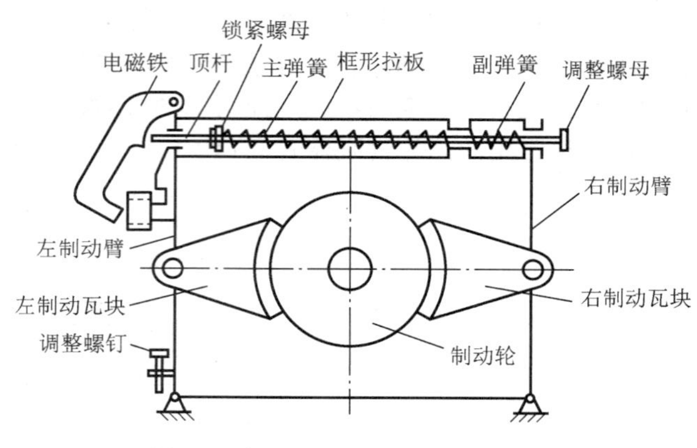

图 4-2　短行程电磁制动器工作原理

短行程电磁铁一般为单相电源驱动，其上闸、松闸动作迅速，结构紧凑，自重小；制动瓦块与制动轮接触均匀，磨损也均匀。但由于短行程电磁铁松闸力小，故只适用于小型制动器（制动轮直径一般不大于 0.3 m）。

2）长行程电磁制动器

长行程电磁制动器有交流 MZS1 系列和直流 MZZ2 系列。长行程电磁制动器的工作原理如图 4-3 所示。

它通过杠杆系统来增加上闸力，其松闸是借助电磁铁通过杠杆系统实现的，上闸是借助弹簧力实现的。电磁铁通电时为松闸，断电时实现抱闸。长行程电磁铁为三相交流电源驱动，制动力矩较大，工作较平稳、可靠，制动时没有自振。一般起重机上常用长行程电磁制动器。

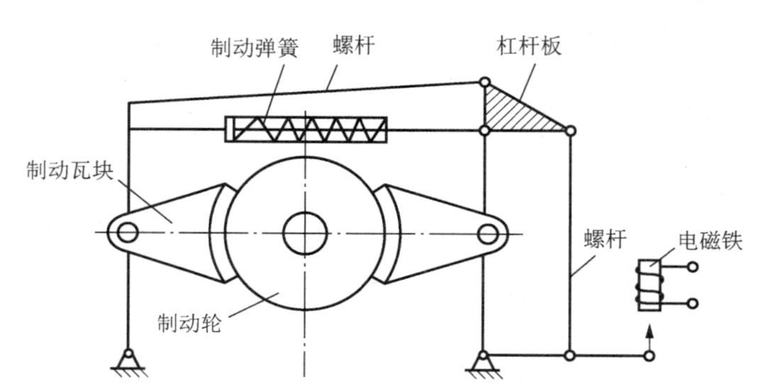

图 4-3　长行程电磁制动器工作原理

起重机是一种用来吊起或放下重物并使重物在短距离内水平移动的起重设备。起重设备按结构可分为桥式、塔式、门式、旋转式和缆索式等。不同结构的起重设备，其应用场合也不同。由于桥式起重机应用较广泛，本节以桥式起重机为例分析起重设备的电气控制线路

4.1.2　桥式起重机的主要结构及运动形式

1. 起重机的结构

桥式起重机的结构如图 4-4 所示。它主要由桥架、大车移动机构、小车、提升机构、操纵室、主滑线和辅助滑线等组成。

1）桥架

桥架是桥式起重机的基本构件，它由主梁、端梁、走台等部分组成。主梁横跨在车间中间。主梁两端连有端梁，在两主梁外侧安装有走台。在一侧的走台上装有大车移动机构，使桥架可沿车间长度方向的导轨移动。在另一侧走台上装有小车的电气设备，即辅助滑线。在主梁上方铺有导轨，供小车移动。

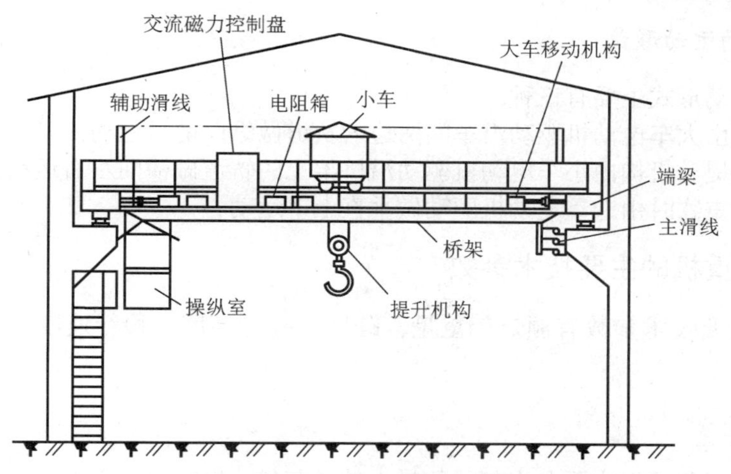

图 4-4　桥式起重机结构示意图

2）大车移动机构

大车移动机构由大车驱动电动机、传动轴、联轴节、减速器、车轮及制动器等部件构成。拖动方式有集中拖动与分别拖动两种。集中拖动是由一台电动机经减速机构驱动两个主动轮；而分别拖动则由两台电动机分别驱动两个主动轮。分别拖动方式安装调试方便，实践证明使用效果良好，目前我国生产的桥式起重机大多采用分别拖动方式。

3）小车

小车安放在桥架导轨上，可顺车间宽度方向移动。小车主要由小车架、小车移动机构和提升机构等组成。小车移动机构由小车电动机、制动器、联轴节、减速器及车轮等组成，如图 4-5 所示。小车电动机经减速器驱动小车主动轮，拖动小车沿导轨移动，由于小车主动轮相距较近，故由一台电动机驱动。小车移动机构传动系统如图 4-5 所示。

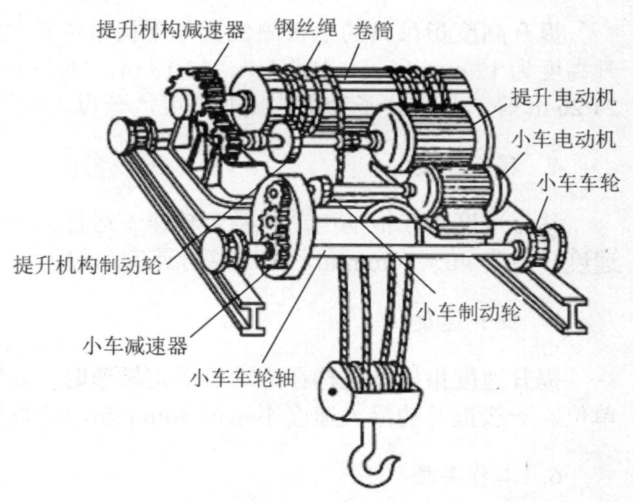

图 4-5　小车移动机构传动系统

4）提升机构

提升机构由提升电动机、减速器、卷筒、制动器、吊钩等组成。提升电动机经联轴节、制动轮与减速器连接，减速器的输出轴与缠绕钢丝绳的卷筒相连接，钢丝绳的另一端装有吊钩，当卷筒转动时，吊钩就随钢丝绳在卷筒上的缠绕（或放开）而上升（或下降）。起重量在 15 t 及以上的起重机通常备有两套提升机构，即主钩与副钩。

5）操纵室

操纵室是操纵起重机的吊舱，又称驾驶室。操纵室内有大、小车移行机构控制装置、提升机构控制装置及起重机的保护装置等。操纵室一般固定在主梁的一端，也有少数装在小车下方随小车移动的。操纵室上方开有通向走台的舱口，供检修大车与小车机械及电气设备时人员上下用。

2. 起重机的运动形式

起重机的运动形式主要有三种：
（1）起重机由大车电动机驱动沿车间两边的轨道做纵向前后运动；
（2）小车及提升机构由小车电动机驱动沿桥架上的轨道做横向左右运动；
（3）在升降重物时由起重电动机驱动做垂直上下运动。

4.1.3 起重机的主要技术参数

起重机的主要技术参数有额定起重量、跨度、提升高度、移行速度、提升速度、工作类型。

1. 额定起重量

额定起重量指起重机实际允许起吊的最大的负荷量，以吨（t）为单位。目前主要应用的桥式起重机的起重量有 5 t、10 t、15/3 t、20/5 t、30/5 t、50/10 t、75/20 t、100/20 t、125/20 t、150/30 t、200/30 t、250/30 t 等。其中分子为主钩起重量，分母为副钩起重量。

2. 跨度

跨度指大车轨道中心线间的距离，以米（m）为单位，常见的跨度为 10.5 m、13.5 m、16.5 m、19.5 m、22.5 m、25.5 m、28.5 m、31.5 m 等规格。

3. 提升高度

提升高度指吊具的上极限位置与下极限位置之间的距离，以米（m）为单位。常见的提升高度为 12 m、16 m、12/14 m、12/18 m、16/18 m、19/21 m、20/22 m、21/23 m、22/26 m、24/26 m 等。其中分子为主钩提升高度，分母为副钩提升高度。

4. 移行速度

移行速度指在拖动电动机额定转速下运行的速度，以米每分（m/min）为单位。小车移行速度一般为 40～60m/min，大车移行速度一般为 100～135m/min。

5. 提升速度

提升速度指提升机构在电动机额定转速时，取物装置上升的速度，以米每分（m/min）为单位。一般提升的最大速度不超过 30m/min，依货物性质、重量来决定。

6. 工作类型

按起重机载重量可分为三级：小型 5～10 t，中型 10～50 t，重型 50 t 以上。
按起重机负载率和工作繁忙程度可分为：
（1）轻级。工作速度较低，使用次数也不多，满载机会也较少，负载持续率约为 15%，如主电室、修理车间用起重机。
（2）中级。经常在不同负载条件下，以中等速度工作，使用不太频繁，负载持续率约为 25%，如一般机械加工车间和装配车间用起重机。
（3）重级。经常处在额定负载下工作，使用较为频繁，负载持续率约为 40%以上，如冶金和铸造车间用起重机。

（4）特重级。基本上处于额定负载下工作，使用更为频繁，环境温度高。保证冶金车间工艺过程进行的起重机，属于特重级。

4.1.4　供电及电力拖动要求

1. 对供电电源的要求

桥式起重机的电源电压为 380 V，由于起重机在工作时经常移动，并且大小车之间、大车与主轨道之间都存在相对移动，因此要采用可移动的电源设备供电。一种是采用软电缆供电，软电缆随大、小车的移动而伸展叠卷，多用于 10 t 以下起重机；另一种是采用滑触线和集电刷供电，三相交流电源经由三根主滑触线沿平行于大车轨道敷设，三相交流电源经三根滑触线与滑动的集电刷，引进起重机驾驶室内控制柜，再从控制柜引出至控制器，同时主滑触线旁还有多根辅助滑触线用于提升及电磁制动等。

2. 对电力拖动的要求

（1）由于桥式起重机经常工作于多灰尘、高温、高湿等环境恶劣的地方，且经常在重载下频繁启动、制动、反转、变速等，要承受较大的过载和机械冲击，所以要求电动机具有较高的机械强度和较大的过载能力，同时要求电动机启动转矩大、启动电流小，因此多选用绕线式异步电动机拖动。

（2）由于起重机的负载为恒转矩负载，所以采用恒转矩调速。

（3）要有合理的升降速度，空载、轻载要求速度快，重载要求速度慢。

（4）提升开始或重物下降到预定位置附近时，都要低速，所以在 30%的额定速度内应分成几挡，以便灵活操作。

（5）提升的第一级作为预备级，是为了消除传动间隙和张紧钢丝绳，以避免过大的机械冲击。所以启动转矩不能过大，一般限制在额定转矩的一半以下。

（6）起重机的负载力矩为位能性反抗力矩，因此电动机可运转在电动状态、再生发电状态和倒拉反接制动状态。为保证人身与设备安全，停车必须采用安全可靠的制动方式。

（7）有必要的零位保护、短路保护、过载保护和终端保护。

4.1.5　起重机的工作状态

1. 移行机构电动机的工作状态

起重机大车和小车运行机构的负载转矩为飞轮滚动摩擦力矩与轮轴上的摩擦力矩之和，这种负载力矩始终是阻碍运动的，方向始终与运动方向相反，且其值为一常数。所以当大车或小车需要来回移行时，拖动电动机工作于正、反向电动状态。

2. 提升机构电动机的工作状态

提升机构电动机的负载除一小部分由于摩擦产生的力矩外，主要是由重物产生的重力矩，当重物提升时是阻力转矩，重物下降时则是动力转矩。而在轻载或空钩下降时，是阻力转矩还是动力转矩，要视具体情况而定，所以，提升机构电动机工作时，由于负载情况不同，工作状态也不同。

1）提升时电动机的工作状态

提升重物时，电动机负载转矩由重力转矩 T_g 和提升机构的摩擦转矩 T_f 两部分组成，当电动机产生的电磁转矩 T_e 克服阻力转矩时，重物将被提升，电动机处于电动状态，以提升方向为正向旋转方向，则电动机处于正转电动状态，如图 4-6 所示。工作在第一象限，当 $T_e=T_g+T_f$ 时，重物以恒定速度提升。

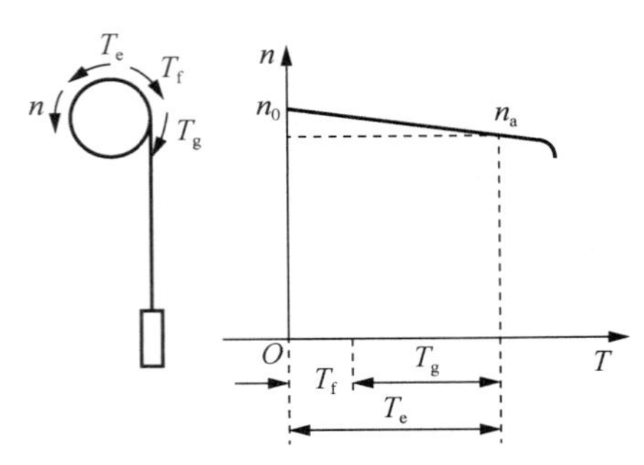

图 4-6　提升物品时的电动状态

2）下降时电动机的工作状态

（1）反转电动状态。当空钩或轻载下放时，由于负载重力转矩小于提升机构摩擦转矩，此时依靠重物自重不能下降。为此，电动机必须向着重物下降方向产生电磁转矩，并与重力转矩一起共同克服摩擦转矩，强迫空钩或轻载下降。电动机工作在第三象限，处于反转电动状态，如图 4-7（b）所示。如果 $T_e+T_g=T_f$ 时，电动机稳定运行在 $-n_b$ 转速下。

（2）再生制动状态。在中载或重载长距离下降重物时，可将提升电动机按反转相序接线，产生下降方向的电磁转矩 T_e，此时 T_e 与重力转矩 T_g 方向一致，与图 4-8（b）一样，使电动机很快加速并超过电动机同步转速。这时转子绕组内感应电动势和电流方向均改变，产生阻止重物下降的电磁转矩。当 $T_e=T_g-T_f$ 时，电动机以高于同步转速的速度稳定运行，称为超同步制动，如图 4-7（c）所示。在此工作状态下，电动机以 n_c 速度运行。

（3）倒拉反接制动状态。在下放重荷载时，为实现低速下降，保证起重机安全平稳，常采用倒拉反接制动。如图 4-7（a）所示，电动机工作在第四象限。此时电动机定子仍按正转接线，但转子电路中串接较大电阻，这样电动机启动转矩小于负载转矩，电动机被载荷拖动，迫使电动机反转，直至电磁转矩和负载转矩相等，电动机稳定在 n_a 速度。

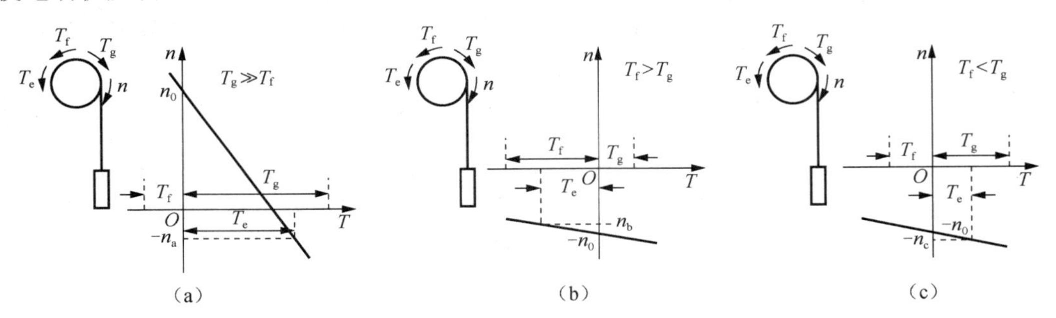

图 4-7　下放物品时电动机的三种工作状态

（a）倒拉反接制动；（b）反转电动；（c）再生制动

4.2　电气控制线路分析

以 15/3 t 桥式起重机电气控制线路为例进行分析，其电气控制原理图如图 4-8 所示。它有两个吊钩，主钩 15 t，副钩 3 t。大车运行机构由两台 JZR231-6 型电动机联合拖动，用 KT14-60J/2 型凸轮控制器控制。小车运行机构由一台 JZa216-6 型电动机拖动，用 KT14-25J/1 型凸轮控制器控制。副钩升降机构由一台 JZR241-8 型电动机拖动，用 KT14-25J/1 型凸轮控制器控制。这四台电动机由 XQB1-150-4F 交流保护箱进行保护。主钩升降机构由一台 JZR262-10 型电动机拖动，用 PQR10B-150 型交流控制屏与 LK1-12-90 型主令控制器组成的磁力控制器控制。

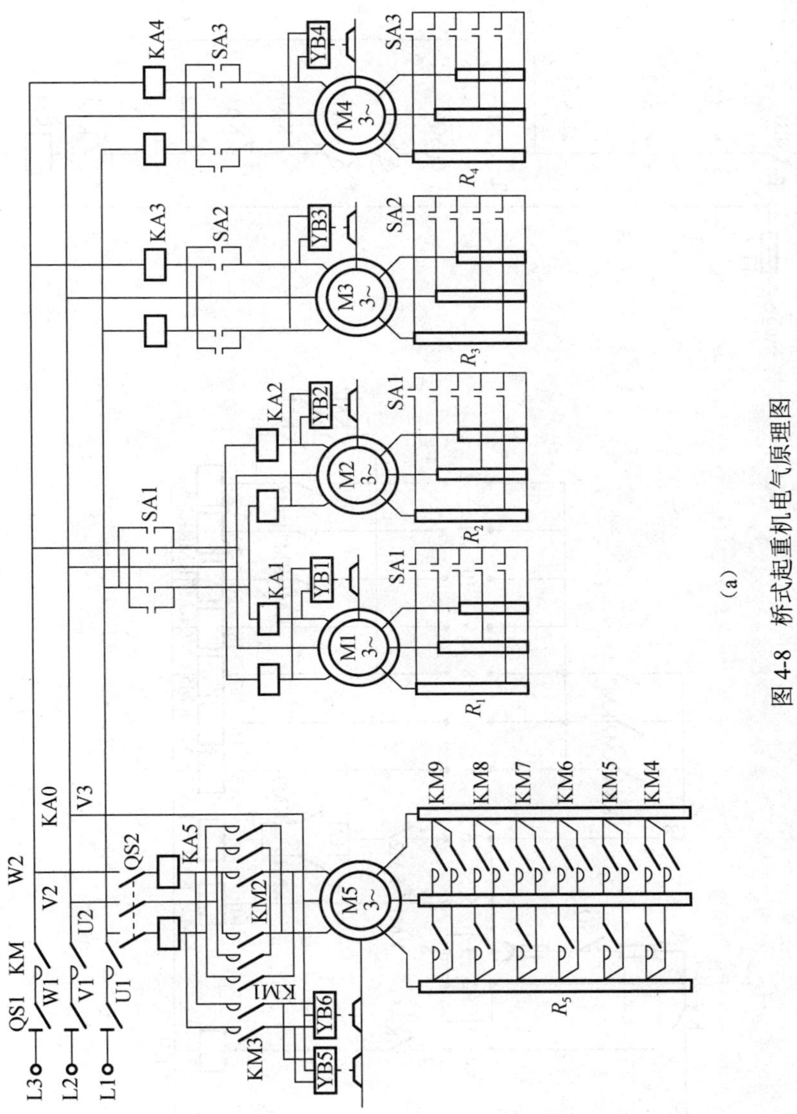

（a）

图 4-8　桥式起重机电气原理图

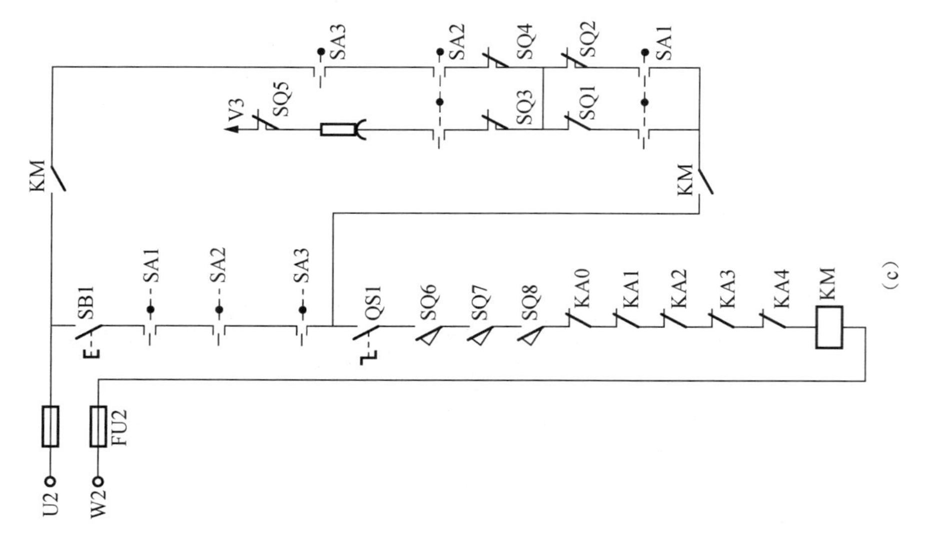

（c）

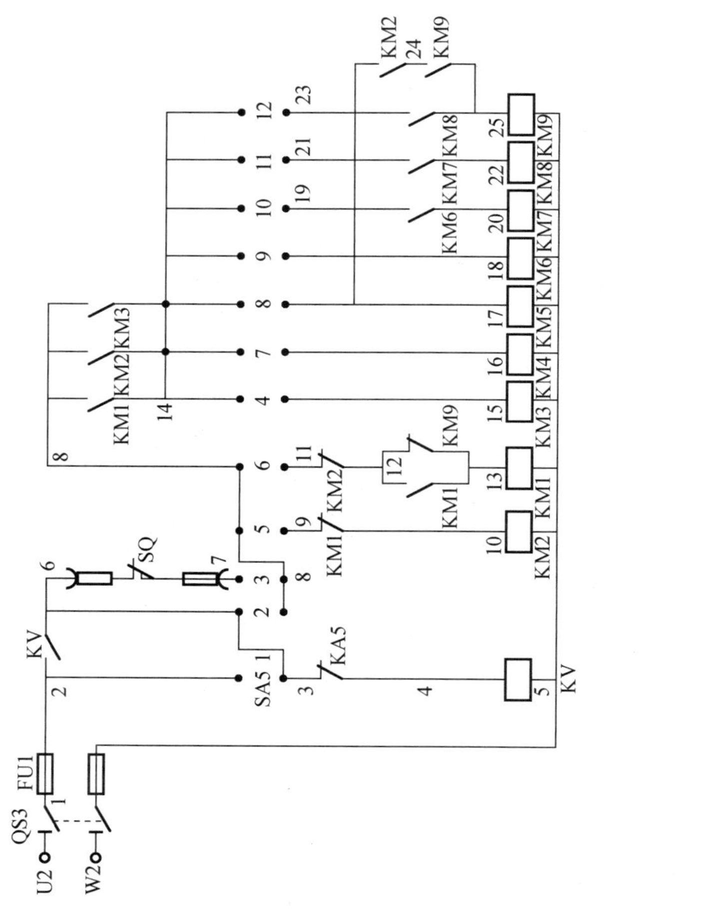

（b）

图 4-8　桥式起重机电气原理图（续）

大车凸轮控制器SA1闭合图

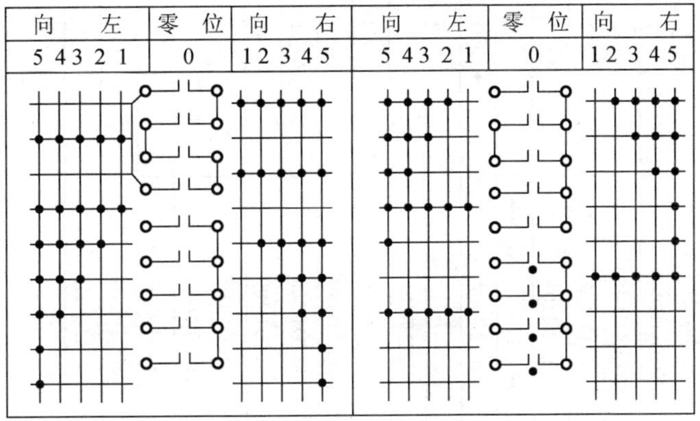

向　左	零　位	向　右	向　左	零　位	向　右
5 4 3 2 1	0	1 2 3 4 5	5 4 3 2 1	0	1 2 3 4 5

副卷扬、小车凸轮控制器SA2、SA3闭合图

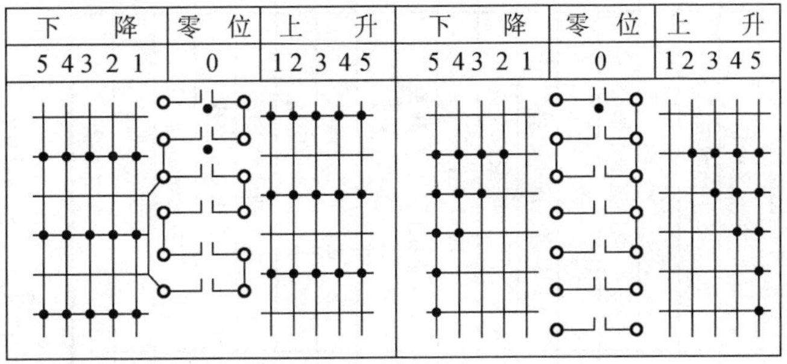

下　降	零　位	上　升	下　降	零　位	上　升
5 4 3 2 1	0	1 2 3 4 5	5 4 3 2 1	0	1 2 3 4 5

主令控制器触点闭合图

触点	符号	下降						零位	上升					
		强力			制动									
		5	4	3	2	1	J	0	1	2	3	4	5	6
SA1								×						
SA2		×	×	×										
SA3					×	×	×		×	×	×	×	×	×
SA4	KM3	×	×	×	×	×			×	×	×	×	×	×
SA5	KM2	×	×	×										
SA6	KM1				×	×	×		×	×	×	×	×	×
SA7	KM4	×	×	×		×	×		×	×	×	×	×	×
SA8	KM5	×	×	×			×			×	×	×	×	×
SA9	KM6	×	×								×	×	×	×
SA10	KM7	×										×	×	×
SA11	KM8	×											×	×
SA12	KM9	×												×

（d）

图 4-8　桥式起重机电气原理图（续）

（a）主回路；（b）主钩控制回路；（c）保护箱回路；（d）凸轮及主令控制器触点表

图 4-8 中 M5 为主钩电动机，M4 为副钩电动机，M3 为小车电动机，M1、M2 为大车电动机，它们分别由主令控制器 SA5 和凸轮控制器 SA1、SA2、SA3 控制。SQ 为主钩提升限位开关，SQ5 为副钩提升限位开关，SQ3、SQ4 为小车两个方向的限位开关，SQ1、SQ2 为大车两个方向的限位开关。

三个凸轮控制器 Sa1、SA2、SA3 和主令控制器 SA5，交流保护箱 XQB，紧急开关等安装在操纵室中。电动机各转子电阻 $R1$～$R5$，大车电动机 M1、M2，大车制动器 YB1、YB2，大车限位开关 SQ1、SQ2，交流控制屏放在大车的一侧。在大车的另一侧，装设了 21 根辅助滑线及小车限位开关 SQ3、SQ4。小车上装设有小车电动机 M3、主钩电动机 M5、副钩电动机 M4 及其各自的制动器 YB3～YB6，主钩提升限位开关 SQ 与副钩提升限位开关 SQ5。

该起重机的主要元器件如表 4-2 所示。

表 4-2　起重机的主要元器件

符号	名称	型号及规格	数量
M5	主钩电动机	JZR262-10　45kW、577r/min	1
M4	副钩电动机	JZR241-8　13.2kW、703r/min	1
M1、M2	大车电动机	JZR231-6　11kW、953r/min	2
M3	小车电动机	JZR212-6　4.2kW、855r/min	1
SA5	主令控制器	LK1-12/90	1
SA3	副钩凸轮控制器	KT14-25J/1	1
SA1	大车凸轮控制器	KT14-60J/2	1
SA2	小车凸轮控制器	KT14-25J/1	1
XQB	交流保护箱	XQB1-150-4F	1
PQR	交流控制屏	PQR10B-150	1
KM	接触器	CJ12-250	1
KA0	总过流继电器	JL12-150A	1
KA1～KA4	过电流继电器	JL12-60A、15A、30A、30A	8
KA5	过电流继电器	JL12-150A	1
SQ1～SQ4	大、小车限位开关	LX1-11	4
SQ6	舱口安全开关	LX19-001	1
SQ7、SQ8	横梁栏杆安全开关	LX19-111	2
YB5、YB6	主钩制动电磁铁	MSZ1-15H	2
YB4	副钩制动电磁铁	MZD1-300	1
YB3	小车制动电磁铁	MZD1-100	1
YB1、YB2	大车制动电磁铁	MZD1-200	2
R_5	主钩电阻器	2P562-10/9D	1
R_4	副钩电阻器	RT41-8/1B	1
R_1、R_2	大车电阻器	RT31-6/1B	2
R_3	小车电阻器	RT12-6/1B	1

4.2.1　小车移行机构控制线路

小车采用 KT14-25J-1 型凸轮控制器控制，控制线路如图 4-9 所示。

该凸轮控制器左右各有五个位置，采用对称接法，即手柄处在左右位置时实现电动机的正反转运行。触点共有 12 对，分别控制电动机的主电路、控制电路及安全联锁保护电路。

1. 电动机定子电路控制分析

把凸轮控制器手柄置“0”位，合上电源开关 QS，按下启动按钮 SB，接触器 KM 线圈带电并自锁，主触点吸合为电动机启动做好准备。

此时要实现电动机正转或反转，只需把凸轮控制器手柄向右或向左各位置转动即可。如向右转动，则对应触点两端 W 与 V3 接通，V 与 W3 接通，电动机接入正序电源启动运行；如向左转动，则对应触点两端 V 与 V3 接通，W 与 W3 接通，电动机接入逆序电源启动运行。4 对触点均装有灭弧装置。

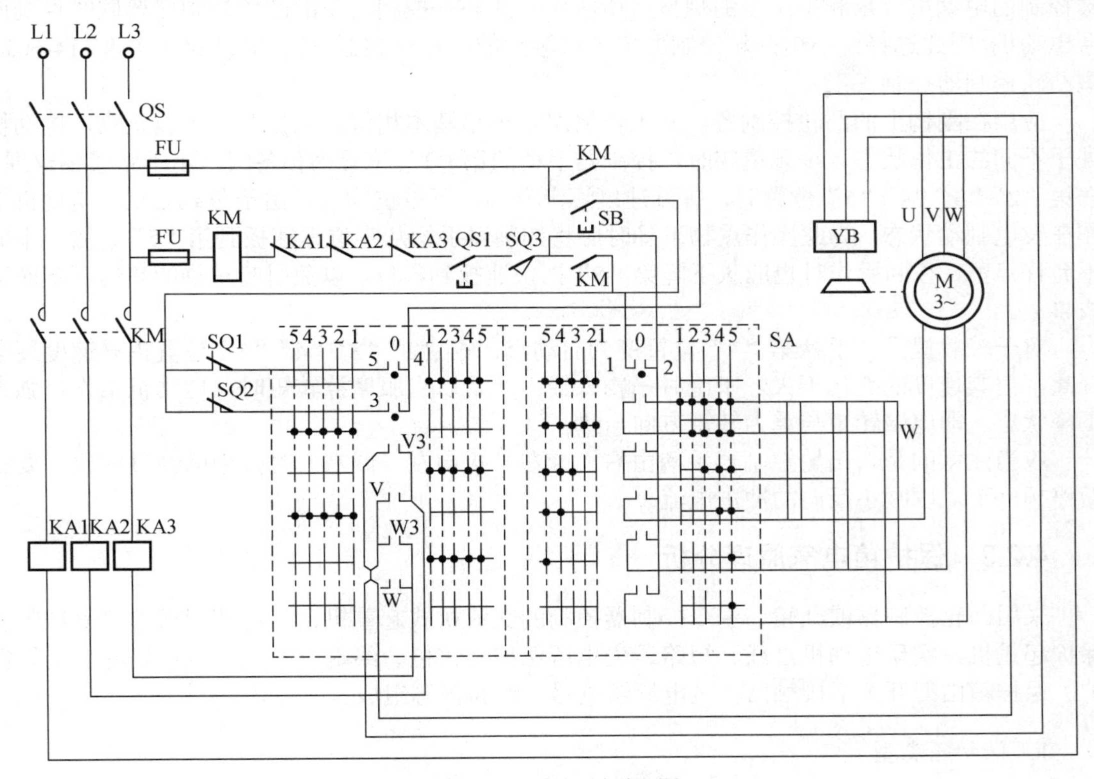

图 4-9　小车控制原理图

2. 电动机转子电路控制分析

凸轮控制器有 5 对触点控制电动机转子电阻的接入和切除。当凸轮控制器手柄向右（正转）或向左（反转）转动时，转动到“1”位置，转子电路外接电阻全部接入，电动机以最低速运行。置于“2”“3”“4”“5”位置时，逐级短接不对称电阻，电动机转子转速逐步升高，因此通过控制凸轮控制器手柄在不同位置，可调节电动机的转速。图中 SQ1 和 SQ2 是限位开关，起到限位保护的作用。

3. 安全联锁触点及保护

凸轮控制器置“0”位时有 3 对触点，一对用于零位保护，另外两对配合 SQ1 和 SQ2 实现限位保护。若发生停电事故，接触器 KM 断电，电动机停止转动。当重新恢复供电，电动机不会自行启动，必须将凸轮控制器手柄返回到“0”位，重新按下启动按钮，电动机才能再次启动工作，实现零位保护。

在凸轮控制电路中，过电流继电器 KA1、KA2、KA3 实现过载及短路保护；紧急开关 QS1 作事故情况下的紧急停电保护；在起重机端梁上栏杆与操纵室舱门上装有安全开关 SQ3，防止人在桥架上时开车来确保人身安全；电磁抱闸 YB 实现电动机的机械制动。

4.2.2 大车移行机构和副钩控制情况

应用在大车上的凸轮控制器，其工作情况与小车上的凸轮控制器工作情况基本相似，但被控制的电动机容量和电阻器的规格有所区别。此外，控制大车的凸轮控制器要同时控制两台电动机，因此选择比小车凸轮控制器多 5 对触点的凸轮控制器。此控制线路采用 KT14-60J/2 型凸轮控制器控制。

应用在副钩上的凸轮控制器，其工作情况与小车基本相似，但提升与下放重物，电动机处于不同的工作状态。提升重物时，控制器手柄的第“1”位置为预备级，用于张紧钢丝绳，在第“2”“3”“4”“5”位置时，提升速度逐渐升高。下放重物时，由于负载较重，电动机工作在发电制动状态，为此操作重物下降时应将控制器手柄从零位迅速扳到第“5”位置，中间不允许停留，往回操作时也应从下降第“5”挡快速扳到零位，以免引起重物的高速下落而造成事故。

对于轻载提升，手柄第“1”位置变为启动级，第“2”“3”“4”“5”位置提升速度逐渐升高，但其速度的变化不大。下降时吊物太轻而不足以克服摩擦转矩时，电动机工作在强力下降状态，即电磁转矩与重力转矩方向一致。

应当注意的是，凸轮控制器手柄由右（或左）扳向左（或右）时，中间经过零位，要稍微停顿一下，以减小反向的冲击电流。

4.2.3 保护箱电气原理分析

采用凸轮控制器或凸轮、主令控制器控制的交流桥式起重机，广泛使用保护箱来控制和保护起重机，实现电动机过载、短路、失电压保护及零位、终端、紧急、舱口栏杆安全等保护。保护箱由刀开关、接触器、过电流继电器、熔断器等组成。

1. 保护箱类型

桥式起重机上用的标准型保护箱是 XQB1 系列，其型号及所代表的意义如下：

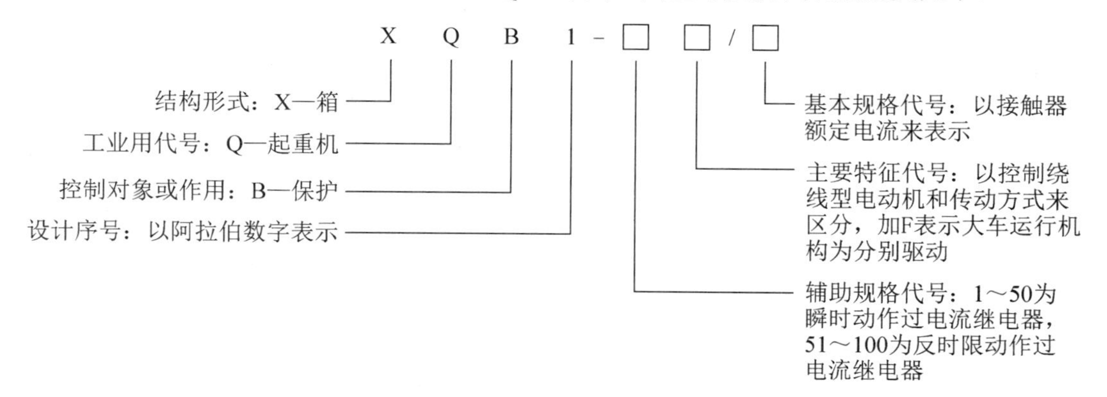

XQB1 保护箱的分类和使用范围如表 4-3 所示。

表 4-3　XQB1 系列起重机保护箱的分类和使用范围

型号	所保护电动机台数	备注
XQB1-150-2/□	二台绕线型电动机和一台笼型电动机	
XQB1-150-3/□	三台绕线型电动机	
XQB1-150-4/□	四台绕线型电动机	
XQB1-150-4F/□	四台绕线型电动机	大车分别驱动
XQB1-150-5F/□	五台绕线型电动机	大车分别驱动
XQB1-250-3/□	三台绕线型电动机	
XQB1-250-3F/□	三台绕线型电动机	大车分别驱动
XQB1-250-4/□	四台绕线型电动机	
XQB1-250-4F/□	四台绕线型电动机	大车分别驱动
XQB1-600-3/□	三台绕线型电动机	
XQB1-600-3F/□	三台绕线型电动机	大车分别驱动
XQB1-600-4F/□	四台绕线型电动机	大车分别驱动

2. XQB1 系列保护箱电气原理图

1）主回路原理图

XQB1 系列保护箱的主回路原理图如图 4-11 所示。由它来实现用凸轮控制器控制的大车电机机、小车电动机和副钩电动机的保护。

图 4-10 中 QS 为总电源开关，用来在无负荷的情况下接通或者切断电源。KM 为线路接触器，用来接通或分断电源，兼有失压保护功能。KA0 为各机构拖动电动机的总过电流继电器，用来保护电动机和动力线路的一相过载和短路。KA3、KA4 分别为小车电动机和副钩电动机过电流继电器，KAl、KA2 为大车电动机的过电流继电器。

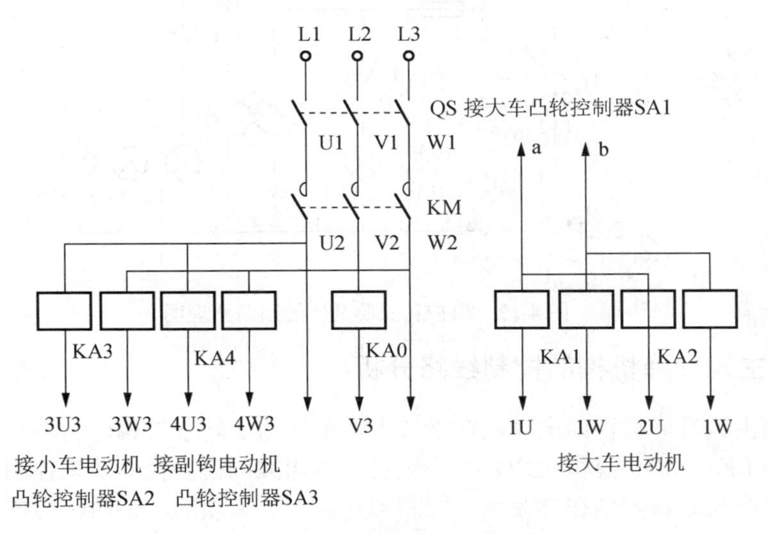

图 4-10　XQB1 型保护箱主电路图

2）控制回路原理图

保护箱控制回路原理图如图 4-11 所示。图中 HL 为电源信号灯，QS1 为紧急事故开关，SQ6～SQ8 为舱口门、横梁门安全开关，KA0～KA4 为过电流继电器的触点，实现过载和短路保护。SAl、SA2、SA3 分别为大车、小车、副钩的凸轮控制器零位闭合触点，SQ1、SQ2

为大车移行机构的限位开关，装在桥架上，挡铁装在轨道的两端；SQ3、SQ4 为小车移行机构的行程开关，装在桥架上小车轨道的两端，挡铁装在小车上；SQ5 为副钩提升限位开关。依靠上述电气开关与电路，实现起重机各种相应的保护。

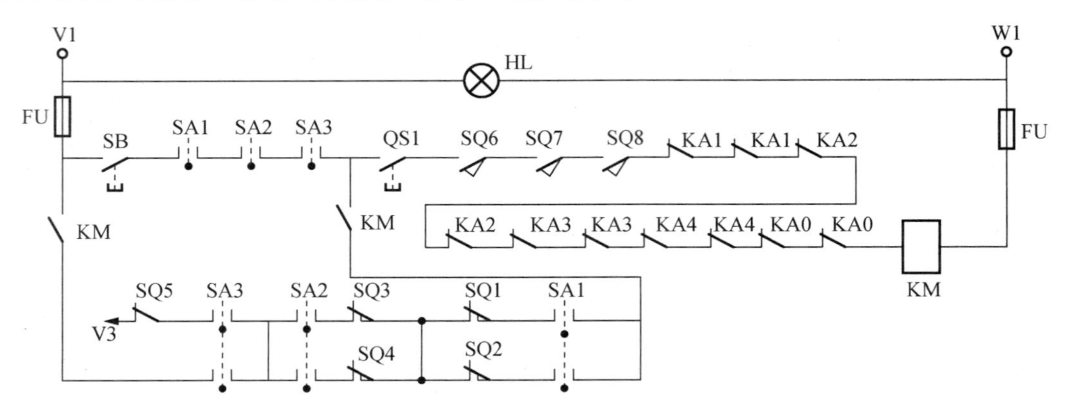

图 4-11 保护箱控制回路原理图

3）照明及信号回路原理图

保护箱照明及信号回路原理图如图 4-12 所示。图中 QS3 为操纵室照明开关，QS5 为大车向下照明开关，QS4 为操纵室照明灯 EL1 开关，SB2 为音响设备 HA 的按钮。EL2、EL3、EL4 为大车向下照明灯。XS1、XS2、XS3 为供手提检修灯、电风扇插座。除大车向下照明为 220V 外，其余均由安全电压 36V 供电。

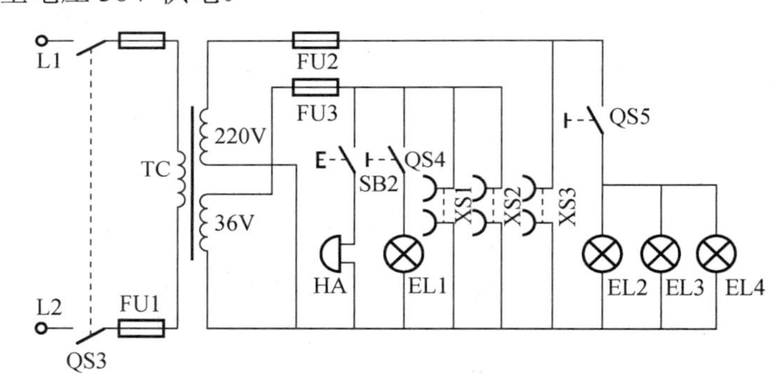

图 4-12 保护箱照明及信号回路原理图

4.2.4 主钩升降机构的控制线路分析

由于拖动主钩升降机构的电动机容量较大，不适用于转子三相电阻不对称调速，因此采用主令控制器 LK1-12/90 型和 PQR10A 系列控制屏组成的磁力控制器来控制主钩升降。并将尺寸较小的主令控制器安装在驾驶室，控制屏安装在大车顶部。采用磁力控制器控制后，用主令控制器控制接触器，再由接触器控制电动机，与凸轮控制器相比，这样更可靠，维护更方便，因此更适合于繁重工作状态。但磁力控制器控制系统的电气设备比凸轮控制器投资大，结构复杂，因此多用于主钩升降机构上。

由 LK1-12/90 型主令控制器与 PQR10A 系列控制屏组成的磁力控制器控制原理图如图 4-13 所示。主令控制器共有 12 对触点，在提升与下降时各有 6 个工作位置，通过操作手柄置于不同位置，使 12 对触点相应闭合和打开，控制相应接触器通断，实现电动机工作状态的改变，由于主令控制器为手动操作，所以电动机工作的变化由操作者掌握。

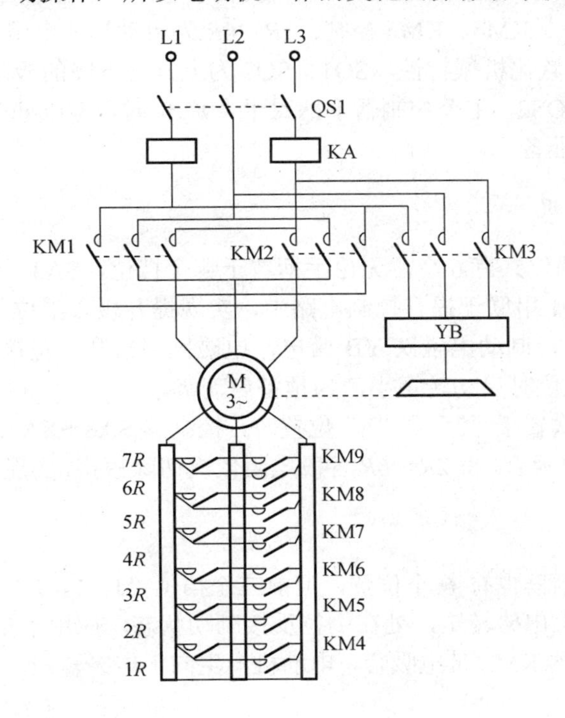

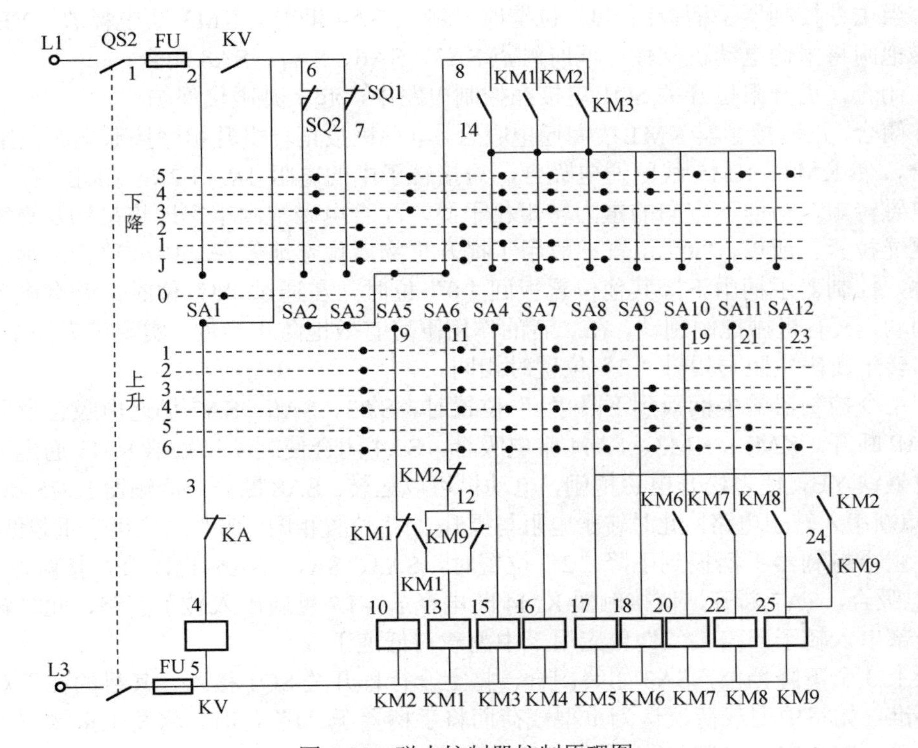

图 4-13　磁力控制器控制原理图

图中 KM1、KM2 实现电动机定子电源相序互换，从而使电动机正转或反转运行。KM3 为控制三相制动电磁铁 YB 的制动用接触器。电动机转子电路串有 7 段三相对称电阻，1*R*、2*R* 为反接制动限流电阻，由 KM4、KM5 控制；3*R*～6*R* 为启动加速电阻，由 KM6～KM9 控制；7*R* 为常串电阻，用来软化机械特性。SQ1、SQ2 为上升与下降的极限限位保护开关。

合上电源开关 QSl 和 QS2，主令控制器手柄置于“0”位时，零压继电器 KV 线圈通电并自锁，为电动机启动做好准备。

1. 提升时电路工作情况

主令控制器 SA 上升挡位共有 6 个，无论手柄置于哪个挡位，SA3、SA4、SA6、SA7 都闭合，将上升行程开关 SQ1 串联于提升控制电路中，实现提升极限限位保护；接触器 KM3、KM1、KM4 始终带电吸合，制动电磁铁 YB 带电，电磁抱闸松开，短接电阻 1*R*，电动机产生提升转矩，在提升“1”位时启动转矩小，为预备启动级。

当主令控制器手柄依次置于“2”到“6”位置时，控制器 SA8～SA12 依次相继闭合，接触器 KM5～KM9 依次带电吸合，将 2*R*～6*R* 各段电阻依次切除短接，实现各类负载下的提升。

2. 下降时的电路情况

下放重物时，主令控制器也有 6 个位置，但前三个挡位“J、1、2”使正转接触器 KM1 带电吸合，电动机产生向上电磁转矩，处在倒拉反接制动状态，应用于重载下降；后三个挡位“3、4、5”使反转接触器 KM2 带电吸合，电动机产生向下电磁转矩，处于反向电动状态，应用于空钩或轻载下降。

（1）当主令控制器手柄扳向“J”位置时，触点 SA4 断开，KM3 断电释放，YB 断电释放，电磁抱闸将主钩电动机闸住。同时触点 SA3、SA6、SA7、SA8 闭合。

SA3 闭合，提升限位开关 SQ1 串接在控制电路中，起上升限位保护。

SA6 闭合，正转接触器 KM1 线圈通电吸合，电动机按正转提升相序接通电源，由于 SA7、SA8 闭合，使 KM4、KM5 线圈通电吸合，短接转子中的电阻 1*R* 和 2*R*，由此产生一个提升方向的电磁转矩，与向下方向的重力转矩相平衡，配合电磁抱闸牢牢地将吊钩及重物闸住，并将钢丝绳拉紧。所以，“J”位置一般用于提升重物后稳定地停在空中或移行；另一方面，当重载时，控制器手柄由下降其他位置扳回“0”位时，在通过“J”位时，既有电动机的倒拉反接制动，又有机械抱闸制动，在二者的作用下可有效地防止溜钩，实现可靠停车。在“J”位置时，转子所串电阻与提升“2”位置时相同。

（2）主令控制器的手柄扳到下降“1”位置时，SA3、SA6、SA7 仍通电吸合，同时 SA4 闭合，SA8 断开。KM1、KM3、KM4 带电吸合。SA4 闭合使制动接触器 KM3 通电吸合，接通制动电磁铁 YB，使之松开电磁抱闸，电动机可以运转。SA8 断开，接触器 KM5 断电释放，电阻 2*R* 重新串入转子电路，此时转子电阻与提升“1”位置相同。“1”位应用于重载低速下放。

（3）主令控制器手柄扳到下降“2”位置时，SA3、SA4、SA6 仍闭合，接触器 KM1、KM3 带电吸合，SA7 断开，使接触器 KM4 断电释放，1*R* 重新串入转子回路，此时转子电路的电阻全部串入转子回路。“2”位应用于中型载荷低速下放。

在以上 3 个下降挡位，SA3 始终闭合，将上升行程开关 SQ1 接入，其目的在于对吊物重量估计不准，如将中型载荷误认为重型载荷而将手柄置于“1”位时，将发生重物不下降反而上升的运动，SQ1 起上升限位作用。

（4）主令控制器手柄在下降“3”“4”“5”位置时为强迫下降。此时SA2、SA5、SA4、SA7、SA8始终闭合。接触器KM2、KM3、KM4、KM5带电吸合，制动器打开，电动机定子按下降相序接线，转子短接两端电阻1*R*和2*R*启动，电动机工作在反转电动状态。如果此时重力负载小于摩擦阻力转矩，将发生重物不下降，而电动机反转强迫它下降的情况。当主令控制手柄置于“4”位时，SA9闭合，接触器KM6带电吸合，短接3*R*，电动机反转速度升高，；当主令控制器手柄置于“5”位时，SA10、SA11、SA12全部闭合，接触器KM7、KM8、KM9带电吸合，电动机转子只串一段电阻7*R*运行，获得最大的下降速度。

4.2.5 电路的联锁与保护

（1）重载下放时，为避免高速下降而造成事故，应将主令控制器的手柄放在下降的“1”位和“2”位上。但由于司机对货物的重量估计失误，重载下放时，手柄扳到了下降的第“5”位上，重物下降速度将超过同步转速，进入再生发电制动状态。这时要取得较低的下降速度，手柄应从下降“5”位置换成下降“2”“1”位置。在手柄换位过程中必须经过下降“4”“3”位置，由以上分析可知，对应下降“4”“3”位置的下降速度比“5”位置还要快得多。为了避免经过“4”“3”位置时造成更危险的超高速，线路中采用了接触器KM9的动合触点（24-25）和接触器KM2的动合触点（17-24）串接后接于SA8与KM9线圈之间。这时手柄置于下降“5”位置时，KM2、KM5线圈通电吸合，利用这两个触点自锁。当主令控制器的手柄从“5”位置扳动，经过“4”位和“3”位时，由于SA8、SA5始终是闭合的，KM2始终通电，从而保证了KM9始终通电，转子电路只接入电阻7*R*，不会使转速再升高，实现了由强迫下降过渡到制动下降时出现高速下降的保护。在KM9自锁电路中串入KM2动合触点（17-24）的目的是在电动机正转运行时，KM2是断电的，此电路不起作用，不会影响提升时的调速。

（2）保证反接制动电阻串入的条件下才进入制动下降的联锁。主令控制器的手柄由下降“3”位置转到下降“2”位置时，触点SA5断开、SA6闭合，反向接触器KM2断电释放，正转接触器KM1线圈通电吸合，电动机处于反接制动状态。为防止制动过程中产生过大的冲击电流，在KM2断电后应使KM9立即断电释放，电动机转子电路串入全部电阻后，KM1线圈再通电吸合。一方面，在主令控制器触点闭合顺序上保证了SA8断开后SA6才闭合；另一方面，设计了用KM2（11-12）和KM9（12-13）与KM1（9-10）构成互锁环节。这样保证了只有在KM9断电释放后，KM1才能接通并自锁工作；还可防止因KM9主触点熔焊，转子在只剩下常串电阻7*R*下电动机正向直接启动的事故发生。

（3）主令控制器的手柄在下降的“2”位置与“3”位置之间转换，即正转接触器KM1与KM2进行换接时，由于二者之间采用了电气和机械连锁，必然存在有一个瞬间一个接触器已经释放，另一个尚未吸合的现象，电路中触点KM1（8-14）、KM2（8-14）均断开，此时容易造成KM3断电，造成电动机在高速下进行机械制动，引起不允许的强烈振动。为此引入KM3自锁触点（8-14）与KM1（8-14）、KM2（8-14）并联，以确保在KM1与KM2换接瞬间KM3始终通电。

（4）加速接触器KM6、KM8的动合触点串接下一级加速接触器KM7～KM9电路中，实现短接转子电阻的顺序联锁作用。

（5）零位保护，是通过电压继电器KV与主令控制器SA实现的；该线路的过电流保护，是由电流继电器KA实现的；重物上升、下降的限位保护，是通过限位开关SQ1、SQ2实现的。

技能训练——桥式起重机的维护保养

1. 维护保养的一般要求及方法

1）维护保养的一般要求

（1）采取正确的维护步骤和方法，要切实可行。

（2）不得损坏完好的电气元件，不得随意更换电气元件及连接导线型号，不得擅自更改控制线路。

（3）电气设备的保护性能必须满足使用要求。

（4）必须有良好的绝缘，绝缘电阻要合格，接地保护要可靠。

2）维护保养的方法

（1）电动机日常维护保养。

① 电动机应保持表面清洁，进、出风口必须保持畅通无阻，不允许水滴、油污或金属屑等任何异物进入电动机内部。

② 经常检查运行中的电动机负载电流是否正常。

③ 对工作在潮湿、多尘及含腐蚀性气体环境条件下的电动机，应经常检查其绝缘电阻，不符合规定要求的应立即采取相应措施进行处理，符合规定要求后方能继续使用。

④ 经常检查电动机的接地装置，使之牢固可靠。

⑤ 经常检查电动机温升是否正常。

⑥ 经常检查电动机的振动、噪声是否正常，有无异味、冒烟、启动困难等现象。如有应立即停车检修。

⑦ 经常检查电动机轴是否有过热、润滑不足或磨损等现象，轴承要定期清洗检查，补充润滑脂。

⑧ 对绕线式转子异步电动机，应检查电刷与集电环之间的接触压力、磨损及火花情况。不正常时，要进一步检查电刷、清理集电环表面，并校正弹簧压力。

⑨ 检查机械传动装置是否正常，联轴器、带轮或传动齿轮是否跳动。

⑩ 检查电动机引线是否绝缘良好、连接可靠。

（2）电控设备的日常维护保养。

① 电气柜的门、盖、锁的耐油密封垫应良好，柜内保持清洁，不得有水滴、油污或金属屑等任何异物进入电气柜内。

② 操纵台上的所有按钮、主令开关的手柄、信号灯、仪表护罩等保持清洁完好。

③ 检查接触器、继电器工作有无噪声、卡住或延迟现象。

④ 检查限位开关是否能起保护作用

⑤ 检查各线路接线端子连接是否牢固可靠，各部件之间的连接导线、电缆或保护导线的软管，不得被切削液、油污等腐蚀，管头连接处不得脱落松散。

⑥ 检查电气柜的散热情况是否良好。

⑦ 检查各类信号指示灯和照明装置是否完好。

⑧ 检查所有裸露导体是否接到保护专用接地端子板上，是否达到保护要求。

3）检修的一般方法

（1）检修前要进行故障调查。

（2）用逻辑分析方法确定并缩小故障范围。

（3）对故障范围部件进行外观检查。

（4）用仪器仪表确定故障点。

（5）检查是否存在机械、液压故障。

（6）进行故障修复。

2. 桥式起重机电气设备的维护

1）主要电气设备的维护

（1）电动机。检查电动机前后轴承及机身有无过热现象；定期清扫电动机的电刷部分；转子与电刷间有无卡阻及发热后卡阻现象；电刷的铜接线柱间在振动时有无相碰；各电源线的接线螺栓有无松动现象；电动机运行时有无不正常的声音。

（2）电磁制动器。检查电动机运行时电动机有无卡阻现象；电磁线圈是否过热（不超过105℃）及有无异味；抱闸刹车片有无太松及太紧现象；弹簧撑板螺栓及各调整螺栓是否松动；电磁线圈的接线螺栓是否松动。

（3）控制器。用砂纸磨去各静、动触点上的电弧痕迹；调整各弹簧螺栓，使各个触点之间有良好的接触；用清洁的干布擦净开关内部的积尘与铜屑；在导线连接处、固定触点处涂上适量的凡士林；检查各导线的接头是否松动，固定螺栓是否拧紧。在操作手柄活动处加适当的润滑油。

（4）限位开关。试验各限位开关是否起保护作用；检视开关进线孔是否堵塞（防止金属屑飞入）；在操作机构内加少量润滑油；必要时打开罩盖，消除内部积尘。

（5）滑触线。用压缩空气吹去滑触线及绝缘子上的灰尘；检查各绝缘子上有无裂纹和破碎现象；各接头处的螺栓是否松动，导线是否磨损；集电器在移动时有无碰撞现象；集电器在移动时是否跳动。

（6）保护盘及磁力控制屏。检查刀开关的刀片是否发热，是否紧密，接触器线圈是否发热；用砂纸打光接触器触点上的电弧痕迹；检查各接线螺栓及接线头有无松动；用干布擦去屏面的灰尘；调整和平整辅助触点的接触面。

（7）电阻器。检视电阻器各片有无过热现象；检查各电阻片接线头的螺栓是否松动；擦净四周绝缘子，并检查有无裂纹；用压缩空气吹去电阻片上的灰尘；检视各电阻片是否断裂和相碰。

2）电气线路常见故障分析

（1）起重机常见故障分析。

① 合上电源总开关后，按下启动按钮，主接触器不吸合。产生此故障可能的原因：主接触器线圈断路；各凸轮控制器手柄没有在零位；过电流继电器动作后未复位。

② 主接触器吸合后，过电流继电器立即动作。产生此故障可能的原因：控制线路有接地点或电流继电器的动作整定值小。

③ 当电源接通后转动凸轮控制器操作手柄，电动机不启动。产生此故障可能的原因：凸轮控制器主接触触点接触不良；滑触线与集电环接触不良；电动机绕组回路断路；电磁抱闸制动器未放松。

④ 转动凸轮控制器，电动机启动后电动机不能输出额定功率且转速低。产生此故障可能的原因：线路电压太低；制动器未全部松开；转子电路的附加电阻未完全切除。

⑤ 制动电磁铁线圈过热。产生此故障可能的原因：电磁铁线圈的电压与线路工作电压不符；电磁铁动、静铁芯间隙过大；电磁铁过载。

⑥ 制动电磁铁噪声过大。产生此故障可能的原因：交流电磁铁短路环断裂；铁芯端面变形；动、静铁芯松动。

⑦ 主钩既不能上升，也不能下降。产生此故障可能的原因：可能是欠电压继电器不能吸合，可能是过电流继电器未复位，可能是熔断器熔断等。

（2）检修步骤及工艺要求。

① 在指导教师带领下，熟悉 15/3 t 桥式起重机的基本结构和各种操作控制要求，弄清布线情况，知道各电气元件的作用，并熟知和遵守安全要求。

② 根据桥式起重机的电气原理图，读懂电路的工作原理，熟知电气元件的安装位置及线路连接情况。

③ 在教师指导下学会熟练操作起重机。

④ 由指导教师示范故障点的设置及故障检修步骤。

⑤ 由指导教师设置故障点，指导学生进行故障分析并进行故障维修。

⑥ 指导教师设置故障点，学生自己按检修步骤进行检修。

练　习　题

问答题

1．简述主令控制器的作用。

2．所学电磁抱闸有几种？各有何特点？有几种工作状态？

3．桥式起重机由哪几部分组成，它们的主要作用是什么？

4．桥式起重机的电气控制有哪些特点？对电力拖动的要求有哪些？

5．起重机已经采用各种电气制动，为什么还要采用电磁抱闸进行机械制动？

6．桥式起重机中对电动机起短路保护的元件是什么？

7．凸轮控制器控制线路有哪些保护？

8．主令控制器与凸轮控制器有何区别？各有何作用？

9．桥式起重机电力拖动系统由哪几台电动机组成？

10．桥式起重机运行工作有什么特点？

11．桥式起重机为什么要采用电气和机械双重制动？

12．凸轮控制器控制电路的工作原理图是如何表示触点状态的？

13．凸轮控制器控制电路的零位保护与零压保护之间有什么区别？

14．在下放重物时，因重物较重而出现超速下降，此时应如何操作？

15．为什么过电流继电器 KA 的线圈单独串联在三相电源其中一相的电路中？

16．试分析下述故障：

（1）如果凸轮控制器的触点 10、11、12 在零位不能接通，分别会出现什么问题？

（2）如果起重机能向上、下、左、右、后运动，但在操作向前运动时，接触器 KM 就释放了，是什么原因？

第 5 章

电气控制系统的设计

本单元主要介绍电动机继电接触控制线路设计的基本原则、设计方法、控制方案的确定、设计中应注意的基本问题、主要元器件的选择方法等内容。

- 掌握电气控制线路设计的基本原则和内容。
- 掌握电动机控制方案的选择方法。
- 掌握电气控制线路的设计方法及步骤。
- 掌握电气控制线路设计中应注意的问题。
- 了解电气控制线路的工艺设计。
- 初步具有对电动机控制线路的分析、改造和设计能力。

5.1　电气控制设备的设计原则、内容和程序

电气控制系统是各种生产机械设备中不可缺少的重要部分，虽然生产机械设备的种类繁多，对控制设备控制要求不同，但从电气控制设计的角度来看，不论是何种设备，电气控制系统设计的方法和原则是基本相同的。从设计内容上看也主要包括电力拖动方案的确定和电动机的选择、控制设备的工艺设计、主要参数计算及常用元件的选择、电气控制系统的安装与调试等内容。

5.1.1　电气控制系统设计原则

由于电气控制线路是为整个机械设备和工艺过程服务的，所以在设计前要深入现场收集有关资料，进行必要的调查研究，这样才能设计出符合控制设备要求的电气控制系统。电气控制设计应遵循的基本原则如下：

（1）应最大限度地满足机械设备和生产工艺对电气控制的要求。

（2）在满足生产工艺要求的前提下，力求使控制线路简单、经济、合理。
（3）保证控制系统安全可靠地工作。
（4）控制系统便于操作、维修方便。

5.1.2 电气控制系统设计内容

电气控制系统设计的内容一般包括原理设计与工艺设计两部分。

1. 原理设计内容

（1）拟订电气设计任务书。
（2）确定电力拖动方案。
（3）选择电动机的容量、结构形式、转速、型号。
（4）设计电气原理框图，确定各部分之间的关系，拟订各部分的技术要求。
（5）设计并绘制电气原理图，设计主要技术参数。
（6）选择电气元件，制订元器件材料表。
（7）进行电气设备的施工设计。
（8）编写设计计算说明书和使用说明书。

2. 工艺设计

（1）根据设计原理图及选定的电气元件，设计电气设备的总体配置，绘制电气控制系统的总装配图及总接线图。总图应反映出电动机、执行电器、电器箱各组件、操作台布置、电源及检测元件的分布状况和各部分之间的接线关系与联结方式。

（2）对总原理图进行编号，绘制各组件的原理电路图，列出各部分的元件目录表，根据总图编号统计出各组件的进出线号。

（3）设计组件装配图（电气元件布置与安装图）、接线图，图中应反映各电气元件的安装方式与接线方式。

（4）绘制电器安装板和非标准的电器安装零件图。

（5）设计电气控制柜（箱或盘）。确定其结构及外形尺寸，设计安装支架，标明安装尺寸、面板安装方式、各组件的连接方式、通风散热及开门方式。

（6）对元件及材料进行汇总，分别列出外购件清单。

（7）编写使用维护说明书。

5.1.3 电气控制系统设计步骤

（1）拟订电气控制系统设计任务书，这是整个电气控制设计的依据。设计任务书的内容主要包括设备的型号、用途、加工工艺、控制要求、传动参数、工作条件、控制电源、控制精度、联锁保护条件、自动化程度、竣工验收等。

（2）确定拖动方案。

（3）确定控制方案及工作方式。本节介绍的内容主要是传统的继电接触控制系统的设计。

（4）设计电气原理图、选择元件、列材料表，绘制总体设备布置图，画出接线图。

（5）编写设计说明书。

5.2 电力拖动方案的确定和电动机的选择

电力拖动方案的选择是电气设计的主要内容之一，也是各部分设计内容的基础。首先根据机械设备的工艺要求及结构来选择电动机的数量，然后根据各个运动机构要求的速度选择调速方案。

5.2.1 拖动方式的选择

拖动方式有单独拖动和分立拖动两种类型。电气传动发展的趋势是电动机逐步接近工作机构，形成多电动机拖动方式。例如，起重机的大车、小车、提升等运动机构都是通过单独的电动机拖动完成的。这样便于缩短机械传动链，提高传动效率，使总体结构简单化。在具体选择时，应根据运动机构及结构特点的具体情况进行具体分析，决定所需电动机的台数。

5.2.2 调速方案的选择

一般的机械设备都要求具有一定的调速范围，可采用齿轮变速箱、液压调速装置、双速或多速电动机及电气调速等多种方案。在选择调速方案时，可参考以下几点：

（1）中型或大型设备的主运动尽可能采用电气调速，这有利于简化机械机构，降低制造成本，提高设备利用率。

（2）精密机械设备为保证加工精度，便于自动控制，应采用电气无级调速。

（3）一般中小型设备没有调速的特殊要求时，可选经济、简单、可靠的三相笼型异步电动机，配以适当级数的齿轮变速箱。有时也可用多速电动机实现。

5.2.3 电动机调速性质与负载特性相适应

机械设备的各个工作机构具有各不相同的负载特性，有的为恒转矩负载，有的是恒功率负载。在选择电动机调速方案时，要使电动机的调速性能与生产机械的负载特性相适应，以充分发挥电动机的作用。

5.2.4 电动机的控制原则

控制线路是根据生产机械的工艺过程对电气的要求而设计的，在生产工艺过程中必然伴随着一些物理参数的变化，根据这些参数的变化可以实现对电动机的自动控制。在继电接触控制系统中常用的控制原则有如下几种：

1. 行程控制原则

根据生产机械运动部件的行程位置，利用行程开关来控制电动机的工作状态，称为行程控制原则。行程控制原则是生产机械电气控制中应用最多的一种。

2. 时间控制原则

利用时间继电器按一定时间间隔来控制电动机的工作状态，称为时间控制原则。例如，在电动机降压启动、制动和调速过程中，利用时间继电器按一定的时间间隔改变控制线路接线方式，完成电动机的各种控制要求。

3. 速度控制原则

根据电动机速度变化，利用速度继电器来控制电动机工作状态，称为速度控制原则。反应速度变化的电器常用的有速度继电器、测速发电机等，常用在电动机的制动控制中。

4. 电流控制原则

根据电动机主回路电流的大小，利用电流继电器来控制电动机的工作状态，称为电流控制原则。一般在绕线转子异步电动机的启动和直流电动机的弱磁保护中应用较多。

5.2.5 电动机的选择

1. 电动机选择的基本原则

（1）电动机应完全满足生产机械提出的有关机械特性的要求。
（2）电动机在工作过程中，功率能被充分利用。
（3）电动机的结构形式应能适应周围的环境条件。

2. 电动机形式的选择

（1）按生产机械工作制的不同，相应选择连续、短时及断续周期性工作制的电动机。
（2）按安装方式不同分为卧式与立式两种，一般选用卧式电动机，有时为了简化传动装置也可选用立式电动机。
（3）按不同工作环境选择电动机的防护形式。开启式适用于干燥及清洁的环境；防护式适用干燥和灰尘不多、没有腐蚀性和爆炸性气体的环境；封闭式有自扇冷式、他扇冷式和封闭式三种，前两种用于潮湿、多腐蚀性灰尘、易受风雨侵蚀的环境，后一种用于浸入水中的机械；防爆式用于有爆炸危险的环境中。

3. 电动机额定电压的选择

交流电动机额定电压应与供电电网电压一致。一般车间低压电网电压为380V，因此中小型异步电动机额定电压为220/380V（△/Y联结）及380/600V（△/Y联结）两种，后者可用于Y/△启动。直流电动机的额定电压也要与电源电压相一致。当直流电动机由单独的直流发电机供电时，额定电压常用220V及110V。当电动机由晶闸管整流装置供电时，为配合不同的整流电路形式，新的改型电动机除了原有的电压等级外，还增设了160V（配合单相整流）、180V、340V及440V（配合三相桥式整流）等多种电压等级。

4. 电动机额定转速的选择

对于额定功率相同的电动机，额定转速越高，电动机尺寸、质量和成本越小，因此选用高速电动机较为经济。但由于生产机械所需转速一定，电动机转速越高，传动机构转速比越大，传动机构越复杂，因此应综合考虑电动机与机械两方面的多种因素来确定电动机的额定转速。

（1）电动机连续工作时，很少启、制动，可从设备初始投资、占地面积和维护费用等方面，以及各不同的额定转速进行全面比较，最后确定转速比和电动机的额定转速。

（2）电动机经常启、制动及反转，但过渡过程持续时间对生产率影响不大时，除考虑初始投资外，主要以过渡过程能量损耗最小为条件来选择转速比及电动机额定转速。

（3）电动机经常启、制动及反转，过渡过程持续时间对生产率影响较大时，主要以过渡过程时间最短为条件来选择电动机额定转速。

5. 电动机容量的选择

电动机的容量反映了它的负载能力，它与电动机的容许温升和过载能力有关。前者是电动机负载时容许的最高温度，与绝缘材料的耐热性能有关；后者是电动机的最大负载能力，在直流机中受整流条件的限制，在交流机中由最大转矩决定。实际上，电动机的额定容量由允许温升决定。

电动机容量的选择有两种方法：一种是分析计算法，另一种是调查统计类比法。

所谓分析计算法是根据生产机械负载图，在产品目录上预选一台功率相当的电动机，再用此电动机的技术数据和生产机械负载图求出电动机的负载图，最后，按电动机的负载图从发热方面进行校验，并检查电动机的过载能力是否满足要求。

调查统计类比法是在不断总结经验的基础上，选择电动机容量的一种实用方法，此法比较简单，但也有一定局限性。它是将各国同类型先进的机床电动机容量进行统计和分析，从中找出电动机容量和机床主要参数间的关系，再依据我国实际情况得出相应的计算公式。

5.3　控制线路的设计要求及设计注意事项

5.3.1　电气控制线路的设计要求

（1）控制线路应满足生产机械的工艺要求。设计控制线路时应首先对机械生产设备的工作性能、基本结构、运动情况及运动工艺过程充分了解，然后考虑控制方案，如控制方式、启动制动、调速等，并设置必要的联锁与保护，从而保证设备工艺要求的实现。

（2）控制电路电流种类与电压数值要求。根据根据 GB 5226.1—2008《机械电气安全 机械电气设备 第 1 部分：通用技术条件》规定：当电源具有接地中性线时，在不要求专门保护措施的情况下，可以把控制电路直接接到电源上。在此情况下，控制电路必须连接在相线和接地中线之间。对于具有五个以上的电磁线圈（如接触器、继电器、电磁闸）或电柜外还具有控制器件或仪表的机床，必须采用分离绕组变压器分别给控制电路和信号电路供电。当机床有几个控制变压器时，每个变压器尽可能只给机床一个单元的控制电路供电，只有这样，才能使不工作的控制电路不会出现意外事故。但对于有五个以下电磁线圈的电气设备，其控制电路可直接接到两相线之间或相线与中线之间，控制电路电压由电源而定，不做专门规定。

由变压器供电的交流控制电路，二次电压值为 50Hz 的 24V 及 48V；触点外露在空气中的电路，由于电压过低而使电路不能可靠工作时，采取 48V 或更高电压，如 110V 和 220V。

直流控制电路的电压可取 24V、48V、110V 及 220V。

只能使用低电压的电子线路和电子装置可采用其他低电压。对于大型机床的控制线路，由于所串触点较多，压降大，故一般不使用 24V 或 48V 的低压。

（3）确保控制线路工作的可靠性和安全性。线路的安全可靠性首先要从正确的线路设计开始，应力求线路简单，触点数量和使用位置合理，线圈连接使用正确，然后选择符合设计质量和标准的元件，加入必要的保护环节，使线路可靠安全地工作。

（4）保证操作和维护方便。

（5）控制线路力求经济合理。

5.3.2 控制线路设计应注意的问题

1. 尽量减少触点数量

设计控制线路时，应减少不必要的触点，以简化线路，提高线路的可靠性。对于采用经验设计法完成的控制线路，必要时可采用逻辑分析法进行化简，减少不必要的触点，以简化电路。合并线路触点如图 5-1 所示。

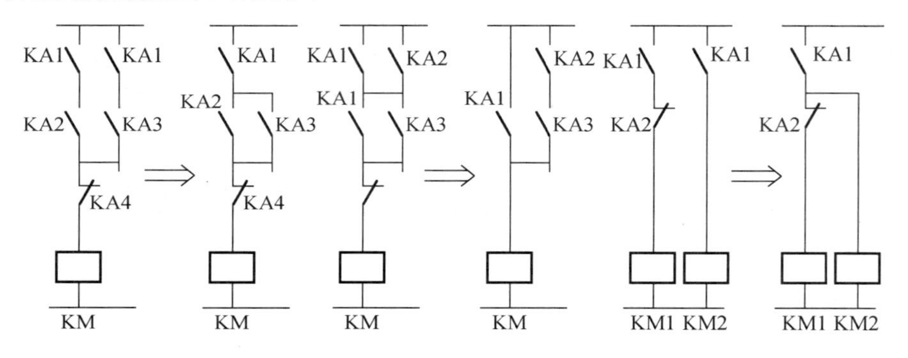

图 5-1 合并线路触点

2. 合理安排电气元件及触点位置

合理安排触点，尽量避免多个电器依次动作才能接通另一个电器的控制结构，这样可以提高线路工作的可靠性，如图 5-2 所示。

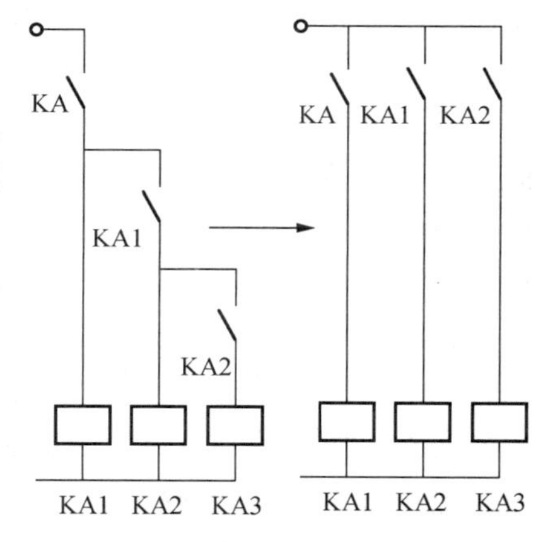

图 5-2 触点的合理布置

对一个串联回路，将电气元件或触点位置互换，不影响其工作原理，但由于同一个电器的常开、常闭辅助触点靠得很近，如果连接不当，将会造成线路工作不正常。如图 5-3 所示，位置开关 SQ 的常开触点和常闭触点由于不是等电位，当触点断开产生电弧时很可能在两对触点之间形成飞弧而造成电源短路。因此，在一般情况下，将共用同一电源的所有接触器、继电器及执行电器的线圈的一端均接在电源的一侧，而这些电器的控制触点接在电源的另一侧。

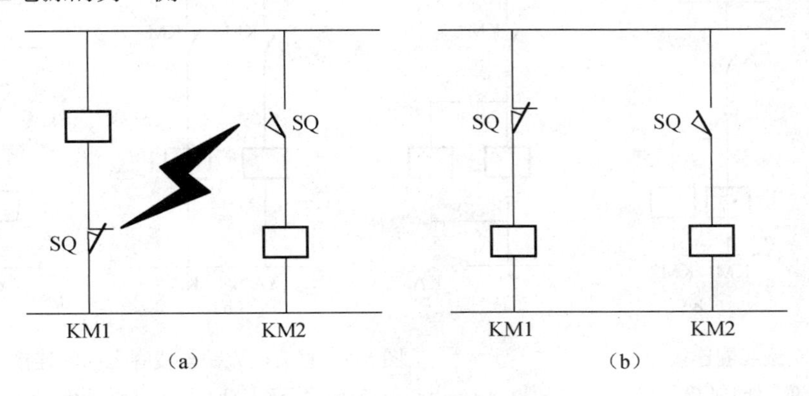

图 5-3　正确连接的电器触点

(a) 不适当；(b) 适当

3. 尽量缩短连接导线的数量和长度

控制线路设计时应考虑到各电气元件之间的实际接线，特别注意电气柜、操作台和行程开关之间的连接线。如图 5-4（a）所示的接线就不合理，因为按钮通常是安装在操作台上的，而接触器则安装在控制柜内，所以若按此线路安装，由控制柜内引出的连接线要两次引接到操作台上的按钮处。因此，合理的接法应当把启动按钮和停止按钮直接连接，而不经过接触器线圈，如图 5-4（b）所示。

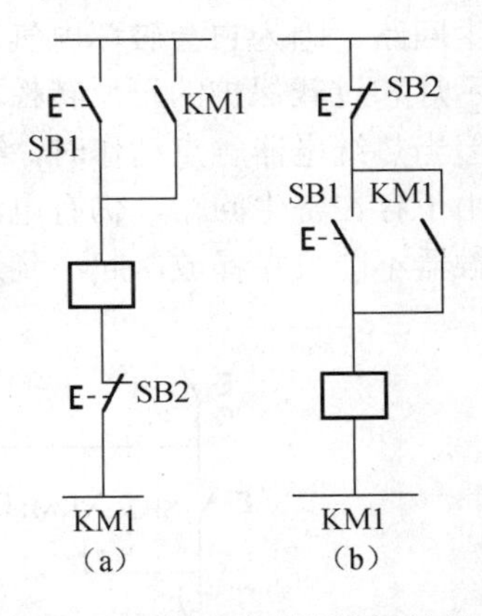

图 5-4　节省连接导线合理接线

(a) 不合理；(b) 合理

4. 正确连接电气元件的线圈

在交流控制电路的一条支路中不能串联两个电器的线圈，如图 5-5 所示。即使外加电压是两个线圈额定电压之和，也是不允许的。因为每个线圈上分配到的电压值与线圈阻抗成正比，当一个接触器先动作后，这个接触器的阻抗要比没吸合的接触器阻抗大，没吸合的接触器因电压小而不吸合，同时线路电流增大，有可能将线圈烧毁。所以两个电器需要同时动作时，其线圈应该并联。

在直流控制线路中，对于电感较大的电磁线圈，如电磁阀、电磁铁或直流电动机励磁线圈等不宜与相同电压等级的继电器直接并联工作。如图 5-6 所示，当触点 KM 断开时，电磁铁 YA 线圈两端产生大的感应电动势，加在中间继电器 KA 的线圈上，造成 KA 误动作。为此在 YA 线圈两端并联放电电阻 R，并在 KA 支路中串入 KM 常开触点，如图 5-6 所示，这样就能获得可靠工作。

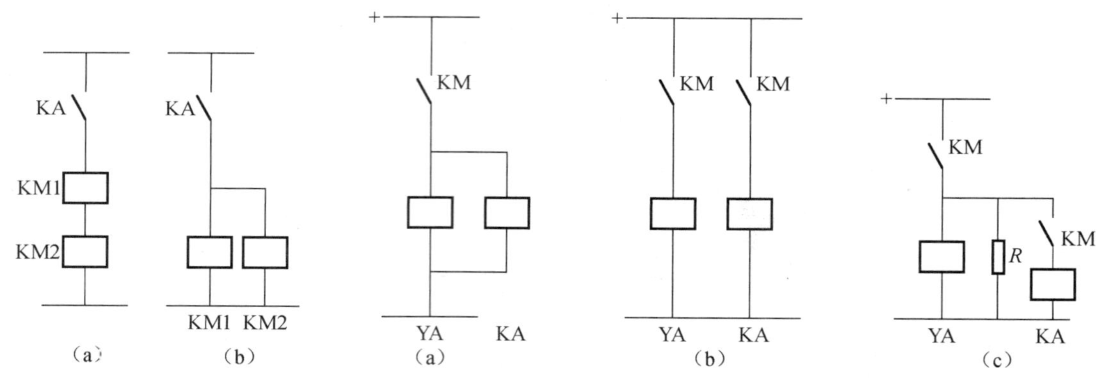

图 5-5　交流线圈连接

(a) 不正确；(b) 正确

图 5-6　直流电磁铁与线圈之间的连接

(a) 不正确；(b) 正确；(c) 正确

5. 在控制回路中避免出现寄生回路

在控制线路动作过程中，非正常接通的线路称为寄生回路。在设计线路时要避免出现寄生回路。因为它会破坏电气元件和控制线路的动作顺序。如图 5-7 所示的线路是一个具有指示灯和过载保护的正反转控制线路。在正常工作时，能完成正反转启动、停止和信号指示。但当热继电器触点动作时，线路就出现了寄生回路。这时，虽然热继电器的常闭触点已断开，由于存在寄生回路，仍有电流沿图 5-7 中虚线所示的路径流过接触器线圈，使带电运行的接触器不能可靠释放，起不到过载保护的作用。

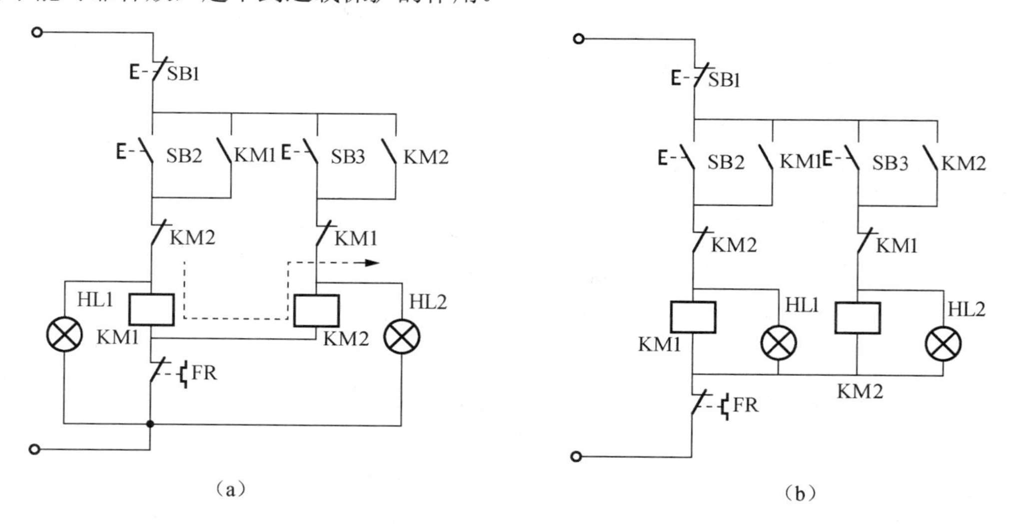

图 5-7　寄生回路

(a) 有寄生回路 (b) 无寄生回路

5.4　电气控制原理图的设计方法

电气控制线路的设计方法通常有两种，即经验设计法和逻辑设计法。

经验设计法是根据生产机械的工艺要求和生产过程，选择适当的基本环节（单元电路）或典型电路为基础进行修改补充，综合而成所需电气控制线路。这种设计方法没有固定的设计模式，设计方法简单，对于具备一定工作经验的电气技术人员来说比较容易掌握，但要求设计人员必须熟悉大量的控制线路并具有丰富的经验知识。在设计过程中应逐步进行工作原理分析，反复修改和推敲，力争得到最简单可靠的满足要求的控制线路，但往往不容易一次得到最佳方案。

逻辑设计法是根据机械设备或工艺的控制要求，将控制线路中的接触器、继电器等电气元件线圈的通电与断电、触点的闭合与断开，以及主令元件的接通与断开等均看成逻辑变量，利用特征数表示它们的动作状态，并用逻辑代数来分析设计控制线路。这种设计方法步骤复杂，难度大，不容易掌握，适宜设计复杂的生产设备所要求的控制线路。

5.4.1　经验设计法

1. 经验设计法的设计步骤

一般的生产机械电气控制线路设计步骤包含主电路设计、控制电路设计联锁保护环节设计和线路的综合审查等。

（1）主电路设计。主要考虑电动机的启动、点动、正反转、制动和调整。

（2）控制电路设计。包括基本控制线路设计、控制线路特殊部分的设计及选择控制参量和确定控制原则。主要考虑如何满足电动机的各种运转功能和生产工艺要求。

（3）联锁保护环节设计。主要考虑如何完善整个控制线路的设计，包含各种联锁环节及短路、过载、过电流、失电压等保护环节。

（4）线路的综合审查。即反复审查所设计的控制线路是否满足设计原则和生产工艺要求。在条件允许的情况下，进行模拟实验，逐步完善整个电气控制线路的设计，直至满足生产工艺要求。

2. 设计基本方法

（1）根据生产机械工艺要求和工作过程，适当选用已有典型环节，加以适当补充和修改，综合成所需电路。

（2）若无合适的典型环节，则根据控制要求自行设计，边分析边画图。

3. 某冷库电气控制线路设计举例

1）给出条件及要求

（1）共有压缩机电动机、冷却塔电动机、蒸发器电动机、水泵电动机 5 台，电磁阀 1 台。电动机容量较小，全部采用直接启动。

（2）启动时必须先打开水泵电动机、蒸发器电动机、冷却塔电动机，延时一段时间后再启动压缩机，再延时一段时间后再开启电磁阀。

（3）停止时以上电器同时停止。

（4）有必要的保护联锁环节。

2）主电路设计

水泵电动机、蒸发器电动机、冷却塔电动机、压缩机电动机工作时为单向运转长期工作制，对调速没有要求，容量低，供电电网的容量足够大，所以它们启动时全部为直接启动。而水泵电动机、蒸发器电动机、冷却塔电动机启动时为同时启动，由于其容量小，所以由一台接触器控制，三台电动机接在同一主回路里。压缩机和电磁阀需要分别延时启动，故分别通过接触器分回路去控制。冷库电动机主电路图如图 5-8 所示。

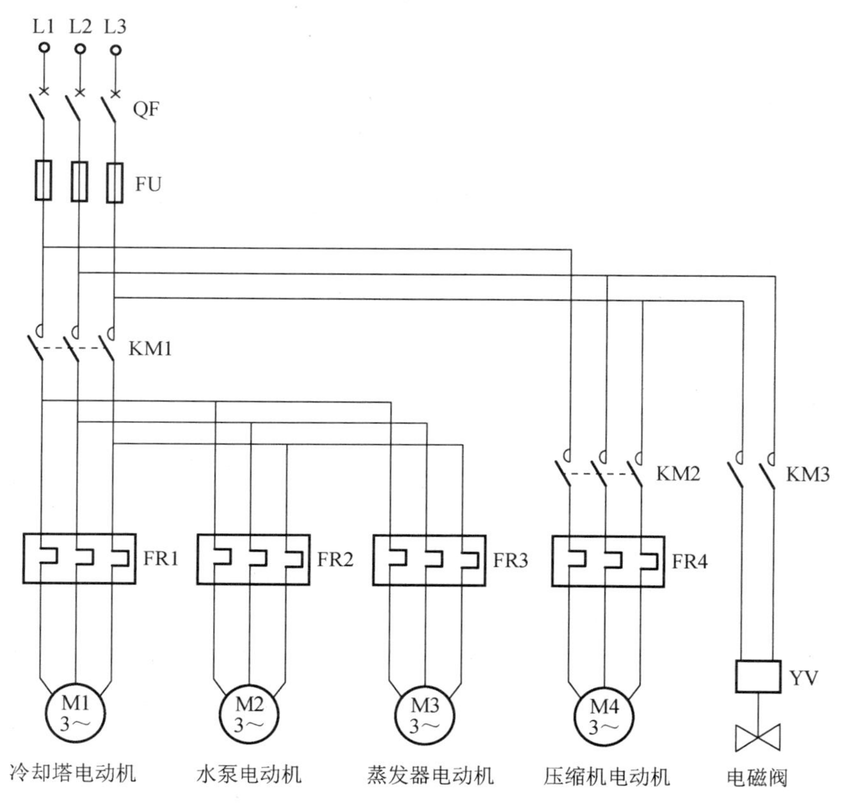

图 5-8　冷库电动机主电路图

3）控制电路设计

考虑到水泵电动机、蒸发器电动机、冷却塔电动机由接触器 KM1 控制，接触器 KM2、KM3 分别控制压缩机和电磁阀，所以启动时按下启动按钮，接触器 KM1 先带电吸合，然后经延时 KM2 带电吸合，再延时 KM3 带电吸合。按下停止按钮后，全部接触器都失电，电动机停止运行。根据以上要求设计基本控制电路，SB2 为启动按钮，SB1 为总停按钮。按下启动按钮后，KM1 线圈带电自锁，其主触点吸合，水泵电动机、蒸发器电动机、冷却塔电动机启动运行，其辅助触点吸合，延时接通 KM2，KM2 动作后又右延时接通 KM3，从而压缩机和电磁阀依次启动。控制电路如图 5-9 所示。

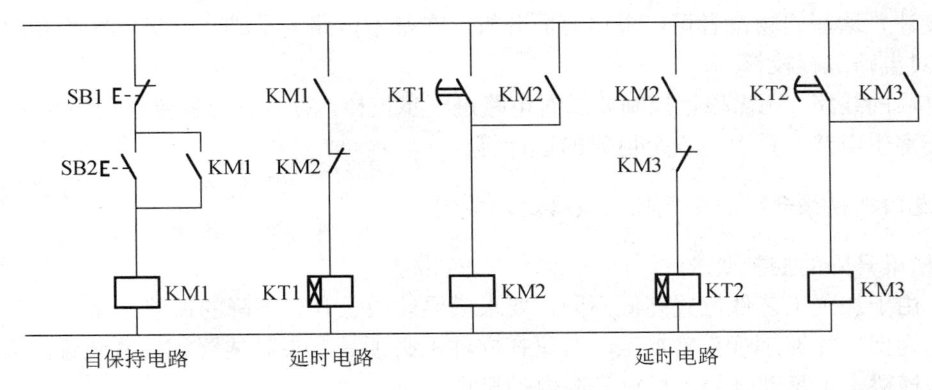

图 5-9　控制电路

4）对照要求，简化完善电路

根据控制要求，对一些功能相同、接法一样的触点进行合并，简化电路。同时为实现短路保护，可在主回路中串接熔断器；为实现过载保护，可加入热继电器，利用热继电器常闭触点的断开来断开控制回路电源，由于该系统只要有一台电动机过载，全部电动机就停止，所以热继电器触点应与总停止按钮串联。初步完善后的电路如图 5-10 所示。

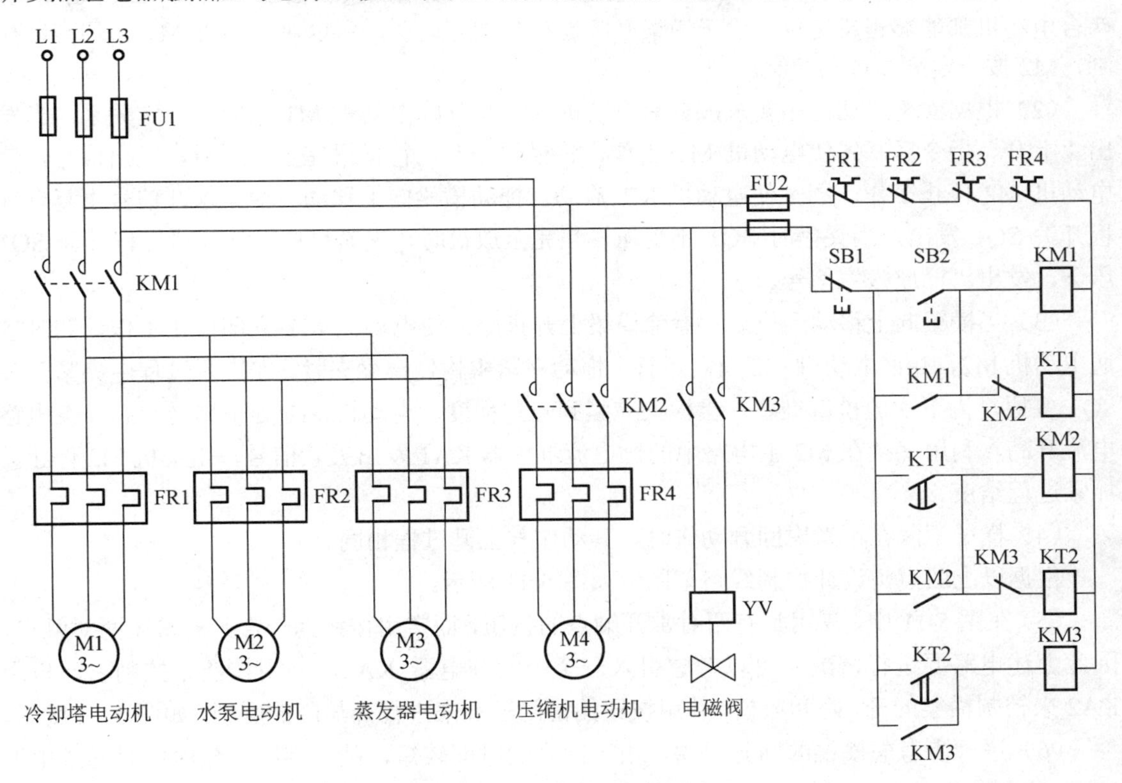

图 5-10　初步完善的控制线路图

如果该冷库具有低温自动停机功能，加入温度继电器，那么温度继电器的触点应如何连接？接于什么位置？如果要求有所有电动机的运行指示，那么电路又应该添加哪些元件？电路如何设计？这些问题读者可以根据前面分析，在基本电路的基础上在进行完善和改进。

5）对电路进行校核

完善后的线路，还需根据控制要求对电路进一步校核，看看有无需要进一步简化的地方，是否存在寄生电路，是否能安全可靠的运行等。

4. 龙门刨横梁升降的电气控制线路设计举例

1）横梁升降的控制要求

（1）由于加工工艺件位置高低不同，要求横梁能做上升、下降的调整运动。

（2）为保证能够进行正常加工，横梁在立柱上必须具有夹紧装置。夹紧装置由夹紧电动机拖动，横梁上下移动升降由横梁升降电动机拖动。

（3）在动作配合上，当横梁上升时，按放松→上升→夹紧顺序进行；当横梁下降时，按放松→下降→回升（短时回升）→夹紧顺序进行。

（4）横梁上升、下降均有限位保护，而夹紧电动机应有夹紧保护，可通过过电流继电器KA1 实现。

2）电气控制线路设计过程

（1）横梁移动由电动机 M1 拖动实现上升与下降，横梁加紧放松由电动机 M2 拖动实现，两台电动机都能够正反运行。由于横梁升降运动为调整运动，所以对电动机 M1 采用点动控制，M2 按一定顺序自动控制。

（2）根据横梁运动程序要求，夹紧电动机 M2 与升降电动机 M1 之间有一定关系。当发出“上升”指令后，先使电动机 M2 工作，将横梁松开，待横梁完全松开后，发出信号，使电动机 M2 停止工作，同时使电动机 M1 启动，拖动横梁向上移动。横梁松开信号由复合行程开关 SQ1 发出，当夹紧时 SQ1 不受压，当完全放松时，夹紧机构经杠杆将行程开关 SQ1 压下，发出“已放松”信号。

（3）当横梁向上移动到位后，撤除横梁上升指令，使电动机 M1 立即停止工作，同时接通电动机 M2，并使电动机 M2 反向运行，拖动夹紧机构使横梁夹紧。在夹紧过程中夹紧开关SQ1 复原，为下次放松做准备。当横梁夹紧到一定程度，电动机 M2 处于堵转状态，主电路电流升高，利用串接在 M2 主电路中的过电流继电器 KA1 发出夹紧信号，电动机 M2 停止，加紧过程结束。

（4）横梁下降在不考虑回升动作时，其动作与上升过程相同。

根据以上四点，设计控制线路草图，如图 5-11 所示。

（5）在图 5-11 中，需用具有两对常开触点的按钮，而常用按钮为一常开一常闭两对触点，因此上述电路要进行修改。可以考虑引入一个中间继电器 KA2，并用按钮来控制它，再用KA2 来控制横梁的升、降和放松，并用按钮的常闭触点来进行升与降的联锁，如图 5-12 所示。

（6）进一步考虑横梁的回升运动。由于回升的时间较短，故采用断电延时的时间继电器KT 来控制。将 KT 延时断开的常开触点与夹紧接触器 KM4 常开触点串联后，再并联在中间继电器 KA2 常开触点两端，然后再去控制上升接触器 KM1。而时间继电器 KT 则由下降接触器 KM2 来控制，电路如图 5-13 所示。

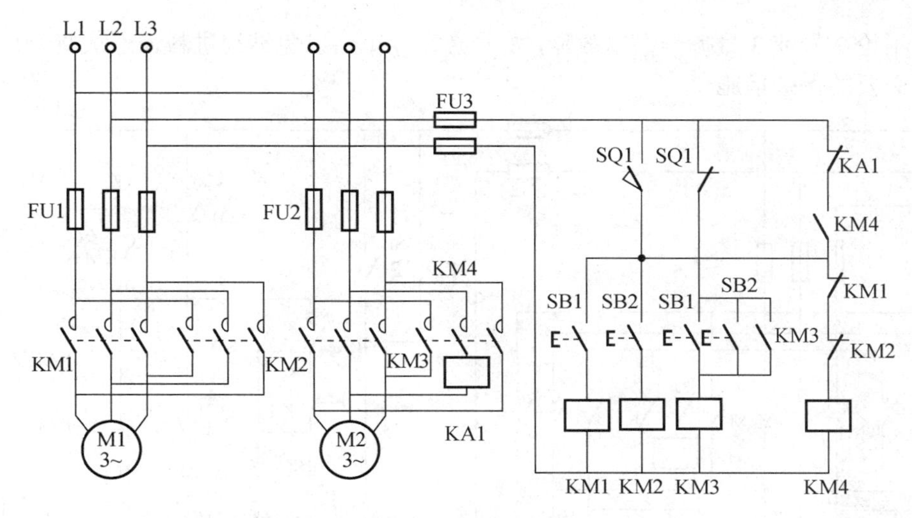

图 5-11　横梁升降电气控制线路草图（一）

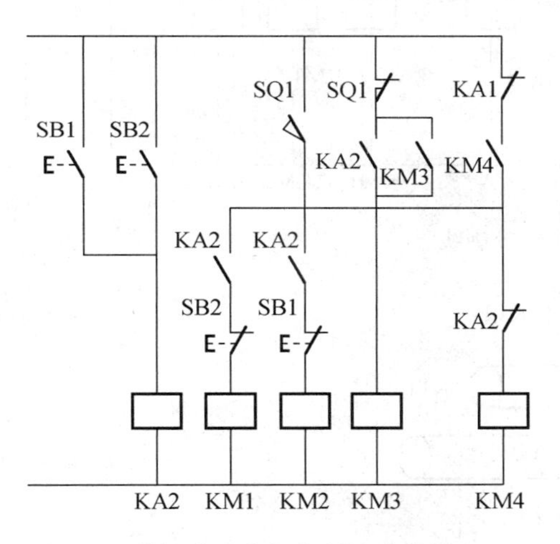

图 5-12　横梁升降电气控制线路草图（二）

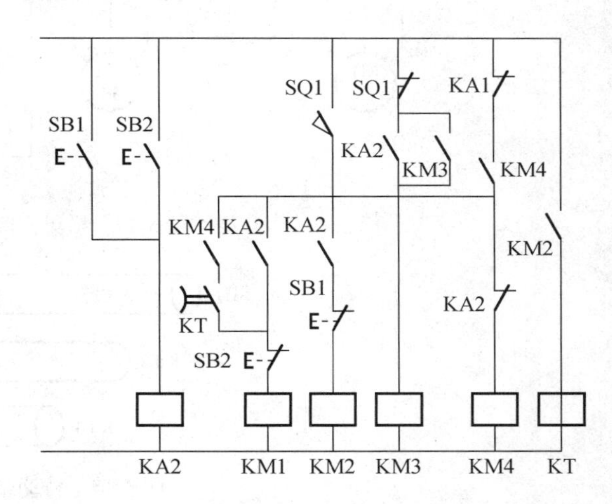

图 5-13　横梁升降电气控制线路草图（三）

（7）考虑电路中的各种保护和联锁，进一步完善电路。在图 5-14 中设置了：横梁与侧刀架的限位保护 SQ2；横梁上升极限保护 SQ3；横梁下降极限保护 SQ4；横梁上升下降的互锁；横梁夹紧放松的互锁。

至此横梁升降控制线路设计完成，形成图 5-14。

（8）最后还要对设计的控制线路进行校核，看其是否满足生产工艺的需要。

5. 3 条传动带运输机构成的散料运输线控制线路设计

设计 3 条传动带运输机构成的散料运输线控制线路，如图 5-15 所示。

1）控制要求

（1）启动顺序为 3 号、2 号、1 号，并要有一定时间间隔，以免货物在传动带上堆积。

（2）停车顺序为 1 号，2 号、3 号，也要有一定时间间隔，保证停车后传动带上不残存货物。

（3）不论 2 号或 3 号哪一个出故障，1 号必须停车，以免继续进料，造成货物堆积。

（4）必要的保护措施。

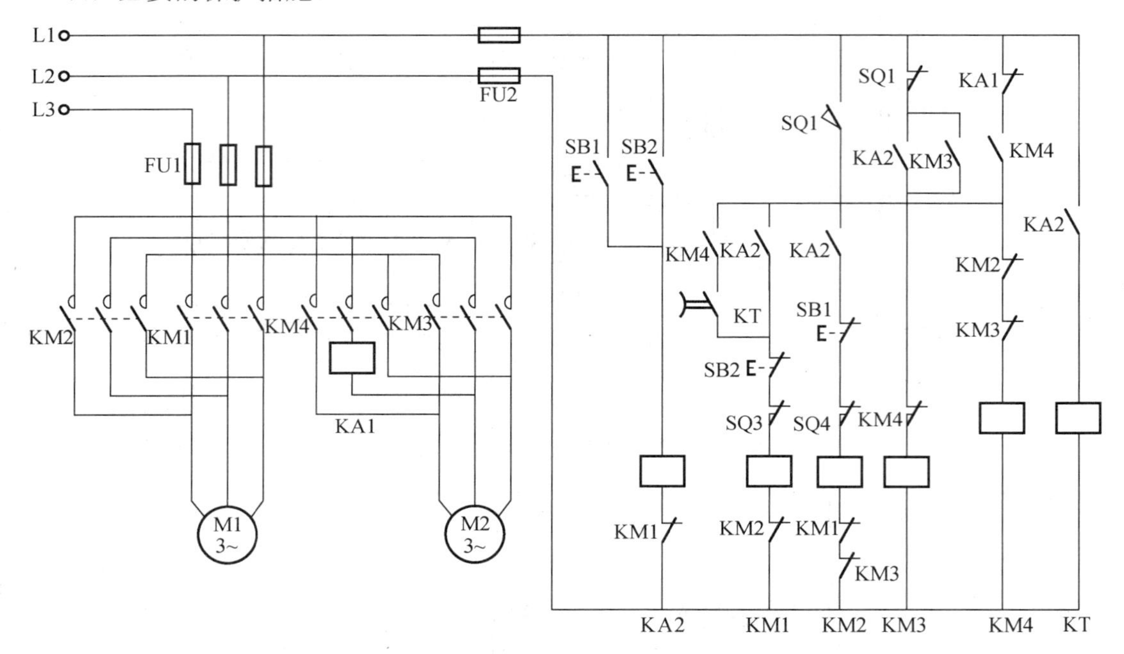

图 5-14　横梁升降电气控制线路

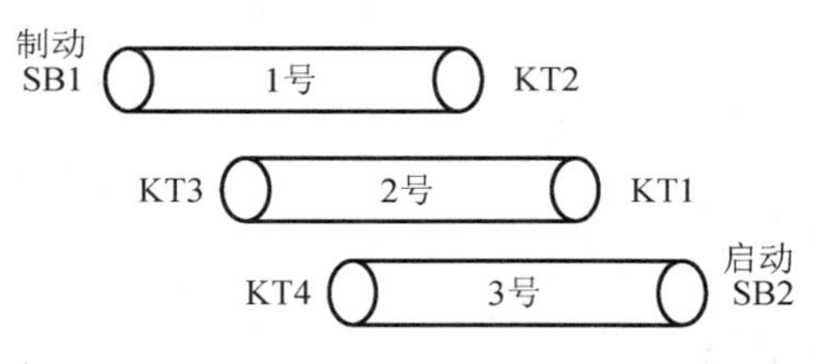

图 5-15　传动带工作示意图

2）主电路设计

根据控制要求，传动带电动机全部为单向正传运行，主电路如图 5-16 所示。

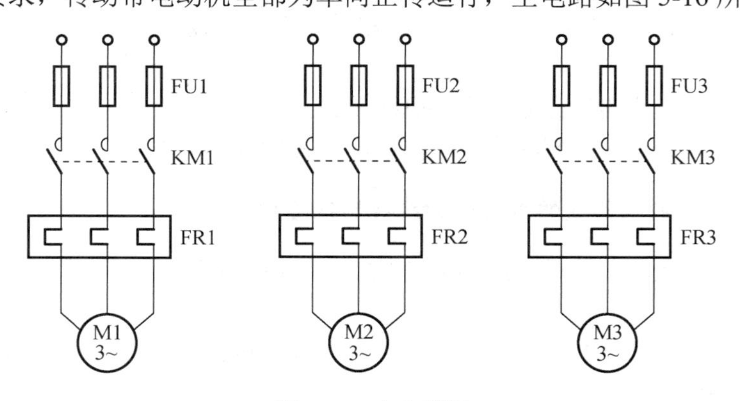

图 5-16　主电路图

3）基本控制电路设计

基本控制电路图如图 5-17 所示。图中三台电动机为顺序启动，逆序停止，启动顺序为 3 号、2 号、1 号，停止顺序为 1 号、2 号、3 号。

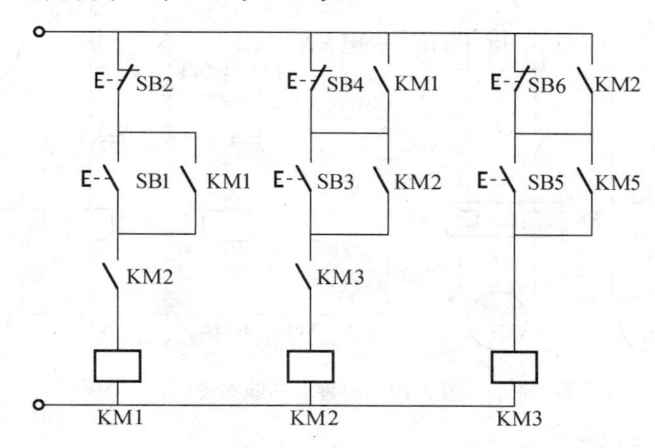

图 5-17　基本控制电路

4）时间电路设计

以时间为变化参量，利用时间继电器作为输出元件的控制信号。以通电延时的常开触点作为启动信号，以断电延时的常开触点作为停车信号。为使三条传动带自动按顺序工作，采用中间继电器 KA，电路如图 5-18 所示。

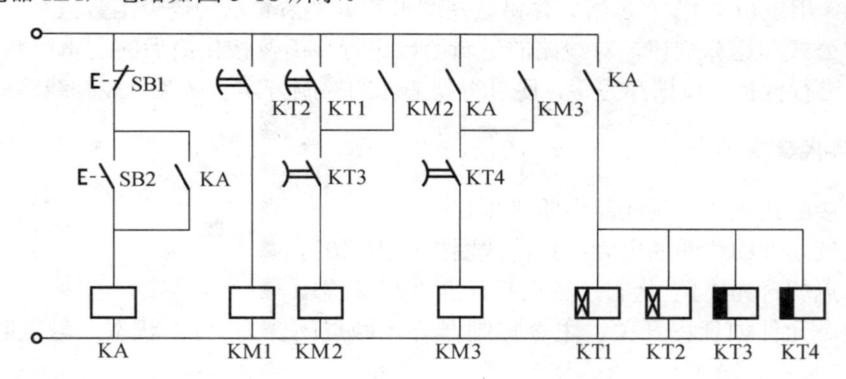

图 5-18　时间顺序电路

5）联锁环节设计

如图 5-18 所示，按下 SB1，KT1、KT2、KA 同时断电，KA 常开触点瞬时断开，KM2、KM3 若不加自锁，则 KT3、KT4 延时不起作用，KM2、KM3 线圈将瞬时断电，电动机不能按顺序停车，所以需加自锁环节。

热继电器保护触点均串联在 KA 线圈电路中，无论哪条传动带电动机过载，都能按 1 号、2 号、3 号顺序停车。

6）完善后的线路

完善后的线路如图 5-19 所示。

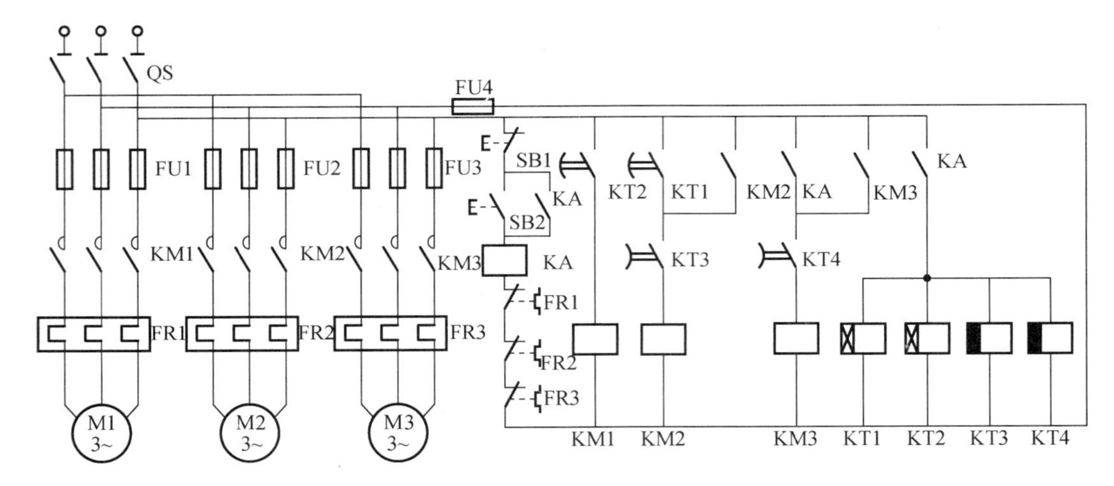

图 5-19　完善后的线路图

5.4.2　逻辑设计法

分析继电接触控制系统时，常以线圈的通、断电为基础来作为线路工作情况的判定，而线圈的通断电取决于供电电源和与之相串联的触点的闭合情况。如果假定供电电源电压不变，则线圈是否带电就决定于触点是否闭合了。

把控制电路中接触器、继电器线圈的通断电、触电的闭合与断开看成逻辑变量，用逻辑“1”表示通，用逻辑“0”表示断，并将这些逻辑变量关系表示为逻辑函数关系，再运用逻辑函数的基本公式和运算规律，对线路的逻辑函数进行化简，按化简后的逻辑函数式绘制相应的电路图，进行分析、校核和完善，便可得到最佳的控制方案，这就是控制线路的逻辑设计。

1. 逻辑代数基础

在继电接触式电气控制线路中明确规定：

（1）电气元件的线圈通电为“1”，线圈失电为“0”。

（2）触点闭合为“1”状态，触点断开为“0”状态。

（3）主令元件如行程开关、主令控制器等，触点闭合为“1”状态，触点断开为“0”状态。

（4）电气元件 K1，K2，…的常开触点分别用 $K1$，$K2$，…表示；常闭触点则分别用 $\overline{K1}$，$\overline{K2}$，…表示。

1）逻辑运算

（1）逻辑与——触点串联。

能够实现逻辑与运算的电路如图 5-20（a）所示。

逻辑表达式：$K = A \cdot B$（“·”为逻辑与运算符号）。

表达的含义：只有当触点 A 与 B 都闭合时，线圈 K 才得电。

（2）逻辑或——触点并联。

能够实现逻辑或运算的电路如图 5-20（b）所示。

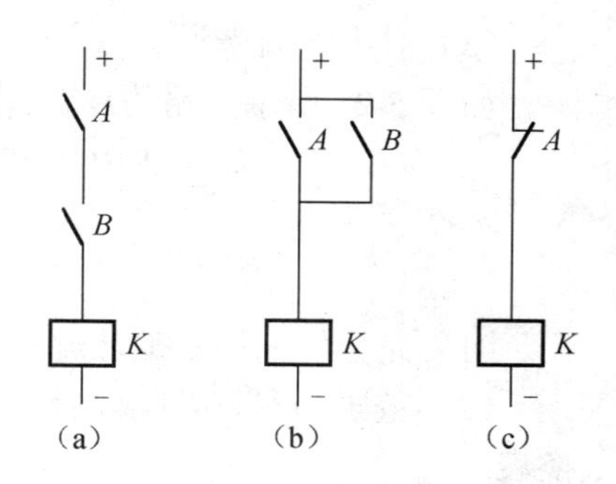

图 5-20　与或非基本电路

（a）与电路；（b）或电路；（c）非电路

逻辑表达式：$K = A + B$（“+”为逻辑或运算符号）。

表达的含义：触点 A 与 B 只要有一个闭合时，线圈 K 就可以得电。

（3）逻辑非——动断触点。

能够实现逻辑非运算的电路如图 5-20（c）所示。

逻辑表达式：$K = \overline{A}$（“−”为逻辑非运算符号）。

表达的含义：触点 A 断开，则线圈 K 断电。

2）逻辑代数定理

（1）交换律：$AB=BA$，$A+B=B+A$。

（2）结合律：$A(BC)=(AB)C$，$A+(B+C)=(A=B)+C$。

（3）分配律：$A(B+C)=AB+AC$，$A+BC=(A+B)(A+C)$。

（4）吸收律：$A+AB=A$，$A(A+B)=A$，$A+\overline{A}B = A + B$，$A(\overline{A} + B) = AB$。

（5）重叠律：$A \cdot A=A$，$A+A=A$。

（6）非非律：$\overline{\overline{A}} = A$。

（7）反演律（摩根定理）：$\overline{A+B} = \overline{A}\,\overline{B}$，$\overline{AB} = \overline{A} + \overline{B}$。

（8）0、1 律：$A \cdot 0 = 0$，$A + 0 = A$，$A \cdot 1 = A$，$A + 1 = 1$，$A \cdot \overline{A} = 0$，$A + \overline{A} = 1$，$A \cdot \overline{A} = 0$。

3）逻辑函数的化简

利用逻辑代数的公式进行化简，消去逻辑函数中多余的项或多余的因子，这种方法没有固定的步骤，但需熟练掌握公式和灵活运用的技巧。一般常用方法有如下几种：

1）并项法

【例 5-1】
$$F = A(B + C) + A\overline{B + C} = A(B + C + \overline{B + C}) = A$$

2）吸收法

【例 5-2】
$$F = \overline{AB} + \overline{A}C + \overline{B}D = \overline{A} + \overline{B} + \overline{A}C + \overline{B}D = \overline{A} + \overline{B}$$

3）消去法

【例 5-3】
$$F = AB + \overline{A}C + \overline{B}C = AB + (\overline{A} + \overline{B})C = AB + \overline{AB}C = AB + C$$

4）配项法

【例 5-4】
$$\begin{aligned} F &= A\overline{B} + B\overline{C} + \overline{B}C + \overline{A}B \\ &= A\overline{B} + B\overline{C} + \overline{B}C(A + \overline{A}) + \overline{A}B(C + \overline{C}) \\ &= A\overline{B} + B\overline{C} + A\overline{B}C + \overline{A}\,\overline{B}C + \overline{A}BC + \overline{A}B\overline{C} \\ &= A\overline{B} + B\overline{C} + \overline{A}C \end{aligned}$$

4）继电控制线路逻辑表示

电气元件的逻辑表示方法如下：

（1）用逻辑原变量 KA、KM、SB、SQ 等分别表示继电器、接触器、按钮、行程开关等元件的常开触点。

（2）用逻辑反变量 $\overline{\text{KA}}$、$\overline{\text{KM}}$、$\overline{\text{SB}}$、$\overline{\text{SQ}}$ 等分别表示继电器、接触器、按钮、行程开关等元件的常闭触点。

（3）对于线圈来说，“1”表示带电，“0”表示失电。

如图 5-21 所示电路的逻辑表达式为

$$KM=\overline{SB1}\cdot\overline{SB2}\cdot(SB3+SB4+KM)$$

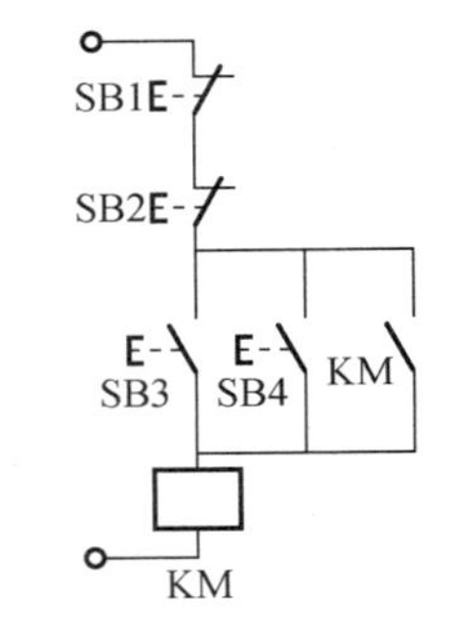

图 5-21　多点控制电路

2. 逻辑设计法的基本步骤

（1）充分研究加工工艺流程，做出工作循环图或工作示意图。

（2）按工作循环图做执行元件节拍表及检测元件状态表——转换表。

（3）根据转换表，确定中间记忆元件的开关边界线，设置中间记忆元件。

（4）列写中间记忆元件逻辑函数式及执行元件逻辑函数式。

（5）根据逻辑函数式建立电路结构图。

（6）进一步完善电路，增加必要的联锁、保护等辅助环节，检查电路是否符合原控制要求、有无寄生回路、是否存在竞争现象等。

（7）选定元件型号，制订明细表。

根据控制目的的不同，采用逻辑设计法又可将电路分为组合开关电路和时序开关电路。组合开关电路中电路的状态只和触点的组合有关，而时序开关电路中电路的状态不仅与触点的组合有关，而且与组合过程的次序有关。下例为组合开关电路的设计方法。

【例 5-5】某电动机只有在继电器 KA1、KA2、KA3 中任何一个或两个动作时才能运转，而在其他条件下都不运转，试设计其控制线路。

（1）列出控制元件与执行元件的动作状态表，如表 5-1 所示。

表 5-1　动作状态表

KA1	KA2	KA3	KM
0	0	0	0
0	0	1	1
0	1	0	1
0	1	1	1
1	0	0	1
1	0	1	1
1	1	0	1
1	1	1	0

（2）根据状态表列写出接触器 KM 的逻辑代数式：

$$f(KM)=\overline{KA1}\cdot\overline{KA2}\cdot KA3+\overline{KA1}\cdot KA2\cdot\overline{KA3}+KA1\cdot\overline{KA2}\cdot\overline{KA3}$$
$$+\overline{KA1}\cdot KA2\cdot KA3+KA1\cdot\overline{KA2}\cdot KA3+KA1\cdot KA2\cdot\overline{KA3}$$

（3）化简：

$$f(KM)=\overline{KA1}\cdot\overline{KA2}\cdot KA3+\overline{KA1}\cdot KA2\cdot\overline{KA3}+KA1\cdot\overline{KA2}\cdot\overline{KA3}$$
$$+\overline{KA1}\cdot KA2\cdot KA3+KA1\cdot\overline{KA2}\cdot KA3+KA1\cdot KA2\cdot\overline{KA3}$$

$$
\begin{aligned}
&=\overline{\mathrm{KA1}}(\overline{\mathrm{KA2}}\cdot \mathrm{KA3}+\mathrm{KA2}\cdot \overline{\mathrm{KA3}}+\mathrm{KA2}\cdot \mathrm{KA3})\\
&\quad+\mathrm{KA1}(\overline{\mathrm{KA2}}\cdot \overline{\mathrm{KA3}}+\overline{\mathrm{KA2}}\cdot \mathrm{KA3}+\mathrm{KA2}\cdot \overline{\mathrm{KA3}})\\
&=\overline{\mathrm{KA1}}\left[\mathrm{KA3}(\overline{\mathrm{KA2}}+\mathrm{KA2})+\mathrm{KA2}\cdot \overline{\mathrm{KA3}}\right]\\
&\quad+\mathrm{KA1}\left[\overline{\mathrm{KA3}}(\overline{\mathrm{KA2}}+\mathrm{KA2})+\overline{\mathrm{KA2}}\cdot \mathrm{KA3}\right]\\
&=\overline{\mathrm{KA1}}(\mathrm{KA3}+\mathrm{KA2}\cdot \overline{\mathrm{KA3}})+\mathrm{KA1}(\overline{\mathrm{KA3}}+\overline{\mathrm{KA2}}\cdot \mathrm{KA3})\\
&=\overline{\mathrm{KA1}}(\mathrm{KA3}+\mathrm{KA2})+\mathrm{KA1}(\overline{\mathrm{KA3}}+\overline{\mathrm{KA2}})
\end{aligned}
$$

（4）根据化简的逻辑表达式绘制原理图。控制电路图如图 5-22 所示。

（5）元件选型及明细表略。

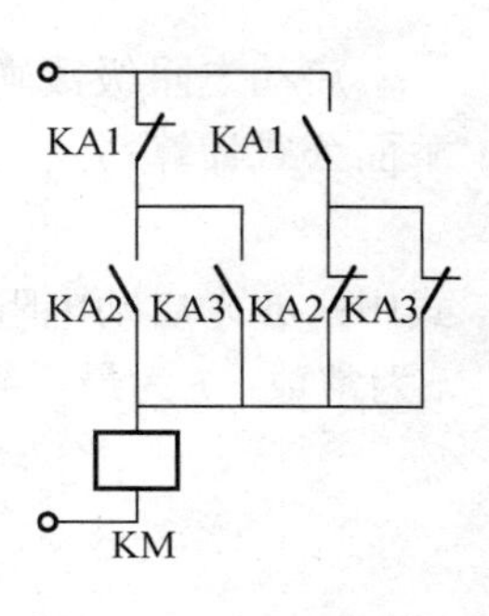

图 5-22　控制电路图

5.5　主要参数计算及常用元件的选择

5.5.1　主要参数计算

1．三相异步电动机启动电阻计算

1）笼型异步电动机启动电阻计算

笼型异步电动机启动电阻一般采用 ZX1、ZX2 系列铸铁电阻。铸铁电阻能够通过较大电流，功率大。启动电阻 R 的近似计算公式为

$$R=190\times\frac{I_{\mathrm{st}}-I'_{\mathrm{st}}}{I_{\mathrm{st}}I'_{\mathrm{st}}}$$

式中：I_{st} 为未串电阻前的启动电流，A，一般取 $(4\sim7)I_{\mathrm{N}}$；I'_{st} 为串联电阻后的启动电流，A，一般取 $(2\sim3)I_{\mathrm{N}}$；I_{N} 为电动机的额定电流，A；R 为电动机每相串联启动电阻的阻值，Ω。

选择的电阻其功率可用下述公式计算：

$$P=I_{\mathrm{N}}^{2}R$$

由于启动电阻仅在启动过程中接入，且启动时间很短，所以实际选用的电阻功率可减小为计算值的 1/4～1/3。

2）绕线转子异步电动机启动电阻计算

为了减小启动电流，增加启动转矩并获得一定的调速要求，常常采用绕线转子异步电动机的转子绕组串接外加电阻的方法来实现。为此要确定外加电阻的级数，以及各级电阻的大小。电阻的级数越多，启动或调速时转矩波动就越小，但控制线路也就越复杂。通常的电阻级数可以根据表 5-2 来选取。

表 5-2　启动电阻级数表

电动机容量/kW	启动电阻的级数			
	半负荷启动		全负荷启动	
	平衡短接法	不平衡短接法	平衡短接法	不平衡短接法
100 以下	2～3	4 级以上	3～4	4 级以上
100～400	3～4	4 级以上	4～5	5 级以上
400～600	4～5	5 级以上	5～6	6 级以上

启动电阻级数确定以后，对于平衡短接法，转子绕组中每相串联的各级电阻值，可以用下面公式计算：

$$R_n = k^{m-n} r$$

式中：m 为启动电阻级数；n 为各级启动电阻的序号，n=1 表示第一级，即最先被接的电阻；k 为常数；r 为最后被短接的那一级电阻值。K、r 值可分别由下列两个公式计算：

$$k = \sqrt[m]{\frac{1}{S}}$$

$$r = \frac{E_2(1-S)}{\sqrt{3}I_2} \times \frac{k-1}{k^m - 1}$$

式中：S 为电动机额定转差率；E_2 为正常工作时电动机转子的电压，V；I_2 为正常工作时电动机转子的电流，A。

每相启动电阻的功率为

$$P = (1/2 - 1/3) I_{2S} R$$

式中：I_{2S} 为转子启动电流，A，取 $I_{2S} = 1.5 I_2$；R 为每相串联电阻的阻值，Ω。

2. 笼型异步电动机反接制动电阻的计算

反接制动时，三相定子电路中各相串联的限流电阻 R 可按下面经验公式近似计算：

$$R \approx k \frac{U_\Phi}{I_S}$$

式中：U_Φ 为电动机定子绕组相电压，V；I_S 为全压启动电流，A；k 为系数，当要求最大反接制动电流 $I_m < I_S$ 时，k=0.13，当要求 $I_m < I_S/2$ 时，k=1.5。

若在反接制动时，仅在两相定子绕组中串接电阻，选用电阻值应为上述计算值的 1.5 倍，而制动电阻的功率为

$$P = (1/2 \sim 1/4) I_e^2 R$$

式中：I_e 为电动机额定电流；R 为每相串接的限流电阻的阻值。

在实际中应根据制动频繁程度适当选取前面系数。

3. 能耗制动电流与电压的计算

能耗制动整流装置原理图如图 5-23 所示。

（1）制动时直流电流计算：从制动效果看，直流电流大些好，但电流过大会引起绕组发热，耗能增加，而且当磁路饱和后对制动力矩的提高也不明显，一般制动直流电流为

$$I_D = (2 \sim 4) I_0 \text{ 或 } I_D = (1 \sim 2) I_N$$

式中：I_0 为电动机空载电流；I_N 为电动机额定电流。

（2）制动时直流电压为

$$U_D = I_D R$$

式中：R 为两相串联定子绕组的冷电阻。

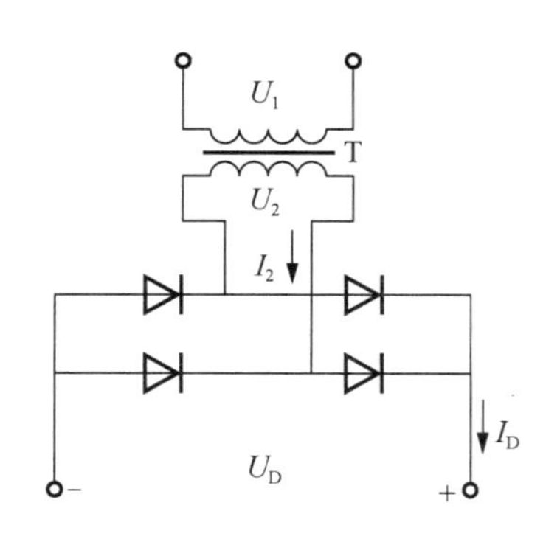

图 5-23　能耗制动整流装置原理图

（3）整流变压器参数计算。对单相桥式整流电路有：

① 变压器二次侧交流电压为

$$U_2 = U_D / 0.9$$

② 变压器容量计算。只有在能耗制动时变压器才工作，故容量可比长期工作小些，一般经验认为可取计算容量的 1/4～1/2。

4. 控制变压器容量计算

控制变压器容量：应根据控制线路在最大工作负载时所需要的功率考虑，并留有一定余量，即

$$S_T = K_T \sum S_C$$

式中：S_T 为控制变压器容量，VA；$\sum S_C$ 为控制电路在最大负载时所有吸持电器消耗功率的总和，VA，对于交流电磁式电器，S_C 应取其吸持视在功率，VA；K_T 为变压器容量储备系数，一般取 1.1～1.25。

常用交流电磁式电器启动与吸持功率（均为视在功率）如表 5-3 所示。

表 5-3　启动与吸持功率

电器型号	启动功率 S/VA	吸持功率 S_C/VA	电器型号	启动功率 S/VA	吸持功率 S_C/VA
JZ7	75	12	CJ0-40	280	33
CJ10-5	35	6			
CJ10-10	65	11	MQ1-5101	≈450	50
CJ10-20	140	22	MQ1-5111	≈1 000	80
CJ10-40	230	32	MQ1-5121	≈1 700	95
CJ0-10	77	14	MQ1-5131	≈2 200	130
CJ0-20	156	33	MQ1-5141	≈100 000	480

5.5.2　常用电气元件的选择

1. 隔离器、刀开关的选择原则

隔离器、刀开关的主要功能是隔离电源。在满足隔离功能的要求下，选用的主要原则是保证其额定绝缘电压和额定工作电压不低于线路的相应值，额定工作电流不小于线路的计算电流。当要求有通断能力时，须选用具备相应额定通断能力的隔离电器。

2. 低压断路器的选择原则

（1）额定工作电压和额定电流。低压断路器额定工作电压和额定工作电流应分别不低于线路、设备的正常工作电压和计算电流。

（2）长延时脱扣器整定电流。长延时脱扣器整定电流一般可按负载电流的 1～1.1 倍选择，同时不应大于线路导体长期允许电流的 0.8～1 倍。

（3）瞬时或短延时脱扣器整定电流。低压断路器的瞬时或短延时脱扣器整定电流应大于线路尖峰电流，配电断路器可按不低于尖峰电流的 1.35 倍选择。用于电动机保护的，当动作时间大于 0.02s 时，可按不低于 1.35 倍启动电流选择；如果动作时间小于 0.02s，则应按不低于启动电流的 1.7～2 倍选择。

（4）短路通断能力和短路耐受能力校核。低压断路器的额定分断能力和额定短路接通能力应不低于其安装位置上的预期短路电流。

（5）分励和欠电压脱扣器。分励和欠电压脱扣器的额定电压应等于线路额定电压，电源类别（交、直流）应按控制线路情况确定。

（6）根据电气装置的要求确定自动开关的类型，如框架式、塑料外壳式、限流式等。

3. 接触器的选择原则

（1）接触器种类的选择。根据接触器控制的负载性质来相应选择直流接触器还是交流接触器；一般场合选用电磁式接触器，对频繁操作的带交流负载的场合，可选用带直流电磁线圈的交流接触器。

（2）接触器使用类别的选择。根据接触器所控制负载的工作任务来选择相应使用类别的接触器。若负载是一般任务，则选用 AC-3 使用类别；若负载为重任务，则应选用 AC-4 类别；若负载为一般任务与重任务混合，则可根据实际情况选用 AC-3 或 AC-4 类接触器，当选用 AC-3 类时，应降级使用。

（3）接触器额定电压的确定。接触器主触点的额定电压应根据主触点所控制负载电路的额定电压来确定。

（4）接触器额定电流的选择。一般情况下，接触器主触点的额定电流应大于等于负载或电动机的额定电流，计算公式为

$$I_N \geqslant \frac{P_N \times 10^3}{KU_N}$$

式中：I_N 为接触器主触点额定电流，A；K 为经验系数，一般取 1～1.4；P_N 为被控电动机额定功率，kW；U_N 为被控电动机额定线电压，V。

当接触器用于电动机频繁启动、制动或正反转的场合，一般可将其额定电流降一个等级来选用。

（5）接触器线圈额定电压的确定。接触器线圈的额定电压应等于控制电路的电源电压。为保证安全，一般接触器线圈选用 110V、127V，并由控制变压器供电。但当控制电路比较简单，所用接触器的数量较少时，为省去控制变压器，可选用 380V、220V 电压。

（6）接触器触点数目。在三相交流系统中一般选用三极接触器，即 3 对常开主触点，当需要同时控制中性线时，则选用四极交流接触器。在单相交流和直流系统中则常用两极或三极并联接触器。交流接触器通常有 3 对常开主触点和 4～6 对辅助触点，直流接触器通常有 2 对常开主触点和 4 对辅助触点。

（7）接触器额定操作频率。交、直流接触器额定操作频率一般有 600 次/h、1 200 次/h 等几种，一般说来，额定电流越大，则操作频率越低，可根据实际需要选择。

4. 熔断器的选择原则

熔断器的选择主要包括熔断器的类型、额定电压、熔断器额定电流与熔体额定电流来确定。

（1）类型与额定电压的选择。根据负载保护特性和短路电流大小及各类熔断器使用类别

和分断范围来选择熔断器类型。根据被保护电路的电压来选择熔断器的额定电压。

（2）熔体和熔断器额定电流的确定。

① 用于保护负载电流比较平稳的照明设备或电热设备，以及一般控制电路的熔断器，其熔体额定电流一般按线路计算电流确定。

② 用于保护电动机的熔断器，应按电动机的启动电流倍数考虑避开电动机启动电流的影响，对于单台电动机，熔体额定电流一般为电动机额定电流的 1.5～3.5 倍。不经常启动或启动时间不长的电动机选较小的倍数，频繁启动的电动机选较大的倍数。对于给多台电动机供电的主干线母线处的熔断器的熔体额定电流可按下式计算：

$$I_{\mathrm{ef}} \geqslant (2.0 \sim 2.5) I_{\mathrm{ne\,max}} + \sum I_{\mathrm{ne}}$$

式中，I_{ef} 为熔断器额定电流；I_{ne} 为电动机额定电流；$I_{\mathrm{ne\,max}}$ 为多台电动机中容量最大的一台电动机的额定电流；$\sum I_{\mathrm{ne}}$ 为其余电动机额定电流之和。

熔断器的额定电流大于或等于熔体的额定电流。

为防止发生越级熔断，上下级熔断器之间应用良好的配合，宜进行较详细的计算和校验。

5. 热继电器的选择原则

热继电器应根据使用条件、工作环境、电动机的形式及运行条件与要求、电动机启动情况及负载情况综合考虑，必要时进行合理计算。

（1）热继电器形式的选择一般根据其安装方式（独立安装式、导轨安装式、接插安装式）和具体的安装位置来确定。

（2）热继电器额定电流应按电动机额定电流选择。但对于过载能力差的电动机，其配用的热继电器额定电流应小些。通常选取热继电器额定电流为电动机额定电流的 60%～80%，并校验其动作特性。

（3）通常选择热继电器电流整定范围的中间值等于或稍大于电动机的额定电流。

（4）由于热继电器有热惯性，不能做短路保护，因此应考虑与短路保护配合问题。

（5）当电动机工作在重复短时工作制时，要注意热继电器的允许操作频率。对于可逆运行、频繁通断的电动机，不宜用热继电器做保护。

6. 继电器的选择原则

继电器的选择应根据继电器的功能特点、使用环境、工作制、额定工作参数等因素综合考虑。

（1）继电器类型和系列选择首先根据被控制对象的工作要求来选择继电器的种类，然后根据灵敏度或精度要求选择合适的系列。继电器类型和用途如表 5-4 所示。

表 5-4　继电器的分类及用途

名称	动作特点	主要用途
电压继电器	当电路中电压达到规定值时动作	用于电动机失电压或欠电压保护及制动等控制
电流继电器	当电路中电流达到规定值时动作	用于电动机过载短路保护或直流电动机失磁保护
中间继电器	当电路中电压达到规定值时动作	触点对数多、容量大，能增加控制回路数或扩大触点容量
时间继电器	得到动作信号到触点动作有一定延时	用于电动机的按时间参量控制的启动、制动及相关的工艺过程

（2）继电器一般为普通用途，应考虑继电器的安装地点和使用环境，如温度、湿度、海拔高度、污染等级、振动等。选择继电器时继电器应有与环境相适应的结构及防护。

（3）继电器在控制交直流回路中的使用类别为AC-11和DC-11。

（4）继电器额定电压和额定电流应与系统要求的相一致。

（5）继电器工作制一般适应8h工作制、反复短时工作制和短时工作制。

7. 主令电器的选择

1）控制按钮的选择

（1）根据适用场合，选择控制按钮的种类。

（2）根据用途选择合适的形式。

（3）根据控制回路数选择所需触点的数量。

（4）根据工作状态指示和工作情况选择按钮的颜色。

2）行程开关的选择

（1）根据安装使用环境选择行程开关的结构类型。

（2）根据控制回路的电压和电流选择行程开关的触点额定电压和额定电流。

（3）根据机械与行程开关的传力与位移关系选择合适的头部形式。

3）万能转换开关的选择

（1）按操作要求选择手柄的形式和定位特征。

（2）按控制要求选择转换开关的触点数量和接线图编号。

（3）根据回路电压和电流确定其触点的额定电压和额定电流及其相应的系列。

5.6 控制设备的工艺设计

完成了控制系统原理设计和元件选型后，还需要为设计的实施提供必要的施工工艺资料。工艺设计的主要目的是便于组织电气控制系统的制造，实现原理设计要求的各项技术指标，为设备的调试、维护、使用提供必要的图样资料。主要图样资料有电气控制设备布局安装图、系统接线图、控制柜（箱）结构图、控制面板（操作台）图和非标准件零件图等；技术文档包括元件清单、设计说明书、使用说明书等。

5.6.1 电气设备总体布局设计

总体布局设计是根据控制原理图，将控制系统按照一定要求划分为若干个部件，根据电气设备的复杂程度，将每一部件进一步划分成若干单元，最后根据接线关系整理出各部分的进线和出线号，调整它们之间的连接方式。

1. 组件划分原则

（1）功能类似的元件组合在一起，如按钮、控制开关、指示灯、指示仪表表头可以作为操作单元；接触器、继电器、熔断器、控制变压器等控制电路可以作为控制柜单元。

（2）接线关系密切的控制电器采取就近原则，减少连线，可作为一个单元，力求美观整齐。

（3）强弱电线路分开，以避免干扰。

（4）需经常调节、维护和易损元件组合在一起，安排在较易操作的位置，便于检修。 单元之间的接线方式有接线端子、标准接插件（座）方式。

2. 元件布置图的设计与绘制

电气元件布置图是某些电气元件按一定原则的组合，表明了各个电器的相对位置，是元件安装的依据。电气元件布置图的设计要根据原理图来完成，其元件的数量、规格型号须与原理图一致。同一部件或单元中电气元件的布置应注意：

（1）一般监视元件布置在仪表板上或柜门上。

（2）体积大和较重的电气元件应安装在电器板的下面，发热元件安装在电器板的上面。

（3）强电、弱电电器应分开，并注意弱电信号的屏蔽，以防干扰。

（4）将经常需要调节、维护及容易损坏的元件组合在一起，并安排在较易操作的位置，以便于检修。

（5）电气元件的布置应考虑整齐、美观、对称，尽量使外形和结构尺寸类似的电器安装，便于加工、安装和配线。

（6）电气元件不宜过密，应预留布线、接线、维护和调整操作的空间。

电气元件位置确定后，可根据元件的排列、外形尺寸及公差范围完成电气元件布置图的绘制，作为施工安装依据。某控制柜元件的布置示意图如图 5-24 所示。

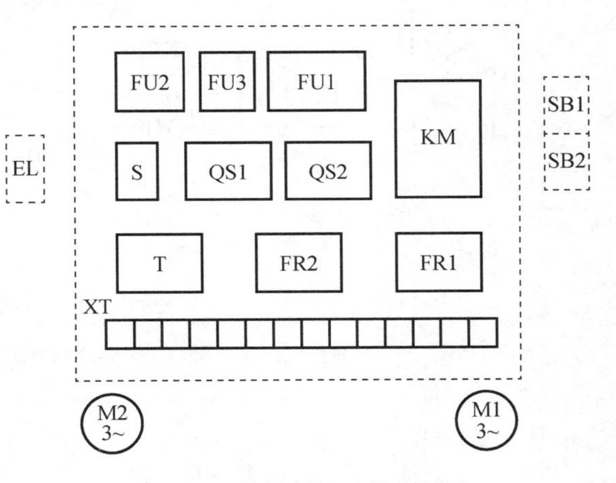

图 5-24　某控制柜元件布置图

5.6.2　电气元件接线图的绘制

电气控制装置的接线图是表示成套装置、设备的连接关系，用以进行接线和查线的依据。接线图根据电气原理图和电气元件布置图绘制，应符合以下原则：

（1）接线图的绘制应符合 GB/T 6988.1—2008《电气技术用文件的编制 第 1 部分：规则》中 7.5 的规定。

（2）在接线图中，电气元件的外形和相对位置要与位置图一致。

（3）元件及其接线端子（座）的标注、文字符号、接线号与电气原理图标注应一致，并符合 GB/T 5094.3—2005《工业系统、装置与设备以及工业产品结构原则与参照代号 第 3 部分：应用指南》、GB/T 4026—2010《人机界面标志标识的基本和安全规则　设备端子和导体终端的标识》、GB 4884—1985《绝缘导线的标记》等规定。

（4）接线图中同一电气元件的各个部分（如线圈、触点等）必须画在一起。

（5）接线图采用细线条绘制，应清楚地表示出各元件的接线关系和走线方式。

（6）在接线图应标明配线用的电线型号、规格和标称截面。穿管的还应标明管材种类、内径、长度及接线根数。

（7）安装底板内外的电气元件之间的连接线需通过端子排转接。

根据上述原则常用的接线标号方式有相同编号和相对编号两种。

相同编号标注示意图如图 5-25 所示。编号时按所有元件的引脚逐一分类排序。根据分类定义指定接线端子编号，不会发生一脚多号或无号情况。

相对编号标注示意图如图 5-26 所示。编号时既标明导线线号，又标明元件编号，每个元件按照明细表上的符号单独对其各个引脚编号，指明元件之间的连接关系。

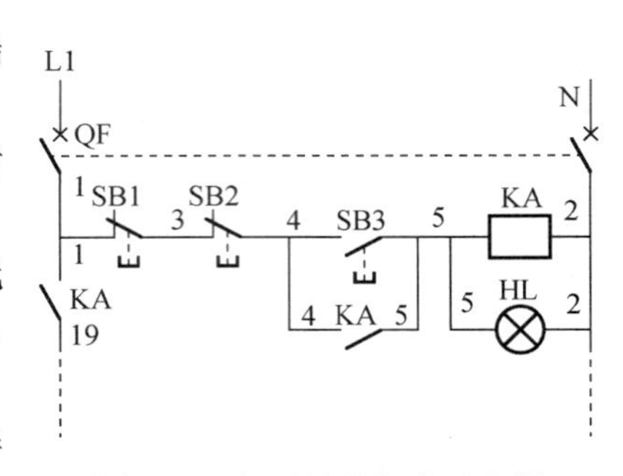

图 5-25　相同编号标注示意图

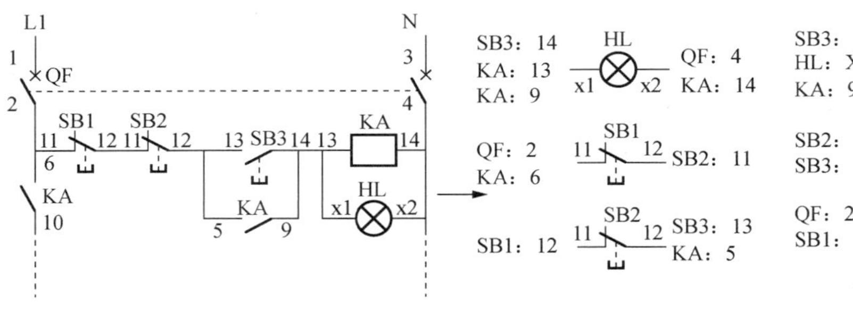

图 5-26　相对编号标注示意图

按相同编号绘制的某设备控制线路接线图如图 5-27 所示。

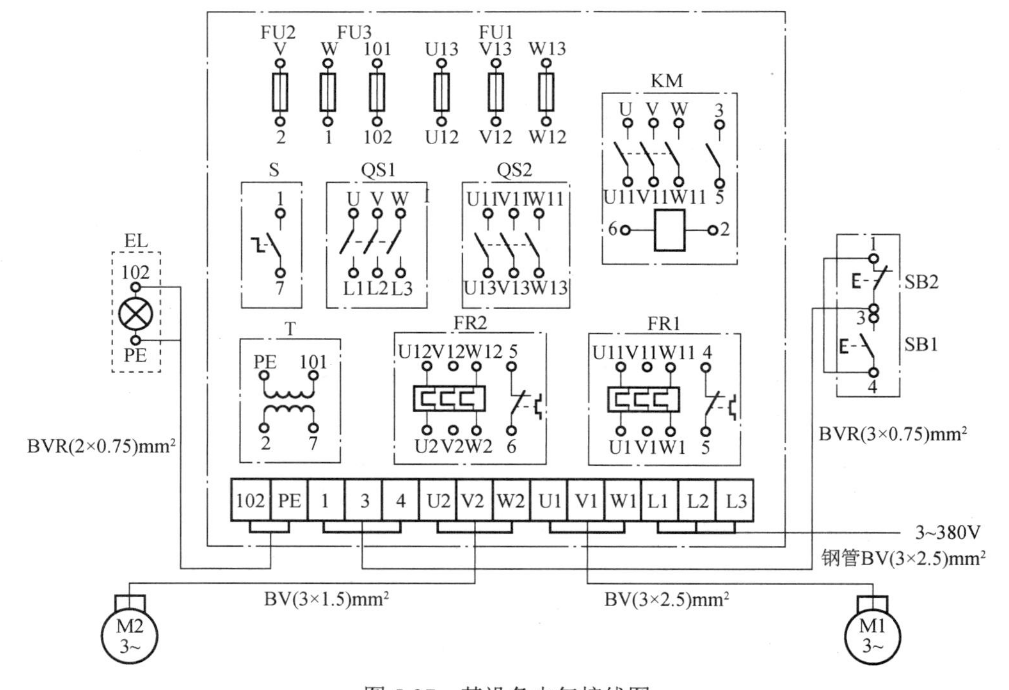

图 5-27　某设备电气接线图

5.6.3　电气柜（箱）及非标准零件图的设计

当控制系统结构比较简单时，控制电器可以安装在生产机械内部；若控制系统结构比较复杂或操作需要，应有单独的电气控制柜。

电气控制柜设计时应注意以下几个方面：

（1）电气柜的总体尺寸应符合元件布置图和操作面板的安装要求。

（2）柜体结构要紧凑，便于安装、调整和维修，外形美观，并适合生产设备场地安装。

（3）需考虑散热方式，并提供相应的通风孔或通风栅。

（4）应考虑同设备的接线方式，预留进出线孔。

（5）为了便于安装，应备有吊钩、滑轮等部件。

5.6.4　材料清单汇总

在电气控制系统原理设计及工艺设计结束后，应根据各种图样，对本设备需要的各种零件及材料进行综合统计，列出外购成件清单表、标准件清单表、主要材料消耗定额表及辅助材料消耗定额表，以便采购人员、生产管理部门按设备制造需要备料，做好生产准备工作。

5.6.5　编写设计及使用说明书

设计说明书和使用说明书是设计审定、调试、使用和维护过程中必不可少的技术资料。设计说明书和使用说明书的内容应包括拖动方案的选择依据、系统工作的主要原理和特点、主要参数的选择依据、各项技术指标的实现情况、设备的调试要求和方法、设备的使用注意事项、维护要求和故障分析等内容。

5.7　电气控制系统的安装与调试

5.7.1　安装与调试的基本要求

（1）电气线路必须满足生产机械的生产工艺要求。

（2）电气线路动作顺序应准确，电器安装位置要合理。

电气控制线路要求其电气元件的动作准确，当个别电气元件或导线损坏时，不应破坏整个电气线路的工作顺序。安装时，安装位置既要紧凑又要留有余地。

（3）必要的连锁和各种保护措施

电气控制线路各环节之间应具有必要的连锁和各种保护措施。以防止电气控制线路发生故障时，对设备和人身造成伤害。

（4）控制线路要经济合理

在保证电气控制线路工作安全、可靠的前提下，应尽量使控制线路简单，选用的电气元件要合理，容量要适当，尽可能减少电气元件的数量和型号，采用标准的电气元件，导线的截面面积选择要合理，截面不宜过大等，以确保布线要经济合理性。

（5）维护和检修方便。

5.7.2 电气控制系统的安装步骤及要求

根据生产机械的结构特点、操作要求和电气线路的复杂程度决定生产机械电气线路的安装方式和方法。对控制线路简单的生产机械，可把生产机械的床身作为电气控制柜（箱或板），对控制线路复杂的生产机械，常将控制线路安装在独立的电气控制柜内。

1. 安装的准备工作

1）充分了解机械与电气相关知识

（1）生产机械的主要结构和运动形式。

（2）电气原理图由几部分构成，各部分又有哪几个控制环节，各部分之间的相互关系如何。

（3）各种电气元件之间的控制及连接关系。

（4）电气控制线路的动作顺序。

（5）电气元件的种类和数量、规格。

为安装接线及维护检修方便，一般对电气原理图要标注线号。标注时，将主电路和控制线路分开，各自从电源端开始，各相线分开，顺次标注到负荷端，做到每段导线均有线号，一线一号，不能重复。

2）电气元件的检查

（1）根据电气元件明细表，检查各电气元件和电气设备是否短缺、规格是否符合设计要求。

（2）检查有延时作用的电气元件的功能能否保证，如时间继电器的延时动作、延时范围及整定机构等。

（3）检查各电气元件的外观是否损坏，各接线端子及紧固件有无短缺、生锈等。尤其是电气元件中触点的质量，如触点是否光滑、接触面是否良好等。

（4）用绝缘电阻表检查电气元件及电气设备的绝缘电阻是否符合要求，用万用表或电桥检查一些电器或电气设备（接触器、继电器、电动机）线圈的通断情况，以及各操作机构和复位机构是否灵活。

3）导线的选择

根据电动机的额定功率、控制电路的电流容量、控制回路的子回路数及配线方式选择导线。选择导线时要确定导线的类型、绝缘材料、截面面积和导线等主要技术参数。

4）绘制电气安装接线图

根据电气原理图，对电气元件在电气控制柜或配电板或其他安装底板上进行布局，其布局总的原则是：连接导线最短，导线交叉最少。为便于接线和维修，控制柜所有的进出线要经过接线端子板连接。接线端子板安装在柜内的最下面或侧面。接线端子的节数和规格应根据进出线的根数及流过的电流进行选配组装，且根据连接导线的线号进行编号。

5）准备好安装工具和检查仪表

准备十字旋具、一字旋具、剥线钳、电工刀等安装工具和万用表。

2. 电气控制柜（箱或板）的安装

1）安装电气元件

按产品说明书和电气接线图进行电气元件的安装，做到安全可靠，排列整齐。电气元件可按下列步骤进行安装：

（1）底板选料。一般可选择 2.5～5mm 厚的钢板或 5mm 的层压板等。

（2）底板剪裁。按电气元件的数量和大小、位置和安装接线图确定板面的尺寸。

（3）电气元件的定位。按电器产品说明书的安装尺寸，在底板上确定元件安装孔的位置并确定钻孔中心。

（4）钻孔。选择合适的钻头对准钻孔中心进行冲眼。此过程中，钻孔中心应保持不变。

（5）电气元件的固定。用螺栓加以适当的垫圈，将电气元件按各自的位置在底板上进行固定。

2）电气元件之间的导线连接

接线时应按照电气安装接线图的要求，并结合电气原理图中的导线编号及配线要求进行。

（1）接线方法。

所有导线的连接必须牢固，不得松动，在任何情况下，连接元件必须与连接的导线截面和材料性质相适应，导线与端子的接线，一般一个端子只连接一根导线。有些端子不适合连接软导线时，可在导线端头上采用针形、叉形等冷压接线头。如果采用专门设计的端子，可以连接两根或多根导线，但导线的连接方式必须是工艺上成熟的各种方式，如夹紧、压接、焊接、绕接等。导线的接头除必须采用焊接方法外，所有的导线应当采用冷压接线头。若电气设备在运行时承受的振动很大，则不允许采用焊接的方式。

（2）导线的标志。

① 导线的颜色标志。保护导线采用黄绿双色；动力电路的中性线和中间线采用浅蓝色；交、直流动力线路采用黑色；交流控制电路采用红色；直流控制电路采用蓝色；等等。

② 导线的线号标志。导线的线号标志必须与电气原理图和电气安装接线图相符合，且在每一根连接导线的接近端子处需套有标明该导线线号的套管。

（3）控制柜的内部配线方法。

控制柜的内部配线方法有板前配线、板后配线和线槽配线等。板前配线和线槽配线综合的方法被采用得比较广泛，如板前线槽配线等，板后配线采用得较少。采用线槽配线时，线槽装线不要超过线槽容积的 70%，以便安装和维修。线槽外部的配线，对装在可拆卸门上的电器接线必须采用互连端子板或连接器，它们必须牢固固定在框架、控制箱或门上。从外部控制电路、信号电路进入控制箱内的导线超过 10 根时，必须接到端子板或连接器件过渡，但动力电路和测量电路的导线可以直接接到电器的端子上。

（4）控制箱外部配线方法。

由于控制箱一般处于工业环境中，为防止铁屑、灰尘和液体进入，除必要的保护电缆外，控制箱所有的外部配线一律装入导线通道内。且导线通道应留有余地，供备用导线和今后增加导线之用。通道采用钢管，壁厚应不小于 1mm，若用其他材料，其强度必须与壁厚为 1mm 钢管的强度等效。当用金属软管时，必须有适当的保护。当用设备底座做导线通道时，无须再加预防措施，但必须能防止液体、铁屑和灰尘侵入。移动部件或可调整部件上的导线必须用软线；移动的导线必须支撑牢固，使得在接线上不致产生机械拉力，又不出现急剧的弯曲。不同电路的导线可以穿在同一管内，或处于同一电缆之中，如果它们的工作电压不同，则所用导线的绝缘等级必须满足其中最高一级电压的要求。

(5) 导线连接的步骤。

(1) 了解电气元件之间导线连接的走向和路径。

(2) 根据导线连接的走向和路径及连接点之间的长度，选择合适的导线长度，并将导线的转弯处弯成 90° 角。

(3) 用电工工具剥除导线端子处的绝缘层，套上导线的标志套管，将剥除绝缘层的导线弯成羊角圈，按电气安装接线图套入接线端子上的压紧螺钉并拧紧。

(4) 将所有导线连接完毕之后进行整理，做到横平竖直，导线之间没有交叉、重叠且相互平行。

3. 电气控制柜的安装配线

电气控制柜的配线有柜内和柜外两种。柜内配线有明配线和暗配线及线槽配线等。柜外配线有线管配线等。

1) 柜内配线

(1) 明配线。

明配线又称板前配线。适用于电气元件较少，电气线路比较简单的设备。这种配线方式导线的走向较清晰，对于安全维修及故障的检查较方便。采用这种配线要注意以下几个方面：

① 连接导线一般选用 BV 型的单股塑料硬线。

② 线路应整齐美观，横平竖直，导线之间不交叉，不重叠，转弯处应为直角，成束的导线用线束固定；导线的敷设不影响电气元件的拆卸。

③ 导线和接线端子应保证可靠的电气连接，线端应弯成羊角圈。对不同截面的导线在同一接线端子连接时，大截面在上，且每个接线端子原则上不超过两根导线。

(2) 暗配线。

暗配线又称板后配线。这种配线方式的板面整齐美观，且配线速度快。采用这种配线方式应注意以下几个方面：

① 电气元件的安装孔、导线的穿线孔其位置应准确，孔的大小应合适。

② 板前与电气元件的连接线应接触可靠，穿板的导线应与板面垂直。

③ 配电盘固定时，应使安装电气元件的一面朝向控制柜的门，便于检查和维修。板与安装面要留有一定的余地。

(3) 线槽配线。

这种配线方式综合了明配线和暗配线的优点。适用于电气线路较复杂、电气元件较多的设备。不仅安装、检查维修方便，且整个板面整齐美观，是目前使用较广的一种接线方式。

线槽一般由槽底和盖板组成，其两侧留有导线的进出口，槽中容纳导线（多采用多股软导线做连接导线），视线槽的长短用螺钉固定在底板上。

(4) 配线的基本要求。

① 配线之前首先要认真阅读电气原理图、电气布置图和电气安装接线图，做到心中有数。

② 根据负荷的大小及配线方式、回路的不同选择导线的规格、型号，并考虑导线的走向。

③ 首先对主电路进行配线，然后对控制电路配线。

④ 具体配线时应满足以上三种配线方式的具体要求及注意事项，如横平竖直、减少交叉、

转角成直角、成束导线用线束固定、导线端部加有套管、与接线端子相连的导线头弯成羊角圈、整齐美观等。

⑤ 导线的敷设不应妨碍电气元件的拆卸。

⑥ 配线完成之后应根据各种图样再次检查是否正确无误，若没有错误，将各种紧压件压紧。

2）线管配线

线管配线属于柜外配线方式，耐潮、耐腐蚀、不易遭受机械损伤，适用于有一定的机械压力的地方。

（1）铁管配线。

① 根据使用的场合、导线截面面积和导线根数选择铁管类型和管径，且管内应留有 40% 的余地。

② 尽量取最短距离敷设线管，管路尽量少弯曲，不得不弯曲时，弯曲半径不应太小，弯曲半径一般不小于管径的 4～6 倍。弯曲后不应有裂缝，若管路引出地面，则离地面应有一定的高度，一般不小于 0.2m。

③ 对同一电压等级或同一回路的导线允许穿在同一线管内，管内的导线不准有接头，也不准有绝缘破损之后修补的导线。

④ 线管在穿线时可以采用直径为 1.2mm 的钢丝做引线。敷设时，首先要清除管内的杂物和水分；明面敷设的线管应做到横平竖直，必要时可采用管卡支持。

⑤ 铁管应可靠地保护接地和接零。

（2）金属软管配线。

对生产机械本身所属的各种电器或各种设备之间的连接常采用这种连接方式。根据穿管导线的总截面选择软管的规格，软管的两头应有接头以保证连接。在敷设时，中间的部分应用适当数量的管卡加以固定。有所损坏或有缺陷的软管不能使用。

5.7.3　电气控制柜的调试

1. 调试前的准备工作

（1）调试前必须了解各种电气设备和整个电气系统的功能。掌握调试的方法和步骤。

（2）做好调试前的检查工作。包含：

① 根据电气原理图、电气安装接线图和电器布置图检查各电气元件的位置是否正确，并检查其外观有无损坏，触点接触是否良好；配线导线的选择是否符合要求；柜内和柜外的接线是否正确、可靠及接线的各种具体要求是否达到；电动机有无卡壳现象；各种操作、复位机构是否灵活；保护电器的整定值是否达到要求；各种指示和信号装置是否按要求发出指定信号；等等。

② 对电动机和连接导线进行绝缘电阻检查。用绝缘电阻表检查，应分别符合各自的绝缘电阻要求，如连接导线的绝缘电阻不小于 7MΩ，电动机的绝缘电阻不小于 0.5 MΩ 等。

③ 与操作人员和技术人员一起，检查各电气元件动作是否符合电气原理图的要求及生产工艺要求。

④ 检查各开关按钮、行程开关等电气元件应处于原始位置；调速装置的手柄应处于最低

速位置。

2. 电气控制柜的试车

1）空操作试车

断开主电路，接通电源开关，使控制电路空操作，检查控制电路的工作情况，如按钮对继电器、接触器的控制作用，自锁、连锁功能；急停元件的动作；行程开关的控制作用；时间继电器的延时时间等。如有异常，立刻切断电源开关检查原因。

2）空载试车

在第一步的基础之上，接通主电路即可进行。首先点动检查各电动机的转向及转速是否符合要求；然后调整好保护电器的整定值，检查指示信号和照明灯的完好性等。

3）带负荷试车

在第 1 步和第 2 步通过以后，即可进行带负荷试车。此时，在正常的工作条件下，验证电气设备所有部分运行的正确性，特别是验证在电源中断和恢复时对人身和设备的伤害、损坏程度。此时进一步观察机械动作和电气元件的动作是否符合原始工艺要求；进一步调整行程开关的位置及挡块的位置；对各种电气元件的整定数值进行进一步调整。

4）试车的注意事项

（1）调试人员在调试前必须熟悉生产机械的结构、操作规程和电气系统的工作要求。

（2）通电时，先接通主电源，断电时，顺序相反。

（3）通电后，注意观察各种现象，随时做好停车准备，以防止意外事故发生。如有异常，应立即停车，待查明原因之后再继续进行。未查明原因不得强行送电。

技能训练——传动带运输机按时间原则顺序启停控制线路的设计

1. 设计步骤

参照经验设计法中的设计步骤及过程进行电气控制线路的设计，设计完成后参照常用电气元件的选择进行元件的选用。

2. 安装步骤

参照 2.2 节技能训练中的安装步骤及工艺进行设备及线路的安装。

练　习　题

1．电气控制设计中应遵循哪些原则？电气控制设计的内容是什么？

2．如何根据设计要求选择拖动方案与控制方式？

3．在电力拖动中拖动电动机的选用包括哪些内容？选用依据是什么？

4．电气原理图的设计方法有几种？常用什么方法？

5．经验设计法的内容是什么？如何应用经验设计法？

6．逻辑设计法的步骤是什么？

7．逻辑“与”“或”“非”各有何特点？

8．简述电气接线图和安装位置图的绘制步骤。

9．电气控制线路设计中应注意的问题有哪些？

10．电气控制柜调试前应做哪些准备？电气控制柜调试的内容有哪些？调试中应注意什么？

11．在电气控制线路中，常用的保护环节有哪些类型？各种保护的作用是什么？

12．某电气设备采用两台三相笼型异步电动机 M1、M2 拖动，其控制要求如下。

（1）M2 30kW，要求降压启动，停止时采用能耗制动。

（2）M2 启动后经 10s，M1（5.5kW）启动。

（3）M1 停止后才允许 M2 停止。

（4）M1 和 M2 均要求两地控制，并有信号显示，试设计线路并选择元件，列出元件明细表并绘制电气接线图。

13．已知两台三相交流异步电动机的数据均为 P_N=7.5kW，U_N=380V，I_N=15.4A，n_N=1440r/min，要求两台同时启动和同时停车，请设计电气原理图，选择电气元件、列写元件明细表，并绘制电气接线图。

14．已知三相交流异步电动机的参数为 P_N=22kW，U_N=380W，I_N=43.9A，n_N=1460r/min，设计一台Y-△启动控制电路，选择元件参数，列写元件清单，绘制电气安装图，电气接线图，写出简要说明。

15．有一台生产设备采用双速三相异步电动机拖动，双速三相异步电动机型号为 YD123M-4/2，三相异步电动机铭牌数据为 6.5kW/8kW、△/YY、13.8A/17.1A、450/2880r/min，根据加工工艺要求电动机自动切换运转，并且具备过载保护、短路保护、失电压保护和欠电压保护，试设计出一个具有自动变速双速带反接制动的继电-接触式双速电动机电气控制线路。

附　录

电气线路图的图形、文字符号

1．电气制图相关国家标准

电气原理图中电气元件的图形符号和文字符号必须符合国家标准的规定。国家标准化管理委员会是负责组织国家标准的制定、修订和管理的组织。一般来说，国家标准是在参照国际电工委员会（IEC）和国际标准化组织（ISO）所颁布标准的基础上制定的。有关电气图形符号和文字符号的国家标准变化较大。GB 4728—1984《电气简图用图形符号》更改较大，现行标准主要是 GB 4728—2005～2008，而 GB 7159—1987《电气技术中的文字符号制定通则》早已废止。现在和电气制图有关的主要国家标准有：

（1）GB/T 4728《电气简图用图形符号》。

（2）GB/T 5465《电气设备用图形符号》。

（3）GB/T 20063《简图用图形符号》。

（4）GB/T 5094《工业系统、装置与设备以及工业产品——结构原则与参照代号》。

（5）GB/T 20939《技术产品及技术产品文件结构原则　字母代码—按项目用途和任务划分的主类和子类》。

（6）GB/T 6988《电气技术用文件的编制》。

最新的国家标准《电气简图用图形符号》（GB/T 4728）的具体内容包括如下内容。

（1）GB/T 4728.1—2005 第 1 部分：一般要求；

（2）GB/T 4728.2—2005 第 2 部分：符号要素、限定符号和其他常用符号；

（3）GB/T 4728.3—2005 第 3 部分：导体和连接件；

（4）GB/T 4728.4—2005 第 4 部分：基本无源件；

（5）GB/T 4728.5—2005 第 5 部分：半导体管和电子管；

（6）GB/T 4728.6—2008 第 6 部分：电能的发生与转换；

（7）GB/T 4728.7—2008 第 7 部分：开关、控制和保护器件；

（8）GB/T 4728.8—2008 第 8 部分：测量仪表、灯和信号器件；

（9）GB/T 4728.9—2008 第 9 部分：电信　交换和外围设备；

（10）GB/T 4728.10—2008 第 10 部分：电信　传输；

（11）GB/T 4728.11—2008 第 11 部分：建筑安装平面布置图；

（12）GB/T 4728.12—2008 第 12 部分：二进制逻辑件；

（13）GB/T 4728.13—2008 第 13 部分：模拟件。

最新的国家标准《电气设备用图形符号》（GB/T 5465）的具体内容包括如下内容。

（1）GB/T 5465.1—2009 第 1 部分：概述与分类；
（2）GB/T 5465.2—2008 第 2 部分：图形符号。
《简图用图形符号》国家标准 GB/T 20063 有关的部分有：
（1）GB/T 20063.2—2006 第 2 部分：符号的一般应用；
（2）GB/T 20063.3—2006 第 3 部分：连接件与有关装置；
（3）GB/T 20063.4—2006 第 4 部分：调节器及其相关设备；
（4）GB/T 20063.5—2006 第 5 部分：测量与控制装置；
（5）GB/T 20063.6—2006 第 6 部分：测量与控制功能；
（6）GB/T 20063.7—2006 第 7 部分：基本机械构件；
（7）GB/T 20063.8—2006 第 8 部分：阀与阻尼器。

电气元器件的文字符号一般由 2 个字母组成。第一个字母在国家标准《工业系统、装置与设备以及工业产品——结构原则与参照代号》（GB/T 5094.2—2003）中的“项目的分类与分类码”中给出；而第二个字母在国家标准《技术产品及技术产品文件结构原则　字母代码—按项目用途和任务划分的主类和子类》（GB/T 20939—2007）中给出。

2. 常用电气图形符号和文字符号

电气元件的第一个字母，即 GB/T 5094.2—2003 的“项目的分类与分类码”如附表 1-1 所示。

附表 1-1　GB/T 5094.2—2003 中项目的字母代码（主类）

代码	项目的用途或任务
A	两种或两种以上的用途或任务
B	把某一输入变量（物理性质、条件或事件）转换为供进一步处理的信号
C	材料、能量或信息的存储
D	为将来标准化备用
E	提供辐射能或热能
F	直接防止（自动）能量流、信息流、人身或设备发生危险的或意外的情况，包括用于防护的系统和设备
G	启动能量流或材料流，产生用作信息载体或参考源的信号，生产一种新能量、材料或产品
H	为将来标准化备用
J	为将来标准化备用
K	处理（接收、加工和提供）信号或信息（用于保护目的的项目除外，见 F 类）
L	为将来标准化备用
M	提供用于驱动的机械能（旋转或线性机械运动）
N	为将来标准化备用
P	信息表述
Q	受控切换或改变能量流、信号流或材料流（对于控制电路中的开/关信号，参见 K 类或 S 类）
R	限制或稳定能量、信息或材料的运动或流动
S	把手动操作转变为进一步处理的特定信号
T	保持能量性质不变的能量变换，已建立的信号保持信息内容不变的变换，材料形态或形状的变换
U	保持物体在指定位置
V	材料或产品的处理（包括预处理和后处理）
W	从一地到另一地导引或输送能量、信号、材料或产品
X	连接物
Y	为将来标准化备用
Z	为将来标准化备用

电气元件的第二个字母，即 GB/T 20939—2007 中子类字母的代码如附表 1-2 所示。

注意：其中字母代码 B 的主类的子类字母代码是按 ISO 3511-1 定义的。

附表 1-2　子类字母代码的应用领域

子类字母代码	项目、任务基于	子类字母代码	项目、任务基于
A B C D E	电能	L M N P Q R S T U V W X Y	机械工程 结构工程 （非电工程）
F G H J K	信息、信号		
		Z	组合任务

电气控制线路中常用的图形和文字符号如附表 1-3 所示。

附表 1-3　电气控制线路中常用图形符号和文字符号

名称	图形符号	文字符号		说明
		新国标（GB/T 5094—2003 GB/T 20939—2007）	旧国标（GB 7159—1987）	
1．电源				
正极	+	—	—	正极
负极	-	—	—	负极
中性（中性线）	N	—	—	中性（中性线）
中间线	M	—	—	中间线
直流系统电源线	L+ L-	—	—	直流系统正电源线 直流系统负电源线
交流电源三相		L1 L2 L3	—	交流系统电源第一相 交流系统电源第二相 交流系统电源第三相
交流设备三相		U V W	—	交流系统设备端第一相 交流系统设备端第二相 交流系统设备端第三相
2．接地和接机壳、等电位				
接地		XE	PE	接地一般符号 地一般符号
				保护接地
				外壳接地
				屏蔽层接地
				接机壳、接底板

续表

名称	图形符号	文字符号 新国标（GB/T 5094—2003 GB/T 20939—2007）	文字符号 旧国标（GB 7159—87）	说明
3．导体和连接器件				
导线		WD	W	连线、连接、连线组：示例：导线、电缆、电线、传输通路，用单线表示一组导线时，导线的数目可标以相应数量的短斜线或一个短斜线后加导线的数字 示例：三根导线
	3			
				屏蔽导线
				绞合导线
端子		XD	X	连接、连接点
				端子
	水平画法			装置端子
	垂直法			
				连接孔端子
4．基本无源元件				
电阻		RA	R	电阻器一般符号
				可调电阻器
				带滑动触点的电位器
				光敏电阻
电感			L	电感器、线圈、绕组、扼流圈
电容		CA	C	电容器一般符号
5．半导体器件				
二极管		RA	V	半导体二极管一般符号
光电二极管				光电二极管
发光二极管		PG	VL	发光二极管一般符号
三极闸流晶体管		QA	VR	反向阻断三极闸流晶体管，P 型控制极（阴极侧受控）
				反向导通三极闸流晶体管，N 型控制极（阳极侧受控）
				反向导通三极闸流晶体管，P 型控制极（阴极侧受控）
				双向三极闸流晶体管

续表

名称	图形符号		文字符号 新国标（GB/T 5094—2003 GB/T 20939—2007）	文字符号 旧国标（GB 7159—87）	说明
晶体管			KF	VT	PNP 半导体管
					NPN 半导体管
光敏晶体管				V	光敏晶体管（PNP 型）
光耦合器					光耦合器 光隔离器
6．电能的发生和转换					
电动机			MA 电动机	M	电动机的一般符号： 符号内的星号“*”用下述字母之一
			GA 发电机	G	代替：c—旋转变流机；G—发电动机；GS—同步发电动机；M—电动机；MG—能作为发电动机或电动机使用的电动机；Ms—同步电动机
	M 3~		MA	MA	三相笼型异步电动机
	M			M	步进电动机
	MS 3~			MV	三相永磁同步交流电动机
双绕组变压器	样式 1		TA	T	双绕组变压器 画出铁芯
	样式 2				双绕组变压器
自耦变压器	样式 1			TA	自耦变压器
	样式 2				
电抗器			RA	L	扼流圈 电抗器
电流互感器	样式 1		BE	TA	电流互感器 脉冲变压器
	样式 2				

续表

名称	图形符号		文字符号：新国标（GB/T 5094—2003 GB/T 20939—2007）	文字符号：旧国标（GB 7159—87）	说明
电压互感器	样式1			TV	电压互感器
	样式2				
发生器	G		GF	GS	电能发生器一般符号 信号发生器一般符号 波形发生器一般符号
	G				脉冲发生器
蓄电池			GB		原电池、蓄电池，原电池或蓄电池组，长线代表阳极，短线代表阴极
				GB	光电池
变换器				B	变换器一般符号
整流器			TB		整流器
				U	桥式全波整流器
变频器	f_1 f_2		TA	U	变频器 频率由 f_1 变到 f_2，f_1 和 f_2 可用输入和输出频率数值代替
7．触点					
触点			KF	KA KM KT KI KV 等	动合（常开）触点 本符号也可用做开关的一般符号
					动断（常闭）触点
延时动作触点				KT	当操作元件被吸合时延时闭合的动合触点
					当操作元件被释放时延时断开的动合触点
					当操作元件被吸合时延时断开的动断触点
					当操作元件被释放时延时闭合的动断触点

续表

名称	图形符号	文字符号		说明
		新国标（GB/T 5094—2003 GB/T 20939—2007）	旧国标（GB 7159—87）	
8．开关及开关部件				
单极开关		SF	S	手动操作开关一般符号
			SB	具有动合触点且自动复位的按钮
				具有动断触点且自动复位的按钮
			SA	具有动合触点但无自动复位的拉拔开关
				具有动合触点但无自动复位的旋转开关
				钥匙动合开关
				钥匙动断开关
位置开关		BG	SQ	位置开关、动合触点
				位置开关、动断触点
电力开关元件		QA	KM	接触器的主动合触点（在非动作位置触点断开）
				接触器的主动断触点（在非动作位置触点闭合）
			QF	断路器
		QB	QS	隔离开关

续表

名称	图形符号	文字符号		说明
		新国标（GB/T 5094—2003 GB/T 20939—2007）	旧国标（GB 7159—87）	
电力开关元件	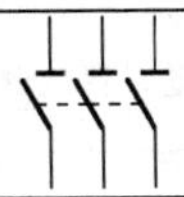	QB	QS	三极隔离开关
				负荷开关 负荷隔离开关
				具有由内装的量度继电器或脱扣器触发的自动释放功能的负荷开关
9．检测传感器类开关				
开关及触点		BG	SQ	接近开关
	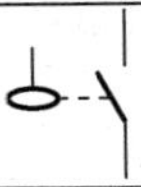		SL	液位开关
	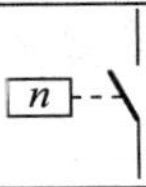	BS	KS	速度继电器触点
	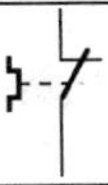	BB	FR	热继电器常闭触点
		BT	ST	热敏自动开关（如双金属片）
	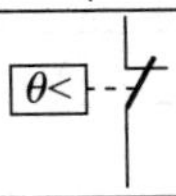			温度控制开关（当温度低于设定值时动作），把符号“＜”改为“＞”后，温度开关就表示当温度高于设定值时动作
	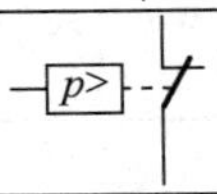	BP	SP	压力控制开关（当压力大于设定值时动作）
	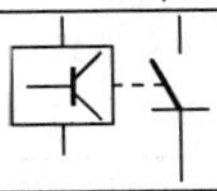	KF	SSR	固态继电器触点
	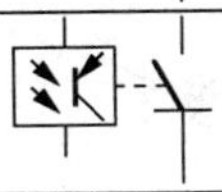		SP	光电开关
10．继电器操作				
线圈	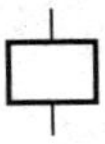	QA	KM	接触器线圈
		MB	YA	电磁铁线圈
		KF	K	电磁继电器线圈一般符号

续表

名称	图形符号	文字符号		说明
		新国标（GB/T 5094—2003 GB/T 20939—2007）	旧国标（GB 7159—87）	
线圈		KF	KT	延时释放继电器的线圈
				延时吸合继电器的线圈
	U<		KV	欠电压继电器线圈，把符号“<”改为“>”表示过电压继电器线圈
	I>		KI	过电流继电器线圈，把符号“>”改为“<”表示欠电流继电器线圈
			SSR	固态继电器驱动器件
		BB	FR	热继电器驱动器件
		MB	YV	电磁阀
			YB	电磁制动器
11．熔断器和熔断器式开关				
熔断器		FA	FU	熔断器式开关
熔断器式开关		QA	QKF	熔断器式开关
				熔断器式隔离开关
12．指示仪表				
指示仪表	V	PG	PV	电压表
			PA	检流计

续表

名称	图形符号	文字符号		说明
		新国标（GB/T 5094—2003 GB/T 20939—2007）	旧国标（GB 7159—87）	
13．灯和信号器件				
灯、信号器件		EA 照明灯	EL	灯一般符号，信号灯一般符号
		PG 指示灯	HL	
	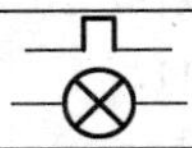	PG	HL	闪光信号灯
		PB	HA	电铃
	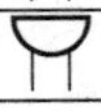		HZ	蜂鸣器
14．测量传感器及变送器				
传感器	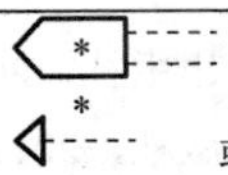 * 或 *	B	—	星号可用字母代替，前者还可以用图形符号代替。尖端表示感应或进入端
变送器	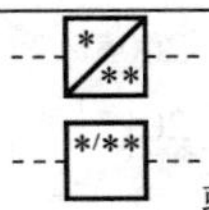 * ** 或 */**	TF	—	星号可用字母代替，前者还可以用图形符号代替，后者用图形符号时放在下边空白处。双星号用输出量字母代替
压力变送器	 p/U	BP	SP	输出为电压信号的压力变送器通用符号。输出若为电流信号，可把图中文字改为 p/I。可在图中方框下部的空白处增加小图标表示传感器的类型
流量计	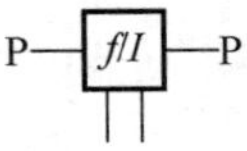 P f/I P	BF	F	输出为电流信号的流量计通用符号。输出若为电压信号，可把图中文字改为 f/U。图中 P 的线段表示管线。可在图中方框下部的空白处增加小图标表示传感器的类型
温度变送器	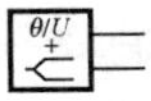 θ/U	BT	ST	输出为电压信号的热电偶型温度变送器。输出若为电流信号，可把图中文字改为 θ/f。其他类型变送器可更改图中方框下部的小图标

参 考 文 献

[1] 熊幸明．工厂电气控制技术[M]．2 版．北京：清华大学出版社，2009．

[2] 李响初，等．机床电气控制线路 260 例[M]．北京：中国电力出版社，2015．

[3] 杨杰忠，邹火军．机床电气线路安装与维修[M]．北京：机械工业出版社，2016．

[4] 徐春霞，艾克木•尼牙孜．维修电工[M]．北京：机械工业出版社，2011．

[5] 人力资源和社会保障部教材办公室．电力拖动控制线路与技能训练[M]．5 版．北京：中国劳动社会保障出版社，2014．

[6] 刘玉．工厂电气控制技术[M]．北京：冶金工业出版社，2011．

[7] 赵秉衡．工厂电气控制设备[M]．北京：冶金工业出版社，2001．

[8] 姚锦卫，李国瑞．电气控制技术项目教程[M]．2 版．北京：机械工业出版社，2015．

[9] 田淑珍．工厂电气控制设备及技能训练[M]．2 版．北京：机械工业出版社，2017．

[10] 赵明，许翏．工厂电气控制设备[M]．2 版．北京：机械工业出版社，2005．

[11] 许翏，许欣．工厂电气控制设备[M]．3 版．北京：机械工业出版社，2012．

[12] 邱俊．工厂电气控制技术[M]．北京：中国水利水电出版社，2009．

[13] 夏国明．建筑电气控制系统安装[M]．北京：中国电力出版社，2011．

[14] 张运波．工厂电气控制技术[M]．北京：高等教育出版社，2006．